全国环境监测培训系列教材

分析测试技术

中国环境监测总站　编

中国环境出版集团・北京

图书在版编目（CIP）数据

分析测试技术 / 中国环境监测总站编．—北京：
中国环境出版集团，2013.11（2019.10 重印）
全国环境监测培训系列教材
ISBN 978-7-5111-1615-4

Ⅰ．①分… Ⅱ．①中… Ⅲ．①环境监测—分析方法—
技术培训—教材 Ⅳ．①X830.2

中国版本图书馆 CIP 数据核字（2013）第 256778 号

出 版 人 武德凯
责任编辑 曲 婷
责任校对 唐丽虹
封面设计 陈 莹

出版发行 中国环境出版集团
（100062 北京市东城区广渠门内大街 16 号）
网 址：http://www.cesp.com.cn
电子邮箱：bjgl@cesp.com.cn
联系电话：010-67112765（编辑管理部）
发行热线：010-67125803，01067113405（传真）

印 刷 北京中科印刷有限公司
经 销 各地新华书店
版 次 2013 年 11 月第 1 版
印 次 2019 年 10 月第 3 次印刷
开 本 787×1092 1/16
印 张 18
字 数 410 千字
定 价 54.00 元

《全国环境监测培训系列教材》
编写指导委员会

《全国环境监测培训系列教材》

编审委员会

《分析测试技术》

编写委员会

主　　编：滕恩江

副 主 编：许秀艳

编　委：（以姓氏笔画为序）

丁曦宁　刁　谞　王　荟　王　超　史震宇　朱红霞

许人骥　许秀艳　邢冠华　阴　琨　严　燊　张霖琳

杜嵩山　陈　烨　陈素兰　金小伟　赵　艳　高愈霄

梁　宵　章　勇　蔡　熹　谭　丽　滕恩江　薛荔栋

序

党的十八大把生态文明建设纳入中国特色社会主义事业总体布局，提出建设美丽中国的宏伟目标。环境保护作为生态文明建设的主阵地和根本措施，迎来了难得的发展机遇。环境监测是环保事业发展的基础性工作，“基础不牢，地动山摇”。环境监测要成为探索环保新路的先锋队和排头兵，必须建设一支业务素质强、技术水平高、工作作风硬的环境监测队伍。

我国各级环境监测队伍现有人员近6万人，肩负着“三个说清”的重任，奋战在环保工作的最前沿。我部高度重视监测队伍建设和人员培训工作，先后印发了《关于加强环境监测培训工作的意见》、《国家环境监测培训三年规划(2013—2015年)》，并启动实施了环境监测大培训。

为进一步提升环境监测培训教材的水平，环境监测司会同中国环境监测总站组织全国环境监测系统的部分专家，编写了全国环境监测培训系列教材。这套教材深入总结了30多年来全国环境监测工作的理论与实践经验，紧密结合当前环境监测工作实际需要，对环境监测各业务领域的基础知识、基本技能进行了全面阐述，对法律法规、规章制度和标准规范做了系统论述，对在监测管理和技术工作中遇到的重点和难点问题进行了详细解答，具有很强的科学性、针对性和指导性。

相信这套教材的编辑出版，将会更好地指导全国环境监测培训工作，进一步提高环境监测人员的管理和业务技术能力，促进全国环境监测工作整体水平的提升。希望全国环境监测战线的同志们认真学习，刻苦钻研，不断提高自身能力素质，为推进环境监测事业科学发展、建设生态文明做出新的更大的贡献！

吴晓青

2013年9月9日

前 言

《分析测试技术》分册是全国环境监测培训系列教材之一。随着环境保护事业的快速发展，环境监测在环境管理中的技术支撑作用越加重要。为了使环境监测在环境保护工作中的作用得到更好的发挥，全国环境监测人员必须按照“三个说清”的要求，大力加强环境监测技术体系建设，着力提升“说得清”和“测得准”能力。在环境监测任务日益繁重，对环境监测技术要求日益提高的形势下，环境监测技术人员的整体技术水平和科研能力亟待提高。

在中国环境监测总站技术转型的大背景下，我们编写了本系列教材的“分析技术与方法”分册，旨在系统介绍环境监测中涉及到的监测分析测试技术，力图让大家对环境监测分析技术与方法有一个全面的掌握，并加强了解环境监测技术研究的基本思路和环节，从而促进环境监测技术人员技术水平和环境监测系统整体科研能力的提升。

环境监测分析测试技术往往使用环境分析化学作为手段，将样品采集、样品前处理、样品分析以及质量保证和控制等环节的操作进行规范化、标准化，为环境监测工作提供方法支撑和技术保障。

本分册密切结合当前环境监测实际，以分析对象——环境污染物为经线，以监测分析的各个环节为纬线，分十一章介绍了目前环境监测分析领域常见的和一些重点关注的污染物的监测分析技术，内容涵盖了重金属、特定有机物、生物监测、常规项目监测等多个方面及水、大气、污染源、土壤、固体废物、生物等多种介质，在每章中除了介绍已有的标准方法外，还加入了一些分析领域的新方法、新技术，力求能全面体现监测分析领域的现状和发展趋势。

本分册由滕恩江和许秀艳制定编写大纲，统筹全书的编写。第一章共五节分别由张霖琳、刀谞、梁宵、高愈霄和薛荔栋编写；第二章由谭丽编写第一、二、三、四节，由王荟编写第五节；第三、四章由邢冠华编写；第五章由王超编写第一、二、三和六节，由朱红霞编写第四和五节；第六章由许秀艳编写；第七章由陈烨编写；第八章由王超编写；第九章由阴琨编写第一、三和四节，金小伟编写第二节；第十章由许人骥编写；第十一章由蔡熹，赵艳，杜嵩山，史震宇，严犇，章勇，丁曦宁分别编写各节，陈素兰校核。全书由许秀艳统稿，滕恩江审定。

由于编者的水平和经验有限，书中难免存在疏漏和错误之处，敬请同行专家和广大读者指正。

编者

2013 年 5月于北京

目　录

第一章　重金属

第一节　重金属监测技术与分析方法综述

一、概述

随着全球经济的快速发展，大量的重金属和类金属以各种途径，如矿山开采、金属冶炼、金属加工、化工生产、燃料燃烧、农药化肥的施用等，进入大气、水、土壤、沉积物和生物等的环境介质中，引起严重的环境污染。以各种物理形态或化学形态存在的重金属，在进入环境或生态系统后会存留、积累和迁移，造成危害。重金属污染已经成为危害全球环境质量的主要问题之一。据不完全统计，水污染事件70%以上由“重金属污染”造成，2005年12月广东北江镉污染事故、2006年江西赣江镉污染事故、2006年9月湖南省岳阳县饮用水源受到剧毒砷化物污染事故、2012年2月广西龙江河镉污染事件等使重金属污染已经处于高危态势，对我国的生态环境、食品安全、人群健康和经济可持续发展构成严重威胁。近年来，我国重金属污染群体事件屡见不鲜，如湖南嘉禾、陕西凤翔、安徽怀宁等地儿童血铅超标事件、湖南浏阳镉污染事件、浙江台州血铅事件等。

《国家中长期科学和技术发展规划纲要（2006—2020年）》明确指出“改善生态与环境是事关经济社会可持续发展和人民生活质量提高的重大问题”。在“十二五”环保科技规划的基本思路中，土壤污染、重金属污染受到高度关注。环保部联合发改委、工业和信息化部、卫生部等部门制定《重金属污染综合整治实施方案》，周生贤部长在陕西召开全国重金属污染防治工作会议上明确做出重要指示，“要以中央领导同志的重要批示精神为指导，把重金属污染防治摆在更加紧迫更加重要的位置，采取有力措施，大力防控和应对重金属污染，切实解决危害群众健康的突出环境问题，为促进经济社会可持续发展，维护人民群众环境权益和身体健康作出贡献”。为此我国已专门制定了《重金属污染综合防治规划（2010—2015）》（以下简称《规划》），提出将14种重金属列为污染防治重点，铅、汞、镉、铬和类金属砷为第一类重点防控重金属，镍、铜、锌、银、钒、锰、钴、铊、锑为第二类重点防控重金属。《规划》中对科技产业发展需求，提出了要完善标准体系，健全重金属污染物监测规范和标准样品体系；在加大科技研发力度方面，提出要重点推进重金属污染环境基础调查与评估方法研究。

重金属环境监测是重金属污染防治的基础，但目前我国重金属监测技术体系尚不健全，环境监测单位的人员专业配置、技术水平和经费支撑等情况参差不齐，各种监测相关方法和研究成果缺乏充分利用和提升，监测技术和方法不系统，因此，有必要整合各种环境介质中重金属监测方法体系，有效地集成、优化现有监测方法体系，在污染调查技术、实验室分析方法等方面进行系统研究和完善，构建合理有效的技术体系评估方法，通过合理的运行机制，服务于国家各级环境监测部门、科研部门、管理部门和其他相关部门，形成全国有机统一、高度共享的方法资源体系。这既是我国环境监测事业自身发展、提升环境监测能力建设的需要，更是实现环保历史性转变、探索环保新道路的迫切要求。

二、重金属监测技术方法现状

1．环境空气和废气中重金属国内外分析方法现状

（1）国外现状

国外空气重金属监测起步较早，20 世纪 80 年代有较大发展，1990 年美国新《清洁空气法》得到通过，发展至今其控制标准相对比较完善。实验室重金属检测技术发展较为成熟，主要采用传统酸消解及微波消解的前处理方式，测定方法包括原子吸收分光光度法（AAS）、X 射线荧光光谱法（XRF）、电感耦合等离子体发射光谱法（ICP-AES）和电感耦合等离子体质谱法（ICP-MS）等。

美国固定污染源中重金属的测定方法（EPA method 29 Metals Emission from Stationary Source），适用于测定固定污染源废气中包括汞、铅、镉、铬、砷、锑、铊、锌、镍等 17 种重金属元素。颗粒物样品通过滤膜连接热解装置进行收集，气态汞通过酸性高锰酸钾溶液吸收，其他气态金属经过氧化氢的酸性溶液吸收。滤膜前处理采用传统消解方法（HNO_3+H_2O_2）和微波消解方法，分析方法参考固定污染源中颗粒物的测定（EPA method 5 Determination of Particulate Matter Emissions from Stationary Source）。汞用冷原子吸收光谱法（CVAAS）测定，其他金属用原子吸收分光光度法或电感耦合等离子体发射光谱法测定。若需较高的分析灵敏度和较低的检出限，可选用石墨炉原子吸收光谱法（GFAAS）或电感耦合等离子体质谱法进行测定。

环境空气和废气的滤膜样品经过消解前处理后，用 ICP-AES 或 ICP-MS 测定时分别参照电感耦合等离子体发射光谱法（EPA IO-3.4）与电感耦合等离子体质谱法（EPA IO-3.5）。环境空气中重金属的测定　X 射线荧光光谱法（EPA IO-3.3）则主要介绍了利用 X 射线荧光光谱测定大气中悬浮颗粒物中 40 种以上的重金属元素。颗粒物样品通过滤膜收集，基于 100cm^2 滤膜的适用浓度范围为 1～1000ng/cm^2。国外环境空气和废气中主要重金属监测项目分析方法汇总见表 1.1。

（2）国内现状

我国现行环境空气和废气重金属监测分析方法标准包括了汞、铅、镉、砷、镍 5 种重点防控重金属，其余 9 种重点重金属的分析方法尚未发布。此外，《空气和废气监测分析方法》（第四版增补版）中空气质量监测和污染源监测关于颗粒物中 13 项重金属元素（汞、铅、砷、硒、六价铬、锑、铍、铁、铜、锌、镉、铬、锰）均有对应的监测分析方法。相关分析方法汇总见表 1.2。

表 1.1　国外环境空气和废气主要重金属监测项目分析方法汇总

监测项目	分析方法	方法来源
汞	金-汞收集原子吸收分光光度法或原子荧光光谱法	ISO 20552-2007 Workplace air-Determination of mercury vapour-method using gold–amalgam collection and analysis by atomic absorption spectrometry or atomic fluorescence spectrometry
	原子吸收分光光度法或原子荧光光谱法	ISO 17733-2004 workplace air-determination of mercury and inorganic mercury compounds-method by cold-vapour atomic absorption spectrometry or atomic fluorescence spectrometry
	原子吸收分光光度法	EPA method 7470A Mercury in Liquid Waste - Manual Cold Vapor Technique
	原子吸收分光光度法	EPA method 101 Mercury Emissions-Chlor-Alkali Hydrogen Stream
铅	火焰原子吸收分光光度法	EPA method 7420 Lead-AA，Direct Aspiration
	石墨炉原子吸收分光光度法	EPA method 7421 Lead-AA，Furnace Technique
	火焰原子吸收分光光度法	ISO 8518-2001 Workplace air-Determination of particulate lead and lead compounds-Flame or electrothermal atomic absorption spectrometric method
	火焰或石墨炉原子吸收分光光度法	ASTM D6785-2002 Standard Test Method for Determination of Lead in workplace Air Using Flame or Graphite Furnace Atomic Absorption Spectrometry
镉	火焰原子吸收分光光度法	EPA method 7130 Cadmium-AA，Direct Aspiration
	石墨炉原子吸收分光光度法	EPA method 7131A Cadmium -AA，Furnace Technique
铬	火焰原子吸收分光光度法	EPA method 7190 Chromium-AA，Direct Aspiration
	石墨炉原子吸收分光光度法	EPA method 7191 Chromium -AA，Furnace Technique
	比色法	EPA method 7196A Chromium，Hexavalent- Colorimetric Method
砷	石墨炉原子吸收分光光度法	EPA method 7060A　Arsenic-AA，Furnace Technique
	原子吸收分光光度法	EPA method 108 Determination of particulate and gaseous arsenic emission
	原子吸收分光光度法	ISO 11041-1996 workplace air-determination of particulate arsenic and arsenic compounds and arsenic trioxide vapour- method by hydride generation and atomic absorption spectrometry
砷、铅、镍、镉	原子吸收分光光度法	EN 14902-2005 Ambient air quality-Standard method for the measurement of Pb，Cd，As and Ni in the PM_{10} fraction of suspended particulate matter
砷、铅、镍、镉	原子吸收分光光度法	DIN EN 15841-2010 Ambient air quality-Standard method for determination of arsenic，Cadmium，Lead and nickel in atmospheric deposition
汞、铅、镉、铬、砷、镍、铜、锌、锰、钴等	电感耦合等离子体-发射光谱法	EPA method 6010 Inductively Coupled Plasma-Atomic Emission Spectrometry
	电感耦合等离子体-质谱法	EPA method 6020 Inductively Coupled Plasma -Mass Spectrometry
	X 射线荧光光谱法	EPA method IO-3.3 Metals in Ambient Particulate Matter Using X-Ray Fluorescence Spectroscopy

表 1.2 国内环境空气和废气主要重金属监测项目分析方法汇总

监测项目	监测分类	监测方法	方法来源
汞	环境空气	巯基棉富集-冷原子荧光分光光度法	空气和废气监测分析方法（第四版增补版）
		金膜富集-冷原子吸收分光光度法	
		巯基棉富集-冷原子荧光分光光度法	HJ 542—2009
铅		火焰原子吸收分光光度法	GB/T 15264—1994
		石墨炉原子吸收分光光度法	HJ 539—2009
		火焰原子吸收分光光度法	空气和废气监测分析方法（第四版增补版）
		石墨炉原子吸收分光光度法	
镉		原子吸收分光光度法	
铬		原子吸收分光光度法	
铬（六价）		二苯碳酰二肼分光光度法	
砷		二乙基二硫代氨基甲酸银分光光度法	
		新银盐分光光度法	
		原子吸收分光光度法	
		原子荧光光度法	
镍		原子吸收分光光度法	
锑		5-Br-PADAP 分光光度法	
铜、锌、锰		原子吸收分光光度法	
汞	污染源废气	冷原子吸收分光光度法	HJ 543—2009
汞及其化合物		冷原子吸收分光光度法	空气和废气监测分析方法（第四版增补版）
		原子荧光光度法	
铅		火焰原子吸收分光光度法	HJ 538—2009
铅及其化合物		火焰原子吸收分光光度法	空气和废气监测分析方法（第四版增补版）
		石墨炉原子吸收分光光度法	
		络合滴定法	
镉		火焰原子吸收分光光度法	HJ/T 64.1—2001
		石墨炉原子吸收分光光度法	HJ/T 64.2—2001
		对-偶氮苯重氮氨基偶氮苯磺酸分光光度法	HJ/T 64.3—2001
镉及其化合物		火焰原子吸收分光光度法	空气和废气监测分析方法（第四版增补版）
		石墨炉原子吸收分光光度法	
		对-偶氮苯重氮氨基偶氮苯磺酸分光光度法	
铬酸雾		二苯碳酰二肼分光光度法	空气和废气监测分析方法（第四版增补版）
砷		二乙基二硫代氨基甲酸银分光光度法	HJ 540—2009
砷及其化合物		新银盐分光光度法	空气和废气监测分析方法（第四版增补版）
		二乙基二硫代氨基甲酸银分光光度法	
		氢化物发生 原子荧光分光光度法	
气态砷	黄磷生产废气	二乙基二硫代氨基甲酸银分光光度法	HJ 541—2009
镍	污染源废气	火焰原子吸收分光光度法	HJ/T 63.1—2001
		石墨炉原子吸收分光光度法	HJ/T 63.2—2001
		丁二酮肟-正丁醇萃取分光光度法	HJ/T 63.3—2001
镍及其化合物		火焰原子吸收分光光度法	空气和废气监测分析方法（第四版增补版）
		石墨炉原子吸收分光光度法	
		丁二酮肟-正丁醇萃取分光光度法	

2. 水和废水中重金属国内外分析方法现状

（1）国外现状

美国环境实验室采用的分析方法按来源基本上可以分为四类：联邦方法即 USEPA 方法、USGS 方法、州颁布方法、商业或私人组织颁布的方法，它们的适用范围有所不同。其中，USEPA200 系列方法是美国水质实验室应用的一套重要标准方法。该方法于 1979 年推出，后经过两次修订，共有分析方法 52 个，可分析的金属达 35 种，该系列的主要优点包括：① 应用范围广。不仅适用于废水和饮用水，还适用于固体废弃物，而由美国公共卫生协会等部门联合制定的《水和废水标准检验法》中的第 300 章——金属的测定方法系列仅适用于废水。② 测定手段先进。应用电感耦合等离子体质谱能同时、连续测定多种金属，方法性能好，灵敏度高，检测限与石墨炉原子吸收法相近。EPA200.8 是美国 EPA《水和废水化学分析方法》200 系列中的电感耦合等离子体质谱法，适用范围较广，除适用于地下水、地表水和饮用水中可溶性元素的测定外，也适用于上述水体及废水、污泥和土壤等介质中可回收元素总量的测定。其中可回收元素总量包括两类浓度：a 对于未经过滤、酸化保存且浊度＜1NTU 的饮用水直接分析所得的元素浓度；b 对固体样品的提取液或未经过滤、用热的稀矿物酸回流处理的水样所测得元素浓度。可检测铝、锑、砷、钡等 21 种元素，在固体样品制备时采用硝酸和盐酸回流提取的方式消解。③ 前处理方法简单实用，便于掌握。饮用水一般不需要前处理，其他水体尽管其分析目的不同（如可溶金属、悬浮性金属、总金属、总可回收金属等），但前处理方法基本相同。④ 校准方法灵活。除了用校准标样绘制校准曲线进行校准外，还可采用标准加入校准法，适用于基体复杂的水体中金属的分析。该方法局限性也很明显，主要表现在：QC 不完善，只制定了饮用水中金属分析的 QC 程序，未制定其他水体及固体废物中金属分析的 QC 程序；对固体废物样品（主要指油样、固体样）的前处理没有提出有效的方法。

（2）国内现状

目前水中重金属实验室检测技术相当成熟，常用的方法有电化学分析法、原子吸收分光光度法、电感耦合等离子体发射光谱法、电感耦合等离子体质谱法等。此外，也使用比色法、X 射线荧光光谱法、中子活化法以及在此基础上的联用技术。目前国内有关水质重金属监测的标准方法见表 1.3。

总体来说，现行的标准方法很多是分光光度法、火焰原子吸收法、石墨炉原子吸收法。电感耦合等离子体发射光谱法（ICP-AES），我国在《水和废水监测分析方法》（第四版）里介绍了该方法用于检测水中铝、砷、钡、铍、铜、铅、锌、镉、总铬、铁、锰、钒。电感耦合等离子体质谱法我国主要在《生活饮用水标准检验方法 金属指标》（GB/T 5750.6—2006）中使用，用于检测饮用水中的银、砷等 31 种金属或类金属。

表 1.3 国内水中重金属的测定方法标准

序号	标准编号	标准名称
1	HJ/T 341—2007	水质 汞的测定 冷原子荧光法（试行）
2	HJ/T 341—2007	水质 汞的测定 冷原子荧光法（试行）

序号	标准编号	标准名称
3	GB/T 7469—1987	水质　总汞的测定　高锰酸钾-过硫酸钾消解法　双硫腙分光光度法
4	GB/T 13896—1992	水质　铅的测定　示波极谱法
5	GB/T 7475—1987	水质　铜、锌、铅、镉的测定　原子吸收分光光度法
6	GB/T 7470—1987	水质　铅的测定　双硫腙分光光度法
7	GB/T 7472—1987	水质　锌的测定　双硫腙分光光度法
8	GB/T 7471—1987	水质　镉的测定　双硫腙分光光度法
9	GB/T 7467—1987	水质　六价铬的测定　二苯碳酰二肼分光光度法
10	GB/T 7466—1987	水质　总铬的测定
11	GB 11900—1989	水质　痕量砷的测定　硼氢化钾-硝酸银分光光度法
12	GB/T 7485—1987	水质　总砷的测定　二乙基二硫代氨基甲酸银分光光度法
13	HJ 486—2009	水质　铜的测定　2,9-二甲基-1,10-菲啰啉分光光度法
14	HJ 485—2009	水质　铜的测定　二乙基二硫代氨基甲酸钠分光光度法
15	GB/T 7474—1987	水质　铜的测定　二乙基二硫代氨基甲酸钠分光光度法
16	GB/T 7473—1987	水质　铜的测定　2,9-二甲基-1,10-菲啰啉分光光度法
17	HJ 603—2011 代替 GB/T 15506—1995	水质　钡的测定　火焰原子吸收分光光度法
18	HJ 602—2011	水质　钡的测定　石墨炉原子吸收分光光度法
19	HJ 489—2009 代替 GB 11909—89	水质　银的测定　3,5-Br_2-PADAP 分光光度法
20	HJ/T 345—2007	水质　铁的测定　邻菲啰啉分光光度法（试行）
21	HJ/T 344—2007	水质　锰的测定　甲醛肟分光光度法（试行）
22	HJ/T 59—2000	水质　铍的测定　石墨炉原子吸收分光光度
23	HJ/T 58—2000	水质　铍的测定　铬菁 R 分光光度法
24	GB/T 15505—1995	水质　硒的测定　石墨炉原子吸收分光光度法
25	GB/T 15503—1995	水质　钒的测定　钽试剂（bpha）萃取分光光度法
26	GB/T 14671—93	水质　钡的测定　电位滴定法
27	GB/T 14673—93	水质　钒的测定　石墨炉原子吸收分光光度法
28	GB 11907—89	水质　银的测定　火焰原子吸收分光光度法

3．土壤中重金属国内外分析方法现状

（1）国外现状

在前处理方面，美国 EPA3050B（沉积物、淤泥和土壤的酸消解）的方法中提供了两种消解程序，其中对于 ICP-MS 提供的消解体系为 $HNO_3+H_2O_2$ 体系，但是该方法不是全消解的方法。国际标准化组织（ISO）从 1993 年起陆续颁布了一些与土壤质量有关的标准方法，得到欧洲各国的支持和采用，ISO 11466 规定用王水浸提测定土壤中的微量元素。各国土壤背景值研究常采用不同的酸分解方法，如日本用 $HCl+HNO_3+H_2SO_4$ 法、英国用 HNO_3 法、有的国家用热王水提取等，但上述方法均是不完全消解的方法。在环境样品分析中混合酸溶液应用较为广泛，至于采取哪种混合酸，主要取决于土壤的性质和分析的要求。为了提高溶解效率，有时在溶样时加入某些氧化剂，如过氧化氢（H_2O_2）、盐类（铵

盐）等，或有机试剂（酒石酸）等会起到良好的效果。有些样品采用 Br_2+HBr、HF+H_3BO_3 溶解也是非常有效的。HF 易腐蚀玻璃器具或引起干扰，样品溶解后一般用 $HClO_4$ 或 H_2SO_4 加热赶 HF，最后将 $HClO_4$ 或 H_2SO_4 加热赶尽。

美国 EPA3051A 和 3052 的方法为硅质环境样品的微波全消解方法，方法中的消解程序为 0.5 g 干样加 1.0 ml HCl、9.0 ml HNO_3 和 3.0 ml HF，微波消解约 5.5 min，由室温升至（180±5）℃，保持 9.5 min，后续建议冷却后转移至聚四氟乙烯烧杯中加 0.5 ml $HClO_4$，中温（≤200℃）蒸干（或近干），加一定量稀 HNO_3 和 0.1～0.2 ml H_2O_2，加热溶解残渣，冷却定容。样品量和酸的使用量可根据实际仪器设备情况进行调整。

EPA 常见的分析方法是使用 ICP-MS，主要有 EPA200.8 电感耦合等离子体质谱法测定水和废物中的痕量元素和 EPA6020 电感耦合等离子体质谱法。EPA200.8 隶属于美国 EPA《水和废水化学分析方法》，适用范围较广，除适用于地下水、地表水和饮用水中可溶性元素的测定外，也适用于上述水体及废水、污泥和土壤等介质中铝、锑、砷、钡等重金属元素总量的测定。EPA6020 隶属于美国 EPA《固体废物试验分析评价手册》（SW-846）系列，方法中明确 ICP-MS 可用于多种介质中 60 余种元素的测定，验证了固体废物和废水中铝、锑、砷、钡等 23 种元素，不在这 23 种元素范围内其他元素的测定，提出了分析方法的制定原则。EPA6020 结合 EPA3000 系列样品消解方法，制定了一套全面的 QA/QC 措施、方法的校准和标准化措施以及操作步骤的制定原则，是目前环境方面使用 ICP-MS 进行土壤元素分析最主要的参考方法。国际标准化组织 ISO/DIS 11047 方法采用火焰和石墨炉原子吸收测定土壤中的镉、铬、钴、镍、铜、铅、锰和锌。

（2）国内现状

国内土壤样品的消解方法主要有酸溶法和碱熔法。其中碱熔法分解效率很高，熔融过程将不溶于水的样品转化为可溶于水或酸的物质。碱熔法常用的体系有 Na_2O_2-NaOH、Na_2O_2-Na_2CO_3、$KHSO_4$-$K_2S_2O_7$ 等，能彻底破坏土壤晶格，但存在如下缺点：① 试剂量较大，试剂本身的杂质以及坩埚被腐蚀下来的杂质带来很高的空白。② 引入大量如 K、Na 等易电离元素，会产生很高的基体效应。③ 碱金属元素还可能产生严重的多原子离子干扰。基于以上原因，碱熔法在实际分析中较少使用。

酸溶法是土壤样品消解最为常用的方法，不同的酸有不同的作用，如氧化、还原、络合等，常用的试剂有 HCl、HNO_3、H_2SO_4、H_3PO_4、$HClO_4$ 和 HF 等，为了提高消解的效率，经常同时使用几种酸或者加入其他盐类。有些含有机物较高的试样，在酸分解前应先进行焙烧，除去有机质以促进样品分解完全，或消除有机物等对测定带来的不利影响。

根据是否加入 HF，可分为非全消解方法（无 HF）与全消解方法。非全消解方法 Cd、Cu、Mn、Zn 比较容易溶出，溶出比均在 80%以上，其次是 Ni，而 Pb、Cr 溶出比仅为全量的 53%～67%，因为 Pb、Cr 包藏在晶格中且晶格非常稳定。测定 B 时，HF 易与 B 生成挥发性的 BF_3，H_3PO_4 的加入可避免这种挥发损失。使用 $HClO_4$ 或其他氧化剂维持氧化环境，保证有机物的完全氧化分解，否则有机物含量高会增加溶液粘度，影响样品传输和雾化效率，此外还能减少 Hg 及其他能形成氢化物的元素（如 As、Se、Sb）的损失。HCl、H_2SO_4 会给 ICP-MS 的分析测试带来多原子离子干扰，H_2SO_4 的粘稠性还影响 ICP-MS 的雾化效率。HNO_3 被认为是 ICP-MS 分析最好的酸介质，是因为在等离子中所夹带的空气中

已经有了组成 HNO_3 的元素，所以 HNO_3 所导致的由氢、氮和氧产生的多原子离子基体效应并不会显著增加，而且 HNO_3 是可获得极纯形式的少数商品酸之一。我国土壤背景值调查目前主要采用三种全分解方法：HNO_3-HF-$HClO_4$、Na_2CO_3-Na_2O_2 以及直接用固体粉末进行测定。

目前国内消解方式多采用电热板加热或者高压罐密闭消解，上述两种不同消解方式适于土壤中不同矿质元素的检测。有研究结果表明，电热板消解土壤样品耗时及重现性较差，一次处理样品量少、用时长，需要多次加酸并经常摇动坩埚，赶酸至近干时很容易出现蒸干现象，赶酸过程容易造成污染和易挥发组分的损失，影响测定结果，且定容时试液混浊，需静置或离心后才能上机测定。而高压罐消解有一定危险性，需要人工调节消解时间和温度，产生的酸雾对人体伤害大，转移时酸残留量较大，定容后需要离心或静置后方可上机测定。

微波消解技术是在传统湿法消解的基础上，新发展起来的现代湿法消解技术。微波加热是一种内加热技术，在高温、高压的条件下，样品在封闭容器内溶解，迅速破坏其中的有机物，缩短了样品制备时间。微波消解具有以下优点：① 用于样品消解的试剂用量小，一般在 3～8 ml；② 消解速度快，样品消解过程一般在几分钟到十几分钟之间；③ 适用范围广，可用于多类样品的分解；④ 容器密闭，能防止消解过程中外源性污染和有效降低试剂空白；⑤ 可防止易挥发性元素的挥发损失，提高分析结果的准确性；⑥ 易于实现自动化控制。

在分析方法方面，2006 年原国家环境保护总局下发了《关于开展全国土壤污染状况调查的通知》（环发[2006]116 号），并制定了《全国土壤污染状况调查分析测试方法技术规定》，规定测定金属元素及其化合物的标准方法有分光光度法、火焰原子吸收光谱法、石墨炉原子吸收光谱法等。分光光度法分析流程长，试剂用量多，操作繁琐；火焰原子吸收光谱法线性范围窄、检出限高；石墨炉原子吸收光谱法分析速度较慢。这些规定方法中虽然也提及用电感耦合等离子体发射光谱法和电感耦合等离子体质谱进行检测，但对于微量元素的分析仅作为第二、第三方法。ICP-AES 具有多元素同时测定的优点，分析精密度高，基体效应小，分析速度快，但对于痕量、超痕量元素分析，灵敏度较低。ICP-MS 是超高灵敏度的分析仪器，是超痕量、多元素同时分析的重要手段，已被许多发达国家应用于环境监测中，能够高效率完成对土壤中元素的测定。目前我国土壤分析标准方法中尚无 ICP-MS 的方法，各级监测站大多是参照美国 EPA 的方法。表 1.4 列出了目前我国常规监测项目分析方法。

表 1.4　国内土壤主要重金属监测项目及分析方法汇总

监测项目	监测仪器	监测方法	方法来源
镉	原子吸收光谱仪	石墨炉原子吸收分光光度法	GB/T 17141—1997
	原子吸收光谱仪	KI-MIBK 萃取原子吸收分光光度法	GB/T 17140—1997
汞	测汞仪	冷原子吸收法	GB/T 17136—1997
砷	分光光度计	二乙基二硫代氨基甲酸银分光光度法	GB/T 17134—1997
	分光光度计	硼氢化钾-硝酸银分光光度法	GB/T 17135—1997
铜	原子吸收光谱仪	火焰原子吸收分光光度法	GB/T 17138—1997

监测项目	监测仪器	监测方法	方法来源
铅	原子吸收光谱仪	石墨炉原子吸收分光光度法	GB/T 17141—1997
	原子吸收光谱仪	KI-MIBK 萃取原子吸收分光光度法	GB/T 17140—1997
铬	原子吸收光谱仪	火焰原子吸收分光光度法	HJ 491—2009
锌	原子吸收光谱仪	火焰原子吸收分光光度法	GB/T 17138—1997
镍	原子吸收光谱仪	火焰原子吸收分光光度法	GB/T 17139—1997

4．沉积物中重金属国内外分析方法现状

（1）国外现状

目前国外沉积物的前处理方法，日本采用 $HCl+HNO_3+H_2SO_4$ 法、ISO 11466 方法，欧洲 DN 38414-S7 王水法，英国采用 HNO_3 法等，分析方法则包括原子吸收分光光度法、电感耦合等离子体发射光谱法、电感耦合等离子体质谱法、X 射线荧光光谱法等。

美国 EPA 在沉积物中重金属监测方面已组织制订了多个前处理与分析方法，可以按照样品前处理、样品分析、数据评估、质量保证等方法进行分类。其中样品前处理方法有 EPA-823-B-01-002，样品分析方法有电感耦合等离子体质谱法 EPA SW-846 Method 6020。美国国家海洋和大气局（NOAA）、美国地理调查国家水质量实验室（USGS）等机构也制定了大量沉积物重金属监测技术方法。NOAA 关于沉积物的分析方法，使用了从低级到高级的各种层次的仪器，有针对单一目标物质的方法，也有针对多目标物质的方法，因此可满足各种实验条件的实验室。如 NOAA NST 131.00《冷原子吸收法测定海洋沉积物中痕量汞》、NOAA NST 140.0《石墨炉原子吸收法测定海洋沉积物中痕量金属》、NOAA NST 160.0《X 射线荧光法测定海洋沉积物中痕量金属》，详细内容见表 1.5。

表 1.5　国外沉积物主要重金属监测分析方法汇总

监测项目	监测方法	方法来源
汞	冷原子吸收分光光度法	NOAA NST 131.00 Trace mercury in marine sediments by CVAA
汞、铅、镉、铬、砷等	电感耦合等离子体-质谱法	EPA method 6020 Inductively Coupled Plasma–Mass Spectrometry
	石墨炉原子吸收分光光度法	NOAA NST 140.0 Trace metals in marine sediment by GFAA
	火焰原子吸收分光光度法	NOAA NST 151.0 Trace metals in marine sediment by FAA
	X 射线荧光光谱法	NOAA NST 160.0 Trace metals in marine sediment by X-ray fluorescence
	电感耦合等离子体-质谱法	NOAA NST 172.0 Trace metals in marine sediment by ICP/MS
铅	火焰原子吸收分光光度法	USGS-NWQL I5399 Lead，recoverable-from-bottom-material，FLAA
镍	火焰原子吸收分光光度法	USGS-NWQL I5499 Nickel，recoverable-from-bottom-material，dry wt，FLAA
锌	火焰原子吸收分光光度法	USGS-NWQL I5900 Zinc，recoverable-from-bottom-material，dry wt，atomic absorption spectrometric

（2）国内现状

目前我国已颁布的海洋沉积物监测方法标准，分为分析方法和监测技术方法两部分，即《海洋监测规范 第 5 部分：沉积物分析》（GB 17378.5—2007）规定了海洋沉积物监测项目的分析方法，并对样品采集、保存、运输、预处理、测定和结果计算等提出技术要求。《海底沉积物化学分析方法》（GB/T 20260—2006）规定了 58 种物质的分析方法。《海洋沉积物与海洋生物体中重金属分析前处理 微波消解法》（HY/T 132—2010）列出了海洋沉积物中，铜、铅、镉、锌和铬的微波消解前处理方法，以及 AAS、ICP-AES、ICP-MS 等测试方法。我国在海洋沉积物方面监测技术规范与标准分析方法较为完备，但是关于河流和湖泊沉积物的监测技术与标准分析方法存在欠缺，仅有《水和废水监测分析方法》（第四版增补版）中对底质监测的采样、样品预处理、样品分解与浸提、样品分析等部分作了详细介绍。

我国沉积物重金属监测主要通过实验室分析技术，采用光谱法测定环境样品中的重金属，如紫外吸收分光光度法、原子吸收分光光度法、原子荧光分光光度法、电感耦合等离子体发射光谱法、电感耦合等离子体质谱法、X 射线荧光光谱法、中子活化法等。其中 X 射线荧光光谱法、中子活化法可直接分析固体样品，其他各项分析技术均需要对样品进行前处理，高压釜密闭消解、微波消解等新型快速消解技术正在逐步取代传统的电热板消解技术。

5．固废中重金属国内外分析方法现状

（1）国外现状

为有效控制固体废物污染，美国制定了《固体废弃物试验分析评价手册》 SW-846 系列方法。SW-846 系列的分析对象是固体废物，其物理形态多种多样，包括水、淤泥、固体（包括土壤）、油、有机液体、多相混合物、浸出试验毒性提取液（EP）、毒性浸出试验提取液（TCLP）和气体九大类；分析项目包括有机物、金属和一些常规项目，被分析化合物的质量浓度从μg/L 级到 10 000 mg/L 级。其中 3000 系列的 7 个方法是金属元素的提取方法，对水样采用强酸消解法，对固体样采用微波强酸消解法，对油样采用溶剂稀释法。6000 系列的 2 个方法是测定金属的新方法，可测定金属 26 种，ICP-AES 可测定金属 26 种，ICP-MS 可测定金属 15 种。7000 系列方法是原子吸收法测定金属元素，共 53 个方法，可测定金属 28 种，主要方法有直接吸入火焰-AA 法、石墨炉-AA 法、气体氢化物-AA 法、气体硼氢化物-AA 法和汞冷焰法。

该系列有两个特点，一是应用范围广，可分析饮用水、地表水、废水、固体废物中的金属元素；二是 QA/QC 工作在 EPA 200 系列 QA/QC 的基础上进一步发展和完善，并达到一个新水平，在各种金属分析方法系列中具有代表性。

EPA6020 是 SW-846 系列中的电感耦合等离子体质谱法，方法用于多种介质中多种元素的测定，包括固体废物和废水中铝、锑、砷、钡等 15 种元素，并制定了一套全面的 QA/QC 措施、方法的校准和标准化措施和操作步骤的制定原则，除用于土壤环境监测以外，也是目前国内外环境方面使用 ICP-MS 进行固废元素分析最主要的参考方法。

（2）国内现状

浸出毒性是在固体废物按规定的浸出方法的浸出液中，有害物质的浓度超过规定值，从而会对环境造成污染的特性。鉴别固体废物浸出毒性的浸出方法有水平振荡法和翻转法。我国目前固体废物浸出毒性标准方法有《固体废物 浸出毒性浸出方法 水平振荡法》（HJ 557—2010）、《固体废物 浸出毒性浸出方法 硫酸硝酸法》（HJ/T 299—2007）、《固体废物 浸出毒性浸出方法 醋酸缓冲溶液法》（HJ/T 300—2007）。

目前我国规定的浸出液分析项目有汞、镉、砷、铬、铅、铜、锌、镍、锑、铍、氟化物、氰化物、硫化物、硝基苯类化合物等。根据《国家危险废物名录》及其所含主要有害成分、固体废物污染控制与毒性鉴别标准中的控制项目，涉及的重点防控重金属主要有以下几类：砷及其化合物、镉及其化合物、铬及其化合物、六价铬化合物、铜及其化合物、汞及其化合物、锰及其化合物、镍及其化合物、铅及其化合物、锑及其化合物、钒及其化合物、银及其化合物、锌及其化合物等。固废中相关重金属分析方法汇总见表 1.6。

表 1.6 国内固废中重金属监测分析方法汇总

监测项目	监测方法	方法来源
汞及其化合物	原子吸收分光光度法	《固体废弃物试验分析评价手册》
	冷原子吸收分光光度法	GB/T 15555.1—95
	冷原子荧光光度法	《固体废物试验与监测分析方法》
砷及其化合物	氢化物发生-原子吸收分光光度法	WS/T 129—1999
	原子吸收分光光度法	《固体废弃物试验分析评价手册》
	二乙基二硫代氨基甲酸银光度法	GB/T 15555.3—95
	火焰原子吸收分光光度法	CJ/T 105—99
铅及其化合物	原子吸收分光光度法	GB/T 15555.2—95
	原子吸收分光光度法	《固体废弃物试验分析评价手册》
	ICP-AES 法、ICP-MS 法	《固体废物试验与监测分析方法》
镉及其化合物	原子吸收分光光度法	GB/T 15555.2—95
	原子吸收分光光度法	《固体废弃物试验分析评价手册》
	原子吸收分光光度法	CJ/T 100—99
	ICP-AES 法、ICP-MS 法	《固体废物试验与监测分析方法》
铬及其化合物	二苯碳酰二肼光度法；火焰原子吸收分光光度法	GB/T 1555.5—1995
	硫酸亚铁铵容量法	GB/T 1555.8—1995
	原子吸收分光光度法	《固体废弃物试验分析评价手册》
六价铬化合物	硫酸亚铁铵容量法；二苯碳酰二肼光度法	GB/T 1555.4—1995
	ICP-AES 法、ICP-MS 法	《固体废物试验与监测分析方法》
铜及其化合物	原子吸收分光光度法	GB/T 15555.2—95，固体废物浸出液
	ICP-AES 法、ICP-MS 法	《固体废物试验与监测分析方法》
锰及其化合物	火焰原子吸收分光光度法、ICP-AES 发射光谱法、ICP-MS 法	《固体废物试验与监测分析方法》
	原子吸收分光光度法	《固体废弃物试验分析评价手册》
镍及其化合物	原子吸收分光光度法	《固体废弃物试验分析评价手册》
	丁二酮肟分光光度法	GB/T 15555.10—95
	火焰原子吸收分光光度法	GB/T 15555.9—95
	ICP-AES 法、ICP-MS 法	《固体废物试验与监测分析方法》

监测项目	监测方法	方法来源
锑及其化合物	氢化物发生-原子吸收分光光度法	《固体废物试验与监测分析方法》
	氢化物发生-原子荧光光谱法	《固体废物试验与监测分析方法》
	火焰原子吸收分光光度法	《固体废物试验与监测分析方法》
钒及其化合物	*N*-苯甲酰苯基羟胺/吡啶偶氮染料配体交换反应萃取分光光度法、ICP-AES 法、ICP-MS 法	《固体废物试验与监测分析方法》
	原子吸收法	《固体废弃物试验分析评价手册》
银及其化合物	HNO_3-KI-MIBK 萃取火焰原子吸收分光光度法	《固体废物试验与监测分析方法》
	流动注射在线富集火焰原子吸收分光光度法	《固体废物试验与监测分析方法》
锌及其化合物	原子吸收分光光度法	《固体废弃物试验分析评价手册》
	ICP-AES 法、ICP-MS 法	《固体废物试验与监测分析方法》

三、我国重金属监测现存问题

目前我国环境监测系统测定水中重金属技术方法比较成熟，但是随着监测任务的不断增加以及各级监测站仪器和技术水平的提高，灵敏高效的 ICP-AES、ICP-MS 方法更为普及，因此对已有的技术方法进行筛选、优化和整合，建立和完善适用于我国环境监测系统的水中重金属监测方法体系十分必要。

空气和废气中重金属监测方面存在如监测体系不完善、项目与方法不完备、质量管理体系亟待提高等一系列问题，尤其表现在各级环境空气质量标准、大气污染物排放标准中包含的重金属项目较少；缺少系统和规范的重金属样品采集技术和前处理方法；现有空气和废气重金属测定方法多为推荐方法和暂行行业标准，有待进一步统一和完善。为及时准确地反映大气中重金属污染状况，建立和完善空气和废气监测技术方法体系是控制和治理大气重金属污染的关键技术和重要环节。

随着土壤环境中重点防控重金属监测工作的拓展和深化，已有的技术规范已不能满足新形势的要求。在土壤中重金属元素的生物有效性监测方面，采用有效态进行评估，部分土壤重金属有效态的 ICP-AES 和 ICP-MS 分析方法正在研究制订中，但尚未形成重金属污染物有效态分析方法标准。实验室土壤样品分析仪器和技术方法滞后，技术规定没有将先进仪器的分析方法列入到土壤调查样品的分析方法中，影响了土壤环境监测新分析方法的推广应用进程。因此，在面对全国土壤例行监测工作即将开始时，急需制定土壤重金属总量、酸浸提和有效态的国家技术规范及相关标准，将全国土壤调查积累的经验和近代科研技术新成果整理归纳上升为技术规范及标准，逐步完善土壤重金属监测技术方法体系。

河流和湖泊沉积物是水环境安全的指示剂，能够准确反映水体受污染的程度，沉积物中重金属的分布情况可以反映出所在流域的污染状况，对沉积物中重金属的含量，水平、垂直分布和赋存状态的研究，既是查明现代水环境重金属污染的关键，又是追溯和演算该区域重金属污染历史的主要依据。重金属元素的总量分析，可提供沉积物受重金属污染的状况；重金属元素的酸浸提分析，对了解重金属来源、变化形式、迁徙规律以及对生物的毒害作用等十分重要。我国目前尚未形成完整的河流湖泊沉积物重金属监测技术方法体系。为开展重金属污染以及区域内重金属污染历史调查，急需构建和完善沉积物中重金属监测技术方法体系。

由于重金属污染具有生物累积性、生物链间迁移性、长期性等特点，仅针对非生物环境介质的污染监测框架和分析技术体系，已经不能满足我国重金属污染控制的管理要求，以及对环境质量和人类健康安全的评价需求。生物介质中的重金属污染程度不清楚，无法进行完整有效的环境重金属污染状况调查。因此，当前迫切需要建立环境生物监测的思路框架及配套的技术体系，为开展不同环境介质重金属污染状况调查及典型区域环境质量评价奠定技术基础；客观反映生态系统中重金属污染的发展变化情况，为环境污染防治管理工作和将来环境的发展规划等决策提供科学的支持。

第二节 样品的采集和保存

一、地表水中重金属的采集和保存

1. 样品采集

（1）采样频次与采样时间

饮用水水源地、省（自治区、直辖市）交界断面需要重点控制的监测断面，每月至少采样一次；国控水系、河流、湖、库上的监测断面，逢单月采样一次，全年 6 次；水系的背景断面每年采样一次；国控监测断面（或垂线）每月采样一次，在每月 5—10 日内进行采样。其余规定可参考《地表水和污水监测技术规范》（HJ/T 91—2002）。

（2）采样方法

使用聚乙烯塑料桶、单层采水瓶、直立式采水器、自动采样器等采样器材进行水样的采集。在地表水水质监测中通常采集瞬时水样。所需水样量见表 1.7，采样量已考虑重复分析和质量控制的需要，并留有余地。在水样采入或装入容器后，应立即按表 1.7 的要求加入保存剂。

表 1.7 地表水中重金属项目采集及保存条件

项目	采样容器	保存剂用量	保存期	采样量/ml	容器洗涤
Be	G，P	HNO_3，1 L 水样中加浓 $HNO_3$10 ml	14d	250	III
B	P	HNO_3，1 L 水样中加浓 $HNO_3$10 ml	14d	250	I
Na	P	HNO_3，1 L 水样中加浓 $HNO_3$10 ml	14d	250	II
Mg	G，P	HNO_3，1 L 水样中加浓 $HNO_3$10 ml	14d	250	II
K	P	HNO_3，1 L 水样中加浓 $HNO_3$10 ml	14d	250	II
Ca	G，P	HNO_3，1 L 水样中加浓 $HNO_3$10 ml	14d	250	II
Cr^{6+}	G，P	NaOH，pH = 8～9	14d	250	III
Mn	G，P	HNO_3，1 L 水样中加浓 $HNO_3$10 ml	14d	250	III
Fe	G，P	HNO_3，1 L 水样中加浓 $HNO_3$10 ml	14d	250	III
Ni	G，P	HNO_3，1 L 水样中加浓 $HNO_3$10 ml	14d	250	III

项目	采样容器	保存剂用量	保存期	采样量/ml	容器洗涤
Cu	P	HNO_3，1 L 水样中加浓 $HNO_3$10 ml	14d	250	III
Zn	P	HNO_3，1 L 水样中加浓 $HNO_3$10 ml	14d	250	III
As	G，P	HNO_3，1 L 水样中加浓 $HNO_3$10 ml，DDTC 法，HCl 2 ml	14d	250	I
Se	G，P	HCl，1 L 水样中加浓 HCl 2 ml	14d	250	III
Ag	G，P	HNO_3，1 L 水样中加浓 $HNO_3$2 ml	14d	250	III
Cd	G，P	HNO_3，1 L 水样中加浓 $HNO_3$10 ml	14d	250	III
Sb	G，P	HCl，0.2%（氢化物法）	14d	250	III
Hg	G，P	HCl，1%水样为中性，1 L 水样中加浓 HCl 10 ml	14d	250	III
Pb	G，P	HNO_3，1%水样为中性，1 L 水样中加浓 HNO_3 10 ml	14d	250	III
Al	P 或 G 或 BG	用 HNO_3 酸化，pH 1～2	1 个月	100	酸洗
U	酸洗 P 或酸洗 BG	用 HNO_3 酸化，pH 1～2	1 个月	200	
V	酸洗 P 或酸洗 BG	用 HNO_3 酸化，pH 1～2	1 个月	100	

注：1. Ⅰ、Ⅱ、Ⅲ分别表示 3 种洗涤方法：

Ⅰ. 洗涤剂洗 1 次，自来水 3 次，蒸馏水 1 次。

Ⅱ. 洗涤剂洗 1 次，自来水洗 2 次，1+3 HNO_3 荡洗 1 次，自来水洗 3 次，蒸馏水 1 次。

Ⅲ. 洗涤剂洗 1 次，自来水洗 2 次，1+3 HNO_3 荡洗 1 次，自来水洗 3 次，去离子水 1 次。

2. G 为硬质玻璃瓶；P 为聚乙烯瓶（桶）；BG 为硼硅玻璃瓶。

2. 样品保存

重金属水样的保存是重金属监测中的一个重要环节。水样采集后，应尽快送到实验室分析，样品久放会受影响，水样中金属浓度可能发生变化。

（1）影响水样的主要因素

生物因素：微生物以钾等金属元素为养分，吸收水样中的这些成分，此外，微生物和藻类死亡又向水中释放出某些成分。

化学因素：待测组分的氧化或者还原，如六价铬在酸性条件下容易被还原为三价铬。由于铁、锰等价态变化，可导致某些沉淀与溶解、聚合产生或解聚作用的发生，这些均会导致测定结果与水样实际情况不符合。

物理因素：溶解的金属或胶状金属，被吸附到容器壁上或者悬浮颗粒物的表面上，导致待测组分的损失。

（2）水样的保存方法

冷藏：样品在 4℃冷藏，贮存于暗处，可以抑制生物活动，减缓物理挥发作用和化学反应速度。冷藏是短期内保存样品的一种较好方法，对测定基本无影响，但冷藏也不能超过规定的保存期限，须控制在 4℃左右，温度太低（例如≤0℃），因水样结冰体积膨胀，使玻璃容器破裂，或样品瓶盖被顶开而失去密封，样品受污。温度太高则达不到冷藏目的。

加入化学保存剂控制溶液 pH：测定金属离子的水样常用硝酸酸化至 pH 为 1～2，既可以防止重金属的水解沉淀，又可以防止金属在器壁表面上的吸附，同时在 pH 为 1～2 的酸性介质中还能抑制生物活动。用此法保存，大多数金属可以稳定数周或数月。六价铬的水样需要调节 pH=8，因为六价铬的氧化电位高，易被还原。

加入氧化剂：水样中的痕量汞容易被还原，引起汞的挥发性损失，加入硝酸-重铬酸钾溶液可以使汞维持在高氧化态，稳定性显著改善。

需要注意的是，地表水中重金属含量一般较低，试剂空白对其的影响是分析测试中常见的问题，保存剂引入的空白偏高可能使分析结果出现假阳性，甚至造成水样浓度超标的错误结果。因此，在保存剂的选择上，除了注意选择纯度较高的试剂，还需要对新批次的保存剂进行空白实验，掌握其空白浓度水平。

（3）水样的过膜问题

水样中的重金属存在不同的形态，选择不同的处理方式最终测定的是不同形态的金属的量，水样过膜与不过膜，加酸前过膜还是加酸后过膜，最终测得的金属含量有实质上的差别。

金属总量：指金属存在于水样中的无机结合态、可溶态和悬浮态的总和。测定金属总量，要取酸化过的混匀水样（包括悬浮物），经过强烈的化学氧化分解，使有机结合态和悬浮颗粒物中的金属全部转入溶液中，然后进行测定。一般来说，废水排放标准所要求的是测金属总量，其他许多污染物也要测定总量。

金属可溶态：水样中能通过孔径 0.45 μm 滤膜的部分，要测可溶态金属，应在现场采样后，立即（或尽快）通过 0.45 μm 有机微孔滤膜过滤，并将滤液酸化至 pH 为 1～2 保存。需要注意的是：要尽快过滤，因为水样存放会导致金属的水解沉淀，或者吸收二氧化碳等酸性气体而改变水样 pH，使颗粒物上的金属解吸，从而改变可过滤金属的浓度；要先过滤再酸化，不能先酸化再过滤，因为先酸化会使悬浮颗粒物上吸附的金属解吸下来进入溶液，使测定的可溶态金属比实际水样中的高；测可溶态金属不能在过滤前将样品冷冻保存，冷冻时可溶态金属相对浓集在未冻的溶液中，最后集中在冻块的中心，可能发生不可逆的水解或聚合等反应；冷冻时还可能导致生物体细胞的破裂，使生物体中的元素进入可过滤部分。

金属的不可滤（悬浮）态：水样通过 0.45 μm 滤膜过滤，被截留在滤器上的那部分金属。一般是将过滤一定体积水样的滤膜取下，经化学氧化分解，然后进行测定。

目前地表水中除 As、Se、Hg 之外，重金属通常指的是可溶态的重金属，因此，选择水样采集后用 0.45 μm 膜进行过滤后加酸保存，使用的微孔滤膜通常选择有机微孔滤膜，其具有空白低、过滤效果好等优点。

二、地下水中重金属的采集和保存

1. 样品采集

地下水水质监测通常采集瞬时水样。从井中采集水样，必须在充分抽汲后进行，抽汲水量不得少于井内水体积的两倍，采样深度应在地下水水面 0.5 m 以下，以保证水样能代表地下水水质。对封闭的生产井可在抽水时从泵房出水管放水阀处采样，采样前应将抽水管中存水放尽。对于自喷的泉水，可在涌口处出水水流的中心采样。采集不自喷泉水时，将停滞在抽水管的水汲出，新水更替之后，再进行采样。

2. 样品保存

地下水常规监测项目中，必测项目涉及重金属：砷、汞、镉、六价铬、铁、锰，选测项目：硒、铍、钡、镍、铅、铜、锌。保存剂的用量、保存时间、采样量及容器洗涤方式见表 1.8。

表 1.8 地下水中重金属项目采集及保存条件

项目	采样容器	保存剂用量	保存期	采样量/ml	容器洗涤
汞	G，P	HCl，1%，如水样为中性，1 L 水样中加浓 HCl 2 ml	14d	250	III
砷	G，P	H_2SO_4，pH＜2	14d	250	I
硒	G，P	HCl，1 L 水样中加浓 HCl 10 ml	14d	250	III
镉	G，P	HNO_3，1 L 水样中加浓 HNO_3 10 ml	14d	250	III
六价铬	G，P	NaOH，pH=8～9	24 h	250	III
铅	G，P	HNO_3，1 L 水样中加浓 HNO_3 10 ml	14d	250	III
铍	G，P	HNO_3，1 L 水样中加浓 HNO_3 10 ml	14d	250	III
钡	G，P	HNO_3，1 L 水样中加浓 HNO_3 10 ml	14d	250	III

注：Ⅰ、Ⅱ、Ⅲ、Ⅳ分别表示四种洗涤方法：

Ⅰ———洗涤剂洗 1 次，自来水洗 3 次，蒸馏水洗 1 次；

Ⅱ———洗涤剂洗 1 次，自来水洗 2 次，1+3HNO_3荡洗 1 次，自来水洗 3 次，蒸馏水洗 1 次；

Ⅲ———洗涤剂洗 1 次，自来水洗 2 次，1+3HNO_3荡洗 1 次，自来水洗 3 次，去离子水洗 1 次；

Ⅳ———铬酸洗液洗 1 次，自来水洗 3 次，蒸馏水洗 1 次。

三、空气和废气中重金属的采集和保存

1. 环境空气样品采集

根据采样目的不同，分别采用大、中流量 TSP 采样器，或用 PM_{10}、$PM_{2.5}$ 的大、中、小流量采样器采集不同粒径的颗粒物。采集器入口一般距地面 1.5 m。测定颗粒物中重金属一般不宜用玻璃纤维滤膜采样，因为玻璃纤维滤膜杂质含量高，对测定结果有影响，因此，建议使用有机微孔滤膜，如聚氯乙烯膜、醋酸纤维膜或聚碳酸酯膜。

2. 固定源采集

大多数金属存在于烟气颗粒物中，采集应按照烟道烟尘等速采样方法进行，根据工况及排气管的几何形状与尺寸按规定要求选择断面，设若干个采样点，测定每个采样点的流速，并进行等速采样，每个点采样时间相等。采样滤筒是玻璃纤维材质的，因其杂质含量高，应在使用前用（1+1）HNO_3溶液浸泡 24 h，取出纯水淋洗至中性，降低待测金属的空白。待晒干或烘干后，保存在干燥器中待用。当采样点烟气温度低于 200℃时，可将采样枪的采样头插入烟道直接采样；当采样点烟气温度在 200～400℃时，其中有部分铅与铅的氧化物以蒸汽态存在，采样时易从滤筒中穿漏，为此应将烟气等迅速引出烟道，使温度降至 200℃时再采。

采样点数目、采样点位设置及操作步骤，可按《固定污染源排气中颗粒物的测定和气

态污染物采样方法》（GB/T 16157—1996）进行。采样频次和时间，可按《大气污染物综合排放标准》（GB 16297—1996）进行。

3．无组织排放源采集

无组织排放源的采集方法与环境空气颗粒物采集方法相同，根据污染源的风向设置对照点和监控点，找到下风向的 1 h 最高浓度点作为监控点。监控点浓度与对照点浓度之差即为该无组织排放源的浓度。任何 1 h 浓度都不得超过标准限值。采样时间：各点可采 1 h，若浓度偏低可适当延长采样时间，若浓度较高，可在 1 h 内等间隔采样，例如 5 min 采一个样，连采 4 次，取其平均值。另一种布点是取单位周界监控点，当有明显风向和风速时，监控点设在周界外 10 m 范围内，找一个小时浓度最高点作为监控点。若经预算估算，无组织排放的最大落点地浓度区域超过 10 m，则可将监控点移至此处，采用与环境空气样品相同的采样器进行采样。操作步骤可参见《环境空气 总悬浮颗粒物的测定 重量法》（GB/T 15432—1995），采样时间及采样监控点位的确定可以按照《大气污染物综合排放标准》（GB 16297—1996）附录 C 进行。

4．样品保存

将采集的样品（滤筒或滤膜）放在采样袋中，置于干燥洁净的干燥器中保存。滤筒采集后，将封口向内折叠，竖直放回原采样盒中，再放入干燥器中保存。滤膜采集后，对折放入干净纸袋或膜盒中，放入干燥器中。

四、固体废物中重金属的采集和保存

1．样品采集

（1）采样方法

简单随机采样法：当对一批废物了解很少，且采取的份样比较分散也不影响分析结果时，对其不做任何处理（不进行分类也不进行排队），而是按照其原来的状况从中随机采取份样。

系统采样法：一批按一定顺序排列的废物，按照规定的采样间隔，每隔一个间隔采取一个份样，组成小样或大样。

分层采样法：根据对一批废物已有的认识，将其按照相关标志分若干层，然后在每层中随机采取份样。一批废物分次排出或某生产工艺过程的废物间歇排出过程中，可分 n 层采样，根据每层的质量，按比例采取份样。

两段采样法：简单随机采样、系统采样、分层采样都是一次直接从一批废物中采取份样，称为单阶段采样，当一批废物由许多车、桶、箱、袋等容器盛装时，由于各容器比较分散，所以要分阶段采样。

（2）采样点位

对于堆存、运输中的固体废物，可以按照对角线型、梅花型、棋盘型、蛇型等分布确定采样点。粉末状、小颗粒的固体废物，可按照垂直方向、一定深度的部位确定采样点。容器内的固体废物，可按照上部（表面下相当于总体积的 1/6 深处）、中部（表面下相当于总体积的 1/2 深处）、下部（表面下相当于总体积的 5/6 深处）确定采样点。根据采样方式（简单随机采样、分层采样、系统采样、两段采样等）确定采样点。

（3）制样

样品制备包括以下 4 步操作：① 粉碎，经破碎和研磨以减小样品的粒度；② 筛分，使样品保证 95%以上处于某一粒度范围；③ 混合，使样品达到均匀；④ 缩分，将样品缩分成两份或者多份，以减少样品的质量。具体参见《散装矿产品取样、制样通则 手工制样方法》（GB 2007.2—87）。

2. 样品保存

每份样品保存量至少为试验和分析所需量的 3 倍；样品装入容器后立即贴上样品标签；样品保存应防止受潮或受灰尘等污染；样品保存期为 1 个月，易变质的不受此限制；样品在特定场所由专人保管；撤销的样品不许随意丢弃，应送回原采样处或处置场所。

五、土壤中重金属样品的采集和保存

1. 样品采集

根据调查目的，土壤样品可分为多种类型，一般有剖面样、整段标本的原状土样、耕作层土样、混合样。根据土壤环境调查目的性质以及土样分析项目的不同，土壤样品的采集有很大差异，一般分以下几种：

（1）土壤剖面样品的采集

柱状取样法：在已经整理好的土壤剖面中间，画两条相距 5～10 cm，从上到下相互平行的直线，剖去其表层，然后自下而上在每个土层内挖取一定量的土（一般为 1kg 左右），但要保证足够分析使用，装入布袋或塑料袋内备用。

（2）土壤表层（或耕作层）样品的采集

为了解土壤表层或耕作层污染状况、养分供求状况等，一般只取土壤表层或耕作层的土样。不从整个剖面分层取样，而是在表层或者耕作层取样；不是单点取样，而是多点取样，加以混合取其均值。这种取样方法避免典型取样波动性大的缺点，代表性较好。根据研究区域面积确定采样点的多少，通常为 5～20 个点。

（3）整段标本的采集

在特殊需要时，为详细观察研究整个剖面或为了陈列标本及教学示范等需要，对代表性和典型性好的剖面，采集整段标本。

标本盒取样为满足土壤分类及土壤环境填图的需要，将有关制图单位的土壤标本分层装入土盒内，土盒一般为 3 cm×25 cm。取样时应分层自下而上，并标注土壤名称及编码。

土壤物理性质样品的采取用于土壤物理性质的测定。

2. 样品制备

野外采集回来的土样经登记编号后，一般要经过以下处理程序：风干、磨细、过筛、混合、分装、制成待分析样品，满足各种分析的要求。样品加工处理的目的是：使样品能较长时期保存，不因微生物活动而变质、发霉；剔除其余非土部分，使分析结果能代表土壤本身的组成；将样品适当磨细并混合均匀，使分析时称取的样品具有较高的代表性，减少称样误差；将样品磨细，使分解样品的反应完全和均匀。

制样工作场地：土壤样品加工应分别在风干室、粗磨室、细磨室三处进行，切不可统统在一处工作，避免加工时互相混样和交叉污染。加工厂地应保持清洁，经常用湿拖布擦洗地面，用湿布擦抹室内台、架、桌、椅等用具，减少样品之间的相互影响和干扰。样品自然风干的房间应保持通风干燥，不可在阳光下暴晒样品。

制样工具与容器：一般不使用铁、铝等金属制品，最好选用木质和塑料制品。所需的工具与容器有：晾干样品用的无色聚乙烯塑料盘（或白色搪瓷盘）、放塑料盘用的木架、木夹，分装土壤样品用的 250 ml、500 ml 带塞磨口玻璃瓶，尼龙筛一套（数量视加工量而定），有机玻璃板，有机玻璃棒、木棒，木滚、玛瑙研磨机，塑料薄膜或桐油漆布，特制牛皮包装纸袋等。

制样步骤：野外采集到的土壤样品，送到风干室，使样品在通风避光的室内自然风干。潮湿样品可摊在塑料布或聚乙烯塑料盘中，摊成薄层，约 2cm 厚，用玻璃棒间隔翻动，捏碎土块，促使均匀风干，此时注意防止样品在翻拌、捏碎过程中造成混样和污染。在样品半干时，须将大块土捣碎，以免结成硬块，难以研磨和风干。在风干过程中，随时排除粗大的植物残体和大于 1 mm 粒径的石砾、结核等。为保持室内通风，可使用排风扇。刮风时应关闭门窗，以免飞扬的尘土污染样品。土壤标签应用竹夹夹在相应塑料盘或塑料布边上，以便查对。样品风干的程度可通过抽查、测定样品中的水分来鉴别，符合样品制备及分析要求者为合格。风干后的土样放回原布袋，转送样品加工室制备。在样品加工粗磨室，将风干好的土样轻轻倒入有机玻璃板上，用木棒或有机玻璃棒重力压碎，并不断剔除碎石、沙砾及植物根茎等。用四分法分割压碎的样品，过 20 目尼龙筛，过筛的样品全部置于聚乙烯薄膜上（60cm×60cm）充分混匀。混匀的方法是轮换提起方形薄膜的对角一上一下提拉，数次后用玻璃棒搅拌，如此反复多次，直至土壤均匀为止。用四分法将样品分成两份，一份交样品库存放，另一份继续用四分法缩分，第二次缩分的样品，一份留作备用，另一份送细磨室研磨至全部通过 100 目尼龙筛，充分混合均匀后，分装于特制牛皮纸袋内，以备分析测试用。

3. 样品保存

土壤的保存方法根据待测组分情况有所区别，对待测组分比较稳定的样品，可采用自然通风脱水处理，如遇热、遇光、空气等不稳定的组分样品，则应采用真空冷冻干燥法处理。样品经粗磨，过 20 目尼龙筛后，用带塞磨口玻璃瓶封装，瓶上标签应注明采样日期、地点、土壤名称、母质母岩名称、采样剖面层次等，标签要贴牢，防止脱落，瓶与瓶之间衬以硬纸圈。

土壤样品通常保存半年至一年，而标准样品或对照样品则须长期妥善保存。需要长期存放的样品，入库贮藏管理。样品仓库一般选择干燥、通风、无污染、交通便利的地点，防止霉变、鼠害及其他污染。要分层存放在样品架上，以方便取用和贮藏。保存期内定期检查样品的贮存情况，必要时须对样品的稳定性或变化情况做专门的实验研究。

第三节 样品的前处理技术

一、环境样品前处理技术概述

环境样品有气态、液态和固态三种状态。气态样品主要是指采集到的室内、室外空气样品和污染源排气；液态样品包括的范围则很广，包括饮用水、地表水、地下水、雨水、污废水以及各种处理设施净化后的水等；固态样品主要有土壤、固体废物、垃圾、沉积物、污泥以及生物样品等。

目前仪器法分析金属元素含量主要适用于清澈的液体样品，虽然有针对气态、固态样品的直接进样技术，但目前这些进样分析还存在局限性。将液体引入分析仪器（溶液雾化法）仍是最广泛、最优先考虑的方法。实践表明，溶液雾化法相对来讲能获得良好的分析准确度和精密度，有较好的稳定性，操作易掌握。混浊的水样和固体样品则需进行前处理，将待测元素转移到水相后再进行检测。

水样主要采用酸消解法，固体样品前处理是将金属元素从固体中溶解出来，过程相对较为复杂。空气中的金属元素主要附着在颗粒物上，采样时通常用滤膜、滤筒收集颗粒物，采集到的样品连同滤膜、滤筒一起处理。由于环境样品性质复杂，有时要采用多种方法和多种试剂结合来进行样品前处理。任何一种方法都不是万能的，采用何种方法要根据分析的要求和试样的类型而定。

二、前处理的常用消解体系

1. 酸消解法

酸消解法包括敞口酸消解法和高压密闭酸消解法。敞口酸消解法是应用最普遍的一种样品分解方法。利用各种酸的化学能力，将待测的金属元素从样品中溶解出来转移到液体中。酸消解法常用的酸的种类和性质如下：

（1）硝酸 HNO_3（相对密度 1.42，70%水溶液，*m*/*m*），沸点 120℃

在常压下的沸点为 120℃，在 0.5 MPa 下，温度可达 176℃，它的氧化电位显著增大，氧化性增强。能对无机物及有机物进行氧化作用。金属和合金可用硝酸氧化为相应的硝酸盐，这些硝酸盐通常易溶于水。部分金属元素，如 Au、Pt、Nb、Ta、Zr 不被溶解。Al 和 Cr 不易被溶解。硝酸可溶解大部分的硫化物。

（2）盐酸 HCl（相对密度 1.19，37%水溶液，*m*/*m*），沸点 110℃

盐酸不属于氧化剂，通常不消解有机物。盐酸在高压与较高温度下，可与许多硅酸盐及一些难溶氧化物、硫酸盐、氟化物作用，生成可溶性盐。许多碳酸盐、氢氧化物、磷酸盐、硼酸盐和各种硫化物都能被盐酸溶解。

（3）高氯酸 $HClO_4$（相对密度 1.67，72%水溶液，*m*/*m*），沸点 130℃

$HClO_4$ 是已知最强的无机酸之一。经常使用 $HClO_4$ 来驱赶 HCl、HNO_3 和 HF，而 $HClO_4$ 本身也易于蒸发除去，除了一些碱金属（K、Rb、Cs）的高氧酸盐溶解度较小外，其他金属的高氯酸盐类都很稳定且易溶于水。用 $HClO_4$ 分解的样品中，可能会有 10%左右的 Cr

以 $CrOCl_3$ 的形式挥发掉，V 也可能会以 $VOCl_3$ 的形式挥发。$HClO_4$ 是一种强氧化剂，热的浓 $HClO_4$ 氧化性极强，会和有机化合物发生强烈（爆炸）反应，而冷或稀的 $HClO_4$ 则无此情况。因此，通常都与硝酸组合使用，或先加入硝酸反应一段时间后再加入高氯酸（HNO_3 的用量大于 $HClO_4$ 的 4 倍）。高氯酸大多在常压下的预处理时使用，较少用于密闭消解中，要慎重使用。在使用聚四氟乙烯（PTFE）烧杯分解样品时，选用 $HClO_4$ 赶酸可避免过高温度导致 PTFE 材料的不稳定。使用高氯酸可以维持整个样品消解过程中的氧化环境，从而减少 Hg 以及能形成氢化物的元素如 As、Se、Sb、Bi、Te 的损失，保证有机成分完全氧化分解，避免较高的有机含量增大溶液粘度，从而影响样品引入期间的传输和雾化效率。

（4）氢氟酸 HF（相对密度 1.15，48%水溶液，*m*/*m*），沸点 112℃

HF 本身易挥发，处理样品时 HF 很少单独使用，常与 HCl、HNO_3、$HClO_4$ 等酸同时使用。HF 是唯一能与硅、二氧化硅及硅酸盐发生反应的酸，少量 HF 与其他酸结合使用，可有效地防止样品中待测元素形成硅酸盐。HF 是一种弱酸，但由于它具有较强的络合性，所以可以与许多阳离子形成稳定的络合物，如生成 H_2SiF_6，促使阳离子组分从硅酸盐晶格中释放出来，加热时 H_2SiF_6 分解成气态 SiF_4 逸出，得到了不含硅的溶液。许多环境样品，如土壤、水系沉积物、河道底泥、污泥等，用 HF 分析样品可除去样品中大量的 Si，有效地降低样品中的总溶解固体（TDS），但同时 B、As、Sb 和 Ge 等根据不同的价态也将不同程度挥发。氟和氟氧络合离子的生成有助于铌钽钨等化合物的分解，可防止它们在酸性溶液中因水解而生成沉淀，但另一些阳离子会与氟离子反应生成不易溶解的沉淀。比如，在同一条件下稀土元素、Th^{4+}、U^{4+}生成沉淀，而 Ta、Nb、Ti 等生成稳定络合物。生成的某些低含量氟化物可随氟化钙或氟化镧共同沉淀。HF 容易分解碱金属、碱土金属和重金属的硅酸盐。硫化物含量高的样品很难被 HF 和 $HClO_4$ 混合酸有效地溶解，最好先用王水溶解。测定样品中的 B 时，氢氟酸易与 B 生成挥发性的 BF_3，磷酸的加入可避免这种挥发损失。许多元素[如 As（Ⅲ）、Sn、Sb]的氟化物在赶酸时容易挥发损失，但挥发与否以及挥发程度取决于所用酸的种类。

必须注意的是，HF 具腐蚀性，会腐蚀玻璃、硅酸盐，不能使用玻璃或石英容器，经典的是采用铂器皿，但铂器皿较贵，目前实验室最常用的是聚乙烯、聚丙烯、聚碳酸酯、聚四氟乙烯（特氟隆）等塑料器皿。聚四氟乙烯是最合适的材料，它可以抗强氧化剂，而且允许加热到 240℃，但温度高于 200℃容器易变形。另外，用 HF 处理过的样品中因存在 HF，会腐蚀仪器中的玻璃或石英进样系统和炬管等，因此这类样品在测试之前需先除掉 HF，通常用 $HClO_4$ 或 H_2SO_4 赶酸。

（5）过氧化氢 H_2O_2（相对密度 1.13，30%水溶液，*m*/*m*），沸点 107℃

过氧化氢的氧化能力随介质的酸度增加而增加，H_2O_2 分解产生的高能态活性氧对有机物质的破坏能力强，使用时通常先加 HNO_3 预处理后再加入 H_2O_2。组成 H_2O_2 的元素和水相同，以 H_2O_2 作为氧化剂不会向样品中引入额外的卤素元素，从而减少分析干扰。

（6）硫酸 H_2SO_4（相对密度 1.84，98.3%水溶液，*m*/*m*），沸点 338℃

硫酸是许多有机组织、无机氧化物及金属等的有效溶剂，它几乎可以破坏所有的有机物。但在密闭消解时要严格监控反应温度，因为浓 H_2SO_4 在达到沸点温度时可以熔化聚四氟乙烯容器，浓 H_2SO_4 的沸点是 338℃，而聚四氟乙烯的使用温度不能超过 240℃。所以，

一般不单独用 H_2SO_4，而是与 HNO_3 一起组合使用。由于 H_2SO_4 赶酸时间长、易引入硫元素的干扰，因此在环境监测中使用率不如上述几种强酸高。

处理样品时，往往不是只用一种酸单一消解，而是用几种酸依次分别加入或几种酸混合后加入，以加强处理能力（依次分别加入或混合加入应根据样品的性质而定）。常见的消解体系如下：

（1）王水，HCl∶HNO_3=3∶1（*v/v*）

王水是最常用的混合酸，两种酸混合后产生的氯化亚硝酰和游离氯是强氧化剂，王水需现用现配。王水可用来溶解许多金属，包括锑、铬和铂族金属等，植物体与废水也常使用它来进行消解。王水可从硅酸盐基质中酸洗出部分金属，但无法有效地完全溶解。除王水外，硝酸和盐酸还常以另外的比例混合在一起使用，所谓的勒福特（Lefort）王水，也叫逆王水，是三份硝酸与一份盐酸的混合物，可用来溶解含有氧化硫或黄铁矿的环境样品。

（3）HNO_3∶H_2SO_4 常用的比例为 1∶1（*v/v*）

这种混酸的最高温度仅比单纯 HNO_3 时的最高温度高 10℃左右。高温条件下，易于形成硫酸盐络合物，还具有脱水和氧化的性质。通常在完成最初的消化后，可加入双氧水以完成消化。但是，只有当溶液减少且冒 SO_2 气体后才能添加双氧水。本方法可以有效消解如聚合物、脂肪等有机物质，但硫酸赶酸非常困难。

（3）HNO_3∶HF，常用比例为 5∶1（*v/v*）

这种混合酸对于溶解金属钛、铌、钽、锆、铪、钨及其合金特别有效，也可用来溶解铼、锡及锡合金、各种碳化物、氮化物及各种硅酸盐。

（4）HNO_3、HCl、HF、$HClO_4$ 混酸

这种混酸是我国土壤中重金属监测分析标准方法中使用的消解方式，也是目前测定环境样品金属总量最常见的消解体系。

除了敞开式酸消解法外，高温、高压、长时间条件下的封闭酸溶法也得到广泛的应用。加压封闭酸消解法比常压酸消解法有了显著的改进，与其他方法相比，具有以下优点：① 密封容器内部产生的压力使试剂的沸点升高，因而消解温度较高。形成的高温高压环境保证了大多数难溶元素的完全分解，同时易挥发元素在密封条件下也不会损失。② 溶样过程中酸不挥发而在系统内反复回流，仅用很少量的纯化酸即可完成样品分解。不仅节约了成本，而且减少了分解期间所产生的有毒气体的量。③ 由于减少了试剂用量且采用密封系统，环境污染的可能性也大大降低，从而保证了很低的空白值。

但这种密封压力消解方法也有它的缺点。比如，特殊难溶相仍存在分解不完全的问题；由于在加压条件下，聚四氟乙烯呈现多孔性，酸蒸气会从聚四氟乙烯管壁逸出，钢套会被腐蚀生锈，容易产生污染（建议使用质纯的聚四氟乙烯作内衬，管壁要厚，封口螺纹要长，使用新式的钢套有聚四氟乙烯涂层的封闭溶样器系统）；分解容器造价偏高；分解有机物时若采用高氯酸有爆炸危险；不能分解数量大的样品；不能观察试样的分解过程。尽管封闭溶样罐有这些缺点和危险，但这种技术可以快速分解用其他方法难以或不能溶解的难熔矿物，而且具有用酸量少、污染小、空白低的显著优势。

常用的封闭压力溶样法主要有两种：一种是在密闭的硬质玻璃管中分解；另一种是将一个聚四氟乙烯容器放在一个不锈钢外套内，样品在管内的容器中分解。

在封闭的玻璃管中溶解：溶剂和样品密封在硬质玻璃管内，玻璃管置于敞口或密封的钢筒内，加热使样品分解。在封闭的玻璃管中将样品加热到 300℃可获得高达 4 000 磅力/英寸 ^{2}[①]的压力，因此，必须采取适当的防爆措施，如可在钢筒内放置某些物质（干冰或水），加热时形成气体，在玻璃管与钢壳之间的空隙产生一定的压强。这个压强可控制到与玻璃管内部物质反应形成的压强近似，压强作用到玻璃管外壁上以抵消内壁压力。

应用较多的封闭压力溶样器，是将一个特氟隆内衬溶样器封装在一个耐高压的不锈钢罐中，在 PTFE 容器和盖之间形成高压气密封，加入样品和酸之后，用特制钳将罐拧紧，然后放到干燥箱中加热数小时甚至数天（放置时间长短依据不同类型样品的需求而定）。注意温度最好不要超过 200℃，因为温度高于 200℃，PTFE 内衬易变形。

封闭压力溶样器在 20 世纪 50 年代被广泛用于分析实践，但至今仍在普遍采用和发展之中。这主要是因为：① 容易达到并保持在较高的温度和一定压力；② 聚四氟乙烯材料是最适合酸溶的容器，耐腐蚀，空白低；③ 现代仪器分析方法的迅速发展要求样品溶液中的盐分不宜过高，所以熔融法一般尽量少采用；④ 痕量、超痕量元素分析要求增加，而熔融法因试剂空白较高，且熔融产物可能与坩埚壁发生不利的反应；⑤ 有了制备超纯酸的新方法，可将它用于分解样品；⑥ 该种溶样方法得到的溶液可测定元素种类多，既可用于测定主量成分，也可用于测定微量、痕量和超痕量元素测定；⑦ 有处理大批样品的能力。

对试样分解时容器的内部压力很难实际测出，只能靠推测，但至少比水的平衡蒸气压高。如果样品中有机物质含量高，要预先用硝酸消解一下再密封，以防内部压力急剧上升，引起爆炸。样品和试剂的量不能超过内衬容量的 30%，过多的溶液产生的压力可能会超过容器的安全额定压力。待溶样罐冷却至室温后再打开，打开时应放在通风橱内小心操作。外套的铁锈会使 PTFE 内衬着色，可置于 3～6 mol/L 盐酸中加热除色，洗净后浸在热水里除去浸入的盐酸。不锈钢外套的锈迹可用草酸或草酸盐浸泡，用超声波清洗除去。最近，有新研制的商品封闭压力溶样器出售，这种新溶样器的不锈钢外套有聚四氟乙烯涂层，克服了钢套被酸腐蚀的现象，大大减少了分析元素的污染问题。

2．熔融法

熔融法是一种分解效率很高的分解方法，将原来不易溶的样品转变成可溶于水或酸的物质。该法主要靠高温下固体与熔剂间发生的多相反应。其主要缺点是要求使用相当过量的熔剂，试剂本身的杂质连同坩埚等被腐蚀下来的杂质会严重污染分析溶液。同时，样品制备期间引入了大量盐类，这就要求在分析前必须高倍稀释，因而降低了方法检出限。

熔融法分三种：① 碱金属熔融（使用碳酸盐、氢氧化物、过氧化物或硼酸盐）；② 酸熔融（使用焦硫酸盐、氟氢酸盐、硼氟酸盐或氧化硼等），常用于地质样品的消解；③ 氧化还原熔融（使用混合熔剂：氧化剂或还原剂加上碱熔使用的熔剂，以及在元素硫存在下的碱熔融），常用于贵金属的消解。

碱金属熔融法很多用于植物和生物样品的分解，但大量熔剂的加入使方法检出限增高。使用碱金属熔剂还有两个缺点：一是过量的易电离元素，尤其是 K、Na 等，会引起严重的基体效应（如信号抑制）。这种基体干扰的程度甚至超过可溶性总固体引起的干扰。

---

① 磅力/英寸 ^{2}（1 bf/in^{2}）= 6 894.76 Pa。

二是对于 ICP-MS 分析来说，可能引起严重的多原子离子干扰。

碳酸钠和碳酸钾及两者等当量的混合物是碱熔法中最常用的熔剂，三者的熔点分别是 850℃、980℃和 500℃，也可采用碳酸氢盐代替碳酸盐。一般碳酸氢盐容易制成纯度高的物质，并且在 300℃加热就会转变成碳酸盐。碳酸盐熔融法经常用于硅酸盐样品的分解。对坩埚的腐蚀比较严重，因为碱金属碳酸盐熔解后有一部分分解成碱金属氧化物，后者会严重腐蚀坩埚。碳酸盐熔融法中最常用的是铂或铂金坩埚，加铱或铑可增加铂的机械强度，而加金或锆可增加铂的抗化学浸蚀能力。碳酸盐熔融时，有些金属被挥发，如砷和硒部分挥发，而铊和汞完全挥发。

碱金属氢氧化物是另一种极有效果的碱性熔剂，NaOH 和 KOH 的熔点分别是 328℃和 360℃。由于熔解时氢氧化物释放出水会引起熔物的喷溅，所以一般先在熔点温度下将熔剂脱水，待重新固化后再将样品放在上面。关于熔剂的用量，一般比试样过量 10 倍即可，时间一般需 5～15 min，但对于某些难分解的矿物样品要求较长时间。

过氧化钠也是一种最有效的碱熔试剂，除了具有很强的分解能力外，熔化时还具有很强的氧化能力，将许多种阳离子氧化成最高价态。过氧化钠对坩埚的腐蚀比较严重。可预先在坩埚内表层熔成一层碳酸钠层，然后再用于过氧化钠的熔融过程，这样可提高坩埚的抗腐蚀能力。过氧化钠熔融法常用于稀土元素分析，需经阳离子交换树脂柱进行分离，流程较长。

对于那些在碱介质中生成易溶高价酸阴离子的元素，过氧化钠熔融法有一定优点。用水浸取熔融物时易将两性元素与弱碱性元素分离开。但由于过氧化钠不易提纯，试剂空白值较高，且热解石墨坩埚为层状结构，不易清洗，反复使用的过程中有些元素的空白值不易控制，故限制了将此法用于低含量元素的测定。另外，此流程所用热解石墨埚价格昂贵，易被氧化破损，成本较高。

有些样品中的某些元素（如重稀土等元素），无论采用敞开容器酸溶法或高压封闭酸溶法，都不能保证难溶相完全分解，因此可采用酸溶和微熔融法结合的方法来解决此类问题。通常是先采用敞开酸溶法，将溶液过滤，剩余残渣再加入少量熔剂（比如，过氧化钠或偏硼酸锂等）进行熔融处理，之后将二者溶液合并进行测定。这种方法效果很好，既采用了酸溶法空白低，盐类少的优点，又利用了熔融法解决了极微量的难溶相，同时减少了全熔融法引入大量盐的缺点。

三、前处理的常用消解方式

1．微波消解法

选择合适的消解试剂及消解程序，微波消解法能更有效地萃取各种固体样品中的金属元素，且由于样品处于密闭容器中，也避免了待测元素的损失和可能造成的污染。微波消解法已被美国 EPA 收录为标准方法，加之商品化的微波消解装置已经相当成熟，使得该项技术日趋普及。微波是频率为 300 MHz～300 GHz，即波长为 1 mm～100 cm 的电磁波，也就是说波长在远红外线与无线电波之间。为防止民用微波功率对无线电通信、广播、电视和雷达等造成干扰，国际上规定工业、科学研究、医学及家用等民用微波的频率为（2 450±50）MHz。因此，微波消解仪器所使用的频率基本上都是 2 450 MHz。

绝缘体，如陶瓷、塑料（聚乙烯、聚苯乙烯）、聚四氟乙烯等，可以透过微波，基本不吸收微波的能量，因此常用做微波容器的材料。商用微波消解罐的主体材料一般都是聚四氟乙烯或工程塑料，也有一些附件由陶瓷等其他惰性材料制成。微波能量易被极性分子如水、酸等吸收，这些极性分子具有永久偶极矩（即分子的正负电荷的中心不重合），在微波场中会随着微波频率而快速变换取向来回转动，使分子间相互碰撞摩擦而温度升高，微波消解正是利用了微波的这些特性对样品进行消解的。

与传统的电加热方式相比，微波消解有许多优点。微波加热是一种直接的体加热方式，且微波可以进入样品内部，到达样品的任一深度，且所到之处均产生热效应，因此微波加热更快速更均匀。有研究表明，氧化物或硫化物在 800 W 微波作用下 1 min 内就能被加热到几百摄氏度，而 1.5 g 二氧化锰用 650 W 微波加热 1 min 可升到 920 K，升温速率非常快。传统的加热方式（热辐射、传导与对流）中，热是由外向内通过器壁传给样品，许多热量都发散到周围环境中，而微波加热直接作用到物质内部，因而能量利用率特别高。此外，由于试剂与样品中的极性分子都在微波场中，随变化电磁场不断变换取向，从而互相碰撞摩擦，固体物质的表层经过膨胀、扰动而破裂，从而使暴露的新表层再被酸侵蚀。这种效应产生的溶解效率远高于只靠酸加热的方法，相当于试剂与样品表面都在不断更新，不断接触新的试剂，促使反应加速进行。在此过程当中，交变的电磁场就像高速搅拌器，每秒钟搅拌 2.45×10^9 次，大大加快了消化速率。微波消解在密闭容器中进行，密封容器内部产生的压力使试剂的沸点升高，消解温度升高，增高的温度和压力可显著地缩短样品的分解时间，而且使一些难溶解物质易于溶解。综合上述理由，微波消解优于传统的消解方法，可以消解许多传统方法难以处理的样品。

微波消解过程包括以下几个步骤：首先称取适量的样品置于消解罐中，样品量过低会使痕量元素的分析误差增大，有机物含量高的样品称取量过高，会因为有机物分解产气致使消解罐压力过高导致危险。例如，土壤的称取量通常为 0.2～1.0 g，植物、腐殖土等样品则应适当降低样品量，然后根据需要在消解罐中加入水和各种消解试剂，常用的有 HNO_3、HCl、HF、H_2O_2 等，密封消解罐置于消解炉中。土壤、水系沉积物等，其成分是各种矿物的混合物。可以采用 HNO_3-HCl-HF 三元体系分解样品。HF 的作用主要是“打开”样品中的硅酸盐，使 Si 成为 SiF_4 蒸发，可大大降低试液中的 TDS，十分有利于痕量元素的测定，但不能测定 Si 元素，且实验后要用 $HClO_4$ 赶酸。腐殖土可以加逆王水消解。生物组织样品如植物或动物组织样品可用 HNO_3-H_2O_2 直接消解完全。和传统方法相比，微波消解酸的用量较低。下一步是设置样品消解的程序，商用的微波消解仪配有计算机控制系统，可以根据需要设定消解功率、温度及时间程序。微波消解的速率与效率不仅与消解试剂的种类、浓度及用量有关，还和样品的组成密切相关。植物样品相对较易消解，而土壤、沉积物及某些垃圾样品则较难消解。根据样品和试剂的性质，选择合适的微波功率及消解程序。由于环境样品基体的复杂性不同，在确定微波消解方案时，应对所选消解试剂、消解功率和消解时间进行条件优化，具体可以参考文献和相应的标准方法。

使用微波消解时必须注意消解设备的安全额定压力。消解过程中消解罐的温度、压力均会升高，混合反应的压力不断变化，为安全起见，消解过程必须保证压力不会超过限定值。一般要求样品和试剂量之和不超过内衬容量的 10%～20%，有机物质不能和强氧化剂在消解罐内混合，严格控制消解温度。以上任何一条处理不当都会引起容器的破裂及爆炸。消解结束后必须等消解罐彻底冷却后才能打开，开启时应放在通风橱内小心操作，以免发生危险。

2．灰化法

有些环境样品（如生物样品）一般都需要将有机基体完全氧化才能彻底分解和溶解，但必须采取预防措施以免干扰。同样，也应监控样品中 S 和 Cl 的含量，因为动物组织中这些元素的浓度可能会很高。常用的主要有两种方法，即干法灰化法和湿法灰化法。

湿法灰化常用的方法很多，但大多数是用硫酸和硝酸、高氯酸和硝酸混合酸或者双氧水。但硫酸会产生多原子离子的干扰、痕量元素的可能挥发、不溶硫酸盐的沉淀，硫酸的高粘度可能导致的样品和标准之间传输效率存在差别。

通常用铂或瓷坩埚在马弗炉中干灰化的方法比较经济、简单而且快速，但这种方法有一些缺点。其中之一是在完全灰化所要求的高温下会引起一些痕量元素（如 Cd、Pb、Zn）的部分挥发或全部挥发损失（如 As、Hg、Se）。即使有些元素本身并无挥发性，但在灰化期间也可能形成一种易挥发的化合物（如氯化物）而遭受到损失（大多数生物样品都含有氯化物）。对于非挥发性元素，易被吸附到坩埚壁上和/或转化成一种难溶相使下一步的溶解很困难。在灰化过程中加入所谓的助灰化剂如锆、镁以及铝的硝酸盐可以减少或消除这些问题。加入的化合物有助于氧化过程，阻止挥发并使分析物转化成易溶化合物（硝酸盐）。但盐类的加入将增大空白，使最终溶液中的 TDS 显著增大，大大影响方法检出限。

四、环境样品的前处理

1．水样的前处理

一般而言，pH 小于 2 的清澈水样可以直接进行仪器分析。大部分天然水和各种污水、废水常会含有不同数量的固体物质，从而使水质浑浊。在测定金属等无机物的指标时，如果水样中含有较高浓度的有机物也需要先进行前处理。水样预处理的目的主要是使待测组分达到测定方法和仪器要求的形态、浓度，消除共存组分的干扰。水样前处理包括消解、富集和分离。通常，多数水样需要经过必要的前处理才能用仪器分析。不同性质不同元素的水样处理方法有所差异。

水中的金属元素状态分可溶态和悬浮态两种。为避免管路堵塞，仪器分析，一般要求溶液中不含粒径在 0.45 μm 以上的颗粒。能通过滤膜的金属形态称为可溶态，被截留的为悬浮态，两者之和为金属元素的总量。当水样中含有悬浮颗粒时，测试溶解态金属含量需用滤膜等过滤，测定过滤后水中的金属含量。而分析金属元素总量时则往往要先将水样消解后再测定。若测定悬浮物中的金属，需用玻璃砂芯、滤膜或滤纸将新鲜水样抽滤，滤渣在 105～110℃烘干，置于干燥器中冷却，直至恒重为止，然后进行消解和分析。

消解是最常用的前处理方法。消解处理的目的是破坏有机物，溶解悬浮性固体，并将各种价态待测元素氧化成单一高价态，或转变成易于分离的无机化合物。消解后的水样应清澈、透明、无沉淀。

水样的消解多采用湿式消解法，即利用各种酸或碱进行消解。使用的试剂主要有盐酸、硝酸、高氯酸、磷酸、过氧化氢等。要注意的是，由于硫酸易产生分析吸收，选用火焰原子吸收法时一般不用硫酸处理水样；硫酸和高氯酸由于基体干扰较严重，在选用石墨炉原子吸收时应避免使用。对于 ICP-MS 分析来说，硝酸是最合适的酸介质。对于火焰原子吸收法来说，一般以稀盐酸或者稀硝酸为介质较好，高氯酸次之，避免使用硫酸（有分子吸收）和磷酸（有化学干扰）。对于石墨炉原子吸收法，最好选用硝酸介质，避免使用盐酸介质，以防止某些金属（如钙、镉、铅）形成易挥发的金属氯化物，钠、钙、镁的氯化物还会产生基体干扰，也要避免使用硫酸、磷酸。试剂纯度的要求与待测元素的含量及试剂的用量有关。对于浓度在 mg/L 级以上的样品，消解试剂应为分析纯以上；对于 mg/L 级以下的样品，消解试剂应使用优级纯级别或经过提纯后的分析纯试剂；对于痕量金属分析，试剂纯度应进一步严格。通常当消解试剂的用量是样品量的 10 倍时，试剂中元素的含量应比样品中元素的含量至少低两个数量级。若消解过程使用的酸量较大、酸的种类较多或分析准确度要求较高，为避免试剂对待测元素含量的影响，在消解样品的同时应平行制备试剂空白以消除试剂干扰。对于水中痕量或超痕量元素的分析，有时需要先预分离和富集，然后再检测含量。

样品的采集制备以及标样的配制与储存都应选用合适的器皿。在痕量金属分析时，应考虑到实验室最常用的玻璃器皿的吸附影响，比较适合的是惰性材料如石英、聚四氟乙烯或高压聚乙烯制成的器皿。消解常用的容器为硼硅酸耐热玻璃（对含氟样品不适用）或聚四氟乙烯烧杯。所有使用的器皿都要清洗干净，避免器皿对溶液组成产生影响而导致分析误差。消解过程一般在电热板上进行，为安全起见应在通风橱中操作。

水样的湿式消解法有多种，适用于不同性质或测试目的的水样。

（1）硝酸消解法

适用于较清洁水样。取 50～100 ml 水样置于消解容器中，加入 5 ml 硝酸，在电热板上加热蒸发至 5 ml 左右，冷却后将消解液及消解容器润洗液全部转移至容量瓶，定容后待测。

（2）硝酸-高氯酸消解法

适用于含难氧化有机物的水样，其处理过程较硝酸消解法复杂。取 50～100 ml 水样加入 5 ml 浓硝酸，加热硝化至体积约 10 ml 左右，冷却，再加入 5 ml 浓硝酸并逐次加入 2 ml 高氯酸，继续加热硝化，蒸至近干，冷却后用 2%硝酸溶解残渣，转移定容。这种消解方法比较彻底，可用于含镉、锌金属等多种水样的预处理，但不适用于含铅和银的水样。

在测定可溶态金属时，通过滤膜的样品若在酸化时产生浑浊，应用硝酸-高氯酸体系消解。取过滤后水样 100 ml 水样于石英烧杯中，加入 10 ml 优级纯浓硝酸、2 ml 高氯酸，在电热板上加热至不产生棕黄色烟（N_2O_4）升高加热温度，蒸至冒高氯酸白烟、残液成粘稠状，取下冷却，加水溶解定容。

以上为消解水样常用的两种酸体系。

（3）硫酸-磷酸消解法

当水样中 Fe^{3+}等离子浓度较高时，可考虑硫酸-磷酸消解法，磷酸能与 Fe^{3+}等金属离子络合，有利于消除 Fe^{3+}等离子的干扰。含铅、银、钡等元素及含钙高的水样由于易生成硫酸盐沉淀不适用此方法。

（4）硫酸-高锰酸钾（5%）消解法

主要适用于消解含汞水样。取水样加入适量的硫酸和 5%的高锰酸钾溶液，混匀，加热煮沸 10 min 后冷却。消解液中过量的高锰酸钾可用盐酸羟胺还原去除，加入盐酸羟胺至粉红色刚消失为止即可。所得溶液可直接进行汞的测定。

（5）多元消解法

对于某些特殊水样还可采用多元消解方法，即三种以上酸或氧化剂组成的消解体系。若水样经消解后仍含颗粒物，一般为不溶性二氧化硅或其他不溶性杂质，可用 0.45 μm 的微孔滤膜过滤后测定。需要特别说明的是，很多国产滤膜由于材质或生产过程中的污染，过滤后可能会有杂质（特别是 K、Na 等元素）溶出，引起测量误差。解决的方法有两种，一种是采用长时间静置，让不溶颗粒自然沉降的方法来代替过滤，这种方法适用于去除密度较大的易沉降杂质；另一种是先用待测液淋洗滤膜将易溶出的元素洗去，弃去淋洗液后再收集滤液待测。

2．颗粒物样品的前处理

根据研究目的不同和测试成分的不同，可以采用不同的处理方法，将滤膜上的待测成分的一部分或全部转移到滤膜中，包括水浸出法、湿化学消解法等。

（1）水浸出法

适用于了解可吸入颗粒物中可溶于水的金属离子，如 K^+、Ca^{2+}、Na^+、Mg^{2+}、$Cr_2O_7^{2-}$的含量。即取滤膜试样的几等分之一或全部放在 50 ml 小烧杯中，加去离子水 10 ml，在 70℃水浴上加热浸取 0.5 h，取出滤膜，用去离子水洗涤几次。经 0.45 μm 滤膜过滤，定容测定。

（2）硝酸-双氧水消解法

准确分割一定面积的滤膜试样，剪碎放入 100 ml 石英烧杯中，加（1+2）硝酸 30 ml，30%双氧水 5 ml 盖上表皿，在电热板上加热溶解，至体积减至 5 ml 左右。取下冷却，用水吹洗表皿，再加（1+2）硝酸 20 ml，煮沸 10 min，滤入另一个 100 ml 石英烧杯中，洗涤烧杯和滤纸数次。加热浓缩滤液至近干。加 2%硝酸 10 ml，加热溶解，加水定容。

（3）王水消解法

准确分割一定面积的滤膜试样，剪碎置于 100 ml 石英烧杯中，加王水 30 ml。盖上表皿，在电热板上加热，试液体积减少到 5 ml 左右。取下稍冷，用约 15 ml 水吹洗表皿及杯壁，再加 5 ml 王水，加热煮沸 10 min。冷却后滤入另一个石英烧杯中，洗涤烧杯和滤纸数次。加热浓缩滤液至近干。加 2%硝酸 10 ml，加热溶解，加水定容。

（4）硝酸-氢氟酸-高氯酸法

准确分割一定面积的滤膜试样，剪碎置于聚四氟乙烯坩埚中，加入 6 ml 优级纯浓硝酸、2 ml 氢氟酸，加热消解到有机物大部分被破坏，加入 2 ml 高氯酸，加热至冒浓厚白烟，取下稍冷，冲洗坩埚壁，在加热至大量白烟快冒尽，取下冷却，加入 2%硝酸 10 ml 溶解盐类后定容。

3．固体样品前处理

固体样品转化成液体样品的过程较复杂，操作不当容易引入污染导致测量误差。固体样品经化学方法处理成液体样品必须注意遵循以下原则：称取的固体样品应有代表性，为按规定粉碎后的均匀样品；样品中的待测元素应完全溶入水相中；在整个处理过程中都应尽量避免样品的污染，包括固体样品的制备（碎样、过筛、分样）、实验室环境、试剂（水）

纯度、器皿等；避免消解后溶液中的 TDS 过高，一般控制在 1 mg/ml 左右，在测定元素灵敏度满足的情况下，TDS 控制在 0.5 mg/ml 以下为宜，高的 TDS 将造成各种干扰，还会引起雾化系统及电感耦合等离子体（ICP）炬管的堵塞。

固体样品转化成液体样品的过程包括固体样品的粉碎及消解两大步骤。

对于固体样品的粉碎，不同种类的固体样品如植物、土壤、污泥、沉积物等有不同的样品制备规范。从现场取得的原始样品经过破碎（研磨）、过筛、缩分和混匀，至需要的粒度（一般样品粉碎至 200 目，99%通过），得到少量均匀的、有代表性的分析用样品；对于植物、生物等样品，可干燥后剪碎再细碎。可考虑采用玛瑙、刚玉、陶瓷等破碎设备及尼龙网筛来解决粉碎过程中金属元素的污染问题。

潮湿的样品（如土壤、污泥、底泥、沉积物等）在破碎前需要干燥以免影响粉碎效果。如果待测元素中有易挥发元素，尽可能采用自然通风干燥，或低于 60℃下干燥（测定 Hg、Se 等元素需在不高于 25℃的环境下干燥）以避免损失。

金属元素从固相向液相的转移往往需要借助强酸及强氧化剂，通常选用无机酸。常用来分解样品的无机酸和水样类似，包括硝酸、盐酸、氢氟酸、高氯酸、硫酸、磷酸等。硫酸与磷酸介质的粘滞性会在样品的传输中产生影响，且沸点高，难以蒸干，在处理样品时应尽量避免使用。

第四节　样品的分析测试技术

重金属的检测方法经历了从传统分析方法到仪器分析方法，从单一的检测手段到多种技术相结合的发展过程。目前检测重金属的技术日益趋向多样化，主要有光谱法和电化学方法。光谱法主要有紫外-可见分光光度法、原子吸收光谱法、原子发射光谱法、原子荧光法、质谱法、X 射线荧光光谱法等，电化学法主要有伏安法、极谱法、电位法、电导法等，同时也有一些新的、逐步开始应用的重金属检测技术，如酶抑制法、免疫分析法、生物传感器法等。我国重金属监测分析方法见表 1.9 和表 1.10。

铜、锌、硒、镍、银、钒、铊、锰、钴、锑 10 种选测重金属指标的常用标准分析方法见表 1.10。

表 1.9　我国 5 种必测重金属指标常用标准分析方法

监测项目	监测方法	方法来源
铅	双硫腙分光光度法	GB 7470—87　水质　铅的测定　双硫腙分光光度法
	螯合萃取-火焰原子吸收分光光度法	GB 7475—87　水质　铜、锌、铅、镉的测定　原子吸收分光光度法
	石墨炉原子吸收分光光度法	水和废水监测分析方法（第四版增补版）
汞	冷原子吸收分光光度法	HJ 597—2011　水质　总汞的测定　冷原子吸收分光光度法
	冷原子荧光法	HJ/T 341—2007　水质　汞的测定　冷原子荧光法（试行）
	原子荧光法	水和废水监测分析方法（第四版增补版）

监测项目	监测方法	方法来源
镉	双硫腙分光光度法	GB 7471—87 水质 镉的测定 双硫腙分光光度法
	螯合萃取-火焰原子吸收分光光度法	GB 7475—87 水质 铜、锌、铅、镉的测定 原子吸收分光光度法
	石墨炉原子吸收分光光度法	水和废水监测分析方法（第四版增补版）
铬（六价）	二苯碳酰二肼分光光度法	GB 7467—87 水质 六价铬的测定 二苯碳酰二肼分光光度法
砷	新银盐分光光度法	GB 11900—89 水质 痕量砷的测定 硼氢化钾-硝酸银分光光度法
	氢化物发生 原子吸收分光光度法	水和废水监测分析方法（第四版增补版）
	原子荧光法	水和废水监测分析方法（第四版增补版）

表 1.10 我国 10 种选测重金属指标常用标准分析方法

监测项目	监测方法	方法来源
铜	二乙基二硫代氨基甲酸钠分光光度法	HJ 485—2009 水质 铜的测定 二乙基二硫代氨基甲酸钠分光光度法
	螯合萃取-火焰原子吸收分光光度法	GB 7475—87 水质 铜、锌、铅、镉的测定 原子吸收分光光度法
	石墨炉原子吸收分光光度法	水和废水监测分析方法（第四版增补版）
	电感耦合等离子体发射光谱法（ICP-AES）	水和废水监测分析方法（第四版增补版）
锌	双硫腙分光光度法	GB 7472—87 水质 锌的测定 双硫腙分光光度法
	火焰原子吸收分光光度法	GB 7475—87 水质 铜、锌、铅、镉的测定 原子吸收分光光度法
	电感耦合等离子体发射光谱法（ICP-AES）	水和废水监测分析方法（第四版增补版）
硒	石墨炉原子吸收分光光度法	GB/T 15505—1995 水质 硒的测定 石墨炉原子吸收分光光度法
	原子荧光法	水和废水监测分析方法（第四版增补版）
镍	电感耦合等离子体发射光谱法（ICP-AES）	水和废水监测分析方法（第四版增补版）
银	3,5-Br_2-PADAP 分光光度法	HJ 489—2009 水质 银的测定 3,5-Br_2-PADAP 分光光度法
	镉试剂 2B 分光光度法	HJ 490—2009 水质 银的测定 镉试剂 2B 分光光度法
钒	钽试剂（BPHA）萃取分光光度法	GB/T 15503—1995 水质 钒的测定 钽试剂（BPHA）萃取分光光度法
	石墨炉原子吸收分光光度法	GB/T 14673—1993 水质 钒的测定 石墨炉原子吸收分光光度法
	电感耦合等离子体发射光谱法（ICP-AES）	水和废水监测分析方法（第四版增补版）
铊	萃取石墨炉原子吸收分光光度法	水和废水监测分析方法（第四版增补版）

监测项目	监测方法	方法来源
锰	甲醛肟分光光度法	HJ/T 344—2007 水质 锰的测定 甲醛肟分光光度法（试行）
	高碘酸钾分光光度法	GB11906—89 水质 锰的测定 高碘酸钾分光光度法
	火焰原子吸收分光光度法	GB 11911—89 水质 铁、锰的测定 火焰原子吸收分光光度法
	电感耦合等离子体发射光谱法（ICP-AES）	水和废水监测分析方法（第四版增补版）
钴	电感耦合等离子体发射光谱法（ICP-AES）	水和废水监测分析方法（第四版增补版）
	5-CL-PADAB 分光光度法	水和废水监测分析方法（第四版增补版）
锑	原子荧光法	水和废水监测分析方法（第四版增补版）

一、紫外可见分光光度法

分光光度法是重金属检测中经常使用的一种方法，其检测原理是：重金属与显色剂发生络合反应，生成有色分子团，吸收入射光（紫外光或可见光）中特定波长的光而产生吸收光谱，在一定浓度范围内吸光度值与金属离子浓度呈线性相关，从而可以对目标离子进行定量测定。

目前环境水样或其他环境样品的许多离子均可用紫外-可见分光光度法进行测定。该法的检出限可达 10^{-6} g/L，且操作较为简单，较其他大型仪器成本低，是多年来普遍应用的一种方法。大多数有机显色剂本身为有色化合物，与金属离子反应生成的化合物一般是稳定的螯合物。显色反应的选择性和灵敏度都较高。有些有色螯合物易溶于有机溶剂，可进行萃取浸提后比色检测。近年来也有许多关于改进分光光度法用于重金属检测的报道。

有研究合成了 4-甲氧基-2-磺酸基苯基重氮氨基偶氮苯（MOSDAA），并对该试剂与汞（Ⅱ）的显色反应进行了研究。实验表明，在 pH=11.5 的 $Na_2B_4O_7$-NaOH 缓冲溶液中，TritonX-100 存在下，该试剂与汞（Ⅱ）形成 3∶1 的红色络合物，其最大吸收波长位于 520 nm，表观摩尔吸光系数为 2.56×10^5 L/（mol/cm），Hg（Ⅱ）在 0～14 μg/25 ml 范围内遵守比尔定律。以 I-EV+ -PVA 和 Pb^{2+}发生显色反应生成配合物作为指示条件，采用分光光度法直接测定饮用水中微量铅的含量。表观摩尔吸光率为 7.4×10^5 L/（mol/cm），线性范围为 5～80 μg/L，检出限为 0.9 μg/L。

近年来形成多元配合物的显色体系受到关注。多元配合物指三个或三个以上组分形成的配合物。利用多元配合物的形成可提高分光光度测定的灵敏度，改善分析特性。如铅（Ⅱ）双硫腙 PAR 三元配合物显色体系测定铅的方法，可在水相中直接用光度法测定样品中铅含量。该法显色迅速、稳定、操作简便，以邻二氮菲、硫脲、硫氰化铵溶液取代氰化钾作掩蔽剂污染小。

总体而言，分光光度法测定重金属离子的精密度和准确度较高，含量范围较宽，有一定的灵敏度和选择性，适用于常量和半微量分析。但同时该方法也存在一些不足之处，如谱线重叠引起的光谱干扰比较严重，可能导致选择性变差；使用的某些显色剂需自己合成；在测定微量和痕量元素时，条件要求较严格，灵敏度较低，逐渐被 AAS、ICP-AES、ICP-MS 取代。

二、络合滴定法

络合滴定法是以络合反应为基础的容量分析方法，基于水溶液中的金属离子与一类适宜的水溶性二齿或多齿配体（氨羧络合剂）之间的化学剂量反应，又称螯合滴定法。金属离子与氨羧络合剂之间的反应必须迅速，且生成水溶性产物；当两种反应物以相当的量存在时，反应应该进行得很完全。较常用的氨羧络合剂有氨三乙酸（NTA）、乙二胺四乙酸（EDTA）和环己烷二胺四乙酸（DCTA）等。

在应用上，络合滴定有直接滴定、返滴定、置换滴定、间接滴定等，在重金属测定有广泛应用：以亚氨基二乙酸螯合树脂 CheLex-100 为络合剂，利用络合滴定法检测海水中微量金属锰、镉、镍和铜的含量。采用 EDTA 减量滴定法快速测定废水中汞含量，在 pH 为 5～6 时，以二甲酚橙为指示剂，先用 EDTA 标准溶液滴定废水中金属离子的总量，然后在另一份试液中，加入硫脲掩蔽 Hg^{2+}离子后，再用 EDTA 滴定除 Hg^{2+}离子外的其他金属离子，两者之差即为汞量。以 4,2-吡啶偶氮-间苯二酚（PAR）和萘酚绿β作为一种新型的络合滴定指示剂，用三色度比色法测定 Cr^{3+}-EDTA 络合体系中 Cr^{3+}的含量，用锌盐返滴定过量的 EDTA，通过络合物指示剂的颜色变化来判断滴定终点。

络合滴定法由于其简单，快速和准确已成为现代容量分析的一个重要分支，在金属络合滴定上除了广泛采用 EDTA 作为滴定剂外，其他一些氨羧络合剂的研究与应用也逐渐完善，并出现了一些具有特殊优点的络合滴定剂；大量新的金属生色指示剂的提出，不断提高了容量法的灵敏度和选择性；许多新的确定终点的仪器方法的联合应用，使络合滴定日益向着仪器化与自动化的方向发展。

三、原子光谱法

原子光谱法是由原子外层或内层电子能级的变化产生的，它的表现形式为线光谱。主要包括以下几种。

1．原子吸收光谱法（AAS）

近年来，我国在原子吸收光谱（AAS）研究取得了不少新的进展，主要集中在各种应用技术和方法研究方面，在各类期刊发表的有关原子吸收和原子荧光光谱法的论文已达 500 余篇，并相继出版了《原子吸收光谱分析》、《原子吸收光谱分析的原理、技术和应用》、《应用原子吸收与原子荧光光谱分析》等专著，详细地阐述了基本理论、实验方法与技术及该领域的最新成果与进展。

原子吸收光谱法是 20 世纪 50 年代创立的一种新型仪器分析方法，它与主要用于无机元素定性分析的原子发射光谱法相辅相成，已成为对无机化合物进行元素定量分析的主要手段。AAS 是基于从光源辐射出待测元素的特征光谱，通过样品的蒸汽时，被蒸汽中待测元素的基态原子所吸收，由辐射光谱强度减弱的程度，可求出样品中待测元素的含量，是最常用的微量和痕量元素的检测技术之一。主要具备以下特点：

（1）选择性好

由于原子吸收谱线比原子发射谱线少，采用了空心阴极灯作为锐线光源，因此谱线重叠概率小，光谱干扰比原子发射光谱小得多。

（2）灵敏度高

采用火焰原子化法，70 多种元素的分析灵敏度可达 mg/L 或 mg/kg 水平；若采用石墨炉原子化法，其绝对灵敏度可达 10^{-10}～10^{-14} g 水平。因此，原子吸收光谱法适用于微量和痕量的金属与类金属元素的定量分析。

（3）精密度（RSD）高

火焰原子化法的 RSD 为 3%左右；若采用自动进样器进样，石墨炉原子化法 RSD 可以控制在 5%左右。

（4）操作方便和快速

原子吸收光谱法与紫外-可见分光光度法的分析原理和仪器结构类似，但省略掉繁琐与复杂的显色反应，分析操作较方便，分析速度也较快。

（5）应用范围广

从不同原子化方式而言，空气-乙炔（氧化亚氮-乙炔）火焰原子化法可以分析 30 多种（70 多种）元素，石墨炉原子化法可以分析 70 多种元素，氢化物发生法可以分析 11 种元素；从分析对象不同含量而言，既可以分析常量元素，又可以分析微量、痕量甚至超痕量元素；从分析不同性质元素而言，既可分析金属元素和类金属元素，也可间接分析有机物；从试样不同状态而言，可分析液态试样、气态试样，甚至可以直接分析固态试样。

（6）局限性

原子吸收光谱法通常采用单元素空心阴极灯作为锐线光源，分析一种元素必须选用该元素的空心阴极灯，因此不适用于多元素混合物的同时分析，对于高熔点、形成氧化物、形成复合物或形成碳化物后难以原子化元素的分析灵敏度低。

按原子化不同可分为火焰原子吸收光谱法、石墨炉原子吸收光谱法和低温原子化法。

火焰原子吸收光谱法（FAAS）是通过火焰原子化器将试样转化为基态原子的一种原子化过程。FAAS 优点是操作简便、分析速度快、分析精度好、测定元素范围较广和背景干扰较小，我国颁布了多项火焰原子吸收检测金属的标准方法。近年来，火焰原子吸收法的研究主要在于提高方法的灵敏度或降低检出限。在基础研究方面，出现了利用该技术的一些方法研究，如将微量脉冲进样技术和导数火焰原子吸收法相结合的方法、流动注射-导数火焰原子吸收法等。在样品导入方面，主要的研究工作有悬浮液进样技术，直接测定固体样品的一种简便有效的进样方式。将茶叶悬浮于琼脂胶体中制成悬浮液，直接喷入空气-乙炔火焰中，测定茶叶中微量铬，其结果与用灰化法处理样品一致，超声搅拌悬浮液进样技术与火焰原子吸收法成功测定了茶叶中铜、铁、锌、铅、镉等。FAAS 经过几十年的研究发展已经相当成熟，但也存在一些缺点，如由于雾化效率低及燃气和助燃气的稀释，使测定灵敏度降低；采用中温、低温火焰原子化时化学干扰大；在使用中应考虑安全问题等。

石墨炉原子吸收光谱法（GFAAS）是利用高温石墨管使样品完全蒸发充分原子化，再测其吸光度的方法，石墨炉原子吸收比火焰原子吸收的绝对灵敏度高 3 个数量级，该法已普遍用于环境、食品、土壤等多种介质中金属元素测定。石墨炉原子化系统主要由石墨炉电源、石墨炉体和石墨管组成，通过分析过程中选择适宜的干燥、灰化、原子化、除残等条件，配合适当的保护气控制程序，达到分析微量金属元素的目的。和火焰法不同的是，石墨炉法往往存在较严重的基体干扰，通常需要添加合适的基体改进剂消除干扰。所谓基体改进技术就是向石墨炉或试样中加入某些化合物，一方面改善复杂基体物理特性，例如，使基体形成易挥发化合物在待测元素原子化前驱除，降低背景吸收；使基体形成难解离的化合物，避免基体与分析元素形成难解离化合物；另一方面使分析元素形成较易解离、热稳定化合物、热稳定的合金和形成强还原性环境等。还有防止分析元素被基体包藏，降低凝聚相干扰和气相干扰等。基体改进剂广泛地应用于石墨炉原子化法分析生物和环境试样中痕量金属和类金属元素及其化学形态，表 1.11 列出了石墨炉原子化法测定 10 种元素常用的基体改进剂。

表 1.11　石墨炉原子化法测定 10 种元素常用的基体改进剂

元素	基体改进剂	元素	基体改进剂
Al	硝酸镁，TritonX-100，氢氧化铁，硫酸铵	Se	硝酸铵，镍，铜，钼，铑
As	镍，镁，钯	Mn	硝酸铵，EDTA，硫脲
Be	钙，硝酸镁	Ag	镍，铂，钯
Bi	镍，钯	Au	TritonX-100+Ni，硝酸铵
Ga	抗坏血酸	Tl	钙，镁，硝酸铵，EDTA

低温原子化法也称化学原子化法，包括冷原子化法和氢化物发生法，一般适用于熔点较低的汞的测量以及 Se、Sb、Bi 等元素。冷原子化法和氢化物发生法可以使用同一装置。将样品制成溶液（同时做空白），制备一系列已知浓度的分析元素的校正溶液（标样），依次测出空白及标样的相应值，绘出校正曲线，测出未知样品的值，依据校正曲线及未知样品值得出样品的浓度值。由于计算机技术、化学计量学的发展和多种新型元器件的出现，使原子吸收光谱仪的精密度、准确度和自动化程度大大提高。用微处理机控制的原子吸收光谱仪，简化了操作程序，节约了分析时间。现已研制出气相色谱-原子吸收光谱（GC-AAS）的联用仪器，进一步拓展了原子吸收光谱法的应用领域。

2．原子发射光谱法（AES）

AES 是利用原子或离子在一定条件下受激而发射的特征光谱来研究物质化学组成的分析方法。试样在原子化器中被转变成原子或简单离子，其中部分原子或离子在电能或热能激发下处于较高的电子能级，在返回到基态或较低的电子激发态时，以发射紫外或可见光的形式释放能量。原子发射光谱法根据这些特征辐射的波长和强度进行元素的定性和定量分析。原子发射光谱过去应用最多的原子化方法有三种：火焰、电弧、火花原子化，但是自从 20 世纪 60 年代等离子体的概念出现后，电感耦合等离子体作为重要的激发光源越来越广泛地应用于分析领域。

电感耦合等离子体发射光谱法（ICP-AES）是利用高频等离子体火焰（ICP）为激发源，通过对样品元素的特征谱线的分析，确定样品中各种组分的含量方法，除 ICP 光源外，一台完整的原子发射光谱仪还包括分光仪和检测器。ICP-AES 主要具备如下特点：

（1）测定元素范围广

从原理上讲，可用于测定除氩以外的所有元素。

（2）线性分析范围宽

待测物在温度较低的中间通道内电离和激发，由于外围温度高，消除了一般发射光谱法的自吸现象。在一定高浓度（一般元素数百μg/ml 溶液浓度）范围内，其工作曲线仍能保持直线；而低含量由于检出限低，又可使工作曲线向下延长。因此，工作曲线的直线范围可达 5～6 个数量级，待测元素的质量浓度在 1 000 μg/L 以下一般都能呈良好的线性关系。对于 ICP 直读光谱法，主量、低量和痕量元素可同时进行分析。

（3）大多数元素都有良好的检出限

ICP 炬的高温和环状结构，使待测物在一个直径约 1～3 mm 狭窄的中间通道内充分地预热去溶、挥发、原子化、电离和激发，使元素周期表内绝大多数元素在水溶液中的检出限达 0.1～100 ng/ml，若用质量表示约为 0.01～10 μg/g（当溶质浓度为 10 mg/ml 时），与经典光谱法相近。但对于难熔元素和非金属元素，ICP-AES 比经典光谱法具有更好的检出限。

（4）可供选择的波长多

每个元素都有好几个供测定的、灵敏度不同的波长，因此 ICP-AES 适用于痕量成分到常量成分的测定。

（5）分析精密度高

待测物由载气带入中间通道内，相当于在一个静电屏蔽区中进行原子化、电离和激发，待测组分的变化不会影响到等离子体能量的变化，保证了具有较高的分析精密度。当分析物浓度大于等于检测限的 100 倍时，测定的相对标准偏差（RSD）一般在 1%～3%的范围内。在相同情况下，一般电弧、火花光源的 RSD 为 5%～10%左右，优于经典电弧和火花光谱法，可用于精密分析和高含量成分的分析。

（6）干扰较少

在 Ar-ICP 光源中，待测物在高温和氩气中进行原子化、激发，基本上没有什么化学干扰和电离干扰，基体效应也较小，因此在许多情况下可用人工配制的校准溶液。在一定条件下，减少参比样品严格匹配的麻烦，一般可不用内标法。Ar-ICP 光源电离干扰小，即使分析样品中存在容易电离的 K 或 Na，参比样品也不用匹配 K 或 Na 的成分。而火焰原子吸收光谱法，在分析 Na 时，需要添加大量的 K 来抑制 Na 的电离干扰。低的干扰水平和高的分析准确度，是 ICP 光谱法最主要的优点之一。

（7）同时或顺序多元素测定

同时多元素分析能力是发射光谱法的共同特点，非 ICP 发射法所特有。但是由于经典光谱法因样品组成影响较严重，欲对样品中多种成分同时进行定量分析，参比样品的匹配，参比元素的选择，都会遇到困难，同时由于分馏效应和预燃效应，造成谱线强度—时间分布曲线的变化，无法进行顺序多元素分析。而 ICP 光谱法由于具有低干扰和时间分布的高度稳定性以及宽的线性分析范围，因而可以方便地进行同时或顺序多元素测定。进行多元素同时测定，光谱仪在短短的 30 s 内就能完成 30～40 种元素的分析，而只消耗 0.5 ml 试液。ICP-AES 方法能同时测定水体中 23 种金属和非金属元素，非常适用于《生活饮用水卫生规范》中金属元素与非金属元素的检测需要，同时也可满足矿泉水中 Li、Si、Sr 类的分析检测要求。

ICP-AES 的不足之处是，设备费用和操作费用较高，样品一般需预先转化为溶液，有的元素（Rb）的灵敏度相当差；基体效应仍然存在，光谱干扰不可避免，氩气消耗量大。

总体而言，ICP- AES 以其优异的分析性能成为各种物料常规分析普遍采用的检测手段，例如测定植物水样、土壤、固废和植物中常量和痕量金属元素，还可以通过使用各种分离富集技术测定痕量稀土元素或高纯稀土中非稀土杂质元素。

3．电感耦合等离子体质谱法（ICP-MS）

质谱法在痕量分析中是一种重要的检测方法，将待测物质的原子或分子转变成带电粒子，通过质量分析器，利用稳定的磁场或交变电场使带电粒子按照荷质比大小进行分离，检测其强度后进行物质分析的方法。20 世纪 80 年代中期发展起来的电感耦合等离子体质谱法（ICP-MS）是一种新的痕量或超痕量仪器分析方法。利用电感耦合等离子体使样品气化，将待测金属分离出来，从而进入质谱进行测定。ICP-MS 的检出限为 10^{-12}～10^{-9} 级。综合了等离子体极高的离子化能力和质谱的高分辨、高灵敏度及连续检测多元素的优点，质谱图相对简单，容易获取同位素元素比值的信息等。

ICP-MS 由作为离子源 ICP 焰炬、接口装置和作为检测器的质谱仪三部分组成。ICP-MS 所用电离源是电感耦合等离子体，其主体是一个由三层石英套管组成的炬管，炬管上端绕有负载线圈，三层管从里到外分别通载气、辅助气和冷却气，负载线圈由高频电源耦合供电，产生垂直于线圈平面的磁场。如果通过高频装置使氩气电离，则氩离子和电子在电磁场作用下又会与其他氩原子碰撞产生更多的离子和电子，形成涡流。强大的电流产生高温，瞬间使氩气形成温度可达 10 000 K 的等离子焰炬。被分析样品通常以水溶液的气溶胶形式引入氩气流中，然后进入由射频能量激发的处于大气压下的氩等离子体中心区，等离子体的高温使样品去溶剂化、气化、解离和电离。部分等离子体经过不同的压力区进入真空系统，在真空系统内，正离子被拉出并按照其质荷比分离。在负载线圈上面约 10 mm 处，焰炬温度大约为 8 000 K，在高温下电离能低于 7 eV 的元素完全电离，电离能低于 10.5 eV 的元素电离度大于 20%。由于大部分重要的元素电离能都低于 10.5 eV，因此都有很高的灵敏度，少数电离能较高的元素，如 C、O、Cl、Br 等也能检测，只是灵敏度较低。

目前“ICP-MS”的概念已经不仅仅是最早起步的普通四级杆质谱仪（ICP-QMS），它包括后来相继推出的其他类型的等离子体质谱技术，如多接收器的高分辨磁扇形等离子体质谱（ICP-MC/MS）、等离子体飞行时间质谱仪（ICP-TOF/MS）以及等离子体离子阱质谱仪等。四级杆 ICP-MS 仪器也不断升级换代，动态碰撞反应池（DRC）等技术的引入，分析性能大大改善。各种联用技术，如液相和气相色谱以及毛细管电泳等分离技术与 ICP-MS 的联用，激光剥蚀 ICP-MS 等联用技术发展迅速。这些 ICP-MS 较新技术除了大量应用于元素分析外，在同位素比值分析、形态分析等方面的研究和应用也非常活跃。每年都有大量文章发表，尤其是应用性文章数量激增，有关 ICP-MS 的评述性文章很难包罗万象，而以某些专题介绍的文章越来越多，如 ICP-MS 测定同位素比值的精密度和准确度评述，LA-ICP-MS 的研究现状和最新发展趋势，ICP-MS 在痕量元素分析和形态分析方面的进展等。

ICP-MS 在实际推广应用中主要缺点是仪器昂贵，仪器运转维持费用高。但在常规大批水样和多元素分析时，ICP-MS 具有很大的优势。同时由于 ICP-MS 具有很好的准确性和精密度，可作为参照方法来衡量新技术的准确性。ICP-MS 的检出限是针对溶液中溶解物质很少的单纯溶液而言的，若涉及固体中浓度的检出限，由于 ICP-MS 的耐盐量较差，ICP-MS 检出限的优点会变差多达 50 倍，一些普通的轻元素（如 S、Ca、Fe、K、Se）在 ICP-MS 中有严重的干扰，影响其检出限。表 1.12 对 ICP-MS、ICP-AES、FAAS 和 GFAAS 的性能特点进行比较，表 1.13 对不同仪器测定元素检出限进行比较。

表 1.12 ICP-MS、ICP-AES、FAAS 和 GFAAS 的性能特点比较

项目		ICP-MS	ICP-AES	FAAS	GFAAS
检出限		绝大部分元素非常杰出	绝大部分元素很好	部分元素较好	部分元素非常杰出
样品分析能力		每个样品的所有元素 2～6 min	每分钟每个样品 5～30 个元素	每个样品每个元素 15 s	每个样品每个元素 4 min
线性动态范围		10^8	10^5	10^3	10^2
精密度	短期	1%～3%	0.3%～2%	0.1%～1%	1%～5%
	长期（4 h）	＜5% 使用内标可改善	＜3%		
干扰	光（质）谱	少	多	几乎没有	少
	化学（基体）	中等	几乎没有	多	多
	电离	很少	很少	有一些	很少
	质量效应	高对低的影响	不存在	不存在	不存在
	同位素	有	无	无	无
固体溶解量（最大可容忍量）		0.1%～0.4%	2%～25%	0.5%～3%	＞20%
可测元素数		＞75	＞73	＞ 68	＞50
样品用量		少	多	很多	很少
半定量分析		能	能	不能	不能
同位素分析		能	不能	不能	不能
日常操作		容易	容易	容易	容易
方法试验开发		需要专业技术	需要专业技术	容易	需要专业技术
无人控制操作		能	能	不能	能
易燃气体		无	无	有	无
操作费用		高	高	低	中等
基本费用		很高	高	低	中等/高

表 1.13 不同仪器测定元素检出限比较表 单位：μg/L

元素	ICP-MS	ICP-AES	FAAS	GFAAS
As	＜0.050	＜10	＜500	＜1
Al	＜0.010	＜4	＜50	＜0.5
Ba	＜0.005	＜0.2	＜50	＜1.5
Be	＜0.050	＜0.2	＜5	＜0.05
Bi	＜0.005	＜10	＜100	＜1
Cd	＜0.010	＜1	＜5	＜0.03

元素	ICP-MS	ICP-AES	FAAS	GFAAS
Ce	<0.005	<15	$<2\times10^5$	ND
Co	<0.005	<2	<10	<0.5
Cr	<0.005	<3	<10	<0.15
Cu	<0.010	<2	<5	<0.5
Gd	<0.005	<5	<4 000	ND
Ho	<0.005	<2	<80	ND
In	<0.010	<10	<80	<0.5
La	<0.005	<1	<4 000	ND
Li	<0.020	<1	<5	<0.5
Mn	<0.005	<0.5	<5	<0.06
Ni	<0.005	<2	<20	<0.5
Pb	<0.005	<10	<20	<0.5
Se	<0.10	<10	<1 000	<1.0
Tl	<0.010	<10	<40	<1.5
U	<0.010	<20	$<10^5$	ND
Y	<0.005	<0.5	<500	ND
Zn	<0.02	<0.5	<2	<0.01

注：检出限的定义为空白的 3 倍标准偏差。

4．原子荧光光谱法（AFS）

AFS 虽然是一种发射光谱法，但和原子吸收光谱法密切相关，兼有原子发射和原子吸收两种分析方法的优点，又克服了两种方法的不足。基本原理是基态原子（一般蒸气状态）吸收合适的特定频率的辐射被激发至高能态，而后激发过程中以光辐射的形式发出特征波长的荧光。

我国环境监测等部门普遍采用的原子荧光法为氢化物发生原子荧光法。该方法利用铋、锡、硒、碲、铅、锗等元素的氢化物在常温下为气态的特点，以惰性气体作载气，将初生态氢与试样元素形成的气态氢化物以及过量氢气与载气混合后，导入加热的原子化装置，氢气和氩气在特制火焰装置中燃烧加热，待测元素生成的氢化物受热以后迅速分解，以高强度空心阴极灯激发照射气态原子，检测荧光强度。常见的氢化物的发生方法有以硼氢化钠（钾）-酸还原体系、金属-酸还原体系、碱性模式还原体系和电解还原体系法四种，目前应用最多的是硼氢化钠（钾）-酸还原体系。硼氢化钠（钾）-酸还原体系氢化物形成原理：

$$NaBH_4+HCl+3H_2O=NaCl+H_3BO_3+8H\cdot$$

$$8H\cdot+E^{m+}\longrightarrow EH_n\uparrow+H_2\uparrow\ （过量）$$

式中，E^{m+}为正 m 价的被测元素离子，EH_n 为被测元素的氢化物，H·为初生态的氢。

AFS 起步较晚，相比较 AAS 具有发射谱线简单、线性动态范围宽、光谱干扰少、灵敏度高以及多元素检测功能强等优点。氢化物发生-原子荧光光谱法（HG-AFS）因灵敏度高、干扰少、重复性好等特点而广泛应用于分析汞、砷、锑、铋、硒、碲、铅、锡、锗、镉、锌 11 种元素。近年来，HPLC-HG-AFS 等联用技术在国外已有相关报道，运用高效液相色谱和氢化物发生-原子荧光光谱联用技术分离并检测了海水中的 Sb（Ⅲ）、Sb（Ⅴ）和 $(CH_3)_3SbCl_2$，得到了更好进行 Sb 形态分离和测定的流动相及 HG-AFS 的参数体系，之后又运用 HPLC-（UV）-HG-AFS 法进行了海洋生物中锑的形态分析。

原子荧光光谱仪伴随着分析方法的发展而不断地推陈出新。早在 1976 年就研制出非色散冷原子荧光测汞仪，并用该仪器测定了粮食、土壤、矿物、岩石中的痕量汞。随着特制高性能空心阴极灯激发光源和断续流动、顺序注射等进样方式的引入，加之原子化器的改进和计算机技术的发展，原子荧光仪器整机分析性能不断提高，使用越来越方便，在生产中得到不断推广和应用。与国外不同，中国研制和生产的原子荧光分析仪都是非色散式的，由于仪器结构简单、实用方便、价格便宜，广泛用于环境监测领域，氢化物发生-原子荧光仪器已成为国内大多分析实验室的常规测试仪器。在国标中，食品中砷、汞等元素的测定标准中已将原子荧光光谱法定为第一法，而水体中砷、硒、汞等元素的原子荧光法也在制定中。

5. X 射线荧光光谱法（XRF）

XRF 是利用样品对 X 射线的吸收随样品中的成分及其多少变化而变化，来定性或定量测定样品中成分的一种方法。当试样受到 X 射线、高能粒子束、紫外光等照射时，由于高能粒子或光子与试样原子碰撞，将原子内层电子逐出形成空穴，使原子处于激发态，这种激发态离子寿命很短，当外层电子向内层空穴跃迁时，多余的能量即以 X 射线的形式放出。特征 X 射线是各种元素固有的，它与元素的原子序数有关。所以只要测出了特征 X 射线的波长λ，就可以求出产生该波长的元素，即可做定性分析。目前除轻元素外，绝大多数元素的特征 X 射线均已精确测定，且已经汇编成册，供实际分析时查对。

X 射线荧光光谱法具有分析迅速、样品前处理简单、可分析元素范围广、谱线简单、光谱干扰少，试样形态多样性及测定时的非破坏性等特点。在样品组成均匀，表面光滑平整，元素间无相互激发的条件下，用 X 射线（一次 X 射线）作激发源照射试样，使试样中元素产生特征 X 射线（荧光 X 射线）时，若元素和实验条件一样，荧光 X 射线强度与分析元素含量之间存在线性关系，根据谱线的强度可以进行定量分析。该方法能够达到甚至超过经典化学分析方法或其他仪器方法的精密度。不仅用于常量元素的定性和定量分析，而且也可进行微量元素的测定，其检出限多数可达 10^{-6} g，与分离、富集等手段相结合可达 10^{-8} g。测量的元素范围包括周期表中从 F 到 U 的所有元素。具备多道 X 射线荧光分析仪，在几分钟之内可同时测定 20 多种元素的含量。

在环境监测领域，X 射线荧光法在土壤方面有较多应用，但是 X 射线荧光光谱法也有其不足之处，例如不能对原子序数为 5 以下的元素进行分析，对标准试样的要求很严格，而且分析的灵敏度还有待进一步提高，检出限多为 10^{-6} 级。

四、电化学分析法

电化学分析法是基于电化学原理和技术，利用化学电池内被分析溶液的组成及含量与其电化学性质的关系而建立起来的一类分析方法。电化学分析以溶液中或其他介质中物质的电流、电位、电导、电量等电化学参数为测量信号，不需要分析信号的转换，就能直接记录，是仪器分析的一个重要组成部分。其特点是灵敏度高，选择性好，设备简单，操作方便，应用范围广。许多电化学分析法既可定性，又可定量；既能分析有机物，又能分析无机物，并且许多方法便于自动化，可用于连续、自动及遥控测定，在环境监测、生产、科研和医药卫生等各个领域有着广泛的应用。根据所探测的电学量的不同，电化学分析法一般可分为电导分析法（包括电导法和电导滴定法）、电位分析法（包括电位法和电位滴定法）、伏安法和极谱分析法、电解和库仑分析法等几类，其中被用于重金属污染检测的主要有伏安法、极谱法和电位分析法等。

1．电位分析法

电位分析法是通过测量电极电位的变化与待测物浓度的关系，来对目标物质进行定量分析的一种方法。一套完整的电位分析系统主要包括电极电位与待测物浓度相关的一个或两个指示电极和一个恒电位的参比电极。常见的测量形式有两种，一种是直接根据电位与待测物浓度进行的电位测量；另一种是电位滴定测量，根据滴定终点电位的突变来判断滴定终点，并根据滴定液的消耗来进行定量测定的。电位分析法具有良好的选择性，因其试样用量少，可用于珍贵试样的分析；同时电位分析测定速度快，操作简单，在自动化和连续化的在线分析方面具有很大的潜力。

2．伏安法和极谱法

伏安法是通过电解待测物质的溶液，根据所得的电流-电压（I-E）曲线或电位-时间曲线来进行定量分析的方法。通常人们所说的伏安法，指工作电极为固体电极如石墨电极、玻碳电极以及铜、银、铂等金属电极，或者是表面不能更新的液体电极如悬汞电极。使用表面能够周期更新的液体电极（如滴汞电极）的伏安法一般称为极谱法，极谱法是一种特殊的伏安法。溶出伏安法是伏安分析中最具优势的一种电化学分析方法，由于预富集阶段的存在，将金属元素检测限大幅度地降低，在金属元素分析方面的优势日益凸显，对某些金属元素的检测限和原子吸收光谱法相当，具有检测速度快、灵敏度高、选择性好、所需试样量少、能多元素识别及易于控制等特点。实际检测中若采用差分脉冲、方波或相敏交流吸附溶出伏安法，能更好地消除充电电流，显著提高检测的信噪比，使该法变得更加灵敏（检测限达 10^{-11}～10^{-10} mol/L），因此该法适用于微量元素和痕量元素的分析。

目前金属离子的检测多采用阳极溶出伏安法，该方法一次可连续测定多种金属离子，而且灵敏度很高，能测定 10^{-9}～10^{-7} mol/L 的金属离子。仪器比较简单，操作方便，是一种很好的痕量分析手段。我国已经颁布了适用于化学试剂中金属杂质测定的阳极溶出伏安法国家标准。

阳极溶出伏安法测定分两个步骤。第一步为“电析”，即在一个恒电位下，将被测离子电解沉积，富集在工作电极上与电极上汞生成汞齐。对给定的金属离子来说，如果搅拌速度恒定，预电解时间固定，则 $m=KC$，即电解沉积的金属量与被测金属离子的浓度成正比。第二步为“溶出”，即在富集结束后，一般静止 30 s 或 60 s 后，在工作电极上施加一个反向电压，由负向正扫描，将汞齐中金属重新氧化为离子回归溶液中，产生氧化电流，记录电压-电流曲线，即伏安曲线。曲线呈峰形，峰值电流与溶液中被测离子的浓度成正比，可作为定量分析的依据，峰值电位可作为定性分析的依据。阳极溶出伏安法十分灵敏，检测限可达 10^{-11} mol/L，不同金属离子具有不同的氧化还原电位，在富集和溶出过程中可以进行分离，从而能够用于多种金属离子的同时检测。

五、色谱法

1. 高效液相色谱法（HPLC）

高效液相色谱法是在经典色谱法的基础上引用了气相色谱的理论，在技术上将流动相改为高压输送，色谱柱是以特殊的方法用小粒径的填料填充而成，从而使柱效大大高于经典液相色谱，同时柱后连有高灵敏度的检测器，可对流出物进行连续检测。

在用 HPLC 测定重金属时，痕量金属离子与有机试剂形成稳定的有色络合物，经 HPLC 分离，紫外-可见检测器检测，可实现多元素同时测定。卟啉类试剂具有灵敏度高，能和多种金属元素生成稳定的络合物，目前已广泛用做 HPLC 测定金属离子的衍生试剂。但络合试剂的选择有限，给 HPCL 的广泛应用带来了局限性。

随着固相微萃取（SPME）近年来的逐渐应用，其操作简便、不需溶剂、萃取速度快、便于实现自动化以及易于与色谱、电泳等高效分离检测手段联用等突出的优点，也在重金属的测定工作中发挥了作用。将 SPME-HPLC-UV 联合，利用吗啉-4-二硫代羧酸钠（MDTC）和 Co^{2+}、Ni^{2+}、Pd^{2+}形成络合物分析 Co^{2+}、Ni^{2+}、Pd^{2+}的一种新方法，Co^{2+}、Ni^{2+}、Pd^{2+}的检出限分别为 0.17 μg/L、0.11 μg/L、0.06 μg/L。

2. 离子色谱法（IC）

离子色谱法是在近代HPLC和经典离子交换色谱法的基础上发展起来的一种分析离子性物质的液相色谱方法，用电导检测器对阳离子和阴离子混合物作常量和痕量分析的色谱法。Samuelson 早在 1939 年就用离子交换树脂成功地分离了过渡金属和重金属离子，只是当时只能在分别收集柱流出物后，再用化学分析的方法进行铬阳离子的定量测定。而具有阴离子和阳离子交换基团的高选择性薄壳型离子交换剂以及柱后衍生反应装置的研制成功，使得 IC 成为一种广泛应用的多元素分析方法，IC 柱后衍生光度检测分析方法已经逐渐用于无机离子的检测分析，较好地解决了化学法存在的不足。

和化学法相比，离子色谱法研究水体中重金属具有如下优点：① 分析速度快：离子色谱法分析一个样品平均只需要约 10 min。② 具备一定的检测灵敏度：随着信号处理和检测器制作技术的进步，不经过预浓缩可能直接检测μg/L 级的离子，其检出限数量级能满足要求《污水综合排放标准》（GB 8978—1996）基本项目限值数量级。③ 选择性好：通过选择合适的分离模式和检测方法，可以获得较好的选择性。采用只对被测离子有响应的选择性检测器可大大提高选择性，在柱后衍生化法中，通过衍生化试剂与待分析的某类离子的选择性反应来实现选择性分析。④ 多组分同时分析：在 20 min 内，可实现 10 个以上离子的同时分离。另外，离子色谱法的峰面积工作曲线的线性范围一般有 2～3 个数量级，所以，含量相差数百倍或上千倍的不同离子也可一次进样同时准确定量。⑤ 具备较高的稳定性。⑥ 应用范围广：柱填料能够在较宽 pH 范围内测定不同价态的金属离子、金属离子络合物以及在强酸、强碱和高盐含量等复杂基体中的过渡金属。⑦ 运行费用低，只要固定的仪器，不需特殊试剂。

六、激光诱导击穿光谱法

自 1960 年 Theodore Maiman 发表了首篇有关激光器的论文以来，激光的高能量、高单色性、高指向性引起了众多科学技术领域的广泛关注。科学家将不同类型的激光器与光谱仪相结合，建立起各种激光分析技术。其中，基于激光与固体、液体、气体和气溶胶相互作用的介电击穿产生的等离子体光发射的激光诱导击穿光谱法研究日趋活跃。

激光诱导击穿光谱法简称 LIBS 或 LIPS，是一种最为常用的激光烧蚀光谱分析技术。激光经透镜聚焦在气态、液态或固态样品上，当激光脉冲的能量密度大于击穿门槛能量时，就会在局部产生等离子体，称作激光诱导等离子体。由于这种等离子体局部能量密度及温度相当高，因而可用于取样、原子化、激发及离子化等工作。用光谱仪直接收集样品表面等离子体产生的发射谱线信号，从理论上可以根据发射光谱的强度进行定量分析。其突出的优势在于时间短、无须对样品预先处理，可对多种成分同时进行分析，实现对微量污染物的快速、无接触和在线探测，为水环境重金属污染监测提供了一种新的分析技术，它具有灵敏度高和可以多元素同时分析两个突出的优点。

国外利用 LIBS 进行环境污染检测的研究已有几十年的历史，在水污染监测方面也取得了长足的进步，已出现成熟的商业化的产品。国内 LIBS 技术起步较晚，目前在水污染监测方面的研究和应用很少。激光诱导击穿光谱法分析速度快，样品需求量少，对样品的尺寸、形状及物理性质要求均不严格；而且它不仅可以测定固态样品，还可以测定液态、气态样品。此外，光导纤维传感技术的迅速发展使得激光光谱对高温、恶劣环境下的远程分析得以实现，具有很大的实用性。这些独特优势是传统光谱法所不可比拟的，因此，激光诱导击穿光谱法被认为是一种极有价值、有前景的分析工具。

七、重金属快速检测方法

由于重金属污染的扩散以及对环境造成污染的严重性，开发高灵敏度、高精密度的仪器检测方法是必要的。同时，重金属的快速检测方法正好与传统的仪器检测方法互补，在重金属检测的常规化、现场检测、即时筛选等方面具有独特的优势。虽然当前多数快速检测方法对环境污染物的检测还只能达到定性（或半定量）检测的程度，而且检测的灵敏度和准确性也不如传统的仪器检测方法，但其具有检测快速、操作简便、成本低廉的优点。目前重金属快速检测法主要包括酶分析法、免疫分析法、目视比色法等。

酶分析法测定重金属的基本原理是重金属离子与形成酶活性中心的巯基或甲巯基结合后，改变酶活性中心的结构与性质，引起酶活力下降，从而使底物-酶系统中的显色剂颜色、pH、电导率和吸光度等发生变化，这些变化可直接通过肉眼或借助于电信号、光信号等加以区别，环境样品中的重金属离子对脲酶活性抑制率的高低，反映重金属离子量的多少，根据指示剂颜色或反应液 pH 的变化，对环境样品中的重金属离子进行定性或半定量分析。

与传统的重金属分析方法相比，酶分析法具有快速、简便、对所分析的样品需要量少等优点。使用传感器件还能放大重金属离子对酶的抑制效应，从而大幅度提高检测灵敏度；此外，重金属对酶的抑制效应往往与它们的生物毒性相关，因此酶分析法还可用于对污染环境重金属的风险评价。

目前用于痕量重金属测定的常用酶有脲酶、过氧化物酶、黄嘌呤氧化酶、丁酰胆碱脂酶和异柠檬酸脱氢酶等，由于脲酶廉价易得，故而使用最广泛。脲酶抑制法也可与薄层色谱法联合测定重金属含量，检测限可达 0.02～3 μg/L，其中检测限较低的是 Hg^{2+}、Cu^{2+}和 Ag^{+}，分别为 0.02 μg/L、0.06 μg/L 和 0.13 μg/L，对氯化甲基汞和乙酸苯汞等有机汞化合物的检测限为 0.03 μg/L。脲酶平板半定量法对 Hg^{2+}的检测限为 0.1～0.2 μg/L。另外，脲酶测温滴定法和电势滴定法分别可以测定浓度为 1 mg/L 的 Ag^{+}和 1～10 mg/L 的 Cd^{2+}。将脲酶包埋在 pH 敏感型铱氧化电极表面的 PVC 膜上来构建酶传感器，并用它检测了 Hg^{2+}和其他重金属离子。在配有电位检测装置的流动注射分析（FIA）系统中，利用固定化脲酶膜反应器测定了痕量 Hg^{2+}。该法灵敏度高，但选择性较差，目前大多数报道的酶分析法仅适用于水样的检测。

酶分析法作为环境重金属快速检测技术研究时间不长，尚有许多方面有待进一步研究和探索，在应用酶分析技术进行检测时，只有当被测重金属是少数几种并已知其以抑制方式影响酶活性的物质时，才能获得较好的结果。由于各种重金属离子对于酶活性的抑制效应相差很大，重金属离子对酶抑制的广谱性使得检测单一重金属存在着相当的困难，需要采用预先分离技术，或者使用“掩蔽”手段。此外，酶使用的方式（游离或者固定）和检测方法（静态或者流动）的不同也影响检测的准确性。酶包埋在膜内或固定在多孔、非多孔性物质中容易产生活性损失和再生性差等问题，而且固定化酶会在一定程度上减弱重金属对酶的抑制作用。

免疫分析法是将金属离子通过螯合剂与抗原结合，利用抗原抗体特异性结合反应检测金属的分析方法，具有检测速度快、费用低廉、高灵敏度、高选择性的特点。20 世纪 90 年代初期，国外已经建立了多种针对有机污染物的免疫检测方法，并且尝试将这些方法用于重金属离子的分析检测，迄今为止免疫检测技术已经成功用于水中的铟（III）、汞（II）、镉（II）、铅（II）和铀（VI）等的检测。

目前，重金属离子的免疫检测都是采用抗原抑制检测的方法，按照使用抗体的种类，分为多克隆抗体免疫检测和单克隆抗体免疫检测。多克隆抗体免疫检测包括荧光偏振免疫检测（Fluorescence polarization immunoassay，FPIA）。单克隆抗体免疫检测包括间接竞争性酶联免疫吸附检测（Enzyme-linked immunosorbent assay，ELISA）、一步法免疫检测和 KinExA 免疫检测等。如美国学者 Blake 等经过多年研究，成功开发一系列重金属单克隆抗体，通过免疫分析用于水质检测，检测的结果已获美国 EPA 认可。

重金属离子的免疫检测仍有许多待改进的地方，例如筛选或合成特异性好的新型螯合剂用来螯合重金属离子用来制备重金属半抗原，利用 PC 和 MT 与重金属离子配位形成络合物用以制备免疫原，制备特异性高的单克隆抗体用于检测，开发新型的简易传感器用于现场检测等。近年来，重组单克隆抗体的建构技术、基因工程抗体和蛋白质工程技术为重金属特异性单克隆抗体的制备提供了新的机遇，为重金属离子的免疫学检测提供了广阔的前景。

目视比色法，化学显色反应在重金属的检测中应用较为广泛，主要通过重金属离子与显色剂发生络合反应，生成有色络合物，根据颜色变化与重金属的浓度的线性关系进行定量分析。如果将这些反应与试纸、检测管、试剂盒等载体结合，便可对重金属进行快速检测。因该方法操作简单、费用低，目前在重金属快速检测与筛查方面发挥了很大的作用，对高灵敏显色体系的研究以及新显色剂的合成将会是比色法发展的热点。

此外，随着重金属测试技术的应用发展和仪器的更新换代，很多不同原理的分析仪器都逐步智能化、小型化、自动化，出现了一批易于进行现场分析测试的便携式仪器，如阳极溶出金属测定仪、便携式 X 荧光测定仪等，这些检测速度快、简单易携、灵敏度高的仪器，非常适合现场监测，尤其在突发性重金属污染事故时，对事故初期污染物和污染程度的判断有无法比拟的优势。

第五节 质量保证和质量控制

环境监测的质量保证是贯穿整个环境监测过程的全面质量管理，主要包括：布点设计、样品采集、样品前处理、实验室分析、数据处理、报告编写等各个环节的质量保证。环境监测的质量控制是以满足环境监测质量目标而采取的科学控制方法，是全程序质量保证的重要组成部分。

从质量保证和质量控制的角度出发，为了使监测数据能够准确地反映重金属污染的现状并预测污染的发展趋势，重金属监测须按照环保部制定的统一技术规范、方法的要求，依照一定的程序，进行科学的组织与技术上的规范化管理。

本节将对重金属监测主要环节的质量保证与质量控制进行简要论述。

一、水和废水中重金属监测的质量保证与质量控制

1. 采样准备

（1）采样人员根据重金属采样方案或要求，选择合适的采样容器与采样设备。重金属采样容器洗涤方法按通用洗涤方法处理，可用硝酸浸洗，不能用盐酸或铬酸洗液浸泡。

（2）采样器具材质和结构应符合《水质采样技术指导》（GB 12998—91）中相关规定。采样器具的清洗按《地表水和污水监测技术规范》（HJ/T 91—2002）要求执行。若存在待测重金属的检出，可根据该项目的分析精度要求确定是否合格。一旦确定为不合格，应立即对采样瓶来源及清洗状况进行调查，找出原因，予以纠正。

2. 样品采集与保存

（1）样品采集

样品采集应符合《地表水和污水监测技术规范》（HJ/T 91—2002）、《水污染物排放总量监测技术规范》（HJ/T 92—2002）、《地下水环境监测技术规范》（HJ/T 164—2004）的规定。采样时先用采样水荡洗采样器及容器 2～3 次，然后再将水样采入容器，并按要求立即加入相应固定剂（硝酸、盐酸等），贴好标签。依据不同监测目的，可溶态与总量金属样品分别采集。为防止金属离子吸附在采样器壁上，可溶性金属样品尽快用抽滤装置过滤，酸化后 4℃冷藏保存，总量金属样品则直接酸化，4℃冷藏保存。

（2）质控样品采集

地表水、较清洁水、废水重金属项目需加采全程序空白样。现场采样时将纯水带至现

场代替样品采入样品瓶中，按规定加入硝酸、盐酸等固定剂，作为全程序空白样。加采不少于 10%的现场平行样。

（3）采样记录、样品检查及运输

现场及时填写采样记录相关信息并进行样品检查，水样采集后立即送回实验室，重金属样品最多保存 14 d。

（4）其他

每次分析结束后，样品容器应及时清洗。重金属项目采样容器固定专用。地表水、地下水水样容器与污染源水样容器分架存放，不得混用等。

3. 实验室分析

（1）分析人员自控

分析人员严格按所选重金属分析方法的规定步骤进行操作。根据实验室条件和金属项目，首选国家、行业标准执行，暂无标准分析方法的可参考国际分析方法或已通过实验室认可的标准方法或非标方法，样品预处理可依据所选方法中的前处理要求，消解后用仪器进行测定；实验室环境条件应满足监测工作要求，实验器皿、试剂、水、气等均应符合方法要求；仪器调至最佳状态，分析仪器定期进行维护和期间校核；做好分析原始记录和仪器设备使用记录等。

（2）校准曲线检验

每次分析样品时同步绘制校准曲线。若校准曲线较为稳定，分析样品时取高、低浓度及空白各两份分析，减去空白均值之后，与原校准曲线相同浓度点校核，相对偏差＜5%方可使用，否则应重新绘制曲线。校准曲线回归方程的相关系数、截距和斜率应符合标准方法中规定的要求。若样品中金属浓度超出曲线线性范围，将被测物质浓缩或稀释至曲线中间浓度进行检测。原子吸收分光光度计、原子荧光光谱仪、电感耦合等离子发射光谱仪、电感耦合等离子质谱仪等大型仪器测试批量样品时，每 10 个样增测一个中间浓度标准点的测试，所得峰面积（峰高）与初始校正点的相对偏差应小于 50%，与上次校正点的相对偏差应小于 30%。

（3）空白样测定

测定全程序空白样，且每批样品至少测定一个实验室空白值（含前处理）。全程序空白测定值应小于方法检出限。

（4）精密度控制

每批样品随机抽取 10%实验室平行样，污染事故、污染纠纷样品随机抽取不少于 20%实验室平行样。部分金属平行双样控制指标见《水和废水监测分析方法》（第四版增补版）相关内容。

（5）准确度控制

每批样品随机抽取 10%样品做加标回收。加标量以相当于待测组分浓度的 0.5～2.5 倍为宜，若待测组分浓度小于最低检出浓度时，按最低检出浓度的 3～5 倍加标。重金属项目一般加标回收率在 90%～110%或以方法给定范围为合格。每批样品带质控样 1～2 个，例行监测可定期带质控样。可定期带密码样分析或组织重金属分析人员参加实验室间比对或能力验证。

二、环境空气和废气中重金属监测的质量保证与质量控制

1．采样准备

（1）气态重金属采样系统应符合《环境空气质量手工监测技术规范》（HJ/T 194—2005）、《环境空气质量监测规范》（试行）（国家环境保护总局公告 2007 年第 4 号）等规范的要求。废气中重金属监测参照《固定源废气监测技术规范》（HJ/T 397—2007）、《固定污染源监测质量保证与质量控制技术规范（试行）》（HJ/T 373—2007）等规范要求。

（2）滤膜处理按照所选标准分析方法中规定进行，同时对气体状态参数的测量设备进行必要校正。

2．样品采集与保存

（1）样品采集

环境空气重金属监测点位布设原则、采样频次及时间等参照《环境空气质量手工监测技术规范》（HJ/T 194—2005）、《环境空气质量监测规范》（试行）（国家环境保护总局公告 2007 年第 4 号）的相关要求执行。

污染源监测点位布设原则、采样频次及时间等参照《固定源废气监测技术规范》（HJ/T 397—2007）、《固定污染源监测质量保证与质量控制技术规范（试行）》（HJ/T 373—2007）等规范以及相关排放标准要求执行。

环境空气重金属监测采样前应确认采样滤膜无针孔和破损，滤膜毛面向上。样品采集避免接触金属镊子，采样结束后滤膜带回实验室平衡 24 h。若不能立即称重，滤膜应在 4℃冷藏保存。

污染源颗粒物采样应按照等速采样原则进行。滤筒在安放和取出采样管时，不得使用金属镊子和直接用手接触，取出滤筒轻轻敲打前弯管并用毛刷将附在管内的尘粒刷入滤筒中，将滤筒上口内折封好，放入专用容器中保存，在运送过程中不得倒置。

（2）空白样品采集

现场采样时将空白滤膜带至现场，作为全过程空白样。

（3）采样记录、样品检查及运输

现场及时填写采样记录相关信息并进行样品检查，样品采集后立即送回实验室。样品保存应严格按有关规范要求执行。

3．实验室分析

（1）实验准备

分析人员严格按所选环境空气和废气重金属分析方法的规定步骤进行操作，并做好分析原始记录和仪器设备使用记录等。

（2）现场空白

为扣除样品运送、保存、试剂、实验室用水、计量分析仪器等影响，分析样品时应同时测定现场空白，建议现场全过程空白样每批不少于 2 个，如遇空白值不稳定可加量测定。

（3）精密度控制

采用平行样来控制分析的精密度，具体要求详见《空气和废气监测分析方法》（第四版增补版）中相关内容。

（4）准确度控制

在对每批次样品进行分析时，若标准样品测试结果超出保证值范围，或自配标准溶液分析结果相对误差超出 10%，应查找原因，予以纠正。具体要求详见《空气和废气监测分析方法》（第四版增补版）中相关内容。

（5）标准曲线控制

按照各方法的技术规范要求，保证足够标准系列点数，选择好合适显色温度和时间，做好浓度与吸光度标准曲线回归方程。

（6）滤筒（膜）称量

滤筒（膜）的称量应在恒温恒湿的天平室中进行，保持采样前和采样后称量条件一致。

三、土壤和固体废物中重金属监测的质量保证与质量控制

1．采样准备

（1）做好监测区域内的资料收集与现场调查。

（2）采样器具准备参照《土壤环境监测技术规范》（HJ/T 166—2004）和《工业固体废物采样制样技术规范》（HJ/T 20—1998）等相关要求，重金属采样避免使用铁锹、铁铲等金属质地的采样工具，采样容器选择样品袋等。采样工具、设备和器材事先检查干燥、洁净和完好程度，且不与土壤和待测固废发生任何反应，确保不会造成土壤和固废的污染和损失。

2．样品采集与保存

（1）样品采集

土壤及固体废物重金属监测布点数量和采样点位的确定参照《土壤环境监测技术规范》（HJ/T 166—2004）、《农田土壤环境质量监测技术规范》（NY/T 395—2000）、《工业固体废物采样制样技术规范》（HJ/T 20—1998）、《生活垃圾填埋场环境监测技术要求》（GB/T 18772—2002）、《危险废物鉴别技术规范》（HJ/T 298—2007）等相关技术规范要求。尽量用竹铲、竹片直接采取样品，或用铁铲、土钻挖掘后，用竹片刮去与金属采样器接触的部分，再用竹片采取样品。选择不与土壤和固废发生化学反应的盛样容器，一般用样品袋。

（2）采样记录、样品检查及运输

现场及时填写采样记录相关信息并进行样品检查，样品采集后立即送回实验室。样品保存应严格按有关规范要求执行。

3．实验室分析

（1）分析人员自控

分析人员严格按所选重金属分析方法的规定步骤进行操作，做好分析原始记录和仪器设备使用记录等。

（2）制样、样品保存、样品前处理的质量控制

土壤样品以及固体废物样品制样和保存参照《土壤环境监测技术规范》（HJ/T 166—2004）和《工业固体废物采样制样技术规范》（HJ/T 20—1998）相关要求执行。根据不同

的监测要求和监测项目，选定样品处理方法。不同形态重金属分析的样品前处理方法参见《土壤环境监测技术规范》（HJ/T 166—2004）附录 D。固体废物样品分析的前处理按照《危险废物鉴别标准》（GB 5085.1—2007～GB 5085.7—2007）中规定分析方法的要求进行。

（3）校准曲线检验

校准曲线绘制应按分析方法的步骤，设置 6 个以上标准系列浓度点。每次分析样品时同步绘制校准曲线。校准曲线回归方程的相关系数、截距和斜率应符合标准方法中规定的要求。若样品中金属浓度超出曲线线性范围，将被测物质浓缩或稀释至曲线中间浓度进行检测。

（4）空白样测定

测定全程序空白样，且每批样品至少测定一个实验室空白值（含前处理）。全程序空白测定值应小于方法检出限。

（5）精密度控制

每批样品随机抽取 10%实验室平行样，5 个样品以下，平行双样的测定率增加到 50%以上。土壤中重金属平行双样控制指标（允许误差范围）见《土壤环境监测技术规范》（HJ/T 166—2004）相关内容。固体废物中重金属分析精密度要求可参见《危险废物鉴别标准　浸出毒性鉴别》（GB 5085.3—2007）相关内容。

（6）准确度控制

在测定精密度合格的前提下，使用标准样品和质控样品对样品分析的准确度进行控制。当选测项目无标准样品或质控样品时，可用加标回收实验来检查测定分析的准确度。对于复杂基体样品的测定，可采用标准加入法控制准确度。

四、生物体内重金属监测的质量保证与质量控制

根据目前生物监测的特点和类型，生物监测项目可以分为四类：微生物检测项目、群落检测项目、毒性检测项目以及生物标志物项目。生物体内重金属监测属于生物标志物中的污染物残留分析部分，生物体内重金属监测与常规重金属监测相似，其质量保证和控制可参照常规监测进行。

1. 样品采集与保存

现场监测在污水和地表水水质采样的一般程序和方法的基础上，充分考虑生物监测特殊性，断面和点位的布设、采样频率和时间以及样品采集可参照《水生生物监测手册》和《水和废水监测分析方法》（第四版增补版）等相关要求。

2. 实验室分析

为了获得符合质量要求的数据，各实验室应使用规范化的分析方法，并加强对实验室内部各环节的质量控制。由于生物体内重金属监测缺乏相关的监测技术规范，该部分质控措施可参考常规重金属监测的质量保证和质量控制措施。

此外，考虑到生物监测特殊性，实验室可积极参与实验室间比对，旨在加强实验室间人员与技术的交流，加强对生物体内重金属监测的研究工作，从而提出切合实际的质量保证与质量控制措施。

第二章　挥发性有机物

第一节　国内外挥发性有机物的研究综述

一、挥发性有机物概述

1．挥发性有机物定义

挥发性有机化合物（VOCs），是指熔点低于室温、沸点范围在 50～260℃之间的挥发性有机物的总称，主要包括烃类、卤代烃、氮烃、含氧烃、硫烃及低沸点的多环芳烃等。广泛存在于空气、水和食物中，甚至存在于南极的水和雪的表面，是继 SO_2、NO_x 及氟利昂之后，受到世界各国普遍重视的大气污染物。美国国家环保局（EPA，2000）将挥发性有机化合物（VOCs）定义为：除 CO、CO_2、金属碳化物、金属碳酸盐和碳酸铵外，任何参加大气光化学反应的碳化合物。世界卫生组织（WHO，1989）将 VOCs 定义为：熔点低于室温、沸点范围在 50～260℃之间的挥发性有机化合物。欧共体将 VOCs 定义为：VOC 是在标准压力下（101.3 kPa）下，始沸点≤ 250℃的任何有机化合物（含有至少一个碳和一个或多个氢、氧、硫、磷、硅、氮或卤素的任何化合物），不包括二氧化碳、无机碳酸盐和碳酸氢盐。关于 VOCs 的上述定义，美国国家环境保护局的定义偏重于 VOC 的光化学污染，世界卫生组织和欧共体的定义既涵盖 VOCs 的局部和短期污染，又包括 VOCs 的光化学污染。VOCs 大多不溶于水，可混溶于苯、醇、醚等多数有机溶剂，大多对皮肤、黏膜有刺激性，对中枢神经系统有麻醉作用。其所表现出的毒性、刺激性、致癌作用和具有的特殊气味能导致人体呈现种种不适反应。

2．挥发性有机物的特性和危害

VOCs 具有相对强的活性，是一种比较活泼的气体，导致它们在大气中既可以以一次挥发物的气态存在，又可以在紫外线照射下，在 PM_{10} 颗粒物中发生无穷无尽的变化，再次生成为固态、液态或二者并存的二次颗粒物存在，且参与反应的这些化合物寿命相对较长，可以随着风吹雨淋等天气变化，或者飘移扩散，或者进入水和土壤，污染环境。

世界卫生组织和美国环保局认为空气中 0.3 μg/L 的苯就可使每百万人的接触者中 4～8 人面临患白血病的危险，而且这种危险与 VOCs 的浓度成正比，它们通过饮食和吸入可能对人类健康产生不利的影响（王伯光等，2004）。挥发性有机物是光化学反应的主要参与者，臭氧和细粒子不但是目前大多数大中城市的主要大气污染物，而且通过直接和间接对大气辐射平衡的影响进而对气候产生影响。

水体以及饮用水的安全是目前主要关注的问题。我国七大水源水系水质严重下降的原因主要呈现为挥发性有机物（VOCs）和半挥发性有机物（SVOCs）污染所致，其中VOCs的污染状况更为突出（梁霖，1998）。日常饮用水中可疑残留的这些化合物，主要来源于上述受VOCs污染的水源水以及饮用水消毒过程中产生的卤代烃副产物（如三氯甲烷等）（文清和刺爱林，2007）。研究报告证实，卤代烃中的三氯甲烷能引起实验动物致突变性患上肿瘤，大量的流行病学调查也证实。经氯化消毒处理过的饮用水的消耗量与人群的直肠癌、肺癌、膀胱癌以及肾癌的发病率呈正相关。由于VOCs污染饮用水对人类健康构成的威胁愈来愈严峻。世界各国相继制订了更为严格的控制措施和检测标准。世界卫生组织2004年公布的《饮用水水质准则》中的148项化学指标中，VOCs和SVOCs的指标超过了60项。美国国家环保局（USEPA）2006年新颁发的《国家饮用水水质标准》则规定了65种VOCs和SVOCs为必检项目。我国2006年7月1日刚实施的新国家标准《生活饮用水卫生标准》中有机化合物的项目由原来的5项大幅度增加到了53项，其中VOC比原标准增加了21项。这足以说明了国际社会对饮用水安全的高度重视。水体中VOCs对人体的危害主要表现在以下几个方面：① 导致的急性与慢性病；② VOCs 的成瘾依赖性；③ VOCs 是导致新建筑综合征（NBS）与病态建筑综合征（SBS）的重要因素。因此，迫切需要对环境中的VOCs进行系统有效的监测研究。

二、环境中VOCs的标准分析方法

1. 国内VOCs的标准分析方法

表2.1列出了我国现有的水、空气和土壤环境中VOCs的标准分析方法。

2. 国外VOCs的标准分析方法

美国EPA关于水环境中VOCs的标准分析方法主要有：

① EPA5030B（PURGE-AND-TRAP FOR AQUEOUS SAMPLES）：用吹扫捕集方式对水环境样品中的挥发性有机物进行富集处理。

② EPA524.2（MEASUREMENT OF PURGEABLE ORGANIC COMPOUNDS IN WATER BY CAPILLARY COLUMN GAS CHROMATOGRAPHY/MASS SPECTROMETRY）：用气相色谱/质谱仪检测水环境中的挥发性有机物。

③ EPA8260B（VOLATILE ORGANIC COMPOUNDS BY GAS CHROMATOGRAPHY/MASS SPECTROMETRY（GC/MS））：用气相色谱/质谱仪检测水环境中的挥发性有机物。

美国EPA针对环境空气中挥发性有机物汇编了标准方法体系《环境空气中有毒有机物分析方法》（第二版，1999年）。其中：TO-1方法采用Tenax吸附剂采样GC/MS分析挥发性有机物，主要针对沸点在80～200℃的挥发性有机物；TO-2方法采用碳分子筛吸附剂采样GC/MS分析挥发性有机物，主要针对碳分子数较少，沸点在−15～120℃的非极性、非活性挥发性有机物。TO-14A采用罐采样气相色谱法（或质谱法）测定环境空气中挥发性有机物，主要针对常见的42种挥发性有机物，该方法前处理采用渗透膜除水，除水时会损失部分极性化合物，同时对罐的惰性处理要求不高。TO-15采用罐采样气相色谱-质谱法测定环境空气中挥发性有机物，其目标化合物比较多，有97种，此方法降低了水溶性VOCs的损失。可分析大多数挥发性有机物。TO-17采用吸附热解析测定环境空气中挥发性有机物。

表 2.1 挥发性有机物标准分析方法一览表

样品类型	目标物	分析方法	检测器类型	方法来源
水	苯系物	1. 顶空/吹扫捕集-气相色谱法 2. 液液萃取-气相色谱法	FID	GB 11890—89 或 GB 5750.8—2006
	挥发性卤代烃	顶空/吹扫捕集-气相色谱法	ECD	GB/T 17130—1997 或 GB 5750.8—2006
	1,1-二氯乙烯，1,2-二氯乙烯	顶空-气相色谱法	ECD	GB 5750.8—2006
	氯苯，1,4-二氯苯，1,2-二氯苯	液液萃取-气相色谱法	FID	HJ/T 74—2001
	氯乙烯	顶空-气相色谱法	FID	GB 5750.8—2006
	环氧氯丙烷	液液萃取-气相色谱法	FID	GB 5750.8—2006
	六氯丁二烯	液液萃取-气相色谱法	ECD	GB 5750.8—2006
	挥发性有机物	吹扫捕集/气相色谱-质谱法	MS	HJ 639—2012
空气	挥发性有机物	吸附管采样-热脱附/气相色谱-质谱法	MS	HJ 644—2013
	挥发性卤代烃	活性炭吸附-二硫化碳解吸/气相色谱法	ECD	HJ 645—2013
	挥发性有机物	采样罐采样/气相色谱-质谱法	MS	《空气和废气监测分析方法》（第四版）
	苯系物	活性炭吸附/二硫化碳解吸-气相色谱法	FID	HJ 584—2010
	苯系物	固体吸附/热脱附-气相色谱法	FID	HJ 583—2010
土壤和沉积物	36 种挥发性有机物	顶空/气相色谱-质谱法	MS	HJ 642—2013
	65 种挥发性有机物	吹扫捕集/气相色谱-质谱法	MS	HJ 605—2011

国际标准化组织关于环境空气中挥发性有机物分析测定为 ISO 16017 和 ISO 16200—2001，前者是吸附管/热解吸/气相色谱仪法测定室内空气、环境空气和工作场所空气中挥发性有机物，后者是溶剂解吸/毛细管气相色谱仪法测定工作场所空气中挥发性有机物，目前还没有罐采样的标准方法。

三、VOCs 的监测分析技术进展

1. 样品预处理

（1）空气样品中 VOCs 预处理技术

目前，空气中 VOCs 的预处理方法主要是溶剂解吸、热解析、三级冷阱预浓缩等。其中，三级冷阱预浓缩这一微量富集技术近年来被相继推出，为近年来国内外迅速发展起来的新的有效的样品前处理方法。

① 溶剂解析技术。溶剂解析是针对固体吸附剂采集的样品，用活性炭或其他等效吸附剂的采样管富集环境空气、室内空气或工业废气中目标物，某一吸附效力强的溶剂或某两种溶剂的混合溶液进行洗脱。如在国家职业卫生标准以及《空气和废气监测分析方法》中，

对多类挥发性有机物的分析方法大多采用二硫化碳进行溶剂洗脱。此方法的优点是方法简单、经济、易操作；缺点是固体吸附剂采样虽然对空气样品进行了富集，但前处理过程需要使用大量的解析溶剂，存在溶剂的二次污染以及溶剂的解析效率问题，在采样过程中还存在吸附剂可能穿透的问题。

② 热解析技术。样品被吸附后，用加热的方法将 VOCs 从吸附剂上脱附，然后用载气将 VOCs 带到色谱柱中进行分离分析，该方法的灵敏度较高、不需要使用有机试剂、本底值低，对分析影响很小，是个相对绿色环保的处理方法，但是对于热不稳定物质却无能为力。为解决固体吸附热脱附方法只能一次性进样，无法对样品重复分析的问题，在样品解析后进入分析系统前，将在带着样品的载气流等分分流，一份进入 GC 进行分析，另一份被干净的吸附管吸附，作为平行样备用。李辰等以一级热解吸技术对室内空气中的挥发性有机物进行预处理，在氢火焰离子化检测器（FID）上得到检测。实验优化了热解吸温度和热解吸时间，考察了方法的重复性、热解吸率和残留率，并分析了实际空气样品（李辰等，2005）。

③ 三级冷阱预浓缩技术。三级冷阱预浓缩技术是近年来发展并迅速广泛使用的一个方法，克服了传统方法存在的采样时间长、吸附剂穿漏、解吸/解析效率以及二次污染等缺陷。方法采用内壁惰性化处理的不锈钢罐采集环境空气样品，然后进行样品预浓缩，除去水及惰性气体后，进入气相色谱分离，用质谱检测器进行检测。

徐能斌等采用在常温下用抽成真空的苏玛罐（内壁经过抛光处理的金属罐）或 Tedlar 袋进行采样，然后在实验室用预浓缩仪两级低温浓缩捕集挥发性有机物，再进入 GC-MS 进行定性、定量分析，本方法灵敏度高，重复性好，适合于室内空气和环境空气中挥发性有机物的测定（徐能斌等，2005）。

（2）水环境样品中 VOCs 预处理技术

水中挥发性有机物的前处理主要有顶空法（液上空间法）、液液萃取法、超临界流体萃取法、吹扫-捕集法、固相萃取法、固相微萃取法和膜技术等；液液萃取存在溶剂二次污染和浓缩时随溶剂损失大等缺点，用得比较少。用得比较多的是吹扫捕集和顶空。近年来，固相微萃取技术被相继推出，该技术是继吹扫捕集后国内外广泛应用的新的有效的样品前处理方法。

① 顶空技术。它是利用液（固）体中的挥发性组分在密闭恒温系统中达到平衡后，气-液两相挥发性组分质量比恒定的原理，直接抽取一定量平衡气体进样至气相色谱系统进行分析，从而计算出液（固）体样品挥发性组分实际含量的一种方法。该方法采用气体进样，分析速度快，过程无需使用有机溶剂。样品的提取在顶空平衡过程中自动完成，因此它很适合于饮用水中 VOC 的分析测定。

② 吹扫捕集技术。吹扫捕集法是将氮气或氦气等惰性气体通过样品，把样品中的挥发性有机物（VOC）不断地吹脱出来，并被捕集阱吸附，吹扫完毕后，迅速加热捕集阱，使被捕集阱吸附的有机物快速解吸，并进入气相色谱仪进行分析。

陈小辉等人采用吹扫捕集富集水中丙烯腈，预处理简单，只需过滤水样，分析速度快。该方法稳定准确，灵敏度高，精密度高，完全满足水和废水水质监测分析要求，是一种很好的预处理方法，适合各种水样中微量丙烯腈的测定（陈小辉等，2010）。吴婷等采用吹扫捕集对水中的二硫化碳（CS_2）、甲硫醚（DMS）和二甲二硫醚（DMDS）3 种挥发性硫化合物进行预富集，然后导入 GC-MS 系统并在选择离子模式（SIM）下进行检测。结果表明 CS_2、DMS 和 DMDS 3 种硫化合物分别在 0.03～3.42 μg/L、0.17～2.72 μg/L 和 0.04～3.41 μg/L 范围内线性关系良好；在不同的浓度下，平行测定 5 次的相对标准偏差均较小（吴婷等，2007）。

在标准的分析方法中，存在高沸点化合物的吹扫效率偏低等问题，因此许多学者对其进行相应的分析条件优化。Jeon Chi Wan 等改进了吹扫捕集与气相色谱的连接并给出了最佳操作条件。Golfinopoulos 等针对吹扫捕集装置的工作效率及它和其他测定 VOCs 前处理方法相比所具有的优缺点等问题做了详细的研究。Martinez 等对吹扫时间、流速及解吸的时间与温度都做了优化；张灿等针对记忆效应问题对 EPA 的方法参数做出了调整（张灿，2006）。

③ 固相微萃取技术。固相微萃取是在固相萃取基础上发展起来的一种新型的萃取分离技术。SPME 装置类似于色谱微量注射器，由手柄和萃取头两部分组成。萃取头为一熔融石英纤维层，其表层涂渍 7～100 μm 厚的高分子聚合物。检测样品时，直接萃取式（DI-SPME）是把它插入到密闭的待测溶液或气体样品中；顶空萃取式（HS-SPME）则是把萃取头置于样品溶液的顶空层上。经过一段时间萃取平衡后，把 SPME 如注射器一样插进（或连接到）色谱仪进样口。富集在涂层上的样品组分即可在气相色谱或液相色谱等仪器上进行分析检测。SPME 由加拿大 Waterloo 大学的 Pawliszyn 于 1989 年首创。SPME 萃取头常用的涂层有聚二甲基硅氧烷（PDMS）和聚甲基丙烯酸甲酯（PMMA），前者常用于弱极性化合物的萃取；后者则多用于强极性组分的富集。由于它集取样、萃取、富集和进样于一体，且无溶剂操作，因此具有操作简便、节省时间、样品用量少、重现性好和环保等优点而备受使用者欢迎。

（3）土壤样品中 VOCs 预处理技术

随着人类对生存环境的关注，对 VOCs 的研究越来越受到重视，但研究的方向主要集中在气和水。对土壤、底质的研究文献，采用的预处理技术主要是吹扫捕集和顶空。应红梅和刘慧等采用吹扫捕集方法富集土壤样品中的 VOCs（应红梅，1999；刘慧，2003），肖锐敏和孙华等人分别采用静态顶空技术处理土壤中的 BTEX 和 54 种挥发性有机物（肖锐敏，1998；孙华，2008）。

2．分析技术

目前，VOCs 的分析方法主要有气相色谱法（GC）、气相色谱-质谱联用（GC-MS）、高效液相色谱法（HPLC）、荧光分光光度法、比色管检测法等。其中最常用的是气相色谱法、高效液相色谱法和气相色谱-质谱联用法。

（1）气相色谱法

GC 是近 20 年来迅速发展起来的一种新的分离分析方法，一般常用于气相色谱分析的检测器有：火焰离子化检测器（FID）、电子捕获检测器（ECD）、火焰电离检测器（FPD）等。气相色谱法的原理是利用试样中各组分在气相和固定液液相间的分配系数不同，组分在两相间进行反复多次分配，由于固定相对各组分的保留能力不同，因此各组分在色谱柱中的运行速度就不同，经过一定的柱长后，便彼此分离，按顺序离开色谱柱进入检测器。

郭雅男等用毛细管气相色谱法对室内环境空气中 TVOC 浓度进行了研究。该法操作简便，准确灵敏，对设备要求不高，能满足空气中总挥发性有机物含量的测定要求，有望在室内、环境和工作场所空气质量研究和控制中得到广泛的应用（郭雅男等，2005）。林华影等 ECD 检测器在 6 min 内对水中的二氯甲烷、氯仿、四氯化碳和溴仿等 8 种组分进行了完全分离，氯仿和四氯化碳的检出限分别达到 0.05 μg/L 和 0.01 μg/L（林华影等，2004）。

（2）气相色谱-质谱法

GC-MS 联用仪可同时进行定性定量检测而日益受到青睐，其灵敏度更高，数据更可靠。徐能斌等在实验室用预浓缩仪两级低温浓缩捕集挥发性有机物，再进入 GC-MS 进行定性、定量分析，方法的检出限为 0.1～1.8 μg/m^3，其相对标准差小于 9.1%，方法灵敏度高，重复性好（徐能斌等，2005）。史晓冬运用吹扫捕集与气相色谱-质谱（GC-MS）联用测定饮用水中 13 种挥发性有机物的测定方法。该方法的加标回收率在 90%～110%，相对标准偏差小于 50%，灵敏度高，准确度好（史晓冬，2007）。

（3）高效液相色谱法

HPLC 是 20 世纪 70 年代迅速发展起来的一种高效、高速、高自动化和高灵敏度的分离分析技术。与 GC 相比，HPLC 对试样的要求不受其挥发性限制。HPLC 分为正相和反相，其中反相更为流行。目前用于 HPLC 的检测器有多种，如紫外检测器、荧光检测器、示差折光检测器、电化学检测器等（耿世彬，2002）。沈学优以 HPLC 分析空气和废气中 10 种醛酮污染物，其最低检测限为 1～5 ng，线性工作范围为 5～300 ng（沈学优，1999）。耿世彬、周永红用高效液相色谱法建立了室内空气中 13 种醛酮类有机污染物的同时测定方法（耿世彬和周永红，2002）。

第二节　样品的采集和保存

一、空气中 VOCs 的采集和保存

1. 固体吸附剂采集

（1）采样管的准备

如果采用活性炭等作为吸附材料的吸附管，一般购买市场上商品化的即可，有 100/100 和 150/100 等不同规格，采样时，无需老化，直接打开采样。

如果是热脱附管，则要用老化装置或具有老化功能的热脱附仪老化，老化后的采样管两端立即用聚四氟乙烯帽密封，放在密封袋或保护管中保存。密封袋或保护管存放于干燥器中，4℃保存。老化后的采样管应在两周内使用。

（2）样品采集

① 采样前应对采样器进行流量校准。在采样现场，将一只采样管与空气采样装置相连，调整采样装置流量，此采样管仅作为调节流量用，不用做采样分析。

② 常温下，去掉采样管两侧的聚四氟乙烯帽，按照采样管上流量方向与采样器相连，检查采样系统的气密性。样品浓度和类别，在一定流量下采集一定时间。若现场大气中含有较多颗粒物，可在采样管前连接过滤头。同时记录采样器流量、当前温度和气压。

③ 采样完毕前，再次记录采样流量，取下采样管，立即用聚四氟乙烯帽密封。

2. 容器捕集采样

捕集容器按材质分为聚合袋、玻璃容器和真空罐。聚合袋即气袋，一般为聚乙烯袋；玻璃容器一般是玻璃针筒。分别介绍如下。

（1）采样前准备

采样之前，要将采样容器进行清洗。

罐清洗：使用罐清洗装置对罐进行清洗，将高纯氮气连接至罐清洗装置，进行加湿清洗，清洗过程分为低真空、高真空、充气三个步骤，每个罐需按上述三个步骤循环清洗 3 次，清洗过程须对罐进行加湿，降低罐体活性吸附。必要时可对罐在 50～80℃进行加温清洗。清洗完毕的罐抽至真空（＜10 Pa）。

气袋：向袋中反复充入空气和排出空气已达到清洗的作用。

玻璃针筒：用环境空气反复抽洗即可。

（2）样品采集

① 气袋或者针筒采样。用 100 ml 注射器或者气袋在人的呼吸带高度抽取待测空气样品，反复置换三次后，抽取样品，用橡皮帽封住针头送往实验室待测。

② 罐采样。样品采集可采用瞬时采样和恒定流量采样两种方式进行。若环境空气颗粒物较多，采样前加装过滤器，以去除空气中的颗粒物。

瞬时采样：将清洗后并抽成真空的罐，带至采样点后，打开罐上阀门，使空气利用压差进入到罐内，采样时间约为 30 s，待罐内压力与采样点大气压力一致后，关闭阀门，用密封帽密封。记录采样时间、地点、温度、大气压。

恒定流量采样：将清洗后并抽成真空的罐，带至采样点后，安装上恒定流量采样器，打开罐上阀门，进行恒流采样，到达采样体积后，关闭阀门，用密封帽密封。记录采样时间、地点、温度、大气压。

用采样罐采集样品应采取必要措施以尽量避免采样罐带来的干扰，比如：新采样罐应填充零湿空气，放置 24 h 后再分析测定其洁净度；采样罐应储存在无污染的场所，并在运输过程中密封保存，以防止泄漏，从而使样品的任何损失减少到最小程度。

③ 针筒采样。在采样点，用空气样品抽洗 100 ml 注射器 3 次后，抽 100 ml 空气样品。采样后，立即封闭注射器口，垂直放置于清洁的容器内运输和保存。

二、水中 VOCs 的采集和保存

1. 样品采集

（1）采样器皿的洗涤

对所有与样品直接接触的器皿，均应采取措施保证其洁净度，避免造成污染或干扰。

样品瓶的一般清洗步骤为：① 热水荡洗；② 蒸馏水洗涤；③ 40～60℃烘干；如采集或接触过高浓度样品，则要先用 1∶3 的盐酸荡洗，再进行一般程序清洗。

（2）采样步骤

① 将空白水带到采样现场，倒入采样器，再缓慢倒入 2 个挥发性有机物专用采样瓶，作为全程空白。

② 采集样品时，倾斜采样器和样品瓶，将样品缓慢地从采样器导入样品瓶中，直至满瓶，应尽量减少由于搅动引起的挥发性化合物逸出，并避免将空气气泡引入采样瓶。对于地下水的采集，如从自来水或有抽水设备的出水管处取水时，应先放水 5～10 min，然后将水样收集于瓶中，取样时应尽量避免或减轻样品与大气发生接触（注：所有采样器皿均应在采样准备阶段进行必要的清洗，在样品采集时不用所采集的水样荡洗；对于采样器，采集第一个样品时不用所采集的水样充分荡洗，但从采集第二个样品到后面的所有样品采集，均应该用所采集的水样充分荡洗）。

③ 每瓶样品（包括全程空白）中加入 4 滴浓盐酸，拧紧采样瓶塞。

④ 每一采样点均应采集样品平行。

⑤ 在采样瓶上做好标记。

采样注意事项：

① 乘坐机动船采集样品时，不能在有尾气存在的地方采集或贮存样品。

② 避免使用任何塑料制品来储存样品，也应避免样品的任何部分接触到采样者的手套引起酞酸酯类物质对样品的污染，同时，没戴手套的采样人员应考虑避免涂抹护肤霜的手接触样品。

③ 一般选择采样前连续晴天，水质较稳定的日子采样。

④ 鉴于盐酸会对腐蚀吹扫捕集系统的进样针，在保证 2d 内完成全部测试的情况下，采样时样品中可不加入浓盐酸。

2. 样品保存

采集的样品应尽快分析，确需保存时，应采取措施，各种情况的保存措施见表 2.2。

表 2.2 样品的保存措施

样品性质	容器	保存方法	保存时间
无余氯	棕色玻璃瓶	4 滴浓盐酸，4℃保存	14 d
有余氯	棕色玻璃瓶	加入约 0.3 ml 10%的硫代硫酸钠，再加 4 滴浓盐酸，4℃保存	14 d

三、土壤及沉积物中 VOCs 的采集和保存

1. 采样前准备

根据现场样品的气味判断样品浓度高低，若有气味则初判为高浓度样品，在采样记录和采样瓶上做标记。

2. 样品采集

（1）采样说明

当采集低浓度样品时，条件允许的话，要按下面要求进行采样，否则可用 200 ml 的棕色玻璃瓶采样，在实验室称取样品进行分析。

（2）顶空样品采集

将已称重的 20 ml 顶空瓶带到现场，采集土壤表层 2～3 cm 的土壤样品（约 2 g），轻

轻放入瓶内，不要搅动土样，一部分样品瓶加 10 ml 纯水后，根据需要加入 2 μl 内标物，立即封盖。

（3）吹扫捕集样品采集

① 浓度在 1～1 000 μg/kg 时，向 VOC 专用瓶中加入无污染的磁性搅拌子，再加入保存剂硫酸氢钠，然后加入 5 ml 试剂水，最后盖上瓶盖，密封并称重记为 *W*1（精确到 0.01 g），做好标记。

② 浓度＞1 000 μg/kg 时，高浓度的样品不需要保存剂，在采样前加入 10 ml 的甲醇，盖上盖子密封并称重记为 *W*1（精确到 0.01 g），做好标记。

注意：如果加入甲醇后不在当天采样的话，必须在采样当天复称（精确到 0.01 g），与第一次称的重量差不得大于 0.01 g。

用采样器迅速采集约 5 g 土样到准备好的样品瓶中，称重记为 *W*2（精确到 0.01 g），做好记录。样品的重量则为 *W*= *W*2−*W*1。每一采样点均应采集样品平行。

（4）采样注意事项

采样所需玻璃容器依次用浓硫酸/重铬酸钾洗液-自来水-纯净水清洗干净后，自然晾干或 120℃烘干（采集盛装挥发性有机污染物 VOCs 的样品采样瓶要置于马弗炉在 300℃灼烧 5 h），冷却至室温后，盖上盖紧密封后才能运往采样现场，清洗好的采样工具要进行空白分析。

3．样品保存

① 样品采集后要在 4℃冷藏，加冰运输，样品到达实验室后，继续放在 4℃冷藏，且尽快分析。

② 如果样品的碱性比较强，要放在−10℃下保存，或者采样时增加硫酸氢钠的加入量。

第三节　样品的前处理技术

一、空气中 VOCs 的前处理技术

1．固体吸附剂样品

（1）溶剂解析

将采过样的前后段活性炭分别倒入溶剂解吸瓶中；加入 1.0 ml 解析溶剂，封闭后，解吸 30 min，解吸液供测定。若浓度超过测定范围，用解吸液稀释后测定，计算时乘以稀释倍数。

（2）热解析

将采过样的热脱附管放入热解吸器内，出气口分为两路，在载气（氮气）的带动下，一路与气相色谱进样口连接，供分析测定；另一路连接到一个干净的空白热脱附管，以获得样品平行样，备测。

若解吸气中待测物的浓度超过测定范围，可用清洁空气稀释后测定，计算时乘以稀释倍数。

2．容器捕集样品

（1）气袋和针筒

用 1 ml 的玻璃注射器直接取 1 ml 样品直接进样，或者用阀进样，无需特殊处理。

（2）罐采样

实际样品分析前，须使用真空压力表测定罐内压力。若罐压力小于 83 kPa，必须用高纯空气加压至 1.38 kPa，并按下式计算稀释因子。

$$D_f=Y_a/X_a$$

式中：D_f—— 稀释因子，量纲一；

X_a—— 稀释前的罐压力，kPa；

Y_a—— 稀释后的罐压力，kPa。

将真空罐连接到自动进样器上，设定大气浓缩仪条件，包括取样体积、内标物体积、三级冷阱温度等。

在液氮的带动下，对样品进行预浓缩，同时除去水及惰性气体。大气浓缩仪三级冷阱的参考条件如下：

一级冷阱：捕集温度：−150℃；解析温度：10℃；阀温：100℃；烘烤温度：150℃；烘烤时间：15 min；二级冷阱：捕集温度：−30℃；解析温度：180℃；烘烤温度：190℃；烘烤时间：15 min；三级聚焦：聚焦温度：−160℃；解析时间：2.5 min。

二、水中 VOCs 的前处理技术

1．顶空技术

根据顶空瓶的大小规格，量取 5～10 ml 水样于顶空瓶中，放入顶空装置，进行加热平衡，同时震荡 15 min，手动或者自动取上空气体 1 ml 上机分析。

顶空条件为：顶空平衡温度 85℃，传输线温度 110℃，进样针温度 95℃。顶空瓶恒温时间 30 min，压力化平衡时间 1 min。

2．吹扫捕集技术

吹扫捕集装置有两类，一类装配手动进样器，又称开放式吹扫捕集装置；一类装配自动进样器，又称封闭式吹扫捕集装置。

对于开放式吹扫捕集装置，在注射器中向 5 ml 样品中掺入替代标准物及内标物，然后将样品加载到进样器样品管中。

对于封闭式吹扫捕集装置，开始进行吹扫前，自动进样器从样品瓶中抽取 5 ml 样品，并自动掺入 1 μl 替代标准物与内标物的混合标准溶液，将其装载入吹扫室。在吹扫室中，吹扫气以小于 3 mm 直径的小泡由样品底部吹出，将样品中挥发性有机物定量转移至吸附管。

3．固相微萃取技术

根据样品浓度，取适当体积水样到萃取瓶中，并 60℃加热平衡 10 min。然后将 SPME 针管穿透样品瓶隔垫，插入瓶中，推手柄杆使纤维头伸出针管，纤维头可以浸入水溶液中（浸入方式）或置于样品上部空间（顶空方式），萃取时间大约 15 min。然后缩回纤维头，再将针管退出样品瓶，迅速将 SPME 针管插入 GC 仪进样口或 HPLC 的接口解吸池。推手柄杆，伸出纤维头，热脱附样品进色谱柱或用溶液洗脱目标分析物，缩回纤维头，移去针管。

三、土壤中 VOCs 的前处理技术

1. 顶空技术

（1）低含量（1～1 000 μg/kg）方法

将装有样品的样品瓶放入顶空装置，进行加热平衡，同时震荡 15 min，手动或者自动取上空气体 1 ml 上机分析。顶空条件见本节水中 VOCs 的前处理技术。

（2）高含量（大于 1 000 μg/kg）方法

处理方法同本节吹扫捕集技术高含量（大于 1 000 μg/kg）方法。

2. 吹扫捕集技术

（1）低含量（1～1 000 μg/kg）方法

低含量方法是对土壤或沉积物样品直接吹脱分析，测定的单个目标化合物最大值小于 1 000 μg/kg。若无法预计样品浓度时，可事先对样品进行筛选或者用高含量方法进行分析。

① 配有土壤自动进样器的吹脱捕集装置。取出采样瓶，轻轻摇动，确认采样瓶中的样品能够自由移动。将采样瓶放到吹脱捕集装置上，加入 5 ml 含有内标和代用品的纯水到采样瓶中进行分析。

若预计样品浓度小于 200 μg/kg 时，对采集的 5 g 样品进行分析；预计浓度在 200～1 000 μg/kg 之间时，对采集的 1 g 样品进行分析。

若任何目标化合物的浓度超过了校准曲线范围，应按高含量方法重新分析样品。

② 无土壤自动进样器的吹脱捕集装置。取出采样瓶，将吹脱管称重，加入样品后再次称重，精确到 0.01 g，将吹脱管装入吹脱捕集装置。加入 5 ml 含有内标和代用品的纯水进行分析。

若预计样品浓度小于 200 μg/kg 时，称取 5 g 样品进行分析；预计浓度在 200～1 000 μg/kg 之间时，称取 1 g 样品进行分析。

若任何目标化合物的浓度超过了校准曲线范围，应按高含量方法重新分析样品。

（2）高含量（大于 1 000 μg/kg）方法

称取 5 g 样品于 40 ml 棕色采样瓶中，精确到 0.01 g；对于已经采集 5 g 样品的采样瓶，直接称重，精确到 0.01 g。迅速加入 10 ml 甲醇于采样瓶中，盖好瓶盖并振摇 2 min。静置沉降后用一次性使用的巴斯德吸液管，移取约 1 ml 提取液（必要时可先离心后取上清液）至 2 ml 玻璃瓶中，提取液可在（4±2）℃暗处保存，在分析之前恢复到室温。将适量提取液加入到 5 ml 含有内标和代用品的纯水中进行分析，内标和代用品浓度为 50 μg/L。

对于未用顶空 GC/FID 或 GC/PID/ELCD 方法筛选，且初判为高浓度的样品或未知浓度的样品，若用高含量方法分析浓度值过低或未检出，应采用低含量方法重新分析。

3. 固相微萃取技术

根据样品浓度，称取 1～5 g 土壤样品于萃取瓶中，60℃加热平衡 10 min。然后将 SPME 针管穿透样品瓶隔垫，插入瓶中，推手柄杆使纤维头伸出针管，纤维头置于样品上部空间

（顶空方式），萃取时间大约 15 min。然后缩回纤维头，再将针管退出样品瓶，迅速将 SPME 针管插入 GC 仪进样口或 HPLC 的接口解吸池。推手柄杆，伸出纤维头，热脱附样品进色谱柱或用溶液洗脱目标分析物，缩回纤维头，移去针管。

第四节　样品的分析测试技术

环境样品中挥发性有机物的分析测试主要采用气相色谱法和气相色谱-质谱法，鉴于气相色谱法会产生假阳性等问题，目前监测系统主要采用气相色谱-质谱法，本书主要介绍气相色谱-质谱法，气相色谱法可参考本章第一节列出的 VOCs 的相关标准分析方法。

气相色谱-质谱法测定空气、水和土壤环境样品中 VOCs 的分析条件基本类似，都是在较低的起始温度下保留一段时间，待低沸点的目标物从色谱柱流出后，以一定的速率升温至较高温度，让中沸点的目标物从色谱柱流出，最后以更高的速率升温，使更高沸点的目标物从色谱柱最后流出被质谱检测。采用气相色谱-质谱法测定空气、水和土壤环境样品中 VOCs 的区别在于根据测定组分的不同选用不同型号和规格的色谱柱，如测定 EPA TO-14A 规定的空气中 39 种 VOCs，可以选用 HP-1 石英毛细管柱（50.0 m×0.32 mm×1.05 μm）；测定水中苯系物，为较好地分离对二甲苯和间二甲苯，可选用 HP-INNOWAX 石英毛细管柱（30.0 m×0.32 mm×0.25 μm）；测定 EPA 524 规定的水中 54 种 VOCs，可以选用 HP-VOC 石英毛细管柱（60.0 m×0.20 mm×1.12 μm）；测定《地表水环境质量标准》（GB 3838—2002）中规定的 25 种 VOCs，可以选用 DB-624 石英毛细管柱（30.0 m×0.25 mm×1.4 μm）。每个实验室可根据实际情况选择相应的色谱柱和优化分析条件进行测定。下面以水环境中 VOCs 的分析测试为例，介绍 VOCs 的分析测试技术。

一、仪器分析条件（推荐）

1．气相色谱部分

程序升温：38℃（3 min）$\xrightarrow{4℃/min}$ 150℃ $\xrightarrow{25℃/min}$ 260℃（3 min）

进样口温度：230℃

溶剂延迟时间：5.0 min

载气流量：1.0 ml/min

分流比：1∶30 或根据仪器条件

色谱柱：60 m × 0.20 mm × 1.12μm HP-VOC 毛细管柱或等效毛细管柱

2．质谱部分

接口温度（℃）：250℃

离子源温度（℃）：230℃

扫描方式：EI（全扫描）

扫描范围：45～300 amu

二、仪器校准

仪器调谐。使用 BFB 调谐，各离子的相对丰度见表 2.3。

表 2.3　离子丰度表

质荷比（*m/z*）	相对丰度指标
50	质量为 95 的离子丰度的 15%～40%
75	质量为 95 的离子丰度的 30%～80%
95	基峰，100%相对丰度
96	质量为 95 的离子丰度的 5%～9%
173	小于质量为 174 的离子丰度的 2%
174	大于质量为 95 的离子丰度的 5%
175	质量为 174 的离子丰度的 5%～9%
176	在质量为 174 的离子丰度的 95%～101%之间
177	质量为 176 的离子丰度的 5%～9%

三、初始校准

① 用购买的有证的标准溶液配制成 1.0 ng/μl，2.0 ng/μl，4.0 ng/μl，10.0 ng/μl，20.0 ng/μl 的标准系列。每个标准溶液里都加入一定量的内标物（氟苯和 1,2-二氯苯-d4），内标在每个标准溶液里的浓度都为 10 ng/ μl（推荐值）。

② 标准系列经前处理后，目标物被载气带入色谱柱，被色谱柱分离，被质谱定性和定量。标准谱图见图 2.1，保留时间和出峰顺序见表 2.4。

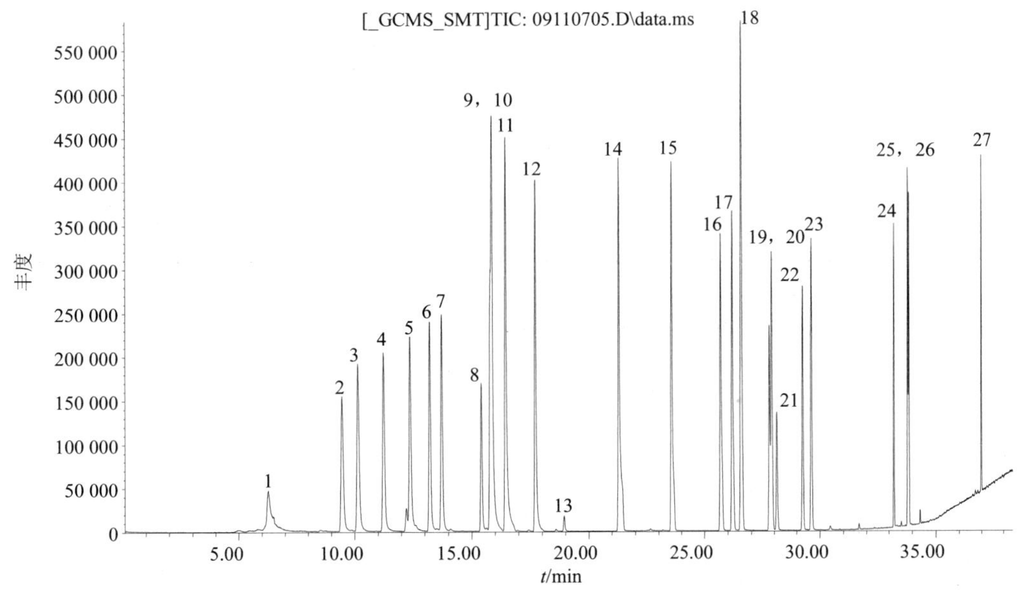

图 2.1　VOCs 总离子流图

表 2.4 挥发性有机物的出峰顺序和保留时间一览表

序号/出峰顺序	化合物名称	定量离子	保留时间/min
1	氯乙烯	62	5.750
2	1,1-二氯乙烯	61	9.442
3	二氯甲烷	84	10.115
4	反-1,2-二氯乙烯	61	11.201
5	2-氯-1,3-丁二烯	53	12.346
6	顺-1,2-二氯乙烯	61	13.196
7	三氯甲烷	83	13.708
8	1,2-二氯乙烷	62	15.389
9	四氯化碳	117	15.768
10	苯	78	15.836
11	氟苯（IS）	96	16.428
12	三氯乙烯	130	17.703
13	环氧氯丙烷	57	18.966
14	甲苯	91	21.290
15	四氯乙烯	166	23.557
16	氯苯	112	25.695
17	乙苯	91	26.185
18	对+间二甲苯	91	26.563
19	苯乙烯	104	27.792
20	邻二甲苯	91	27.888
21	三溴甲烷	173	28.133
22	异丙苯	105	29.262
23	4-溴氟苯（SS）	95	29.644
24	1,2-二氯苯	146	33.224
25	1,2-二氯苯-d4（IS）	150	33.816
26	1,4-二氯苯	146	33.866
27	六氯丁二烯	225	36.987

③ 计算各目标化合物的相对响应因子 RF

$$\mathrm{RF}=\frac{A_x}{A_{\mathrm{is}}}\times\frac{Q_{\mathrm{is}}}{Q_x}$$

式中：A_x —— 目标化合物定量离子峰面积；

A_{is} —— 相对应的内标化合物定量离子峰面积；

Q_{is} —— 内标化合物浓度或量；

Q_x —— 目标化合物的浓度或量。

每个目标化合物响应因子的相对标准偏差（RSD）应当小于 15%，达不到该要求需要重新制作标准曲线。

$$\mathrm{RSD}(\%)=\frac{\mathrm{SD}}{\mathrm{Mean}}\times 100$$

式中：SD —— 标准偏差；

Mean —— 5 个响应因子的均值。

④ 得到校正曲线

$$Y = A + BX$$

$$Y=\frac{A_x}{A_{\mathrm{is}}}$$

$$X=\frac{Q_x}{Q_{\mathrm{is}}}$$

分析样品前，首先分析一个连续校准样品（一般取校准曲线的中间浓度点用于连续校准，以评价仪器的灵敏度和线性），比较其响应因子，如果与最近一次初始标准的响应因子的百分偏差小于 20%，则可以继续分析样品，如果大于 20%，则需要重新制作标准曲线。

$$D(\%)=\frac{\mathrm{RF_c}-\mathrm{RF_i}}{\mathrm{RF_i}}\times 100$$

式中：D —— 百分偏差；

$\mathrm{RF_c}$ —— 连续校准的响应因子；

$\mathrm{RF_i}$ —— 最近一次初始校准的平均响应因子。

四、样品分析

样品分析过程同标准溶液的分析过程，如果样品量大，则每分析 10 个样品，需要分析一个中间浓度的标准溶液，同样，其响应值的标准偏差小于 20%才能继续分析样品，如果大于 20%，应查找原因，重新分析，甚至重新制作校准曲线。

五、结果计算

1. 目标化合物的定性

用两种方式对目标化合物进行定性分析。

（1）相对保留时间（RRT）

目标化合物的相对保留时间一定要在± 0.06 RRT 单位内。

$$\mathrm{RRT}=\frac{\mathrm{RT}_x}{\mathrm{RT_{is}}}$$

式中：RT_x —— 目标化合物的保留时间；

$\mathrm{RT_{is}}$ —— 与目标化合物相关联的内标的保留时间。

（2）质谱图比较

标准质谱图的相对离子丰度高于 10%以上所有离子在样品质谱图要存在。

标准和样品谱图之间上述特定离子的相对强度要在 20%之内。

在样品谱图中存在相对离子丰度高于 10%的离子，但标准谱图中不存在，可能由于干扰造成。

2. 目标化合物的定量

（1）采用内标法定量

用初始校准曲线的平均相对响应因子来定量目标化合物。

（2）计算

$$目标化合物浓度(\mu g/L)=\frac{A_x I_{is} D_f}{A_{is}\overline{RF}}$$

式中：A_x —— 目标化合物特征离子的峰面积；

A_{is} —— 内标化合物特征离子的峰面积；

I_{is} —— 内标化合物浓度，μg/L；

D_f —— 稀释倍数；

$\overline{RF}$ —— 校准曲线平均响应因子。

响应因子（RF）计算公式如下：

$$RF=\frac{A_x}{A_{is}}\times\frac{Q_{is}}{Q_x}$$

式中：A_x —— 目标化合物特征离子峰面积；

A_{is} —— 相对应的内标化合物特征离子峰面积；

Q_{is} —— 内标化合物浓度或量；

Q_x —— 目标化合物的浓度或量。

校准曲线 5 个点的每个化合物要计算响应因子值，平均的相对响应因子为 5 个浓度响应因值的均值。

六、检出限的确定

连续分析 7 个接近于检出限浓度的实验室空白加标样品，计算其标准偏差 S。检出限＝$S_{t（n-1，0.99）}$[如果连续分析 7 个样品，在 99%的置信区间，七个值均是一样的，此时 t（6，0.99）=3.143]，其中：t（n－1，0.99）为置信度为 99%、自由度为 n－1 时的 t 值，n 为重复分析的样品数。

七、实验难点及解决办法

1. 甲醇的干扰消除

VOCs 混合标准样品的溶剂为甲醇，甲醇在氯乙烯之后出峰，见图 2.2，为消除溶剂带来的干扰，将质谱最小扫描范围设置为 45，而甲醇分子量为 32，甲醇在该扫描范围下不出峰，由此可消除甲醇对目标物的干扰。

2. 氯乙烯易挥发，响应低、重现性差

氯乙烯的沸点为−13.9℃，极易挥发，因此在质谱上相应低、重现性差，解决的办法有：

① 将标准储备液于−20℃下冷冻保存；中间液现配现用；将水样和标准溶液同条件冷藏，冷藏温度小于 10℃。

② 自动进样器配备低温控制，使样品温度保持在 4℃左右。

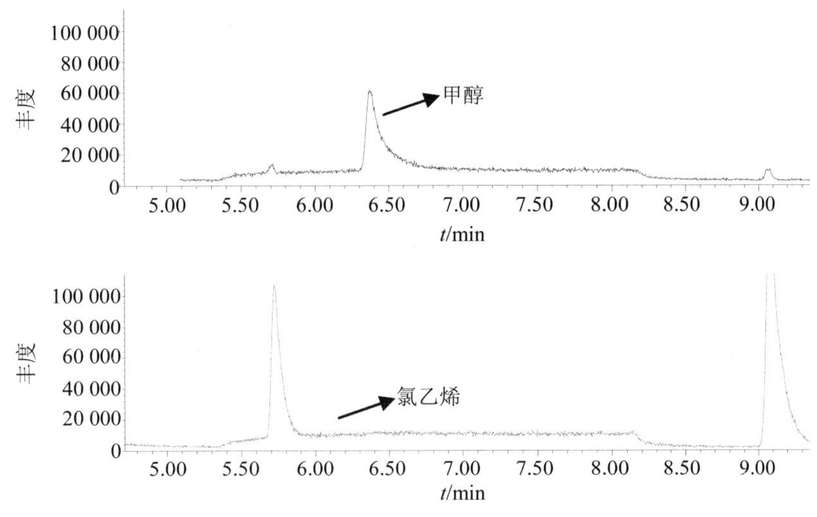

图 2-2　甲醇和氯乙烯出峰顺序图

3．环氧氯丙烷响应低

采用方法：配制标样中环氧氯丙烷浓度为其他 VOCs 的 5 倍。

八、实验中应注意的问题

1．记忆效应影响

在高浓度样品和低浓度样品一批分析时，高浓度样品会对低浓度样品产生记忆效应。为减少记忆效应，在进样前应用空白试剂水清洗吹扫装置和注射器，测试高浓度样品后，要随后分析一个或更多空白样品，直至消除记忆效应。

2．实验室二氯甲烷的污染

由于二氯甲烷能够穿透特富龙管，所有气相色谱载气管线和吹扫气管线应采用不锈钢管或铜管。实验室人员的衣服必须清洗干净，特别是在进行液液萃取时穿的工作服会对 VOCs 分析造成二氯甲烷的污染。

3．实验材料的干扰

实验室所用的材料、不纯的吹扫气和热解吸管中存留物都有可能带来干扰，可采用如下措施避免干扰：① 不使用非 PFTE 材料的密封件、塑料管以及带有橡胶件的流量控制器；② 吹扫气前应加上一个分子筛以纯化吹扫气；③ 不允许在样品分析结果中减去空白中存在的干扰峰的值。

4．其他

如果样品含有大量溶解性物质、悬浮物、高沸点化合物，或者高浓度样品分析后，可能需要用肥皂水清洗吹扫单元，用肥皂水清洗后再用空白试剂水冲洗，在 105℃烘箱中烘干吹扫管和吹扫针。也可以使用甲醇进行清洗。

样品在运输和储存时，挥发性有机物会透过样品瓶的密封垫污染样品，所以要用空白试剂水制备一个现场空白样品，用来监视样品在采样、运输、储存过程中是否受到污染。

污染源样品分析必须要稀释后进行，避免高浓度对管线的污染。

样品分析时必须首先用空白进行无污染检验，同时应避免使用非色谱专用的不锈钢管、非聚四氟乙烯螺纹密封剂或带有丁氰橡胶部件的流量控制器。

第五节　质量保证和质量控制

一、空气中 VOCs 的质量保证和质量控制

1. 吸附剂-溶剂解吸-气相色谱法

（1）采样中质量保证和质量控制

① 新填装的吸附管或新购吸附管都应标记唯一性代码和表示样品气流方向的箭头，并建立吸附管信息卡片，记录包括吸附管填装或购买日期、最高允许使用温度和使用次数等信息。

② 采样泵在采样前后流速的相对偏差不应大于 10%。

③ 每批样品必须采集全程空白。现场空白样品同样品管一起分析。现场空白样品中单个目标物的检出量应小于样品中相应检出量的 10%或与空白管检出量相当。

（2）样品分析中质量保证和质量控制

① 对不同批次活性炭采样管，要分别绘制工作曲线，以消除活性炭采样管对目标物的影响。

② 工作曲线相关系数均大于 0.99。

③ 每批样品至少分析一个实验室空白。

④ 采集样品前，应抽取 1～2 个吸附管进行空白检测，目标物本底质量应小于样品中目标物质量的 10%或小于 1 ng。

⑤ 每批样品分析时应带一个校准曲线中间浓度校核点，中间浓度校核点测定值与校准曲线相应点浓度的相对误差应不超过 30%。若超过允许范围，应重新配制中间浓度点标准溶液，若还不能满足要求，应重新绘制校准曲线。

⑥ 未知化合物的相对保留时间一定要在±0.06 RRT 单位内（$\mathrm{RRT}=\dfrac{\mathrm{RT}_x}{\mathrm{RT}_{\mathrm{is}}}$），方可认为是目标化合物。

2. 针筒或者气袋-直接进样-气相色谱法（或者气相色谱质谱法）

（1）采样中质量保证和质量控制

① 每批气袋或者针筒均需抽出 1～2 个针筒进行空白检验，目标化合物的检出浓度不得高于方法检出限。

② 气袋使用温度不超过 225℃，不适用高极性化合物取样，如醇类和胺类等。

③ 气袋样品采集不要超过容量的 80%。

④ 采集废气样品时，在生产周期内，小时平均样需要间隔采集 2～4 个样品。

（2）样品分析中质量保证和质量控制

① 针筒样品采样后尽量在 12 h 内分析。

② 当分析一个高浓度样品后，在分析下一个样品前，为避免干扰和污染，需加分析一个空白样品，空白样品未检出，方可继续分析下一个样品。

③ 其余同本节吸附剂-溶剂解吸-气相色谱法的样品分析中质量保证和质量控制中的②、③、④。

3．吸附剂-热解析-气相色谱法（或者气相色谱-质谱法）

（1）采样中质量保证和质量控制

参考吸附剂-溶剂解吸-气相色谱法采样中质量保证和质量控制。

（2）样品分析中质量保证和质量控制

参考吸附剂-溶剂解吸-气相色谱法样品分析中质量保证和质量控制。

4．真空罐采样-气相色谱质谱法

（1）采样中质量保证和质量控制

① 罐清洗空白。在每次采样前，均先对采样罐进行清洗、加湿和测漏。每清洗 20 只应至少取一只气罐注入高纯氮气分析，确定清洗过程是否清洁，检出化合物浓度不能高于方法检出限，每个被测出浓度过高的样品的罐在清洗后下一次使用前都应进行本底污染的分析。

② 实验室空白。实验室空白用来确定实验室环境、试剂或仪器系统是否存在污染或干扰。注入高纯氮气的清洁罐作为实验室空白样。分析每一批样品前必须做实验室空白，连续进样每 24 h 做一次。每个化合物的实验室空白不得高于方法检出限。

③ 现场空白。现场空白用于评价样品在现场被污染或干扰的可能性。在实验室抽成真空的采样罐，该罐除了不进行采样，与其他样品经历相同的处理过程，包括现场暴露、运输、存放与实验室分析。现场空白在分析前注入高纯氮气加压。

（2）样品分析中质量保证和质量控制

① 平行样的测定。一般每 10 个样品或每批次（少于 10 个样品/批）分析一个平行样。

② 样品加标。一般每 10 个样品或每批次（少于 10 个样品/批）分析一个加标样品。加标浓度为原样品浓度的 1～5 倍或曲线中间浓度点，加标样与原样品在完全相同的测试条件下进行分析。

③ 校准曲线。若校准曲线目标化合物 RF 的相对标准偏差（RSD）小于等于 30%，可以用 5 个浓度 RF 值的均值即平均响应因子来作定量。若目标化合物 RF 的相对标准偏差（RSD）大于 30%，需要检查系统稳定性，更换色谱柱或采取其他措施，然后重新绘制校准曲线。

④ 仪器性能检查。在仪器调谐通过后，进行 4-溴氟苯（BFB）检查，通过后方可进行样品分析。

⑤ 连续校准。在仪器运行期间，需要用校准曲线的一个浓度点进行连续校准，其目的是评价仪器的灵敏度和线性。

连续校准每 12 h 分析 1 次。计算连续校准与最近一次初始校准曲线的百分偏差，每个目标化合物的百分偏差低于前一次校准的 30%。如果连续分析几个连续校准都不能达到允许标准，就要重新绘制校准曲线。

二、水中 VOCs 的质量保证和质量控制

1. 采样中质量保证和质量控制

① 所有样品均需采集平行双样。

② 采集样品时，倾斜采样器和样品瓶，将样品缓慢地从采样器导入样品瓶中，直至满瓶，应尽量减少由于搅动引起的挥发性化合物逸出，并避免将空气气泡引入采样瓶。

2. 样品分析中质量保证和质量控制

（1）质谱校准

在制备校准曲线之前须对气相色谱/质谱仪进行仪器自动或手动调谐，当调谐合格后，分析质谱校准标准 BFB，进行 4-溴氟苯（BFB）检查，通过后方可进行样品分析。否则就需要对质谱仪的某些参数进行调整或者考虑清洗离子源。

（2）标准曲线线性要求

若每个目标化合物的 RSD 小于等于 25%，则可认为其相对响应因子在标准曲线范围内与其浓度呈直线关系，标准曲线成立，方可使用平均相对响应因子 $\overline{RF}$ 进行定量计算。

（3）后续标准曲线验证标准

每 20 个样品或每批次（少于 20 个样品/批）分析 1 次后续标准曲线验证标准。如果后续标准曲线验证标准符合校准曲线的允许标准，方可继续分析样品。

每个目标化合物的百分偏差要小于等于 30%。要确保内标物定量离子的峰面积不得低于前一次校准的 30%以上，或比标准曲线少 50%以上。后续标准曲线验证标准分析一定要在空白和样品分析之前。如果连续分析几个后续标准曲线验证标准都不能达到允许标准，要重新制作标准曲线。

（4）实验室空白

每批样品均需分析至少一个实验室空白，当实验室空白中目标化合物低于方法最低检测限时，认为合格，方可分析样品。

（5）全程空白

每批样品均需分析至少一个全程序空白，全程序空白中目标化合物的检出情况要出具在样品分析报告中。

（6）平行样的测定

虽然每个样品均采集平行双样，一般每 20 个样品或每批次（少于 20 个样品/批）分析一个平行样。用来测量与样品采集、贮存及实验室分析相关的精密度。

注：介于挥发性有机物的特殊性，不作室内平行分析，每个样品瓶中的样品只允许分析一次。

（7）在分析二氯甲烷时要格外注意实验室的污染

这是由于实验室大量使用二氯甲烷作为萃取溶剂，可通过空气传播干扰分析。而且二氯甲烷能够渗透过聚四氟乙烯管壁并能吸附在实验服上，所以挥发性有机物分析及样品贮存区域要与二氯甲烷的使用区域隔离，所有气相色谱载气及进样气管路必须使用不锈钢或铜管。

（8）在传送管路系统中不可存在冷点或活性点

如果在传送管路系统中存在冷点或活性点，则高沸点化合物将会受到不可逆吸附，影响测定准确度，并可能造成残留污染。

（9）方法的准确度及精密度性能验证

实验室在使用本方法分析样品前必须对方法的准确度及精密度性能进行验证，并测出方法检出限（MDL）。当分析条件有变化时，如色谱柱、色谱条件、萃取条件及内标物改变时亦要对方法性能进行验证。

验证时准备四个平行的、浓度为标准曲线中点的实验室空白加标样品（实同后续标准曲线验证样品），分析后计算各待测物的平均回收率及相对标准偏差。

（10）加标样质控范围

清洁基质加标样品所得各目标化合物结果的平均值与加入值的差别不得大于 30%，且各目标化合物结果的相对标准偏差不得大于 25%；样品基质加标样结果若超出此范围，要在报告中予以说明。

（11）替代物回收率

实验室应对每个样品中替代物回收率进行评价。替代物回收率的控制限通过统计方法建立：随机抽取至少 20 个样品分析数据，计算每个替代物回收率的标准偏差，以标准偏差正负 3 倍作为控制标准。在建立本实验室控制限前可执行表 2.5 所列标准。

表 2.5　替代物水样回收率标准

替代物	水样回收率/%
4-溴氟苯（4-Bromofl uorobenzene）	86.0～115
二溴氟甲烷（Dibromofl uoromethane）	86.0～118
甲苯-d8（Toluene-d8）	88.0～110
二氯乙烷-d4（Dichloroethane-d4）	80.0～120

（12）其他要求

① GC/MS 系统必须调谐达到 BFB 的标准，并通过后续标准曲线验证及方法空白样检验。变换试剂时也要进行方法空白分析，以避免实验室潜在的污染。

② 样品基质影响报告中必须有一个以上的基质加标和一个样品平行，或者基质加标和基质加标平行。是分析样品平行还是基体加标平行，视样品情况而定。如果样品中预计含有目标分析物，则可以采用样品平行，否则采用基体加标平行。

三、土壤及沉积物中 VOCs 质量保证和质量控制

1．采样中质量保证和质量控制

① 必须采用棕色玻璃瓶采样，以降低样品瓶对样品的吸附和样品的光解。

② 要添加样品保存剂硫酸氢钠，一般添加比例为：硫酸氢钠∶土样=0.2∶1.0（即 5 g 土样添加 1 g 硫酸氢钠），如果样品的碱性比较强，要增加硫酸氢钠的加入量，以保证土样的 pH≤2，降低 VOC 的损失。

③ 需要到实验室称量分析的样品，采样时要采满瓶并压实，不留空隙。

2．分析中质量保证和质量控制

① 每次样品分析之前，均须作 BFB、校准确认样品和一个方法空白样品。

② 为了评估样品基体对分析结果的准确度和精密度的影响，每一批样品（最多 20 个样品）应分析一个加标样品和一个样品平行样，或者一个加标样品和一个加标重复样品对，以验证样品基体的影响。若预测样品中含有目标分析物，则须再分析一个加标样品和重复分析一个不加标的样品。若预测样品中不含有目标分析物，则须再分析一个加标样品/加标重复样品对。加标浓度为规定限值或实际浓度值，若规定限值或实际浓度值过低则采用校准曲线中间点浓度。加标后样品中目标分析物浓度不能超过校准曲线最高点。

③ 每个分析批次中都应含一个实验室控制样品。在干净的与样品基体相似的同样重量的基体中，添加与加标样品同样浓度的加标溶液，制成 LCS。一般用不含有机化合物的沙子或土壤作为实验室控制样品的基体。用实验室控制样品分析结果来验证样品加标结果是否受到样品基体效应的影响。

④ 实验室可以按下列步骤来确定本实验室的基体加标回收率和代用品回收率：分别分析 15～20 个相同基体的加标样品，加标浓度为 10～50 倍检出限。计算平均百分回收率 P 和百分回收率的标准偏差 Sp，警告限为 $P\pm 2\ S$p，控制限为 $P\pm 3\ S$p。一般地，加标样品中大部分化合物的回收率应在 70%～130%之间。

⑤ 样品中内标的定量离子峰面积应为同批校准确认样品中内标定量离子峰面积的 50%～200%，保留时间与校准确认样品中相应内标保留时间偏差应在 30 s 以内。

⑥ 对于样品中超过校准曲线上限的目标化合物，应减少取样量重新分析，其取样量应使最高浓度化合物的响应值在校准曲线的线性范围的上半部。浓度超过校准曲线范围的化合物报重新分析后的结果。最小样品称重量不应低于 0.5 g，否则需用甲醇萃取样品后进行分析。

⑦ 当清洗离子源、更换色谱柱或吹脱捕集管，以及校准检查化合物经采取纠正措施后仍不能满足允许标准时，均需重新制备校准曲线。

⑧ 在需要更低的检出限时，可以使用选择离子监测（SIM）。然而，SIM 在化合物定性方面可信度更低，除非用多个离子监测每个化合物。

⑨ 每批甲醇都需检验。取 200 μl 甲醇加入到 5 ml 纯水中进行吹脱，确认在目标化合物的保留时间区间内没有干扰色谱峰出现或其中的目标化合物低于检出限。

第三章　半挥发性有机物

第一节　国内外半挥发性有机物的研究综述

一、定义及来源

半挥发性有机污染物（Semi-Volatile Organic Compounds，SVOCs）并没有严格的定义，一般指挥发性较弱，不溶于水，而易溶于有机溶剂中，沸点在 170～350℃、蒸气压在 10^{-7}～0.1 mmHg 之间的一大类化合物；也有定义指在室温下沸点高于水的有机物，或在 GC 上保留时间介于 C_{16}～C_{22}之间的有机物。这类化合物大多数呈油状液体，具有脂溶性，易溶于有机溶剂，但也有极性较强的微溶于水（如苯胺、酯类、醛酮类等）。半挥发性有机污染物易在水、土壤、空气、生物等介质中迁移转化，长期存在于水、土壤中，通过生物富集而危害人体健康。半挥发性有机污染物种类较多，包括多环芳烃、有机氯农药、多氯联苯、氯苯类、硝基苯类、硝基甲苯类、邻苯二甲酸酯类、亚硝基胺类、苯胺类、氯代苯胺类、氯代烃类、氯代醚类、联苯胺类、氯代联苯胺类、氯代酚类和硝基酚类等。SVOCs 来源非常广泛，如化工行业的原料或化工产品的中间体；添加到材料中的各种助剂（增塑剂和阻燃剂等）；广泛使用的杀虫剂、杀菌剂、消毒剂；燃料燃烧和交通运输等。随着化工行业的发展及新化学品的不断研制，半挥发性有机污染物种类还在不断增加。《斯德哥尔摩公约》首批控制的 12 种持久性有机物[POPs，包括滴滴涕、氯丹、灭蚁灵、艾氏剂、狄氏剂、异狄氏剂、七氯、毒杀酚、六氯苯和多氯联苯、二噁英（多氯二苯并-*p*-二噁英）、呋喃（多氯二苯并呋喃）]均属于半挥发性有机物。在环境监测领域，由于多环芳烃、多氯联苯、有机氯农药、二噁英等有机污染物各是一大类普遍关注的污染物，有相对系统独立的标准分析方法（详见本书后续章节或本丛书其他分册），本章所讨论的半挥发性有机污染物指的是硝基苯类、氯苯类、氯酚类、苯胺类、邻苯二甲酸酯类等化合物。

二、半挥发性有机物的污染状况

半挥发性有机物一般易持久存在于环境中，能远距离传输，并具有一定的毒性和生物蓄积作用，通过食物链累积，对人类健康造成有害影响，对人类生存繁衍和可持续发展构成重大威胁，为各国普遍关注，列入各国的优控污染物名单。

1．水体中半挥发性有机物的污染状况

迄今为止，世界各国先后提出了 900 余种水中优先控制污染物。1997 年，美国环境保护局（USEPA）在水中筛选出 65 类 129 种优先控制污染物，有机化合物达 114 种，占 88%。

我国原国家环境保护局1989年制定的“水中优先控制污染物黑名单”中，有14类68种有毒化学污染物，其中有毒有机污染物就有58种，属于半挥发性有机污染物42种，占一半以上。这说明我国的水污染主要以有机物污染为主，其中大多数SVOCs因为具有长期残留性（持久性）、生物蓄积性、高毒性等特性，危害更大。

2009年以来开展的环保重点城市集中式生活饮用水水源地监督性监测数据表明除个别水源地的邻苯二甲酸酯及阿特拉津有检出但未超标外，绝大多数半挥发性有机污染物均未检出。2011年，陈敏和徐爱兰对长江口区域饮用水源水中64种半挥发性有机污染物的含量进行了采样分析，检测出美国EPA优先控制污染物13种，中国68种优先控制污染物中的7种，检出污染物的含量均满足《地表水环境质量标准》（GB 3838—2002）标准限值要求。但据文献报道，2007年，长江口水体中64种半挥发性有机污染物的含量的检测分析结果：共检出其中的50种SVOCs，主要包括多环芳烃类、酚类、酯类、卤代烃类、取代苯类和醚类；其中包括中国优先控制污染物16种，美国优先控制污染物42种，属于我国《地表水环境质量标准》（GB 3838—2002）控制的有10种。因此，我国地表水中半挥发性有机物的污染状况需要持续关注。

对于地下水水质监测，由于《地下水质量标准》（GB/T 14848—93）中仅涉及三种有机氯农药及苯并[*a*]芘两项半挥发性有机污染物指标，环境监测系统对于地下水中半挥发性有机污染物污染状况关注相对较少，而挥发性有机污染物的监测力度较大，几乎占到了有机化合物总检测数目的90%以上。但据文献报道，王东辉等（2001）对东北地区松花江肇源江段地下水进行了检测，结果表明有机污染物检出定性物质达133种，定量物质达11种；同时检测到其浅层水井也受到不同程度的污染。1999年，戚爱萍和侯继梅（2001）对山东省济南泉域岩溶地区29个监测井点进行有机测试结果表明，共检出有机污染物76种，超过一半的有机化合物属于酞酸酯类和杂环芳烃。2007年，在该地区进行的有机污染物监测中，有机污染物的检出率达93%，其中有机氯农药、氯代烃类检出率分别为60%和57.8%（徐建国等，2009）。这些研究表明我国地下水中半挥发性有机物的污染状况值得关注。

2. 大气中半挥发性有机物的污染状况

半挥发性有机物在大气中主要以气态和气溶胶两种形态存在，气态及吸附在细颗粒物上的SVOCs可被人体和动物吸入，对健康有很大危害；同时通过干湿沉降，也可影响地表水体与植物。

目前，对半挥发性有机污染物的研究较少。谭培功等（2004）研究了大气中半挥发性有机物在滤膜、聚氨基甲酸酯泡沫塑料（PUF）和XAD-2三层上的分布，及青岛市大气中SVOCs的组分和主要有机物的浓度。研究结果显示，大气中的部分四环和五环以上的多环芳烃主要吸附在滤膜层，而大部分SVOCs吸附在PUF层，XAD-2吸附的有机物主要是三甲苯和单体萘；冬季大气中主要的有机物是四环以下的多环芳烃的烷基取代物和多种烷基酚，可能的来源是燃煤和交通，而夏季中检不出酚类化合物，这与酚类化合物主要来源于燃煤有关；冬夏两季大气中均能检出与交通有关的已内酰胺。申剑等（2010）对郑州市大气环境中半挥发性有机污染物分布规律进行了初步研究。他们在郑州市交通密集区、工业区、居民文化区等不同功能区设置监测点位，分春、夏、秋、冬4季对大气环境中半挥发性有机污染物的污染状况进行初步研究。其结果表明：郑州市大气环境中共检出半挥发性有机物185种，其中烷烃类62种、多环芳烃类54种、酯类18种、苯酚9种、醛酮类9种、不饱和烯烃5种、有机酸6种，其他杂环类22种；不同季节半挥发性有机物检出数量的变化趋势为：冬季＞秋季＞春季＞夏季；不同功能区SVOCs检出数量变化趋势为：交通密集区＞工业区＞混合区＞文化区＞对照区。

这些研究结果表明，主要来源于交通污染源的多种半挥发性有机物已经广泛分布于城市大气中，污染状况较为严重，已危害到人类的身体健康。故应该加强对大气中半挥发性有机物的监控，严格要求企业达标排放。

3．土壤中半挥发性有机物的污染状况

半挥发性有机污染物能够从水体或土壤中通过蒸发进入大气环境或者吸附在大气颗粒物上，在大气环境中进行远距离迁移，所具备的半挥发性又使其不会永久停留在大气中，并能重新回到地面，且该过程可以反复多次地发生，所以可以在空气中长距离的传递，并可以在很远的地方沉降下来。

在水中，微量的半挥发性有机物可以溶解，但绝大多数会附着在有机颗粒上，沉降在底泥中。因此，土壤和底泥可以称为半挥发性有机物的“源”和“汇”。

三、半挥发性有机物的监测技术现状

1．我国有关半挥发性有机污染物的环境质量标准或控制标准

我国的《地表水环境质量标准》（GB 3838—2002）、《地下水质量标准》（GB/T 14848—93）、《生活饮用水卫生标准》（GB 5749—2006）、《综合污水排放标准》（GB 8978—1996）、《渔业水质标准》（GB 11607—1989）、《海水水质标准》（GB 3097—1997）等有关水质的标准均规定了部分半挥发性有机物的标准限值。其中，《地表水环境质量标准》及《生活饮用水卫生标准》涵盖硝基苯类、氯苯类、苯胺类、邻苯二甲酸酯类等数十种半挥发性有机物，《海水水质标准》涵盖有机氯、有机磷和苯并[*a*]芘，《地下水质量标准》仅涉及有机氯指标，《渔业水质标准》仅涉及有机磷指标，《综合污水排放标准》涉及苯胺类和硝基苯指标。

2012年新修订的《环境空气质量标准》（GB 3095—2012）中涉及的半挥发性有机物项目只有苯并[*a*]芘，《土壤环境质量标准》（GB 15618—1995）中涉及的半挥发性有机物项目有六六六和滴滴涕。

2．国内外相关标准分析方法

（1）国外相关标准分析方法

美国环保局针对半挥发性有机物分析测定有非常完善的标准方法体系。EPA525、EPA625、EPA8270分别建立了针对饮用水、废水及沉积物、固体废物中半挥发性有机污染物的气相色谱质谱测定方法，其中EPA625方法是采用液液萃取的前处理方法，EPA525则为对饮用水采用固相萃取的前处理方法；EPA8270适用范围广，包括固体废物、土壤、水质、环境空气等，可与EPA3510（液液萃取）、3520（连续液液萃取）、3540（索氏萃取）、3550（超声萃取）、3580（固废浸提）等其他前处理方法衔接。

ISO体系中提供了水质用气相色谱/质谱法测定邻苯二甲酸酯测定的标准方法（BS EN ISO 18856—2004）；BS EN ISO8165-1—1992及ISO8165-2—1999则分别是萃取气相色谱

法及衍生化气相色谱法测定一元酚的标准方法。

（2）国内相关标准分析方法

目前，国内已颁布的分析方法标准中涉及本章所述半挥发性有机物的方法标准主要是气相色谱方法，见表 3.1。

表 3.1 国内涉及水质中部分半挥发性有机物的分析方法标准

序号	监测项目	分析方法	检出限/（mg/L）	方法来源
1	氯苯类	气相色谱法	0.000 4～0.008	GB 5750.8—2006
2	硝基苯类	气相色谱法	0.000 2～0.000 3	GB 13194—91
3	氯酚类	气相色谱法	0.000 024～0.003 2	GB 5750.10—2006
4	苯胺	气相色谱法	0.002	GB 5750.8—2006
5	联苯胺	分光光度法	0.000 2	《水和废水标准检验法（第 15 版）》
6	邻苯二甲酸酯类	气相色谱法	0.000 1	HJ/T 72—2001
7	百菌清	气相色谱法	0.000 4	GB 5750.9—2006
8	溴氰菊酯	气相色谱法	0.000 2	GB 5750.9—2006
9	阿特拉津	气相色谱法		《水和废水标准检验法（第 15 版）》

3．我国半挥发性有机污染物监测技术现状

目前省级环境监测站及全国环保重点城市环境监测站已配备了气相色谱仪、气相色谱质谱仪及固相萃取仪、氮吹仪、旋转蒸发仪等前处理设备，基本具备了氯苯类、硝基苯类、苯胺类等半挥发性有机污染物的监测能力并开展监测工作。少数省级及能力较强的地市级监测站具备环境空气、土壤和沉积物以及固体废物中 SVOCs 的监测能力。我国半挥发性有机污染物的标准方法体系较发达国家落后，目前多为水质分析方法，且监测分析技术还有不足之处，突出的问题包括：① 目前国标推荐的分析方法是将它们分类，液液萃取浓缩后，选用不同检测器的气相色谱仪分别测定，不仅费时费力，而且存在使用多种有机溶剂、样品前处理复杂等问题；② 监测技术的质量控制和质量保证技术缺乏规范；③ 现有标准方法存在保存时间不一致的地方。目前国内半挥发性有机物的气相色谱-质谱法尚非国家标准方法，只有《水和废水监测分析方法》（第四版 增补版）作为推荐方法。

第二节 样品的采集和保存

一、样品采集

采样和盛装器具尽可能使用专用容器，并注意防止以前采集高浓度半挥发性有机物的容器因洗涤不彻底污染随后采集的低浓度样品。

1．水样的采集

《水质采样 样品的保存和管理技术规定》（HJ 493—2009）、《水和废水监测分析方法》（第四版增补版）、《地表水和污水监测技术规范》（HJ/T 91—2002）等有关技术规定均对水体中半挥发性有机物的采集有所规定。

水体中半挥发性有机污染物一般采用玻璃、不锈钢或聚四氟乙烯材质的容器采集，样品盛装于棕色细口瓶中。采集水样 1 L 以上，水样尽量充满容器至溢流并密封保存，以减少因与空气接触干扰及样品运输途中的震荡干扰。当采用非实心的磨口瓶塞时，应用二氯甲烷冲洗过的锡箔纸包裹瓶塞。可与有机氯农药、多氯联苯等半挥发性有机物同时采集，但要保证足够的样品采样量。

对所有与样品接触的器皿，均应采取措施保证其洁净度，避免造成污染或干扰。基本的洁净步骤如下：先用水及洗涤剂清洗，然后用自来水、蒸馏水清洗，烘干。对于未能清洗洁净的器具可用 1∶3 的盐酸、10%硝酸或铬酸洗液浸泡玻璃器皿过夜，而对于聚四氟乙烯材质的采样器，则用 1∶3 的盐酸、10%硝酸或铬酸洗液荡洗，不需过夜，依次用自来水、蒸馏水清洗，烘干，冷却后用色谱纯二氯甲烷或正己烷荡洗。

采样操作时需注意：① 乘坐机动船采集样品时，不能在有尾气存在的地方采集或贮存样品；② 采样时不可搅动水底部的沉积物；③ 避免使用任何塑料制品来盛装样品，也应避免样品的任何部分接触到采样者的手套引起酞酸酯类物质对样品的污染，同时，没戴手套的采样人员应考虑避免涂抹护肤霜的手接触样品；④ 一般选择采样前连续晴天、水质较稳定的日子采样；⑤ 采样结束前，应核对采样方案、记录和水样，如有错误和遗漏，应立即补采或重新采样。

2．空气样品的采集

环境空气中半挥发性有机污染物的采集方式按照动力系统的有无可以分为主动采样和被动采样两种方式。在一般环境空气和废气监测中，常用主动采样器，室外空气中半挥发性有机污染物的采集多使用大流量或中流量采样器，室内一般用小流量采样器。多种吸附介质，如聚氨酯泡沫 PUF（Polyurethane foam）、XAD-2（Stryene-divinylbenzene polymer）、Tenax、炭黑管等被用来采集气相中的半挥发性有机污染物。多种类型的滤膜被用于颗粒物中半挥发性有机污染物的收集，常见的滤膜类型包括玻璃纤维滤膜（GFF，Glass fiber filter）、石英纤维滤膜（QFF，Quartz fiber filter）、聚四氟乙烯膜（Polytetrafluoroethylene，PTFE）[也即特氟隆滤膜（TMF，Teflon membrane filter）]、聚碳酸酯膜（Polycarbonate membrane）等，其中玻璃纤维滤膜和石英纤维滤膜在实际采样中应用最为广泛。被动采样是指在采样过程中无需动力装置的采样方式，通常基于扩散理论，所得结果为采样时段内的平均浓度水平，在特定职业暴露领域有较长的应用历史，在室外环境监测领域在近几年开始广泛应用，吸附介质多为 PUF。

PUF、滤膜等在使用前需净化处理。PUF 一般采用索氏提取或通过加速溶剂萃取仪（ASE）用纯溶剂提取净化，我国履行 POPs 公约成效评估监测采用 ASE 净化的参考条件如下：100 ml 的不锈钢萃取池，正己烷和二氯甲烷（体积比为 1∶1）混合液；萃取温度为 100℃，系统工作压力为 10.34 MPa（1 500 psi），静态萃取时间为 8 min，循环 2 次，溶剂淋洗体积为 60%萃取池体积，氮气吹扫时间 120 s；抽提过的 PUF 干燥后立即用干净的锡箔纸包裹，并放于密封袋中，冷冻保存。滤膜净化处理操作为在马弗炉内 450℃条件下，焙烧 6 h；用锡箔纸密封保存。

3．表层沉积物的采集

表层沉积物中半挥发性有机物样品一般使用抓斗式采样器或不锈钢铲采集，采集的样品置于棕色瓶中密封好。

4．土壤样品的采集

根据《土壤环境监测技术规范》（HJ/T 166—2004）中有关要求采集有代表性的土壤样品，采样点可采表层样或土壤剖面。一般监测采集表层土，采样深度 0～20 cm，特殊要求的监测（如土壤背景、环评、污染事故等）必要时选择部分采样点采集剖面样品。剖面的规格一般为长 1.5 m，宽 0.8 m，深 1.2 m。挖掘土壤剖面要使观察面向阳，表土和底土分两侧放置。土壤样品中半挥发性有机污染物样品一般使用不锈钢铲采集，置于锡箔或棕色瓶中。

二、样品的保存

根据《水质采样　样品的保存和管理技术规定》（HJ 493—2009)、《水和废水监测分析方法》（第四版增补版)、《地表水和污水监测技术规范》（HJ/T 91—2002）等有关技术规定，半挥发性有机化合物水样采集完毕后应在 4℃条件下避光保存，尽快运到实验室进行分析。水样如不能立即分析，不含余氯的水样 4℃下避光保存即可，含余氯的样品应加入10%的硫代硫酸钠并在 4℃下避光保存。所有样品必须在 7 d 内完成萃取，40 d 内分析提取物。

现有相关标准方法中对邻苯二甲酸酯项目存在保存时间规定不一致的地方，有 24 h和 7 d 两种说法，见表 3.2。参考 ISO18856—2004 中样品的保存时间为 4 d，美国 EPA SW-846 方法中的要求是≤6℃避光保存，7 d 之内完成萃取，40 d 内完成分析，建议邻苯二甲酸酯样品尽可能在 4 d 内完成萃取。

表 3.2　现有国家标准方法中对邻苯二甲酸酯保存时间的规定

项目	《水质采样　样品的保存和技术管理规定》HJ 493—2009	《地表水和污水监测技术规范》HJ/T 91—2002	《水和废水监测分析方法》（第四版）	《水质 邻苯二甲酸二甲（二丁、二辛）酯的测定 液相色谱法》HJ/T 72—2001
邻苯二甲酸酯类	玻璃瓶，加入抗坏血酸 0.01～0.02 g 除去残余氯；1～5℃避光保存，可保存 24 h，最少采样量为 1 000 ml	加入抗坏血酸 0.01～0.02 g 除去残余氯，可保存 24 h，最少采样量为 1 000 ml	样品必须采集在玻璃瓶中，在采样之前用样品反复冲洗采样瓶。所有样品必须在 7 d 之内完成萃取，40 d 内完成分析	玻璃瓶，灌瓶前用采样水将采样瓶冲洗 3 次，用盐酸或氢氧化钠调至 pH 7 左右，0～4℃保存；7 d 内完成萃取，30 d 内分析

对于气样、颗粒物、土壤、沉积物和生物样品，应在−18℃冷冻箱中保存。

第三节　样品的前处理技术

一、样品制备

土壤和沉积物样品首先除去枝棒、叶片、石子等可见明显异物，然后一般需干燥脱水和均化。常用的脱水方式有避光条件下自然风干、冷冻干燥等。风干不适于处理挥发性相对较强的半挥发性有机物，在有冷冻干燥仪的前提下，冷冻干燥为最佳处理方式，可以最大程度上减少半挥发性有机污染物在处理过程中的损失。若含水量少，也可采取与无水硫酸钠一起研磨来除水。均化主要包括研磨和过筛。

二、样品提取

水环境样品的萃取技术有液液萃取（Liquid-liquid extraction，LLE）、固相萃取（Solid phase extraction，SPE）、固相微萃取（Solid phase micro-extraction，SPME）等。大气颗粒物、土壤等固体样品中半挥发性有机污染物的提取方法较多，包括索氏提取（Soxhlet extraction，SE）、超声提取（Ultrasonic extraction，USE）、加速溶剂提取（Accelerated solvent extraction，ASE）、微波辅助萃取（Microwave assisted extraction，MAE）、亚临界水萃取（Subcritical water extraction，SWE）、超临界流体萃取（Supercritical fluid extraction，SFE）等。由于半挥发性有机污染物种类多、前处理复杂，常在前处理前加入与目标物性质相似的替代标，以确保每一个样品分析的准确性。

1. 液液萃取

液液萃取是经典的水样富集方式，样品中的组分根据能斯特定律在水相与有机相之间进行多次分配，利用组分在不混溶两相中溶解度不同，在有机相中富集，适用于饮用水、地下水、地表水、海水、工业废水及生活污水中半挥发性有机污染物的测定。常用的萃取剂有二氯甲烷、正己烷、苯、石油醚等，可根据目标物的性质调节 pH 值在酸性或碱性条件下萃取。

美国 EPA3542a 方法对于水相中的半挥发性有机化合物规定采用液液萃取法，利用二氯甲烷作为萃取溶剂，分别在中性、碱性（pH＞11）、酸性（pH＜2）下萃取然后合并有机相。《水和废水监测分析方法》（第四版增补版）将此方法作为推荐方法。参考条件为：量取 1 L 水样倒入分液漏斗，在中性条件下，添加替代物标准溶液，往分液漏斗中加入 60 ml 二氯甲烷，振摇分液漏斗 10 min 并注意放气，静置使有机相分层，收集有机相溶液。加入 1 mol/LNaOH 溶液约 10 ml 调节水样 pH＞11，再往水相中加入 60 ml 二氯甲烷，重复液液萃取过程；然后再加入 H_2SO_4（1∶1）溶液 2 ml，调节水样 pH＜2，往水相中加入 60 ml 二氯甲烷萃取，重复液液萃取过程。合并三次二氯甲烷萃取液，经无水硫酸钠过滤除水。氮吹浓缩至 1 ml 或更少，添加内标，待 GC-MS 分析。需要注意的是，二氯甲烷极易产生大量气体导致分液漏斗中压力过大，因此应在第一次萃取轻摇分液漏斗后立即放气。

该方法可针对中性的（如硝基苯类、氯苯类、邻苯二甲酸酯类）、酸性的（如氯酚类）及碱性的（如苯胺类）半挥发性有机物同时提取，如只针对某类化合物分析，可只选择相应 pH 条件下萃取，提高萃取次数虽有利于提高萃取回收率，但多次溶剂转移等操作又会比较费时且可能带来操作误差，建议萃取 2～3 次。

若受测水体中含有较多的有机物质时，萃取时易有大量乳状液产生，适当振荡、加入适量的氯化钠、冷冻、离心等操作均可减轻乳化。LLE 需要消耗较大量的有机溶剂，浓缩时易导致被测物损失，尤其是对于分子量较小、挥发性较强的物质，如苯胺。因此氮吹浓缩时注意控制气流速度，在液面形成液窝即可，注意不可吹干，否则目标物损失较大。

2．固相萃取

由液固萃取和柱液相色谱技术相结合发展而来，萃取填料多采用硅胶键合相，可分为柱相或盘状结构的薄膜。使用前先用合适的有机试剂和水活化萃取柱或萃取盘，再将水样以一定流速通过萃取柱（盘），最后用极性合适的溶剂将目标物从柱（盘）上洗脱下来。固相萃取方法适用于大体积水样中的有机污染物富集，缺点是不适合处理极性较强的物质及相对较脏的环境样品。

固相萃取的基本流程包括选择合适的固相萃取柱或盘、样品的萃取富集、干扰杂质的淋洗、样品的洗脱和收集等步骤。

目前固相萃取 SVOCs 普遍采用的是 C_{18} 小柱或改性的 C_{18}，如 HLB，多篇文献报道 HLB 小柱的萃取效率更高。参考条件如下：① SPE 小柱的活化：将固相萃取小柱安装在固相萃取装置上，分别用 10 ml 乙酸乙酯，10 ml 甲醇和 5 ml 纯水活化固相萃取小柱；② 样品的萃取富集：1 L 水样连续通过活化过的小柱，保持流速 5 ml/min 进行固相萃取，当所有样品经萃取柱吸附后，通入高纯氮气 60 min 以除去小柱中的水分；③ 样品的洗脱：先用 5 ml 乙酸乙酯浸泡并缓慢流过萃取富集水样后的小柱，进入收集管中，然后加入 7 ml 乙酸乙酯以 1 ml/min 的速度洗脱萃取柱，进入收集管中。洗脱液用氮气浓缩至 1 ml 后进行仪器分析测定。

3．固相微萃取

是在 SPE 的基础上发展起来的新一代萃取分离技术。由于此法不需要溶剂，操作过程无污染，富集后不需净化，有很好的发展前景。SPME 的固相是由表面涂覆有有机物的纤维组成（已经商品化），浸入水样中或在液面上停留一定时间，在电磁搅拌的作用下，几分钟之内即可完成中性 SVOCs 的萃取。常用于萃取半挥发性有机污染物的固定相涂层有聚甲基硅氧烷（PDMS）和聚丙烯酸酯（PA），对于非极性强的半挥发性有机污染物，前者的效果更好。SPME 不使用有机溶剂为萃取剂，操作简便，但是目前该技术还没有形成一种规范的标准。由于 SPME 中萃取涂层易受损，使用寿命有限，样品分析成本较高。

常春玉和戴玄吏（2010）报道了采用固相微萃取技术顶空萃取水源水中 18 种 SVOCs（包括硝基苯类、氯苯类及有机氯农药）的优化条件：10 ml 水样加 3 g NaCl，电磁搅拌 400 r/min，选用 100 μmPDMS 萃取纤维，萃取温度 65℃，中性条件萃取 20 min。每次使用前，萃取纤维在气相色谱仪进样口（260℃）活化 15 min。

4．索氏提取

半挥发性有机污染物测定常用的萃取剂有丙酮、二氯甲烷、正己烷、石油醚等，提取时间一般在 18～24 h，根据选择的溶剂设置提取温度。提取效率主要取决于提取循环次数，单纯延长提取时间而单位时间内循环次数低，其提取效率不会提高。该方法是测定大气、土壤、沉积物等固体样品中半挥发性有机污染物的经典前处理方法，提取效率高，但操作繁琐且费时，需要消耗较大量的有机溶剂，浓缩时间长时易导致被测物损失。

5. 超声波提取

半挥发性有机污染物测定常用的提取溶剂为二氯甲烷、丙酮/正己烷（1∶1）、丙酮/二氯甲烷（1∶1）、苯、环己烷等，样品提取时，需注意调节超声波提取仪的功率及探头深度，保证样品在提取过程中能够被完全翻动，与溶剂充分接触。一般每个样品提取 2～3 次，每次提取 3 min。

6. 加速溶剂萃取（也叫加压流体萃取）

半挥发性有机污染物测定常用的提取溶剂为丙酮/二氯甲烷（1∶1）、丙酮/正己烷（1∶1），温度为 100℃，压力在 1 000～2 500 psi①，一般通过 3 个静态循环，达到满意的萃取效率。加速溶剂萃取加快了萃取的时间并明显降低萃取溶剂的用量，是目前比较常用的先进的固体样品中半挥发性有机物的前处理技术。当使用加速溶剂萃取时，使用等比例的硅藻土干燥，如果用无水硫酸钠干燥注意避免大块板结会堵塞加压流体萃取池的滤膜。

7. 微波辅助萃取

具有加热均匀、选择性和萃取效率高、不破坏被测物质、消耗溶剂少及无污染等特点，在固体样品的预处理中得到广泛的应用。一般常用正己烷、丙酮以一定的比例混合来萃取固体样品中的半挥发性有机污染物。

三、样品净化

对于土壤、大气颗粒物等固体样品的索氏提取、加速溶剂萃取或微波辅助萃取等提取物及废水样品提取物，有必要对其进行净化，以去除干扰物、降低进样和色谱柱体系的污染风险、提高色谱柱的分离性能。层析净化是目前普遍采用的半挥发性有机污染物样品净化方法，目的是除去萃取液中的脂肪烃类和其他干扰组分，常用的层析柱有硅胶柱、弗罗里硅土柱（硅酸镁柱）、氧化铝柱、凝胶渗透色谱柱等。根据样品含水量情况在层析柱顶层覆盖一层无水硫酸钠，对于沉积物、土壤等可能含硫杂质的样品，采用在层析柱添加铜粉层去除硫杂质等。

当分析的目的是筛查全部半挥发性有机物时，一般使用凝胶色谱净化方法。凝胶色谱理论上可以较好地保留酞酸酯类、苯酚类、硝基苯类等大部分半挥发性有机物。当分析目的只关注半挥发性有机物中的部分组分，可采取不同吸附剂净化方法进行处理。针对不同目标物可采用的净化方法见表 3.3。硅酸镁可对除苯酚类之外的大多数化合物进行净化，苯酚类化合物衍生化后采用硅胶净化法。

① psi（磅力/英寸 ^{2}）=6 894.76 Pa。

表 3.3　半挥发性有机物组分的适用净化方法

目标化合物	氧化铝	硅酸镁	硅胶	凝胶色谱
苯胺和苯胺衍生物		√		
苯酚类			√	√
邻苯二甲酸酯类	√	√		√
亚硝基胺类	√	√		√

第四节　样品的分析测试技术

目前半挥发性有机污染物的测定方法主要有气相色谱法（Gas chromatography，GC）、气相色谱-质谱法（Gas chromatography - mass spectrometry，GC-MS）、高效液相色谱法（High performance liquid chromatography，HPLC）等。

一、气相色谱法（GC）

气相色谱法是分离分析半挥发性有机污染物的常用方法之一，主要是通过相对保留时间确定目标组分，通过色谱峰峰高或峰面积采用内标法或外标法确定其含量。在 GC 检测中，选择合适的色谱柱、色谱条件和高灵敏度检测器至关重要。非极性或弱极性色谱柱是分析半挥发性有机污染物常用色谱柱。由于半挥发性有机污染物相对分子质量较大，挥发性较低，故通常需要较高的柱温，色谱柱温度控制常采用程序升温方式。

GC 中常用的检测器有火焰离子化检测器（FID）、电子捕获检测器（ECD）、火焰光度检测器（FPD）和氮磷检测器（NPD），不同的半挥发性化合物组分选择不同的检测器，因此一般一个气相色谱方法适用于某一类半挥发性化合物的分析，如通用型检测器 FID 适合苯系物、多环芳烃等半挥发性有机污染物检测，ECD 适用于含有电负性较强的基团的半挥发性有机污染物检测，根据目标物的性质选择相应合适的检测器，目前的标准分析方法中，氯苯类用 ECD（GB/T 5750.8—2006）、硝基苯类用 ECD（GB 13194—91）。

对于多组分样品，由于检测器抗干扰能力弱，对样品预分离要求较高，当遇到组分不明的干扰物与被测物的峰相重叠或两者的保留时间非常接近时，GC 难以判断，易出现“假阳性”。可使用与该色谱柱极性差别较大的另一根色谱柱同时进行分析鉴定，即使用双柱、双检测器定性，可在一定程度上减少错误的判断。也可用加标样使峰高叠加的方法来判断被测物组分。

以硝基苯类为例，具体介绍气相色谱分析方法。

仪器分析参考条件：

色谱柱：HP-1 30 m×0.25 mm×0.25 μm

升温程序：60℃（0 min）→10℃/min→200℃（0 min）→15℃/min→250℃（0 min）。

进样口温度：280℃；分流进样；载气流速：1.3 ml/min。

检测器：ECD；温度 300℃。

采用被测样品与硝基苯类的标准样品在色谱图上的保留时间定性，保留时间见表 3.4，色谱图见图 3.1。

表 3.4 硝基苯类化合物的保留时间

目标物	保留时间/min
硝基苯	10.768
邻-硝基甲苯	12.000
间-硝基甲苯	12.681
对-硝基甲苯	12.999
间-硝基氯苯	13.265
对-硝基氯苯	13.375
邻-硝基氯苯	13.593
2,4-二硝基甲苯	17.966
2,4-二硝基氯苯	18.342

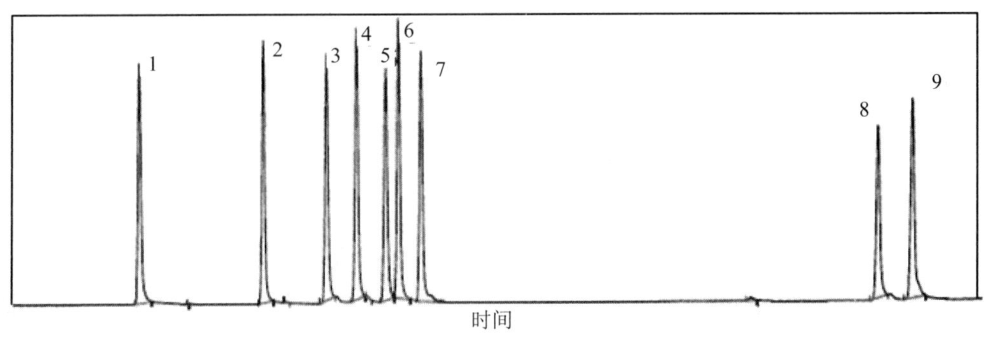

1—硝基苯；2—邻硝基甲苯；3—间硝基甲苯；4—对硝基甲苯；5—间硝基氯苯；
6—对硝基氯苯；7—邻硝基氯苯；8—2,4-二硝基甲苯；9—2,4-二硝基氯苯

图 3.1 硝基苯类化合物的色谱图

水样中可能共存的有机氯农药（六六六、DDT）、卤代烃、氯苯等有机化合物在电子捕获检测器上虽有响应，但因保留时间的不同，对方法无干扰。

二、气相色谱-质谱法（GC-MS）

目前，GC-MS 被广泛应用于有机污染物检测中，主要是根据质量分析器中质荷比（*m*/*z*）的大小顺序进行收集和记录得到质谱图，根据质谱图中特征峰的位置和相对丰度进行定性和结构分析，根据色谱峰的强度进行定量分析。由于其既有气相色谱的高分离性能，又有质谱准确鉴定化合物结构的特点，可达到同时定性、定量的目的。

半挥发性有机物包含目标物种类众多、性质不一，气相色谱难以实现同时分析，但利用气相色谱质谱的仪器特点，可实现硝基苯类、氯苯类、邻苯二甲酸酯类、苯胺类等半挥发性有机物的同时分析并准确定量，并可扩展到与有机氯农药、多环芳烃等化合物同时分析。由于目标物众多，在分析时，常采用加入内标法定量，以达到减小仪器分析误差的目的；替代标与目标物同时分析，以确定每一个样品的操作可行。该方法具有相对标准偏差

较小，操作条件稳定，方法简便易行，分离效率高，检测限低，检测灵敏度高等优点，最低检出浓度可达到 0.01～0.1 μg/L 水平。可适用于地表水、地下水、废水、空气、废气、土壤、固废和生物体中半挥发性有机污染物的测定。这也是目前环境监测领域对于半挥发性化合物最常使用的方法，受到广泛关注。

GC-MS 方法虽应用广泛，但不适用于氨基甲酸酯类农药（如甲萘威）等热不稳定的半挥发性有机污染物，图 3.2、图 3.3 说明甲萘威在气相色谱的分解。

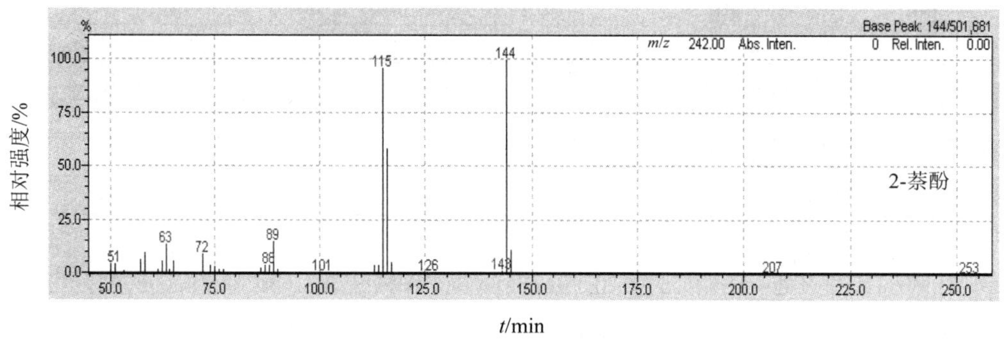

图 3.2 甲萘威在气相色谱上的降解产物 2-萘酚的质谱图

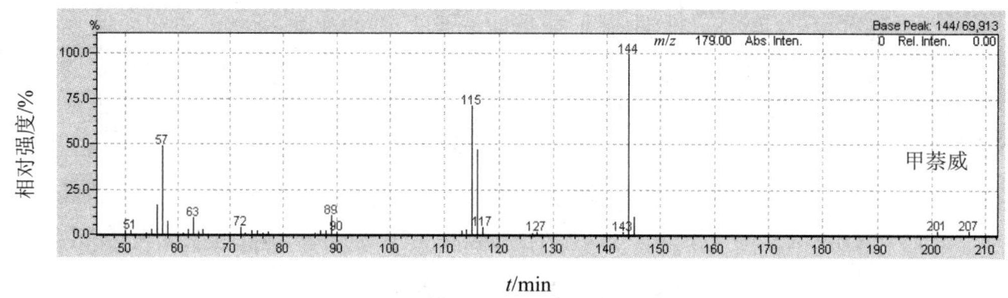

图 3.3 甲萘威的标准质谱图

以下以《地表水环境质量标准》(GB3838—2002) 中关注的 28 种 SVOCs 为例，介绍 GC-MS 仪器分析方法。

仪器分析参考条件：

色谱柱：DB-5 MS 30 m×0.25 mm×0.25 μm

升温程序：45℃（1 min）→5℃/min→130℃（2 min）→12℃/min→180℃→10℃/min→240℃→20℃/min→300℃（4 min）。

进样口温度：250℃；不分流模式；样品注射体积：1.0 μl；载气：氦气为 1.2 ml/min；输送线温度：280℃；离子源温度：230℃。

SCAN 扫描范围：45～300 u，SIM 条件特征离子见表 3.5。

标准色谱图见图 3.4。方法检出限见表 3.6。

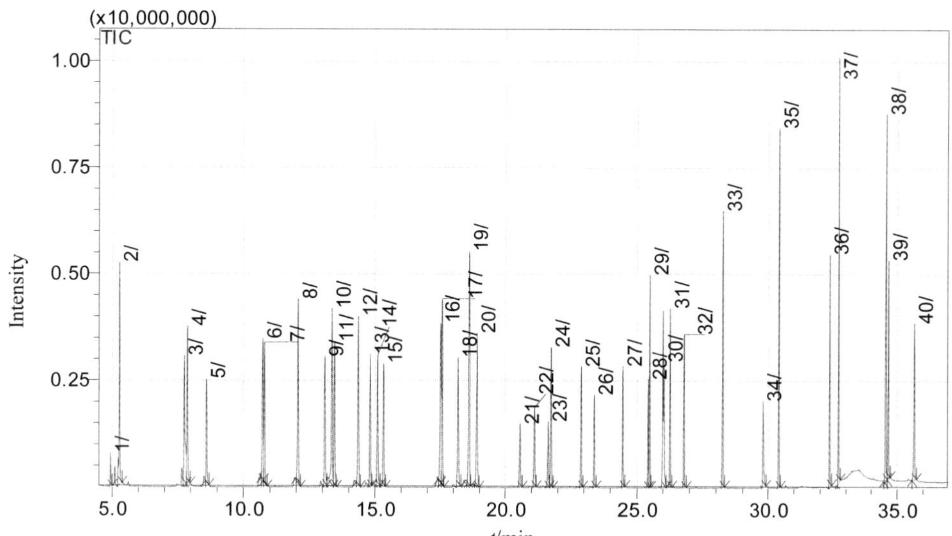

1—2-氟苯酚（SS）；2—苯胺；3—苯酚-d6（SS）；4—1,4-二氯苯-d4（IS）；5—硝基苯-d5（SS）；6—硝基苯；7—1,2,3-三氯苯；8—2,4-二氯苯酚；9—1,2,4-三氯苯；10—萘-d8（IS）；11—1,3,5-三氯苯；12—*p*-硝基氯苯；13—*o*-硝基氯苯；14—*m*-硝基氯苯；15—1,2,3,4-四氯苯；16—1,2,3,5-四氯苯；17—2,4,6-三氯苯酚；18—2-氟联苯（SS）；19—1,2,4,5-四氯苯；20—*p*-二硝基苯；21—*m*-二硝基苯；22—*o*-二硝基苯；23—二氢苊-d10（IS）；24—2,4-二硝基甲苯；25—2,4-二硝基氯苯；26—2,4,6-三溴苯酚（SS）；27—2,4,6-三硝基甲苯；28—六氯苯；29—阿特拉津；30—五氯酚；31—菲-d10（IS）；32—百菌清；33—邻苯二甲酸二丁酯；34—联苯胺；35—三联苯-d14（SS）；36—䓛-d12（IS）；37—邻苯二甲酸（2-乙基己基）酯；38—苝-d12（IS）；39—苯并[*a*]芘；40—溴氰菊酯

图 3.4　SVOCs 总离子色谱图

表 3.5　目标化合物的保留时间及特征离子

化合物	保留时间/min	定量离子	参考离子
2-氟酚（SS）	5.27	112	64、92
苯胺	7.75	93	66
苯酚-d6（SS）	7.88	99	71
1,4-二氯苯-d4（IS）	8.6	150	152、115
硝基苯-d5（SS）	10.72	82	54、128
硝基苯	10.79	77	123、51
1,2,4-三氯苯	12.07	180	182
2,4-二氯苯酚	13.08	162	164、98
1,2,3-三氯苯	13.36	180	182
萘-d8（IS）	13.46	136	
1,3,5-三氯苯	14.36	180	182
间-硝基氯苯	14.82	111	157、75
对-硝基氯苯	15.1	111	75、157
邻-硝基氯苯	15.32	111	75、157
1,2,3,5-四氯苯	17.51	216	214

化合物	保留时间/min	定量离子	参考离子
1,2,3,4-四氯苯	17.57	216	214
2,4,6-三氯苯酚	18.17	196	198
2-氟联苯（SS）	18.59	172	
1,2,4,5-四氯苯	18.9	216	214
对-二硝基苯	20.56	168	75、50
间-二硝基苯	21.11	168	76、75
邻-二硝基苯	21.63	168	50、63
二氢苊-d10（IS）	21.73	164	162
2,4-二硝基甲苯	22.89	165	89
2,4-二硝基氯苯	23.4	202	75、74
2,4,6-三溴酚（SS）	24.47	330	332
2,4,6-三硝基甲苯	25.42	210	89
六氯苯	25.48	284	286
阿特拉津	25.99	215	200、174
五氯酚	26.03	266	264、268
菲-d10（IS）	26.27	188	
百菌清	26.8	266	264、268
邻苯二甲酸二丁酯	28.24	149	150
联苯胺	29.81	184	
三联苯-d14（SS）	30.42	244	
䓛-d12（IS）	32.36	240	
邻苯二甲酸二（2-乙基己基）酯	32.7	149	167
苯并[*a*]芘	34.57	252	253、125
苝-d12（IS）	34.67	264	
溴氰菊酯	35.65	181	253、251

表 3.6　目标化合物及其检出限

化合物	CAS 编号	检出限/（μg/L）
苯胺	62-53-3	0.1
硝基苯	98-95-3	0.2
1,2,3-三氯苯	87-61-6	0.1
1,2,4-三氯苯	120-82-1	0.1
1,3,5-三氯苯	108-70-3	0.1
2,4-二氯苯酚	120-83-2	0.1
p-硝基氯苯	100-00-5	0.2
o-硝基氯苯	88-73-3	0.2
m-硝基氯苯	121-73-3	0.2
1,2,3,4-四氯苯	634-66-2	0.1
1,2,3,5-四氯苯	634-90-2	0.1
1,2,4,5-四氯苯	95-94-3	0.1
2,4,6-三氯苯酚	1988-6-2	0.1
p-二硝基苯	100-25-4	0.2

化合物	CAS 编号	检出限/（μg/L）
o-二硝基苯	528-29-0	0.2
m-二硝基苯	99-65-0	0.2
2,4-二硝基甲苯	121-14-2	0.1
2,4-二硝基氯苯	97-00-7	0.2
2,4,6-三硝基甲苯	118-96-7	0.2
六氯苯	118-74-1	0.6
五氯酚	115-77-2	0.5
阿特拉津	1912-24-9	0.1
百菌清	1897-45-6	0.1
邻苯二甲酸二丁酯	84-74-2	0.7
邻苯二甲酸二（2-乙基己基）酯	117-81-7	0.2
联苯胺	92-87-5	0.1
溴氰菊酯	52918-63-5	0.7

三、高效液相色谱法（HPLC）

HPLC 是在高压条件下利用溶质在固定相和流动相中的分配系数的差别进行各组分分离。通常 HPLC 的检出限高于 GC，但对于 GC 不能分析的热不稳定的半挥发性有机污染物，HPLC 是进行分离检测的有效手段。由于大部分有机化合物在紫外都有吸收，因此紫外检测器是最常用的 HPLC 的检测器，如对于邻苯二甲酸酯类等半挥发性有机污染物已有成熟的 HPLC 分析方法；对于具有荧光特性的半挥发性有机污染物，如多环芳烃、苯胺类等，使用荧光检测器可排除不少干扰物的影响，灵敏度高于紫外检测器。邻苯二甲酸酯的液相分析方法见国标方法《水质 邻苯二甲酸二甲（二丁、二辛）酯的测定 液相色谱法》（HJ 72—2001），其中二辛酯指的就是邻苯二甲酸二（2-乙基己基）酯。以下以苯胺类为例，介绍其液相色谱分析方法，对于不需要净化处理的干净水体中的苯胺类分析，可采用直接进样，也可满足《地表水环境质量标准》（GB3838—2002）的要求。

仪器分析参考条件：

ACQUITY UPLC BEH C18（2.1×50 mm，1.7 μm）；流动相为 *V*（乙腈）∶*V*（3.85 g/L 醋酸铵）=25∶75，使用之前通过微孔滤膜过滤（0.22 μm，水系）；流速 0.7 ml/min，进样量为 10 μl，柱温 40℃；荧光检测器的激发和发射波长：苯胺$\lambda_{ex}/\lambda_{em}$=232/329 nm，联苯胺$\lambda_{ex}/\lambda_{em}$=292/383 nm。

典型色谱分离图见图 3.5。

该方法仪器检出限为 0.02 μg/L 和 0.04 μg/L，方法定量下限为 0.04 μg/L 和 0.1 μg/L。

四、气相色谱三重四极质谱法（GC-MSMS）

气相色谱-质谱法增加了分析的抗干扰能力，但在分析复杂基质样品中的痕量有机物时，潜在的干扰还是会影响定性定量分析结果，但新的串联质谱技术对于分析背景干扰严重、定性困难、含痕量有机污染物的复杂基质样品特别适用。GC-MSMS 技术中特征母离子和子离子一一对应，不仅在 GC/MS 的基础上增加了离子的质谱信息，增强结构解析和定性能力，而且很容易通过 1 个母离子和 2 个子离子而达到欧盟关于分析方法评价和结果解释执行委员会决议 96/23/EC（2002/657/EC 指令）规定的 4 分的鉴定要求，GC-MSMS 的 MRM 模式能够检出某些 GC-MS 在 SIM 模式无法检测的低浓度半挥发性有机污染物，同时假阳性出现率也更低，在灵敏度和准确性上更具优势。

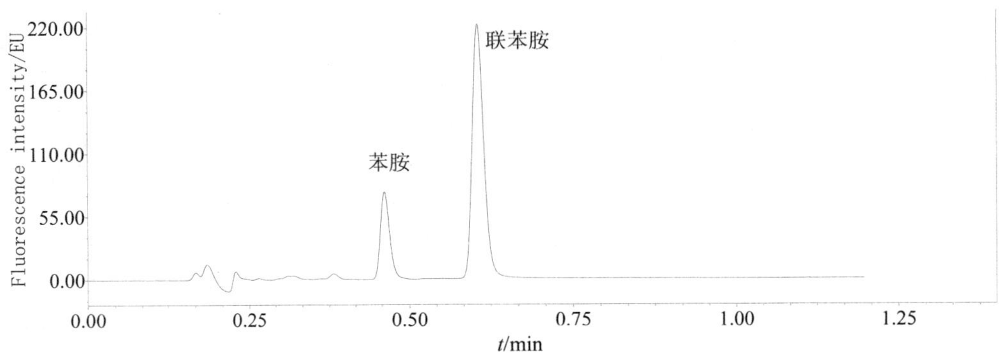

图 3.5 苯胺和联苯胺的色谱图

杨坪等在《环境样品分析》一书给出了 GC-MSMS 分析 SVOCs 的仪器条件：

柱温 50℃，保留 1 min 后 20℃/min 升至 100℃，再 10℃/min 升至 200℃后 5℃/min 升至 280℃。进样口温度：280℃，传输线温度：280℃；离子源温度：230℃；进样口：不分流模式。样品注射体积：1 μl；载气：氦气（He）1.0 ml/min。

SVOCs 的特征离子见表 3.7，标准色谱图见图 3.6。

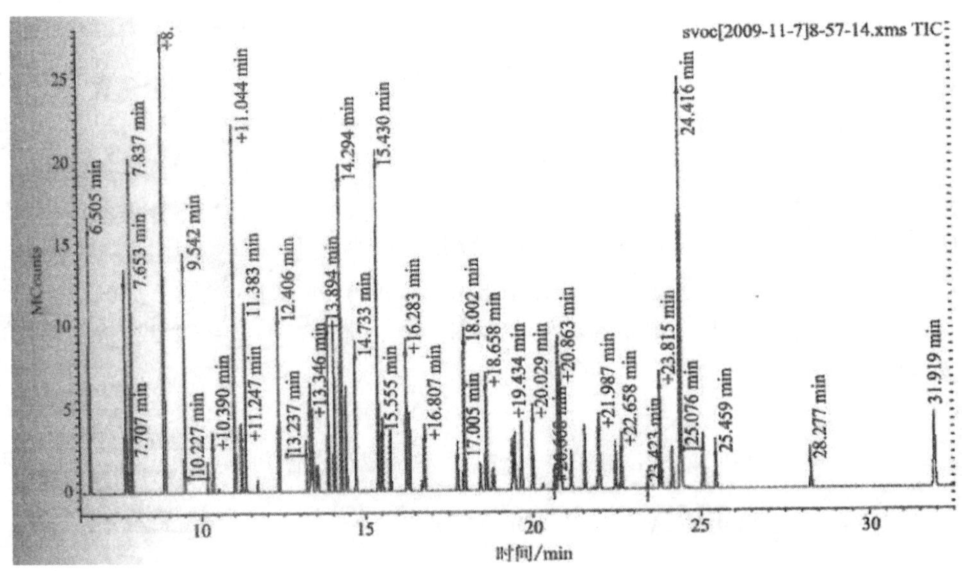

图 3.6 半挥发性有机物 MRM 模式色谱图

表 3.7　硝基苯类半挥发性有机物的特征离子（MRM 模式）

化合物	保留时间/min	母离子（m/z）	定量子离子（m/z）	母离子（m/z）	子离子（m/z）
硝基苯	6.505	123	77（30V）	123	107（15V）
间硝基氯苯	7.653	111	75（10V）	157	111（10V）
邻硝基氯苯	7.837	111	75（10V）	157	111（10V）
1,2,3,4-四氯苯	8.893	216	108（40V）	216	144（20V）
1,2,3,5-四氯苯	8.893	216	108（40V）	216	144（20V）
1,2,4,5-四氯苯	9.542	216	108（40V）	216	144（20V）
1,2-二硝基苯	10.227	168	122（10V）	168	92（10V）
1,3-二硝基苯	10.390	168	122（10V）	168	92（10V）
1,4-二硝基苯	10.462	168	122（10V）	168	92（10V）
五氯苯	11.247	250	214（20V）	250	143（30V）
2,4-二硝基甲苯	11.383	202	172（5V）	202	109（30V）
2,4-二硝基-1-氯苯	11.739	202	109（30V）	202	172（5V）
2,4,6-三硝基甲苯	13.237	210	164（10V）	210	193（10V）
百菌清	14.445	266	133（30V）	266	168（30V）
邻苯二甲酸二丁酯	16.283	149	121（10V）	223	149（10V）
邻苯二甲酸二（2-乙基己基）酯	24.416	167	149（10V）	149	121（10V）
溴氰菊酯	31.919	253	93（15V）	253	172（10V）

第五节　质量保证和质量控制

半挥发性有机污染物监测分析的质量保证与质量控制包含样品采集、保存、前处理与分析测试等全过程的质量保证与质量控制技术。

一、样品采集与保存质控措施

监测点位应根据监测对象、污染物性质和数据的用途等，按国家环境保护标准、其他国家和行业标准、相关技术规范和规定进行设置，保证监测信息的代表性和完整性。样品的时空分布应能反映主要污染物的浓度水平、波动范围和变化规律。

采样器具、样品盛装器皿的选择和使用、样品保存剂的使用参照《地表水和污水监测技术规范》（HJ/T 91—2002）、《水质采样技术指导》（HJ 494—2009）、《工业固体废物采样制样技术规范》（HJ 20—1998）、《全国土壤污染状况调查质量保证技术规定》等对半挥发性有机物的相关规定执行。清洁环境质量样品应与污染源监测的采样器具分开，并不定期抽检采样容器，抽检可参照《固定污染源监测质量保证与质量控制技术规范》（HJ/T 373—2007）执行。样品采集需同时采集全程序空白样及平行样，样品数量较大时，可按样品数量 10% 比例采集平行样。

二、样品分析质控措施

1．空白试验

（1）试剂空白

所使用的有机试剂均应浓缩后（浓缩倍数视分析过程中最大浓缩倍数而定）进行空白检查，试剂空白测试结果中目标物浓度应低于方法检出限。

（2）全程序空白

全程序空白实验的目的是为了建立一个不受污染干扰的采集与分析环境。全程序空白可用高纯水、清洁空气或处理过的河砂或石英砂分别替代水、气、固体样品，按照与样品相同的操作步骤进行样品制备、前处理、仪器分析并处理数据。

全程序空白应每批样品（1 批最多 20 个样品）做一个，前处理条件或试剂变化时均要重新做全程序空白，全程序空白中检出每个目标化合物的浓度不得超过方法的定量检出限。

全程序空白中每个内标特征离子的峰面积要在同批连续校准点中内标特征离子的峰面积的 50%～100%。其每个内标的保留时间与在同批连续校准点中相应内标保留时间相比，偏差要求在 30s 以内。

2．仪器性能检查

（1）色谱图检查

用 2 ml 试剂瓶装入未经浓缩的二氯甲烷，按照样品分析的仪器条件分析一个空白样品，TIC 谱图中应没有干扰物。干扰较多或样品浓度较高的进样后也应做一个这样的空白检查，如果出现较多的干扰峰或高温区出现干扰峰或流失过多，应检查污染来源，必要时采取更换衬管、清洗或保养离子源、更换色谱柱等措施。

（2）进样口惰性检查

GC/MS 性能检测标准溶液（内含 DDT、联苯胺、五氯酚等）可用以进样口惰性检查。当衬管内壁存在吸附位点或异物催化时，滴滴涕（DDT）和异狄氏剂在进样高温系统中易发生分解作用，其中 DDT 主要分解为 DDD 和 DDE，异狄氏剂分解为异狄氏剂醛和异狄氏剂酮，联苯胺和五氯酚出现拖尾。此时需要做好进样系统的维护，可采用更换隔垫、更换衬管或更换玻璃棉等，以有效减少分解作用、提高灵敏度。一般要求 DDT 的降解不可超过 20%。如果 DDT 衰减过多或出现较差的色谱峰，则需要清洗或更换进样口，同时还要截取毛细管前端的 2～12 英寸①。

（3）仪器真空度检查

应保证质谱系统保持 10^{-5}～10^{-6} 托②的真空，水和空气的质量碎片峰低于 69 质量碎片峰的 20%。

3．仪器校准

（1）仪器调谐

取调谐标准溶液 1 μl 50ng/μl 的十氟三苯基膦（DFTPP）直接进入色谱，得到的质谱

① 英寸（in）=0.025 4 m。
② 托（Torr）=133.322 Pa。

图必须符合表 3.8 中的标准。

表 3.8 十氟三苯基膦关键离子丰度指标

质量数	离子丰度指标	质量数	离子丰度指标
51	198 质量数的 30%～60%	199	198 质量数的 5%～9%
68	小于 69 质量数的 2%	275	198 质量数的 10%～30%
70	小于 69 质量数的 2%	365	大于 198 质量数的 1%
127	198 质量数的 40%～60%	441	出现，但小于 443 质量数的丰度
197	小于 198 质量数的 1%	442	大于 198 质量数的 40%
198	基峰，相对丰度为 100%	443	442 质量数的 17%～23%

（2）初始校准与连续校准

在仪器维修、换柱或连续校准不合格时需要进行初始校准，初始校准曲线为至少有 5 个浓度点的校准曲线，一般取校准曲线的中间浓度点用于连续校准，以评价仪器的灵敏度和线性。每 20 个样品或每批次（少于 20 个样品/批）分析 1 次连续校准。计算连续校准与最近一次初始校准曲线的百分偏差，如果每个目标化合物的百分偏差小于等于 30%，即为连续校准符合初始校准曲线的允许标准，就可以分析样品。连续校准分析一定要在空白和样品分析之前。如果连续分析几个连续校准都不能达到允许标准，就要重新制作标准曲线。

计算连续校准与最近一次初始校准曲线的百分偏差的公式如下：

$$\text{百分偏差（\%）} = \frac{\left|\mathrm{RF_c} - \mathrm{RF}_i\right|}{\mathrm{RF}_i} \times 100$$

式中，$\mathrm{RF_c}$ —— 连续校准的响应因子；

RF_i —— 最近一次初始校准曲线的平均响应因子。

（3）内标物的保留时间

样品中内标的保留时间应和最近校准中内标的保留时间偏差不能大于 30 s，否则需要检查色谱系统或重新校准。

4．基体干扰检查

每批样品（1 批中最多 20 个样品）须做基体加标样，加标浓度为原样品浓度的 1～5 倍或曲线中间浓度点，加标样与原样品在完全相同的测试条件下进行分析。

第四章　多氯联苯

第一节　国内外多氯联苯的研究综述

多氯联苯（Polychlorobiphenyls，PCBs）是联苯苯环上的若干氢原子被氯取代而形成的一类弱极性有机氯化合物的总称。根据氯原子的取代数和位置的不同，PCBs 共有 209 种异构体，其中有 130 种异构体单体已商品化。一般以其编号来命名，称为 PCB1～PCB209（表 4.1）。其结构如图 4.1 所示。这些同系物从单个氯原子的取代到全取代十氯联苯，理论上氯原子的数量可达 10 个，但是实际上以 3～6 个氯原子被取代的居多，大多数为非平面结构。

表 4.1　PCBs 编号名称对照表

编号	IUPAC 名称	编号	IUPAC 名称
1	2-Chlorobiphenyl	17	2,2',4-Trichlorobiphenyl
2	3-Chlorobiphenyl	18	2,2',5-Trichlorobiphenyl
3	4-Chlorobiphenyl	19	2,2',6-Trichlorobiphenyl
4	2,2'-Dichlorobiphenyl	20	2,3,3'-Trichlorobiphenyl
5	2,3-Dichlorobiphenyl	21	2,3,4-Trichlorobiphenyl
6	2,3'-Dichlorobiphenyl	22	2,3,4'-Trichlorobiphenyl
7	2,4-Dichlorobiphenyl	23	2,3,5-Trichlorobiphenyl
8	2,4'-Dichlorobiphenyl	24	2,3,6-Trichlorobiphenyl
9	2,5-Dichlorobiphenyl	25	2,3',4-Trichlorobiphenyl
10	2,6-Dichlorobiphenyl	26	2,3',5-Trichlorobiphenyl
11	3,3'-Dichlorobiphenyl	27	2,3',6-Trichlorobiphenyl
12	3,4-Dichlorobiphenyl	28	2,4,4'-Trichlorobiphenyl
13	3,4'-Dichlorobiphenyl	29	2,4,5-Trichlorobiphenyl
14	3,5-Dichlorobiphenyl	30	2,4,6-Trichlorobiphenyl
15	4,4'-Dichlorobiphenyl	31	2,4',5-Trichlorobiphenyl
16	2,2',3-Trichlorobiphenyl	32	2,4',6-Trichlorobiphenyl

编号	IUPAC 名称	编号	IUPAC 名称
33	2,3',4'-Trichlorobiphenyl	65	2,3,5,6-Tetrachlorobiphenyl
34	2,3',5'-Trichlorobiphenyl	66	2,3',4,4'-Tetrachlorobiphenyl
35	3,3',4-Trichlorobiphenyl	67	2,3',4,5-Tetrachlorobiphenyl
36	3,3',5-Trichlorobiphenyl	68	2,3',4,5'-Tetrachlorobiphenyl
37	3,4,4'-Trichlorobiphenyl	69	2,3',4,6-Tetrachlorobiphenyl
38	3,4,5-Trichlorobiphenyl	70	2,3',4',5-Tetrachlorobiphenyl
39	3,4',5-Trichlorobiphenyl	71	2,3',4',6-Tetrachlorobiphenyl
40	2,2',3,3'-Tetrachlorobiphenyl	72	2,3',5,5'-Tetrachlorobiphenyl
41	2,2',3,4-Tetrachlorobiphenyl	73	2,3',5',6-Tetrachlorobiphenyl
42	2,2',3,4'-Tetrachlorobiphenyl	74	2,4,4',5-Tetrachlorobiphenyl
43	2,2',3,5-Tetrachlorobiphenyl	75	2,4,4',6-Tetrachlorobiphenyl
44	2,2',3,5'-Tetrachlorobiphenyl	76	2,3',4',5'-Tetrachlorobiphenyl
45	2,2',3,6-Tetrachlorobiphenyl	77	3,3',4,4'-Tetrachlorobiphenyl
46	2,2',3,6'-Tetrachlorobiphenyl	78	3,3',4,5-Tetrachlorobiphenyl
47	2,2',4,4'-Tetrachlorobiphenyl	79	3,3',4,5'-Tetrachlorobiphenyl
48	2,2',4,5-Tetrachlorobiphenyl	80	3,3',5,5'-Tetrachlorobiphenyl
49	2,2',4,5'-Tetrachlorobiphenyl	81	3,4,4',5-Tetrachlorobiphenyl
50	2,2',4,6-Tetrachlorobiphenyl	82	2,2',3,3',4-Pentachlorobiphenyl
51	2,2',4,6'-Tetrachlorobiphenyl	83	2,2',3,3',5-Pentachlorobiphenyl
52	2,2',5,5'-Tetrachlorobiphenyl	84	2,2',3,3',6-Pentachlorobiphenyl
53	2,2',5,6'-Tetrachlorobiphenyl	85	2,2',3,4,4'-Pentachlorobiphenyl
54	2,2',6,6'-Tetrachlorobiphenyl	86	2,2',3,4,5-Pentachlorobiphenyl
55	2,3,3',4-Tetrachlorobiphenyl	87	2,2',3,4,5'-Pentachlorobiphenyl
56	2,3,3',4'-Tetrachlorobiphenyl	88	2,2',3,4,6-Pentachlorobiphenyl
57	2,3,3',5-Tetrachlorobiphenyl	89	2,2',3,4,6'-Pentachlorobiphenyl
58	2,3,3',5'-Tetrachlorobiphenyl	90	2,2',3,4',5-Pentachlorobiphenyl
59	2,3,3',6-Tetrachlorobiphenyl	91	2,2',3,4',6-Pentachlorobiphenyl
60	2,3,4,4'-Tetrachlorobiphenyl	92	2,2',3,5,5'-Pentachlorobiphenyl
61	2,3,4,5-Tetrachlorobiphenyl	93	2,2',3,5,6-Pentachlorobiphenyl
62	2,3,4,6-Tetrachlorobiphenyl	94	2,2',3,5,6'-Pentachlorobiphenyl
63	2,3,4',5-Tetrachlorobiphenyl	95	2,2',3,5',6-Pentachlorobiphenyl
64	2,3,4',6-Tetrachlorobiphenyl	96	2,2',3,6,6'-Pentachlorobiphenyl

编号	IUPAC 名称	编号	IUPAC 名称
97	2,2',3,4',5'-Pentachlorobiphenyl	129	2,2',3,3',4,5-Hexachlorobiphenyl
98	2,2',3,4',6'-Pentachlorobiphenyl	130	2,2',3,3',4,5'-Hexachlorobiphenyl
99	2,2',4,4',5-Pentachlorobiphenyl	131	2,2',3,3',4,6-Hexachlorobiphenyl
100	2,2',4,4',6-Pentachlorobiphenyl	132	2,2',3,3',4,6'-Hexachlorobiphenyl
101	2,2',4,5,5'-Pentachlorobiphenyl	133	2,2',3,3',5,5'-Hexachlorobiphenyl
102	2,2',4,5,6'-Pentachlorobiphenyl	134	2,2',3,3',5,6-Hexachlorobiphenyl
103	2,2',4,5',6-Pentachlorobiphenyl	135	2,2',3,3',5,6'-Hexachlorobiphenyl
104	2,2',4,6,6'-Pentachlorobiphenyl	136	2,2',3,3',6,6'-Hexachlorobiphenyl
105	2,3,3',4,4'-Pentachlorobiphenyl	137	2,2',3,4,4',5-Hexachlorobiphenyl
106	2,3,3',4,5-Pentachlorobiphenyl	138	2,2',3,4,4',5'-Hexachlorobiphenyl
107	2,3,3',4',5-Pentachlorobiphenyl	139	2,2',3,4,4',6-Hexachlorobiphenyl
108	2,3,3',4,5'-Pentachlorobiphenyl	140	2,2',3,4,4',6'-Hexachlorobiphenyl
109	2,3,3',4,6-Pentachlorobiphenyl	141	2,2',3,4,5,5'-Hexachlorobiphenyl
110	2,3,3',4',6-Pentachlorobiphenyl	142	2,2',3,4,5,6-Hexachlorobiphenyl
111	2,3,3',5,5'-Pentachlorobiphenyl	143	2,2',3,4,5,6'-Hexachlorobiphenyl
112	2,3,3',5,6-Pentachlorobiphenyl	144	2,2',3,4,5',6-Hexachlorobiphenyl
113	2,3,3',5',6-Pentachlorobiphenyl	145	2,2',3,4,6,6'-Hexachlorobiphenyl
114	2,3,4,4',5-Pentachlorobiphenyl	146	2,2',3,4',5,5'-Hexachlorobiphenyl
115	2,3,4,4',6-Pentachlorobiphenyl	147	2,2',3,4',5,6-Hexachlorobiphenyl
116	2,3,4,5,6-Pentachlorobiphenyl	148	2,2',3,4',5,6'-Hexachlorobiphenyl
117	2,3,4',5,6-Pentachlorobiphenyl	149	2,2',3,4',5',6-Hexachlorobiphenyl
118	2,3',4,4',5-Pentachlorobiphenyl	150	2,2',3,4',6,6'-Hexachlorobiphenyl
119	2,3',4,4',6-Pentachlorobiphenyl	151	2,2',3,5,5',6-Hexachlorobiphenyl
120	2,3',4,5,5'-Pentachlorobiphenyl	152	2,2',3,5,6,6'-Hexachlorobiphenyl
121	2,3',4,5',6-Pentachlorobiphenyl	153	2,2',4,4',5,5'-Hexachlorobiphenyl
122	2,3,3',4',5'-Pentachlorobiphenyl	154	2,2',4,4',5,6'-Hexachlorobiphenyl
123	2,3',4,4',5'-Pentachlorobiphenyl	155	2,2',4,4',6,6'-Hexachlorobiphenyl
124	2,3',4',5,5'-Pentachlorobiphenyl	156	2,3,3',4,4',5-Hexachlorobiphenyl
125	2,3',4',5',6-Pentachlorobiphenyl	157	2,3,3',4,4',5'-Hexachlorobiphenyl
126	3,3',4,4',5-Pentachlorobiphenyl	158	2,3,3',4,4',6-Hexachlorobiphenyl
127	3,3',4,5,5'-Pentachlorobiphenyl	159	2,3,3',4,5,5'-Hexachlorobiphenyl
128	2,2',3,3',4,4'-Hexachlorobiphenyl	160	2,3,3',4,5,6-Hexachlorobiphenyl

编号	IUPAC 名称	编号	IUPAC 名称
161	2,3,3',4,5',6-Hexachlorobiphenyl	186	2,2',3,4,5,6,6'-Heptachlorobiphenyl
162	2,3,3',4',5,5'-Hexachlorobiphenyl	187	2,2',3,4',5,5',6-Heptachlorobiphenyl
163	2,3,3',4',5,6-Hexachlorobiphenyl	188	2,2',3,4',5,6,6'-Heptachlorobiphenyl
164	2,3,3',4',5',6-Hexachlorobiphenyl	189	2,3,3',4,4',5,5'-Heptachlorobiphenyl
165	2,3,3',5,5',6-Hexachlorobiphenyl	190	2,3,3',4,4',5,6-Heptachlorobiphenyl
166	2,3,4,4',5,6-Hexachlorobiphenyl	191	2,3,3',4,4',5',6-Heptachlorobiphenyl
167	2,3',4,4',5,5'-Hexachlorobiphenyl	192	2,3,3',4,5,5',6-Heptachlorobiphenyl
168	2,3',4,4',5',6-Hexachlorobiphenyl	193	2,3,3',4',5,5',6-Heptachlorobiphenyl
169	3,3',4,4',5,5'-Hexachlorobiphenyl	194	2,2',3,3',4,4',5,5'-Octachlorobiphenyl
170	2,2',3,3',4,4',5-Heptachlorobiphenyl	195	2,2',3,3',4,4',5,6-Octachlorobiphenyl
171	2,2',3,3',4,4',6-Heptachlorobiphenyl	196	2,2',3,3',4,4',5,6'-Octachlorobiphenyl
172	2,2',3,3',4,5,5'-Heptachlorobiphenyl	197	2,2',3,3',4,4',6,6'-Octachlorobiphenyl
173	2,2',3,3',4,5,6-Heptachlorobiphenyl	198	2,2',3,3',4,5,5',6-Octachlorobiphenyl
174	2,2',3,3',4,5,6'-Heptachlorobiphenyl	199	2,2',3,3',4,5,5',6'-Octachlorobiphenyl
175	2,2',3,3',4,5',6-Heptachlorobiphenyl	200	2,2',3,3',4,5,6,6'-Octachlorobiphenyl
176	2,2',3,3',4,6,6'-Heptachlorobiphenyl	201	2,2',3,3',4,5',6,6'-Octachlorobiphenyl
177	2,2',3,3',4,5',6'-Heptachlorobiphenyl	202	2,2',3,3',5,5',6,6'-Octachlorobiphenyl
178	2,2',3,3',5,5',6-Heptachlorobiphenyl	203	2,2',3,4,4',5,5',6-Octachlorobiphenyl
179	2,2',3,3',5,6,6'-Heptachlorobiphenyl	204	2,2',3,4,4',5,6,6'-Octachlorobiphenyl
180	2,2',3,4,4',5,5'-Heptachlorobiphenyl	205	2,3,3',4,4',5,5',6-Octachlorobiphenyl
181	2,2',3,4,4',5,6-Heptachlorobiphenyl	206	2,2',3,3',4,4',5,5',6-Nonachlorobiphenyl
182	2,2',3,4,4',5,6'-Heptachlorobiphenyl	207	2,2',3,3',4,4',5,6,6'-Nonachlorobiphenyl
183	2,2',3,4,4',5',6-Heptachlorobiphenyl	208	2,2',3,3',4,5,5',6,6'-Nonachlorobiphenyl
184	2,2',3,4,4',6,6'-Heptachlorobiphenyl	209	Decachlorobiphenyl
185	2,2',3,4,5,5',6-Heptachlorobiphenyl		

注：IUPAC（International Union of Pure and Applied Chemistry）为国际纯粹与应用化学联合会。

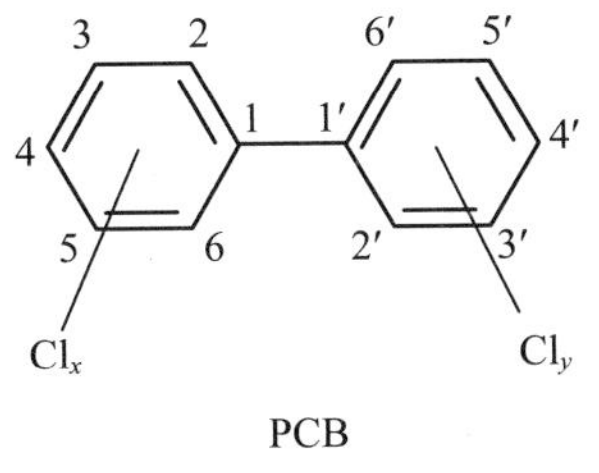

图 4.1 PCBs 的结构示意图

一、生产历史

PCBs最早在1881年由德国科学家H. Schmidt和G. Schuts在实验室内合成出来。1929年美国首先开始商业生产，工业产品的英文名称为Aroclor，主要生产商是Monsamto公司，以后许多国家相继生产。据WHO报道，1930—1980年世界各国生产PCBs总计近100万t，1977年后各国陆续停止生产。自1965—1974年，我国生产了三氯联苯、五氯联苯近万吨，其中，三氯联苯产量在9 000 t左右，主要用于电力电容器的浸渍剂，为密封使用；五氯联苯产量在1 000 t左右，主要用做油漆等工业产品的添加剂。我国的PCBs还有一部分由国外输入，从20世纪50年代至70年代，我国曾由比利时、法国、联邦德国、日本等一些发达国家进口部分含有PCBs的电力容器、动力变压器等设备，PCBs含量可能高达70%以上。目前含PCBs的电力电容器大部分已经废弃不用，而被暂时性封存。由于管理不当，储存条件不好，很多封存点存在PCBs泄漏现象，严重污染了周围环境。PCBs通过食物链进入到生物体内，给当地生态环境和人身健康带来了极大的风险。

二、特性

PCBs是人工合成的有机化合物，有相似的化学结构和相似的物理特征，形态从油状的液态到蜡状的固态。无味、不可燃，化学性能稳定，具有高沸点和电绝缘性。在工业和商业方面应用广泛，如用做变压器的绝缘液体、农药、油漆、润滑油等产品的添加剂，热传导系统的传导介质以及塑料的增塑剂等。

由于PCBs自身的理化性质（详见表4.2），使它具有持久性、长期残留性、生物蓄积性、半挥发性和高毒性等特征，能够在大气环境中长距离迁移并能积蓄到土壤或沉积物中。同时还是环境荷尔蒙物质，对人类健康和环境具有严重危害。

表4.2 多氯联苯的理化性质

PCB名称	熔点/℃	沸点/℃	饱和蒸汽压（25℃）/Pa	溶解度（2℃）/（g/m³）	log K_{OW}
联苯	71	256	4.9	9.3	4.3
一氯联苯	25～77.9	285	1.1	4.0	4.7
二氯联苯	24.2～149	312	0.24	1.6	5.1
三氯联苯	28～87	337	0.054	0.65	5.5
四氯联苯	47～180	360	0.012	0.26	5.9
五氯联苯	76.5～124	381	2.6×10^{-4}	0.099	6.3
六氯联苯	77～150	400	5.8×10^{-4}	0.038	6.7
七氯联苯	122.4～149	417	1.3×10^{-4}	0.014	7.1
八氯联苯	159～162	432	2.8×10^{-5}	5.5×10^{-3}	7.5
九氯联苯	182.8～206	445	6.3×10^{-6}	2.0×10^{-3}	7.9
十氯联苯	305.9	456	1.4×10^{-6}	7.6×10^{-4}	8.3

1. 持久性和长期残留性

PCBs 化学结构和性质极为稳定，对于自然条件下的生物代谢、光降解、化学分解等具有很强的抵抗能力，一旦排放到环境中，在一般条件下极难分解和降解。耐热性极强，在 1 000～1 400℃的高温下才能使它们完全分解；在大于 1 200℃的有足够氧的燃烧条件下，存在时间可达 2 s。

虽然被禁止使用多年，但由于半衰期较长不易降解，在环境中长期存在，其中，氯化程度较高的 PCB 的半衰期相对更长。如一氯联苯和三氯联苯的半衰期为 1.4 年，而二氯联苯和六氯联苯则为 12.4 年。特别是在土壤中，半衰期达 40 年，因此它们在土壤中可以存留很长的时间。

2. 生物蓄积性

PCBs 具有低水溶性、高脂溶性的特征，因而能够在脂肪组织中进行生物蓄积，从而导致它们从周围媒介物质中富集到生物体内，并通过食物链的生物放大作用达到中毒浓度。当它们被小型水生有机物和鱼类富集，经过食物链的传递，最后聚集在鱼类和哺乳动物体内，浓度可以达到水中的几千倍以上。据报道，水鸟体内浓度可达水中的 50 万～100 万倍。

3. 半挥发性与远距离迁移

PCBs 能够从水体或土壤中通过蒸发进入大气环境或者吸附在大气颗粒物上，在大气环境中进行远距离迁移，所具备的挥发性又使其不会永久停留在大气中，并能重新回到地面，且该过程可以反复多次地发生。正是由于其高持久性和半挥发性，才使得全球范围内包括大陆、沙漠、海洋和南北极地区都有可能监测出 PCBs 的存在。有研究表明，即便是在人迹罕至的北极地区，栖息此地的哺乳动物，在其体内已经检测到 1～12 900（μg/g 湿重）的 PCBs。

4. 高毒性

历史上，多氯联苯曾经引起了三次重大的环境事件：1967 年，日本米糠油事件，生产米糠油用多氯联苯作脱臭工艺中的热载体，由于生产管理不善，混入米糠油，食用后中毒，实际受害者约 13 000 人。患者一开始只是眼皮发肿、手心出汗、全身起红疙瘩，随后全身肌肉疼痛、咳嗽不止，严重时恶心呕吐、肝功能下降，有的医治无效而死亡。用这种米糠油中的黑油饲喂家禽，致使几十万只鸡死亡。1978—1979 年为期 6 个月的时间里，我国台湾某地区约 2 000 人食用了受多氯联苯和多氯联二苯并呋喃污染的食用油。多氯联苯从热交换器漏入成品油中。一部分多氯联苯受热后降解产生了多氯二苯并呋喃和其他氯化物，造成了高达数万人的患者，病症有眼皮肿、手脚指甲发黑、身上有黑色皮疹。PCBs 若由孕妇吸收，可透过胎盘或乳汁导致早期流产、畸胎、婴儿中毒。一些受到影响的胎儿出生时，皮肤深棕色素沉着，全身黏膜黑色素沉着，发育较慢，很像一瓶可口可乐，被民间俗称为“可乐儿”。这样的后遗症还包括婴儿体重过轻，黄疸，眼球突出，头骨点状钙化，肝脾肿大，脚跟突出，皮肤脱落，眼部奶酪状分泌，免疫功能低下，都是“可乐儿”的畸形表现。1986 年，加拿大一辆卡车载着一台有高浓度多氯联苯液体的变压器去废物储存场，途中在经过安大略省北部的凯拉城附近时，有 400 多升 PCBs 从变压器中泄漏，污染了 100 km 的高速公路和其他车辆，对当地的居民身体健康造成极大伤害。归纳起来，其生物毒性体现在以下四个方面：① 致癌性：国际癌症研究中心已将多氯联苯列为人体致癌物质，"致癌性影响"代表了多氯联苯存在于人体内达到一定浓度后的主要毒性影响；② 生殖毒性：PCBs 能使人类精子数量减少、精子畸形的人数增加；人类女性的不孕现象明显上升；有的动物生育能力减弱；③ 神经毒性：PCBs 能对人体造成脑损伤、抑制脑细胞合成、发育迟缓、降低智商；④ 干扰内分泌系统：比如使得儿童的行为怪异，使水生动物雌性化。

三、多氯联苯的污染来源

由于自然界中本来没有多氯联苯这种物质存在，其最主要也最直接的污染源就是来自工业生产和使用，它们的来源和传播途径包括生产含 PCBs 工业废水废渣的排放、增塑剂中的挥发使用、含 PCBs 工业液体的渗漏等。多氯联苯禁止生产使用后，变压器油的不当处置或意外泄漏成为主要的污染来源，从密封存放点渗漏，在垃圾堆放处渗滤，运输过程的渗漏，废旧变压器中绝缘液的渗漏。废物焚化处置过程含多氯联苯的物质释放到大气中，填埋含有多氯联苯的产品进入土壤，陆地污染源经雨水等地表径流和地下水的流动，慢慢渗滤而进入土壤。干湿沉降是水体、土壤污染的另一个主要来源，通过雨水冲洗和干、湿沉降使大气向水体或土壤转移。我国大量生产的用于血吸虫防治和木材防腐的五氯酚等，含有共平面 PCBs 等剧毒物质。另外，现代研究表明，高含氯化合物，在燃烧过程中会产生 PCBs。

四、我国多氯联苯的污染水平

我国水体环境中对多氯联苯的检测分析主要集中在东部一些河流、河口和沿海近岸地带，如长江口、黄河口、珠江口及环渤海等区域，对中西部地区的研究较少，绝大多数河流呈现出未检出或轻微污染情况。邢颖等（2005）对我国部分水域沉积物中的多氯联苯测试数据进行汇总分析后发现，我国多数地区水体沉积物中 PCBs 的平均浓度较低，主要原因在于 PCBs 在中国生产的数量相对较少，生产使用的时间相对较短。空间分布上，在已调查的主要河流河口地区，东北的松花江流域、大连湾、河北保定地区、中部的湖北武汉鸭儿湖、南部的珠江流域和台湾地区有相对较高的 PCBs 浓度，其余地区沉积物中 PCBs 的平均浓度相对较低。局部地区存在严重的点源污染，包括一些港口、工业发达区域、PCBs 的非法处置倾倒地区、发生泄漏的 PCBs 废旧设备封存点等。近年来开展的饮用水水源地监督性监测结果显示均未检出 PCBs。

五、与多氯联苯相关的环境标准

1．控制标准

由于 PCBs 的持久性、生物蓄积性和高毒性等特性，各国都陆续出台了严格的标准。美国 1983 年 5 月登记的法规首先对该类废水进行了分级。1983 年 7 月登记的法规认为 PCBs 属于其他有毒污染物，对此，美国国家环保局要求各州建立 PCBs 的排放限值和预处理方法。日本在 1982 年 12 月登记的法规规定废水排放标准为 0.003 mg/L（PCBs 总量）；以法规形式规定职业环境空气中 PCBs 的最高允许浓度为 0.1 mg/m^3（皮肤吸收）。欧洲共同体在1983年1月登记的法规对饮用水规定了最高允许浓度、指标水平：最高允许浓度0.1 pg/L（每种物质分开）、0.5 μg/L（总量），对于多氯联苯和多氯三联苯类则规定了分析、测定的要求。联邦德国在1982年6月登记的法规中给出PCBs的大气排放最高限值，一级：20 mg/m^3，质量流速＞0.1 kg/h；二级：150 kg/ m^3，质量流速＞3 kg/h，三级：300 mg/m^3，质量流速＞6 kg/h。瑞典在1982年1月生效的法规中制定了职业环境空气中PCBs的限值：时间加权平均值0.01 mg/m^3（皮肤吸收），短期接触限值0.03 mg/m^3（致癌）。原苏联规定地面水最高允许浓度为1.0 mg/L；规定职业环境空气中PCBs的最高允许浓度为1.0 mg/m^3（蒸气）。

我国原国家环保局于1991年发布了与含PCBs废水排放有关的水体、土壤中PCBs控制值，其中水体限制值为0.003 mg/L，土壤控制值分为二级，一级为50 mg/kg（认为土壤中PCBs在50～500 mg/kg之间，应禁止作农业使用，有条件的地方应加以处理、处置），二级为500 mg/kg（认为PCBs浓度在500 mg/kg以上，该土壤严禁各种使用，必须进行处理、处置）。

我国颁布的《地表水环境质量标准》（GB 3838—2002）对地表水中多氯联苯含量的标准值做了限定，为2.0×10^{-5} mg/L。

2．方法标准

世界各国均制定了相关法律，严禁PCBs的继续生产和使用，并颁布了标准方法，对它们进行监测。例如加拿大制定了EPS1/RM/31，美国国家环境保护局（USEPA）、国际标准化组织（ISO）制定了一系列测定环境样品中PCBs的规范方法，如Method 525、Method 625、Method 1668、Method 8082等，详见表4.3。Method 1668是USEPA于1999年制订的针对多氯联苯的标准方法，该方法是通过高分辨气相色谱-高分辨质谱（HRGC-HRMS）进行分析的，可适用于废水、地表水、土壤、沉积物、污泥和生物组织等样品，于2008年修订为1668B；USEPA于1996年制订的针对固体和水体基质中多氯联苯分析的标准方法8082中采用气相色谱-电子捕获检测器（GC-ECD）（或电解电导检测器），该方法于2000年修订为8082A。

表4.3 EPA、ISO发布的多氯联苯的分析方法汇总

方法	适用介质	分析对象	分析方法
ISO 6468：1996	饮用水、地下水、地表水和废水	与有机氯农药、氯苯类同时分析	GC
ISO 17858：2007	水和废水	四氯到七氯联苯	GC-MS
ASTM D5175—91（2003）	饮用水	Aroclor系列，与有机氯农药同时分析	GC
EPA 525.2	饮用水	多氯联苯单体和其他半挥发物质	GC-MS
EPA 505	饮用水、水源水	Aroclor系列和有机氯农药	GC
EPA 608		Aroclor系列，与有机氯农药同时分析	GC
EPA 625	废水	Aroclor系列和其他半挥发性物质	GC-MS
EPA 8082A	固体、组织、水质	Aroclor系列或多氯联苯单体	GC
EPA 1668B	废水、地表水、土壤、沉积物、污泥和生物组织等	多氯联苯单体	HRGC-HRMS

我国颁布的《地表水环境质量标准》（GB 3838—2002）虽然对地表水中多氯联苯含量进行了规定，但该标准中多氯联苯项目的分析方法依旧参考的是 1985 年出版的《水和废水标准检验法（第 15 版）》，多氯联苯的测定还没有国家标准方法。

第二节 样品的采集和保存

一、样品采集

PCBs 属于半挥发性有机物，性质比较稳定，尤其是三氯以上的 PCBs。环境空气、水、土壤、沉积物等环境介质中 PCBs 采集可同第三章所述 SVOCs 一起采集，采集方法见第三章，此处不再赘述。在此介绍一下，作为 POPs 之一，在履约成效评估中对 PCBs 的采集方法。根据履约技术导则的要求，采样工作采用大流量主动采样器，同时采集空气中 PM_{10} 以下颗粒物以及气态中的 PCBs。采样过程中记录温度、湿度、大气压、采样流量等参数，以计算采样体积。为能够评价采样效率，采集样品时，必要时须在采样器或者滤膜中加入 ^{13}C 标记的采样标，作为替代物进行分析时的示踪。采样完成后，迅速装卸采样器具，以免受到空气污染，聚氨酯泡沫塑料、滤膜分别用干净的、灼烧过的锡箔纸包好，置于密封袋中，尽快运回实验室。

二、样品保存

样品保存时间及方式参见第三章。

第三节 样品的前处理技术

一、样品制备

样品制备参见第三章。

二、样品提取

同半挥发性有机污染物，水环境样品中的 PCBs 萃取技术有液液萃取、固相萃取、固相微萃取等。固体样品中 PCBs 的提取方法有索氏提取（Soxhlet extraction）、超声提取（Ultrasonic extraction，USE）、加速溶剂提取（Accelerated solvent extraction，ASE）、微波辅助萃取（Microwave assisted extraction，MAE）、超临界流体萃取（Supercritical fluid extraction，SFE）等。

1. 液液萃取

PCBs 常用的萃取剂有二氯甲烷、正己烷等，二氯甲烷密度大于水，液液萃取时便于操作，但进行气相分析时因使用 ECD 检测器如使用二氯甲烷萃取需在上机分析前进行溶剂转换成正己烷，加之考虑到二氯甲烷的毒性，因此更推荐使用正己烷萃取。

萃取条件参考如下：取 1 L 水样于分液漏斗中，加入 30 g 氯化钠后摇匀使氯化钠溶解，加入 50 ml 正己烷振荡萃取 10 min，静置分液，水相再重复萃取 2 次，三次萃取的有机相合并，经干燥的无水硫酸钠过滤除水。

若受测水体基质复杂，易产生乳化现象，采用适当振荡、机械搅拌、加入适量的氯化钠、冷冻、离心等操作可减轻乳化。有机溶剂浓缩时易导致低氯 PCBs（如指示型 PCB28）损失，因此氮吹浓缩时注意控制气流速度，在液面形成液窝即可，注意不可吹干，否则 PCBs 损失较大。

2．固相萃取

PCBs 固相萃取有固相萃取柱与固相萃取盘两种，测定中常采用反相萃取方式，用键合硅胶 C_{18}、HLB 等材料作柱填料。SPE 与液-液萃取相比较，其优点是克服了“乳化”现象，萃取精度高，分离效果好，操作简单易行，回收率高，节省试剂，对操作人员及环境安全。

黄业茹等（2000）推荐膜萃取条件如下：萃取盘用 5 ml 丙酮浸泡，然后抽干；依次加入二氯甲烷-乙酸乙酯（1∶1）、甲醇、高纯水活化萃取盘；2 L 水样用 6 mol/L HCl 调至 pH 为 2，以 200 ml/min 通过萃取盘，依次用高纯水、30%甲醇洗涤，抽干 30 min，用丙酮洗涤干燥，然后用二氯甲烷-乙酸乙酯（1∶1）浸泡萃取盘 10 min，抽真空缓慢淋洗，接收淋洗液。

孔祥吉等（2009）报道柱萃取参考条件如下：采用 C_{18} 固萃小柱，先用乙酸乙酯-二氯甲烷-甲醇（5 ml+5 ml+10 ml）活化小柱，以 10 ml 超纯水润洗小柱，2 h 通过 1 L 水样后，通氮气 10 min，然后用丙酮-正己烷（1∶1）进行洗脱。

3．固相微萃取

固相微萃取是由商品化的萃取纤维浸入水样中或在液面上停留一定时间，在电磁搅拌的作用下，快速完成 PCBs 的萃取。固相微萃取参考条件：10 ml 水样加 3 gNaCl，电磁搅拌 400 r/min，选用 100 μmPDMS 萃取纤维，萃取温度 65℃，中性条件萃取 20 min。每次使用前，萃取纤维在气相色谱仪进样口（260℃）活化 15 min。

4．索氏提取

索氏提取是测定大气、土壤、沉积物等固体样品中微量、痕量有机污染物的传统、经典提取方法，优点是设备简单，提取效率高；但是操作繁琐且耗时长，自动化程度低等，需要消耗较大量的有机溶剂。PCBs 测定常用的萃取剂有丙酮、二氯甲烷、正己烷等，并常以一定的比例混合，如二氯甲烷-丙酮（1∶1）、丙酮-正己烷（1∶1）。根据使用溶剂的沸点高低设置提取温度，一般略低于使用溶剂的沸点，提取时间一般在 18～24 h。

5．超声波提取

超声波萃取的萃取效率除了与溶剂的极性有关之外，还受萃取时间的影响。其优点是可以同时处理大批同类样品或不同类样品，方法简便、快速，不足之处是样品提取结束后仍然需要进一步离心分离有机相，增加了过滤步骤，因而人为误差大，回收率低，重现性差。PCBs 测定常用的提取溶剂为二氯甲烷、丙酮-正己烷（1∶1）、丙酮-二氯甲烷（1∶1）、环己烷等，样品提取时，需注意调节超声波提取仪的功率及探头深度，保证样品在提取过程中能够被完全翻动，与溶剂充分接触。一般每个样品提取 2～3 次，每次提取 3 min。

6. 加速溶剂萃取

加速溶剂萃取是在较高的温度（50～200℃）和压力（6.89～20.68 MPa，即 1 000～3 000 psi）下，用溶剂萃取固体或半固体样品的前处理方法。已被用于土壤、底泥、大气颗粒物、粉尘、动植物组织等固体样品中 PCBs 萃取。该方法的突出优点是：有机溶剂用量少，方法快速方便，自动化程度高，萃取效率高等，是目前比较常用的先进的固体样品中多氯联苯的前处理技术。但是，该方法需要的设备成本相对较高。PCBs 测定常用的提取溶剂为丙酮-二氯甲烷（1∶1）、丙酮-正己烷（1∶1），温度为 100℃，压力在 1 000～2 500 psi，一般通过 3 个静态循环，达到满意的萃取效率。值得注意的是，ASE 可以通过在萃取池中添加固相吸附剂去除一些脂肪类化合物，分离出目标分析物，从而实现萃取和净化一体化。但要注意避免添加的吸附剂或干燥剂结块会堵塞加压流体萃取池的滤膜。

7. 微波辅助萃取

MAE 对萃取体系中的不同组分进行选择性加热，具有较好的选择性。另一方面，由于 MAE 受溶剂亲和力的限制较小，可供选择的溶剂较多。作为一种新型的前处理技术，具有简便快速、使用安全、试剂用量少、制样精度好、回收率高、可同时不间断地处理不同样品等优点。EPA 3546 方法中介绍了该技术在萃取环境样品（如土壤和底泥等）中含氯化合物的应用。使用 MAE 作为分析琼脂、土壤、底泥、贻贝中 PCBs 的前处理方法在文献中均有报道。一般常用正己烷、丙酮以一定的比例混合来萃取固体样品中的 PCBs。

8. 超临界流体萃取

SFE 的主要优点是用较少的溶剂或不用溶剂在短时间内从样品中获得干净的萃取物，从而不需要进一步净化。尽管该技术存在操作问题，如需要优化许多参数（尤其是萃取目标物的参数）、自动化仪器设备昂贵等，但是 SFE 仍然应用于确定脂肪含量和食品中 PCBs 的含量。

9. 其他萃取技术

随着微波萃取技术的发展，相继出现了微波萃取技术与其他前处理技术联用，如聚焦微波辅助索氏萃取（FMASE），结合微波加热和索氏抽提的特点，免去了过滤和离心等步骤；另外还有一些新的同样以固相吸附剂为基础的萃取技术，如基质分散固相萃取（MSPD）、聚合物膜萃取（PME）等。这些技术在一次分析中同时完成了样品的均匀化、破坏样品细胞、分离和纯化样品等步骤，大大简化了分析过程，但目前还仅限于文献报道。

三、样品净化

对于土壤、大气颗粒物等固体样品及废水样品提取物，有必要对其进行净化，以去除干扰物、降低进样和色谱柱体系的污染风险、提高色谱柱的分离性能表现。EPA 规定了可以使用的多种样品净化方法，其中适用于 PCBs 净化的方法主要有浓硫酸净化、硫酸/高锰酸钾净化、硅胶/弗罗里硅土净化、凝胶渗透色谱净化等，可根据实际样品的状况选择，但在使用时必须对净化回收率进行控制。

1. 浓硫酸净化（EPA 3665）

浓硫酸净化是利用浓硫酸的强氧化性，除去脂肪、色素等杂质，效果良好，方法简便。具体操作是将浓硫酸加入有机相提取液（可适当浓缩）中，振荡分液，除去深色的磺化层，重复操作至有机相清亮澄清，再用硫酸钠溶液洗涤至中性。该净化方法有时会产生乳化现象，且磺化次数过多使低环多氯联苯损失，结果偏低。基质特别复杂的样品可考虑先使用浓硫酸处理 2 次，再用层析柱进一步处理。

2．柱层析[硅胶净化（EPA3630）、弗罗里硅土（EPA3620）]

层析净化是目前普遍采用的 PCBs 净化方法，目的是除去萃取液中的脂肪烃类和其他干扰组分，常用的层析柱有硅胶柱、弗罗里硅土柱等。层析柱填装柱分湿法装柱和干法装柱。湿法装柱先用溶剂浸泡填料，除去气泡，然后转入层析柱中，填实；干法装柱是将干燥的填料直接装入层析柱中，再加入有机溶剂，使填料浸润。干法的优点是操作相对简便、快捷，但容易造成层析柱断层有气泡，适用于柱内径较宽的层析柱，内径小于 1 cm 的层析柱宜用湿法装柱。根据样品含水量情况在层析柱顶层覆盖一层无水硫酸钠。单质硫极易从土壤或沉积物样品中萃取出来，并在 PCBs 测定中引起色谱干扰，添加铜粉层可以去除硫杂质等。具体上样操作是将萃取浓缩液转移到小柱上（萃取溶剂如与淋洗溶剂极性不同，上样前需进行溶剂转换），用合适的溶剂[如正己烷/丙酮溶液（9：1）、正己烷-二氯甲烷（9：1）等，根据回收率实验确定合适的淋洗液]淋洗小柱，接收淋洗液到浓缩管，氮吹浓缩准确定容。如样品干扰严重，提取液颜色较深，可采取酸洗方法，用浓硫酸进行磺化处理至有机相透明澄清，再过弗罗里硅土柱净化。

层析柱净化方法的缺点是装柱时要掌握操作要领，受人为影响较大；溶剂使用量也较大。随着商品化小柱的问世，有效解决了这个问题。

3．凝胶渗透色谱（GPC）（EPA3640）

凝胶渗透色谱分离原理是基于尺寸排阻色谱而不是极性因素，所以没有很强的作用力破坏或不可逆地吸附目标分析物；GPC 柱子寿命较长，可重复使用。广义上讲，凝胶渗透色谱柱也属于层析柱，一般填料为 biobeads，可自己装填。目前已有商品化的凝胶渗透色谱仪，使样品净化实现了自动化操作，其缺点是投资较大、溶剂使用量较大。

样品净化后，一般采用旋转蒸发或直接氮吹等方法对多氯联苯净化液进行定容浓缩至上机分析体积。

第四节 样品的分析测试技术

目前 PCBs 的主要分析方法，按标准物质可分为三类：

第一类标准样品是几十种至上百种的 PCBs 单体标准，该方法对研究 PCBs 的毒性，在环境中转移、富集等过程中含量的改变等，都具有非常重要的意义。但该方法在具体实施中仍存在一些问题，如购买标准物质费用昂贵、环境样品基质复杂、干扰很多，以及一般条件的实验室较难具备的技术人员和设备条件等。1994 年以后，在所有 PCBs 单体标准出现商品化样品后，单体 PCBs 分析方法的研究才逐渐多了起来。

第二类标准样品是 Aroclor 标准样品，采用 GC-ECD 或 GC-MS 分析。通过对 7 种 Aroclor 系列商业 PCBs 的分析，来判断环境样品中是否含有该类 PCBs 污染物。该方法可以确定样品中是否含有 PCBs、每种 Aroclor 系列的含量，标准称为“总 PCBs 的含量”（total PCBs）。许多国家都制定了 PCBs 总量分析的标准方法，例如 EPA 502、EPA 608、EPA 8082 等，我国《地表水环境质量标准》（GB 3838—2002）中关于多氯联苯的标准限值也是以 Aroclor 系列 PCBs 总量计。该种方法的前提是假设初始的 PCBs 同族体（congener）配比在环境中得以保留，但这种方法的正确性得到质疑，因为每一种同族体与环境发生不同的物理、化学、生物作用，使得同族体混合物的配比发生改变。

第三类标准样品是将 Aroclor 和有代表性的 PCBs 单体标样混合，测定环境样品中的 PCBs 污染情况。针对有特殊要求的分析，可获得准确的定性与定量结果，对 PCBs 的迁移、转化和毒理学研究有重要的作用，可以分析样品中各种 Aroclor 含量的比例，对 PCBs 的研究很有意义。但是，其步骤相对繁琐，需要实验室具备一定水准的仪器设备条件和人员条件。

目前分析 PCBs 的检测方法主要是气相色谱-电子捕获检测器法（GC-ECD）、气相色谱-质谱法（GC/MS）、生物学分析法和免疫分析法等。

一、气相色谱-电子捕获检测器法

电子捕获检测器是灵敏度最高的选择性气相色谱检测器，它仅对那些能俘获电子的化合物，如卤代烃、含 N、O 和 S 等杂原子的化合物有响应，多氯联苯由于氯取代，在 ECD 上响应非常高，广泛用于环境样品中 PCBs 的分析。但 PCBs 的物化性质与有机氯农药相似且两者常常会同时存在，最好用双柱进行验证，一根选用非极性柱，如 DB-5，另一根选用中极性柱，如 DB1701、DB35，以排除有机氯农药对 PCBs 测定的干扰。另外，邻苯二甲酸酯在 ECD 上的响应也会干扰多氯联苯的测定。

对于 Aroclor 系列 PCBs 分析总量时，每个 Aroclor 标准选择 3～5 个特征峰，这些特征峰最少要有最高峰的 25%。将样品的色谱图分别与 7 种 Aroclor 的标准溶液指纹峰谱图进行比较，根据保留时间和峰高比定性，在一根色谱柱检出后，由另一根不同性质的色谱柱来验证，在第二根气相色谱柱定性依然存在的则判定该 Aroclor 检出。定量时采用外标法，选择每个 Aroclor 标准 PCB 峰中的 3～5 个特征峰，以每个 Aroclor 标准的特征峰面积和浓度做线性回归（相关系数应达到 0.99）。对样品进行定量分析时，对每个 Aroclor 的特征峰分别进行定量，以平均值作为样品中 PCBs 的浓度值。在一根色谱柱上的定量分析结果必须在第二根不同性质的气相色谱柱上进行验证，定量结果可选择一根气相色谱柱定量结果报出。

对 PCBs 单体进行分析测试时，则根据 PCBs 单体标准在双柱上的保留时间进行定性，外标法或内标法进行双柱定量，定量结果可选择一根气相色谱柱定量结果报出。

条件分析举例：

色谱条件：

色谱柱：（1）HP-5（30 m×320 μm×0.25 μm）（2）DB-35 MS（30 m×320 μm×0.25 μm）

进样口温度：280℃，不分流进样；柱流量：2.0 ml/min（恒流）；柱温：100℃（保持 0 min）$\xrightarrow{10℃/min}$220℃（10 min）；检测器温度：280℃；进样量：1.0 μl。

Aroclor1260、1254、1248、1242、1232、1221、1016 的双柱色谱图分别见图 4.2～图 4.8。

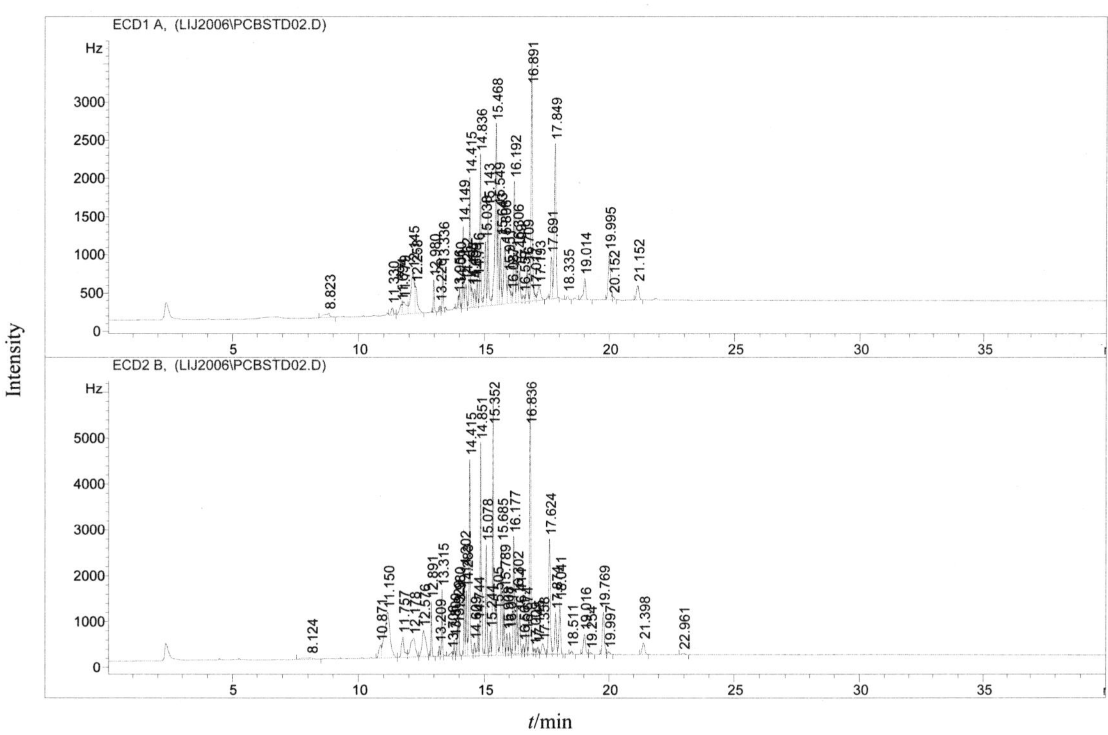

图 4.2 Aroclor1260 色谱图

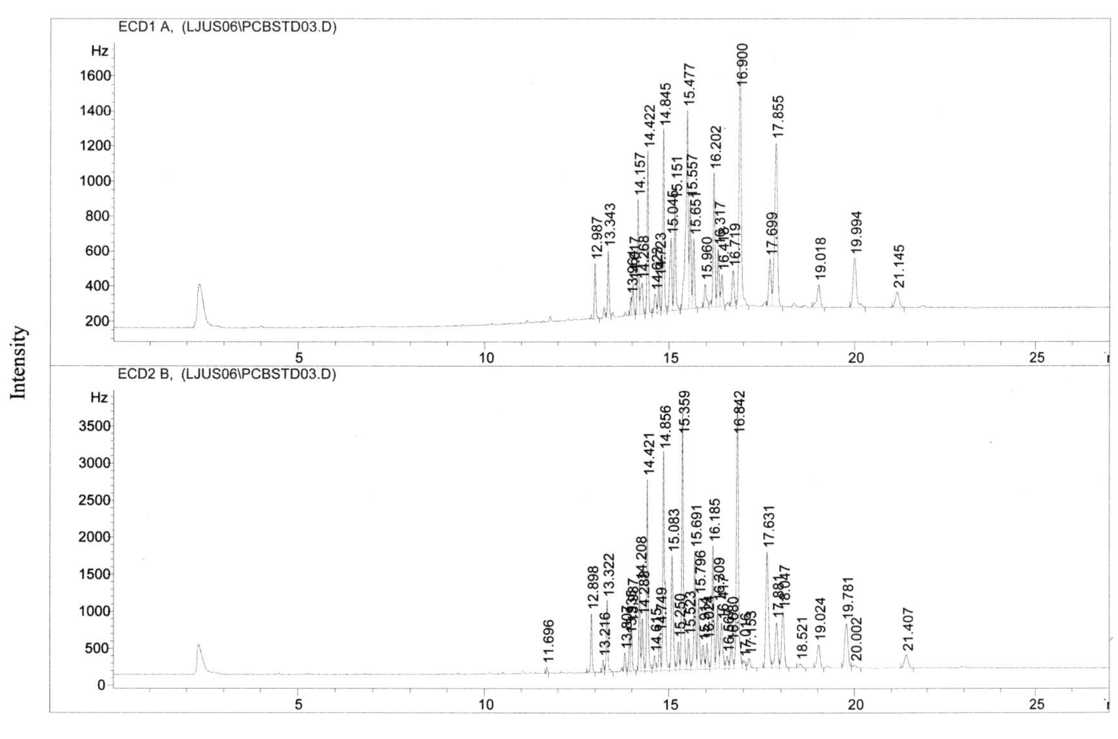

图 4.3 Aroclor1254 色谱图

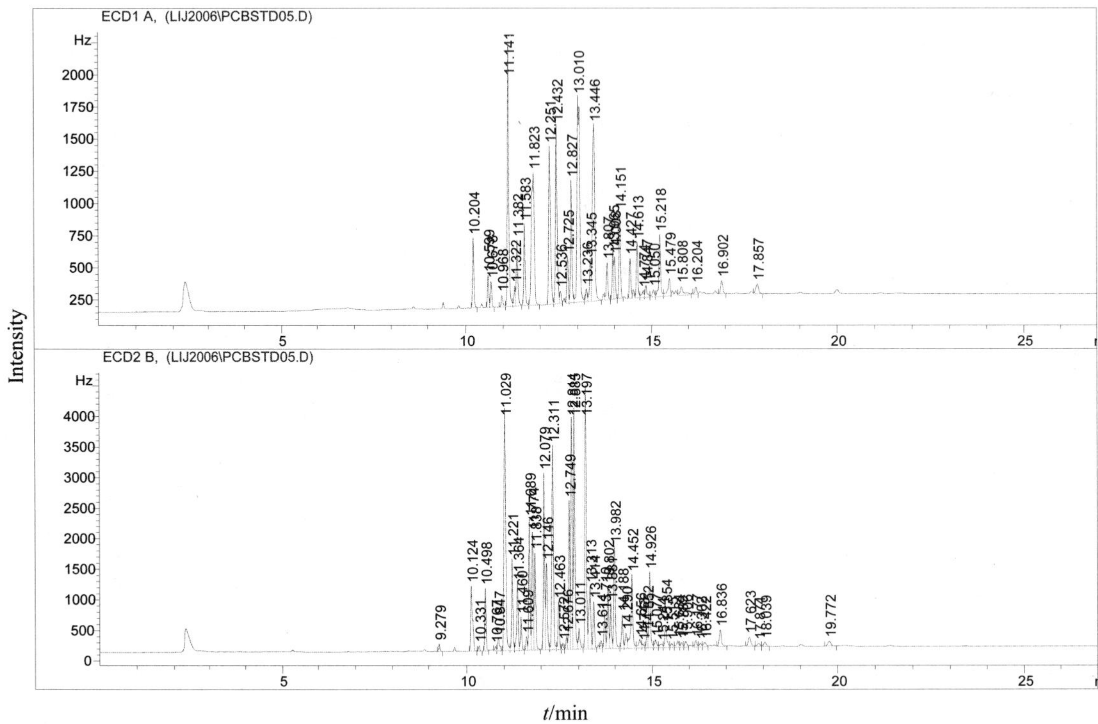

图 4.4 Aroclor1248 色谱图

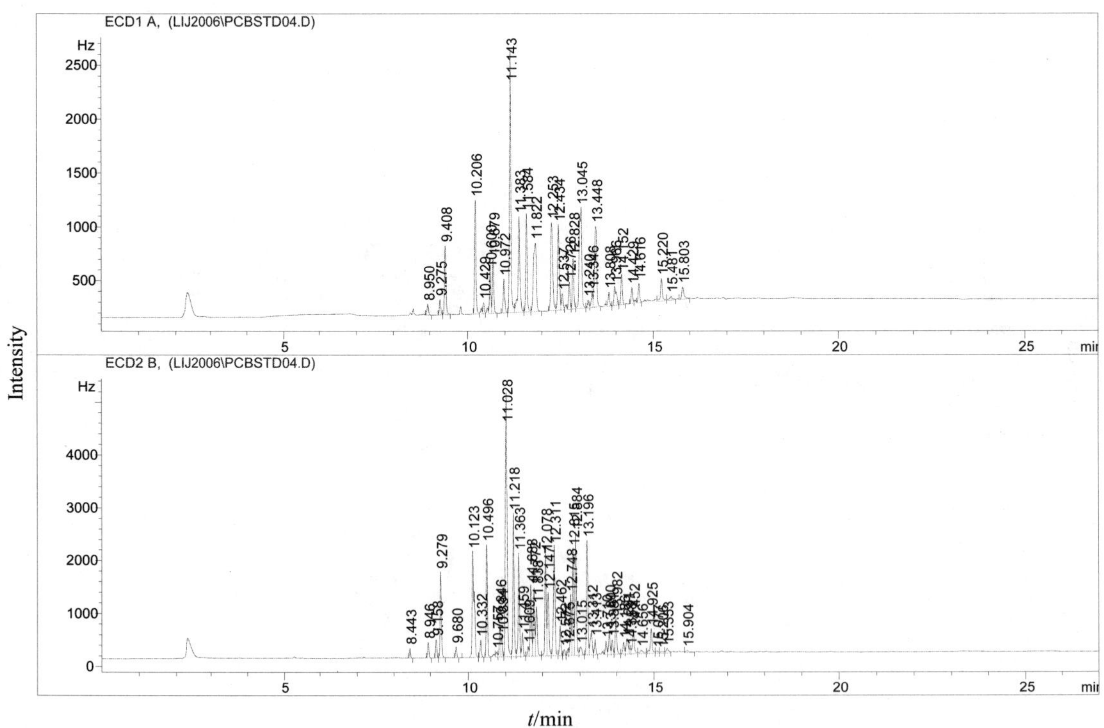

图 4.5 Aroclor1242 色谱图

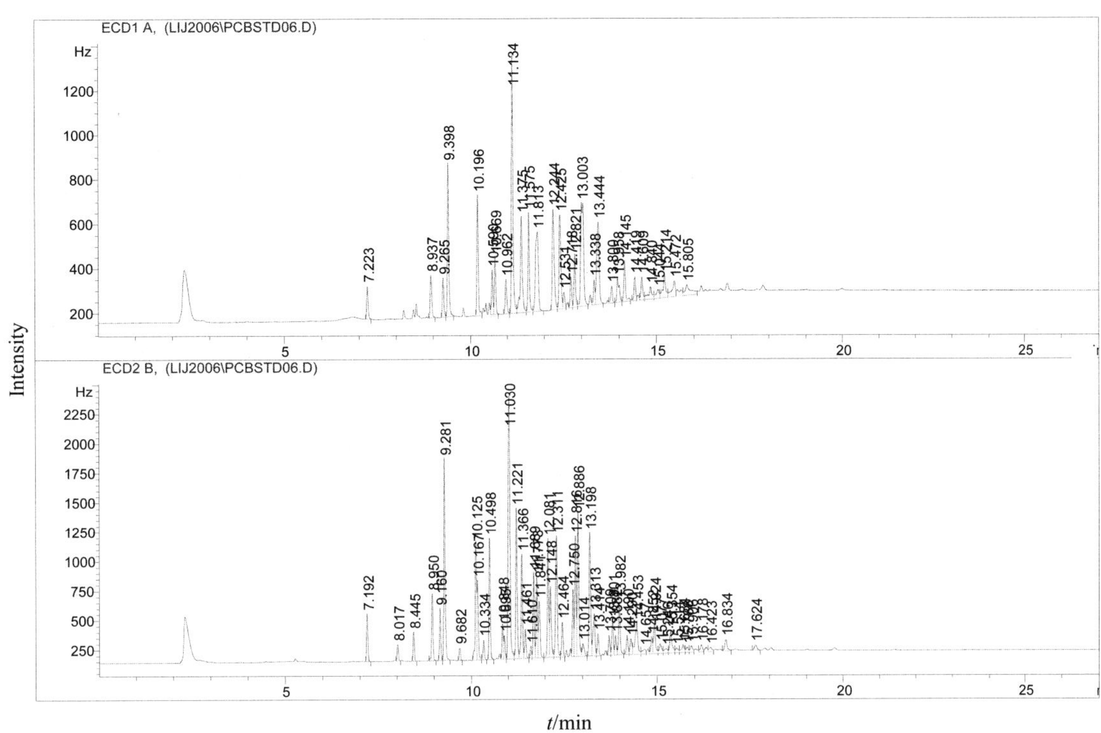

图 4.6　Aroclor1232 色谱图

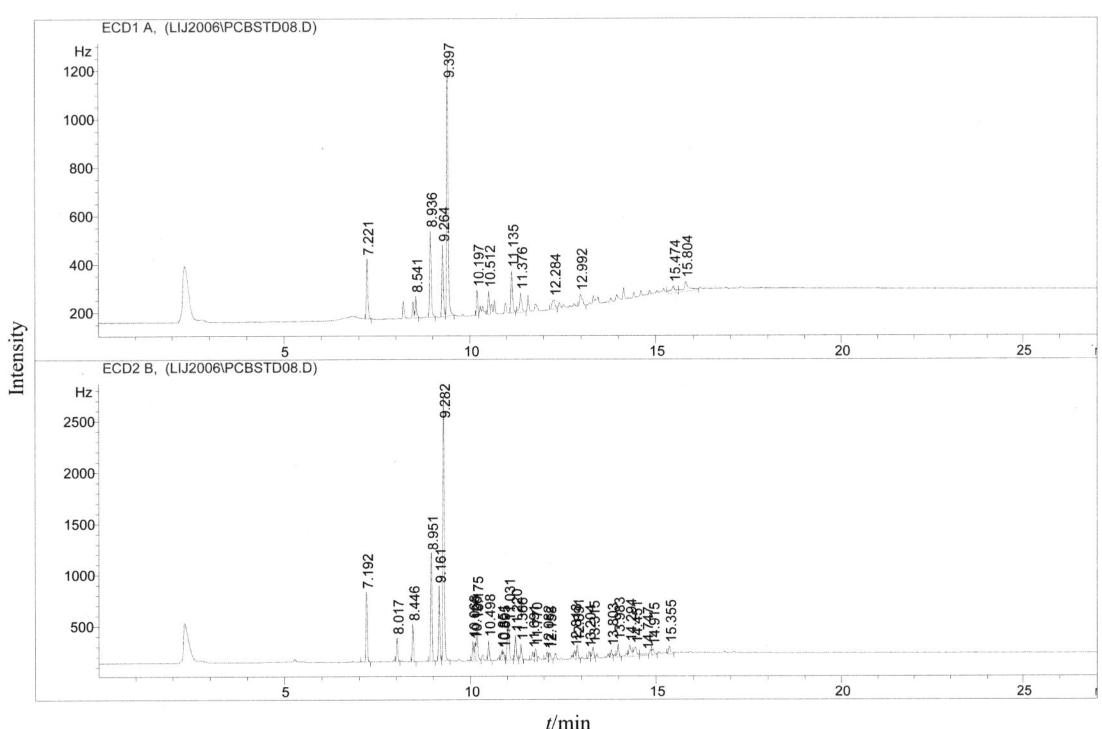

图 4.7　Aroclor1221 色谱图

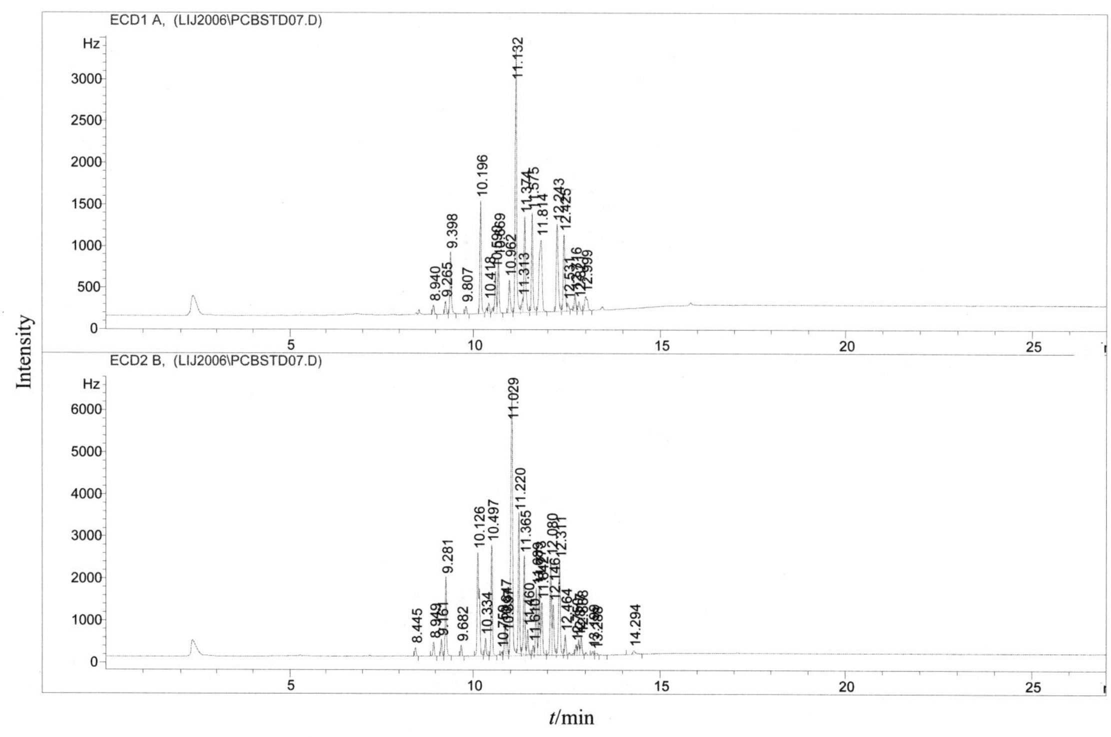

图 4.8 Aroclor1016 色谱图

二、气相色谱/质谱法

采用 GC/MS 的选择离子方式（SIM）测定 PCBs，其灵敏度虽然略低于 ECD 响应，但具有质谱特有的初筛和抗干扰的特点，可以选择性地排除基质带来的干扰离子，避免假阳性样品的检出。目前用于分析 PCBs 的质谱离子源主要有：电子轰击源质谱（EIMS）、化学电离源质谱（CIMS）、高分辨电子轰击质谱（HREIMS）等。常用 SIM 扫描方式，外标或内标法定量。随着仪器分析技术的进步，气相色谱/串联质谱（GC/MS/MS）也被用于 PCBs 的检测，很大程度上提高了检测的灵敏度。测定过程中还可采用稳定性同位素稀释技术，在试样中加入 ^{13}C 标记的 PCBs 作为定量标准，获得更加准确的测定结果，由于分析成本高，目前只应用于类二噁英类 PCBs 的监测，详细方法参见《二噁英技术分册》。

指示型 PCBs 的 GC-MS 仪器分析参考条件如下：

色谱条件：

色谱柱：DB-5 MS 30 m×0.25 mm×0.25 μm

进样口温度：250℃，不分流进样；柱流量：1.2 ml/min（恒流）；柱温：100℃（1 min）$\xrightarrow{20^\circ C/min}$ 210℃ $\xrightarrow{2^\circ C/min}$ 240℃（3 min）；进样口温度：250℃；进样量：1.0 μl

质谱条件：

溶剂延迟时间：4.0 min；输送线温度：280℃；离子源温度：230℃

7 种指示型 PCBs 的保留时间及特征离子见表 4.4，色谱图见图 4.9。

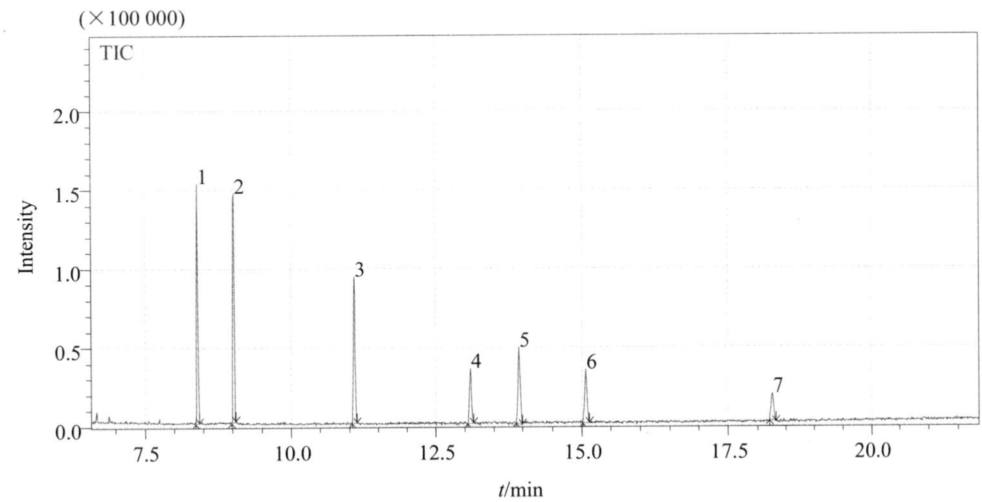

1—2,4,4'-PCB；2—2,2',5,5'-PCB；3—2,2',4,5,5'-PCB；4—2,3',4,4',5-PCB；5—2,2',3,4,5,6'-PCB；6—2,2',4,4',5,5'-PCB；7—2,3,3',4,4',5,6-PCB

图 4.9　7 种指示型 PCBs 色谱图

表 4.4　7 种指示型 PCBs 的保留时间及特征离子

化合物	保留时间/min	定量离子	参考离子
2,4,4'-PCB	8.40	256	258、186
2,2',5,5'-PCB	9.02	292	290、220
2,2',4,5,5'-PCB	11.09	326	254、256
2,3',4,4',5-PCB	13.09	326	324、328
2,2',3,4,5,6'-PCB	13.93	360	290、362
2,2',4,4',5,5'-PCB	15.07	360	290、362
2,3,3',4,4',5,6-PCB	18.25	396	324、394

三、其他常用方法

生物学分析法不仅可测定环境样品中 PCBs 的总含量，还可对同系物的毒性及生物活性进行测定，简便快速、特异性好，特别适合大批量样品的筛查及常规的环境检测，当前生物检测技术主要有以下几类：基因重组法、生物传感器测定法、表面胞质团共振检测法以及以芳香烃受体为基础的生物分析法。

免疫分析法是以抗原与抗体的特异性反应为基础的一种分析技术，可以满足简单、快速、灵敏检测环境中 PCBs 的要求，有研究将其用来检测环境中毒性较大的共平面多氯联苯。酶联免疫法是研究最广泛的一种 PCBs 免疫检测法，此外，还有基于酶联免疫原理的荧光免疫、放射免疫、流动注射电位法免疫等多种测定 PCBs 的方法。

第五节 质量保证和质量控制

多氯联苯监测分析的质量保证与质量控制包含样品采集、保存、前处理与分析测试等全过程的质量保证与质量控制技术，具体措施包括全程序空白、实验室空白、试剂空白、平行样测定、基质加标或标准参考物测定等，半挥发性有机物的质控措施同样适用于PCBs，此处不再赘述。

由于多氯联苯是由不同异构体组成的混合物，对于多峰化合物采用气相色谱进行定性定量分析是容易出错的地方，因此质控措施除了第三章所述以外，还需注意以下几点：① 可进行有机氯农药（如滴滴涕、六六六等）的标准样品进行测定，以判断 DDTs 在使用的色谱柱上对哪个 PCB 或 Aroclor 峰产生干扰；② 对于检出样品，一定采用双柱确认，在灵敏度允许的情况下，可使用 GC-MS 作为确认技术；③ 样品预处理过程中引入的邻苯二甲酸酯干扰也是困扰 PCBs 测定的主要问题，所以一定注意避免接触塑料物品、检查所有溶剂和试剂的玷污情况。

第五章　多环芳烃

第一节　多环芳烃概述

一、多环芳烃的基本信息

多环芳烃（polycyclic aromatic hydrocarbons，PAHs）是由 2 个或 2 个以上苯环或环戊二烯以稠环方式形成的一类化合物。两个以上的苯环有两种连接方式：① 非稠环式连接，即苯环和苯环各由一个碳原子相连；② 稠环式连接，即两个苯环上共有两个碳原子。本章所指多环芳烃为稠环芳烃，不包括联苯类化合物。

目前已经发现几百种多环芳烃及其衍生物，根据不同方式可分成不同种类。目前多环芳烃的常见分类有：

（1）根据污染控制优先顺序分类。美国国家环境保护局（USEPA）按照多环芳烃的危害性，选择 16 种 PAHs 作为优先控制污染物：萘（NAP）、苊烯（ACL）、苊（ACE）、芴（FLU）、菲（PHE）、蒽（ANT）、荧蒽（FLT）、芘（PYR）、苯并[*a*]蒽（BaA）、䓛（CHR）、苯并[*b*]荧蒽（BbF）、苯并[*k*]荧蒽（BkF）、苯并[*a*]芘（BaP）、二苯并[*a*,*h*]蒽（DBA）、苯并[*g*,*h*,*i*]苝（BPY）和茚[1,2,3-*c*,*d*]芘（IDP）。此 16 种多环芳烃为本章所关注的化合物。

（2）根据苯环中的碳原子是否被取代分类。可分为杂环类多环芳烃和非杂环类多环芳烃。杂环类多环芳烃指苯环上的部分碳原子被氮、硫、氧等取代的多环芳烃。本章所指多环芳烃为非杂环类多环芳烃。

（3）根据环数分类。按照环数多少，分为二环芳烃、三环芳烃、四环芳烃、五环芳烃、六环芳烃等。

（4）根据分子结构分类。分为直链多环芳烃和角状多环芳烃。

二、多环芳烃的理化性质

1．物理性质

大多数多环芳烃在常温下是固体，三环以上多环芳烃都是无色或淡黄色晶体。物理性质直接影响多环芳烃在不同环境介质中的分布。空气中，苯环数在 2～3 个的多环芳烃由于蒸气压较高，主要分布在气相中，5～6 个苯环的多环芳烃蒸气压较低，主要吸附在颗粒物上，而 3～4 个苯环的多环芳烃在气相和固相中均有分布。16 种优先控制多环芳烃的物理性质如表 5.1 所示。

表 5.1 16 种优先控制多环芳烃的物理性质

编号	中文名	分子结构	英文名	分子式	$\log K_{ow}$	蒸气压/(mmHg)
1	萘	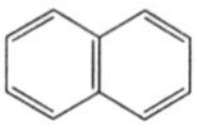	naphthalene	$C_{10}H_8$	3.33	4.9×10^{-2}
2	苊	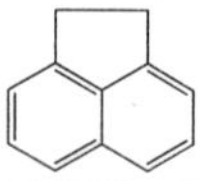	acenaphthylene	$C_{12}H_8$	4.32	2.1×10^{-3}
3	苊烯	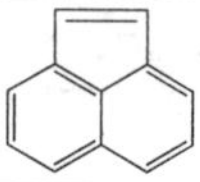	fluorene	$C_{12}H_{10}$	4.08	6.7×10^{-3}
4	芴	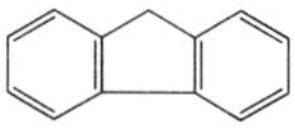	phenanthrene	$C_{13}H_{10}$	4.17	6.0×10^{-4}
5	菲	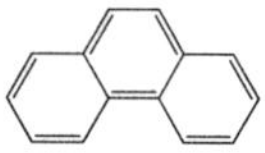	phenanthrene	$C_{14}H_{10}$	4.55	6.7×10^{-3}
6	蒽	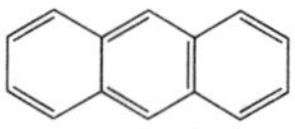	anthranthene	$C_{14}H_{10}$	4.54	1.9×10^{-4}
7	荧蒽	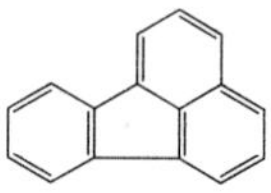	fluoranthene	$C_{16}H_{10}$	5.53	9.2×10^{-6}
8	芘	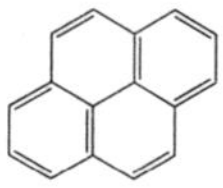	pyrene	$C_{16}H_{10}$	5.14	6.8×10^{-7}
9	苯并[*a*]蒽	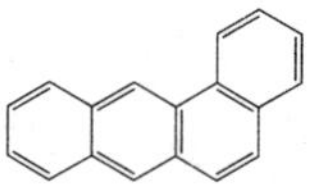	benzo[*a*]fluoranthene	$C_{18}H_{12}$	5.91	1.1×10^{-7}
10	䓛	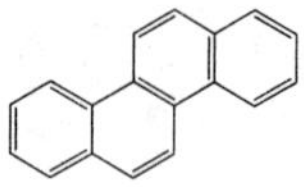	chrysene	$C_{18}H_{12}$	5.84	6.4×10^{-9}
11	苯并[*b*]荧蒽	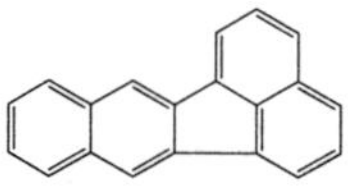	benzo[*b*]fluoranthene	$C_{20}H_{12}$	6.6	$\sim10^{-11}$
12	苯并[*k*]荧蒽	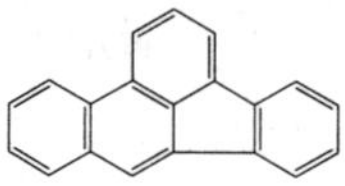	benzo[*k*]fluoranthene	$C_{20}H_{12}$	7.6	9.6×10^{-11}
13	苯并[*a*]芘	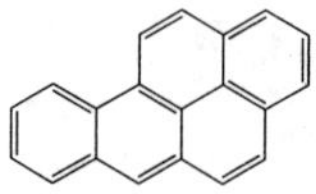	benzo[*a*]pyrene	$C_{20}H_{12}$	6.04	5.5×10^{-9}

编号	中文名	分子结构	英文名	分子式	$\log K_{ow}$	蒸气压/（mmHg）
14	苯并[*a*,*h*]蒽		bibenzo[*a*,*h*]anthracene	$C_{22}H_{14}$	6.75	$\sim 10^{-10}$
15	苯并[*g*,*h*,*i*]苝		benzo[*g*,*h*,*i*]perylene	$C_{22}H_{12}$	6.87	1.0×10^{-10}
16	茚并[1,2,3-*c*,*d*]芘		indeno[1,2,3-*c*,*d*]pyrene	$C_{22}H_{12}$	7.7	$\sim 10^{-10}$

2．化学性质

多环芳烃的化学性质与其分子结构密切相关，常见的化学性质如下：① 由于 π 电子在多环芳烃上的分布与苯类似，因此多环芳烃具有与苯相似的化学稳定性；② 呈直线排列的多环芳烃，具有较活泼的化学性质，且反应活性随苯环增多而增强，化学反应易发生在中蒽位（蒽中间苯环的相对碳位）上；③ 呈角状排列的多环芳烃，反应活性一般小于呈直线排列的同分异构体，加合反应一般在中菲位（菲中间苯环的双键位置）上。

3．光学性质

由于多环芳烃分子中存在高能反键轨道 π^*和低能成键轨道 π，当吸收可见光或紫外光后，价电子从低能成键轨道跃迁至高能反键轨道，当电子从激发态返回至基态时，会释放荧光。上述两个过程会形成特征吸收光谱和荧光光谱。由于多环芳烃的 $\pi\rightarrow\pi$ 吸收谱带比相应芳香族化合物的 $n\rightarrow\pi^*$强很多，并且具有更高的荧光量子产率，因此荧光法检测多环芳烃是一种非常灵敏的方法。

三、多环芳烃的来源

多环芳烃主要来源于有机物的不完全燃烧。按照来源的不同，分成自然源和人为源。自然界中陆生和水生植物、微生物的生物合成，森林、草原的天然火灾、火山爆发等组成了多环芳烃的自然源，所产生的多环芳烃即为天然本底值。尽管在人类出现之前多环芳烃的天然排放已存在，但是造成多环芳烃污染的主要原因是人为污染源的大量排放，包括两大方面：① 煤、石油和生物质等有机高分子物质的不完全燃烧，即有机物热解成因；② 原油开采、运输、生产和使用过程中的泄漏和排污，即石油类泄漏来源。

人为源是当前多环芳烃的主要来源。按照污染源的存在形式不同，可将人为污染源分为固定污染源和移动污染源。固定污染源主要包括：① 工业锅炉和生活炉灶产生的烟尘，包括各种燃煤燃油锅炉、火力发电厂和燃柴炉灶；② 化工生产过程中的排放，包括炼焦、石油裂解等，其中焦化厂是排放多环芳烃最严重的一类工厂；③ 吸烟和烹饪过程中产生的烟雾，这类污染源是室内多环芳烃的主要来源，其中烹饪污染源是我国特色污染源。移动污染源包括各类机动车辆、轮船以及飞机等，随着我国机动车保有量日趋增加，机动车排放的多环芳烃已成为多环芳烃的重要来源之一。

四、多环芳烃的毒性

多环芳烃对人类具有致癌、致畸、致突变的“三致”毒性，并可损害中枢神经、破坏淋巴细胞微核率、肝脏功能和 DNA 修复能力，干扰内分泌系统，威胁人类健康。目前关于多环芳烃的毒性研究主要包括致癌作用、遗传毒性以及生殖毒性等。常见多环芳烃的致癌性和遗传毒性见表 5.2。

表 5.2 多环芳烃的致癌性和遗传毒性

多环芳烃	遗传毒性	致癌性
萘	（？）	（？）
苊	（？）	/
芴	-	-
菲	（？）	（？）
蒽	-	-
荧蒽	+	(+)
芘	（？）	（？）
苯并[*a*]蒽	+	+
䓛	+	+
苯并[*b*]荧蒽	+	+
苯并[*k*]荧蒽	+	+
苯并[*a*]芘	+	+
二苯并[*a*,*h*]蒽	(+)	+
苯并[*g*,*h*,*i*]苝	+	-

注：“+”：致癌，“-”：不致癌，“？”：可疑致癌，“/”：未研究，“（）”：来自小型数据库，来源于 Environmental Health Criteria 202。

致癌性多环芳烃是发现最早的环境致癌类化合物。英国 Kennaway 和 Cook 等在 1928—1929 年发现了第一个完全是人工合成的致癌性多环芳烃——二苯并[*a*,*h*]蒽。1932 年，Cook 等又从煤焦沥青中分离出另一个具有更强烈致癌性的多环芳烃——苯并[*a*]芘。此后近一个世纪中，关于多环芳烃的致癌作用成为研究热点。研究发现多环芳烃是数量最多、分布最广、与人类关系最为密切的环境致癌物。长期暴露于多环芳烃，会增加人类患肝癌、肺癌和胃癌的风险。

多环芳烃可通过母体的多环芳烃暴露导致胎盘的 DNA 损伤，诱发胎儿肝脏、肺、淋巴组织和神经系统肿瘤，从而产生遗传毒性。母体暴露于高水平多环芳烃会使胚胎组织中 DNA 加合物水平增高。而胎盘中的 DNA 加合物可诱导胎儿染色体畸变，导致其儿童时期癌症患病危险性增加。分子和传统流行病学调查研究已证实，胎儿时期经胎盘暴露于环境多环芳烃污染物与儿童时期的癌症患病危险性之间有关联。

多环芳烃对男（雄）性生殖内分泌系统可产生一定程度的损害作用，引起生殖激素的紊乱，致生殖系统肿瘤的作用，诱发阴囊癌、乳腺癌等。国外近年来也有少量研究发现某些多环芳烃（苯并[*a*]芘）可在低剂量接触水平对男性生殖内分泌功能，特别是内分泌激素产生一定影响，并可造成精子 DNA 损伤。

第二节 多环芳烃的分析技术

多环芳烃的分析方法主要有高效液相色谱法、气相色谱法、气相色谱/质谱联用法、液相色谱/质谱联用法等，其中高效液相色谱法和气相色谱/质谱联用法是两种应用比较广泛的方法，也是标准分析方法。目前国内外关于多环芳烃的分析已存在许多标准方法（见表 5.3）。我国 HJ 478—2009 中规定用高效液相色谱法分析 16 种多环芳烃，GB/T 5750—2001 和 GB/T 5750.8—2006 规定使用纸层析-荧光分光光度法和高效液相色谱法，美国 EPA Method 610 规定了气相色谱/质谱联用法和液相色谱法分析 16 种多环芳烃，Method 550.1 中使用液相色谱法分析 16 种多环芳烃，Method 8270D 规定了气相色谱/质谱联用法分析 16 种多环芳烃。

表 5.3 国内外 16 种多环芳烃的标准分析方法

国家	标准	分析物	分析方法
中国	HJ 478—2009	16 种 PAHs	高效液相色谱法
	GB/T 5750—2001，GB/T 5750.8—2006	苯并[*a*]芘	纸层析-荧光分光光度法和高效液相色谱法
美国	Method 610	16 种 PAHs	气相色谱/质谱联用法和液相色谱法
	Method 550.1	16 种 PAHs	液相色谱法
	Method 8270D	16 种 PAHs	气相色谱/质谱联用法

一、液相色谱法

液相色谱法是比较经典的多环芳烃分析方法，其原理是多环芳烃通过 C_{18} 色谱柱分离，在紫外检测器或者荧光检测器上进行检测。16 种优先控制多环芳烃理化性质差异较大，以甲醇/水或者乙腈/水为流动相，采用梯度洗脱方式，可使其在 C_{18} 色谱柱上得到分离。由于苊烯不产生荧光，只能采用紫外检测器分析，剩下 15 种多环芳烃均可产生很强的荧光信号，可采用荧光检测器，因此需要将两种检测器串联分析。

参考液相色谱条件如下：安捷伦 ZORBAX Eclipse PAH 色谱柱（4.6 m×250 mm，5 μm），流速 1.5 ml/min，流动相为乙腈和水。梯度洗脱条件：0～5 min：乙腈浓度保持 50%，5～25 min：从 50%增加至 95%，25～42 min：保持 95%，42～52 min：恢复至初始浓度 50%。柱温 25℃，进样量 20 μl。紫外检测器的波长为 220 nm，荧光检测器的激发和发射波长见表 5.4。16 种多环芳烃在 45 min 内得到基线分离，如图 5.1 所示。

表 5.4 16 种 PAHs 的 HPLC 和 UPLC 紫外和荧光检测条件

PAHs*	HPLC		UPLC	
	EX /nm	EM /nm	EX /nm	EM /nm
1	270	323	270	325
2	—	—	—	—
3	270	323	295	315
4	270	323	295	315
5	244	360	240	380
6	244	400	240	380
7	280	460	235	460
8	237	385	310	385
9	270	390	295	380
10	270	390	295	380
11	290	420	295	410
12	290	420	295	410
13	290	420	295	410
14	290	410	295	400
15	290	410	295	500
16	290	500	295	500

*：PAH 编号同表 5.1。

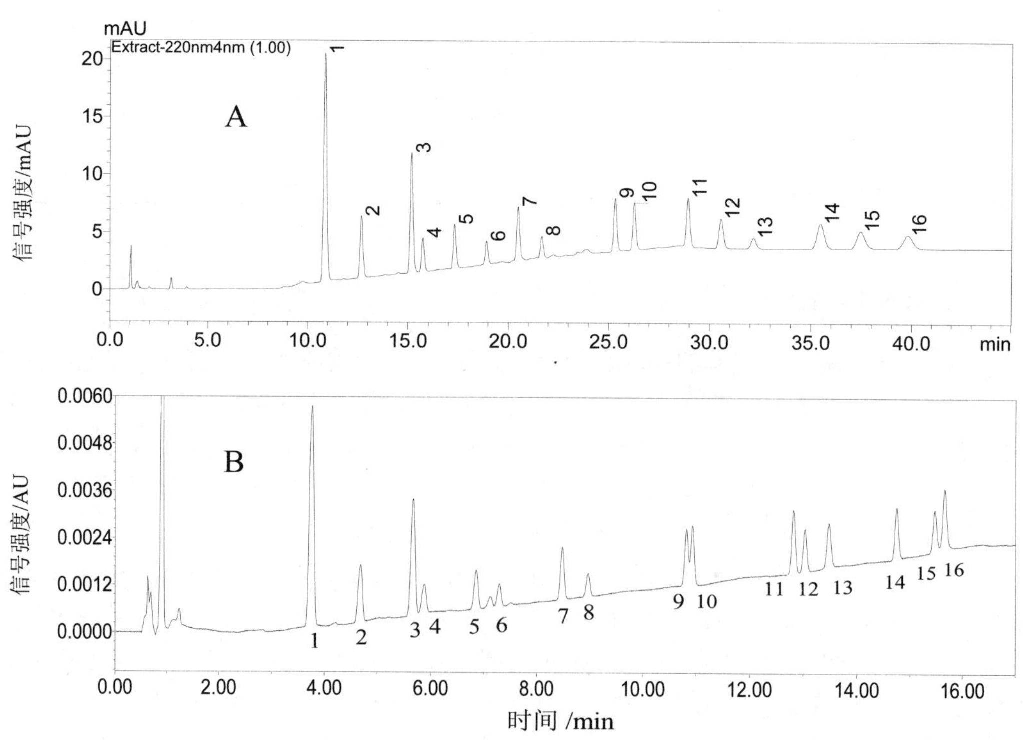

注：（A：HPLC，B：UPLC），紫外吸收 220 nm，序号对应多环芳烃如表 5.1 所示。

图 5.1 16 种 PAHs（0.4 μg/ml）的色谱分离图

近十年来，随着超高压液相色谱仪的商品化，其在环境监测领域应用越来越广泛。由于超高压液相色谱采用 2 μm 左右粒径填料的色谱柱，最高耐压可达 100 MPa 左右，因而可得到比常规液相色谱更高的柱效和更快的分离速度。采用超高压液相色谱仪分析是多环芳烃监测的一个重要发展方向。

参考超高压液相色谱（UPLC）条件如下：Waters BEH Shield RP18 色谱柱（2.1 mm×150 mm，1.7 μm），柱温 45℃，流速 0.5 ml/min，流动相：A 水、B 乙腈，梯度洗脱（0～2 min：50%B，2～15 min：50%增加至 80% B，15～20 min：50% B），进样量 5 μl。紫外检测器的波长为 220 nm，荧光检测器的激发和发射波长见表 5.4。16 种多环芳烃在 18 min 内得到基线分离，如图 5.1 所示。

有研究报道进样分析中二氯甲烷的含量影响 PAHs 荧光信号的响应。当二氯甲烷含量为 10%时，15 种 PAHs 的荧光信号几乎没有变化，当二氯甲烷的含量是 30%和 50%时，15 种 PAHs 的荧光信号均有不同程度的变化，其中苯并[*a*]芘和苯并[*g,h,i*]苝的荧光信号改变明显，增强了约 90%和 40%。溶剂环境（如溶剂极性、黏度和弛豫度等）影响荧光物质的信号，其中溶剂极性的增加，可引起荧光强度的下降或者荧光波长的红移。随着溶剂中二氯甲烷的含量增加，溶剂极性减小，使得苯并[*a*]芘和苯并[*g,h,i*]苝的荧光信号显著提高。因此需将二氯甲烷溶剂充分置换为乙腈，避免由于荧光信号的不稳定而降低 PAHs 检测的准确性。

液相色谱分析多环芳烃时，需要注意的几个问题：

（1）进入液相色谱分析的样品，其溶剂需要从二氯甲烷（或正己烷）完全置换到乙腈（或甲醇），否则会导致进样体积不准，引起较大定量误差，另外溶剂中的二氯甲烷会影响多环芳烃的荧光信号强度。

（2）排除仪器进样残留引起的本底干扰。由于多环芳烃具有较强的疏水性，容易残留在进样系统的塑料材质（如聚四氟乙烯）管路中。因此建议使用高浓度的乙腈或甲醇作为进样前后洗针用溶剂，减少进样残留，并且每次分析完高浓度样品后，需要进行空白进样，查看可能的进样残留后，再分析低浓度样品。

（3）进行液相色谱分析前，样品需要进行 0.45μm 过滤操作，以避免颗粒物进入色谱柱，影响色谱柱寿命。对于超高压液相色谱，样品务必通过 0.22 μm 滤膜过滤。在过滤过程，尽量避免使用塑料材质物品；如无法避免，则在使用之前有机溶剂冲洗数次，降低背景干扰。

（4）由于应用荧光检测器检测多环芳烃时，需要根据不同多环芳烃的出峰时间，切换检测器的激发波长和发射波长。多环芳烃保留时间的改变，直接影响荧光检测的准确性。因此每次分析需保证色谱柱经过足够的平衡，然后进标准样品分析，确定荧光激发发射的时间程序。分析样品时，需保证周围环境条件的稳定，避免多环芳烃的保留时间偏移。当样品较多时，则分析中需多次检查多环芳烃的保留时间是否偏移。

二、气相色谱-质谱联用法

气相色谱-质谱联用法的原理是通过毛细管色谱柱使多环芳烃实现分离，采用质谱检测器通过特征离子碎片和保留时间对样品进行定性和定量分析。虽然气相色谱-质谱联用法的灵敏度低于液相色谱荧光检测法，但是由于它可用碎片离子进行定性定量分析，在基质复杂的环境样品分析中，具有一定的优势。

参考的气相色谱质谱条件如下，色谱条件：HP-5 MS 30 m ×0.25 mm ×0.25 μm 弹性石英毛细管柱，柱温采用 2 步程序升温：60℃（保持 3 min），以 30℃/min 的升温速率升至 160℃，再以 2℃/ min 的升温速率升至 275℃（保持 10 min）；进样口温度 290℃；不分流方式；载气为氦气，压力为 68.9 kPa；柱流速为 1.2 ml/ min；进样量为 1 μl。质谱条件：EI 电离方式，电离能 70 eV；检测器温度 280℃，电子倍增器电压 1.4 kV；全扫描（SCAN）测定方式的扫描范围 *m/z* 40～450。表 5.5 显示 16 种多环芳烃的保留时间、特征离子和方法检出限。

表 5.5 16 种多环芳烃的保留时间、特征离子和方法检出限

PAHs	采集时间/min	特征离子（*m/z*）		检出限（mg/L）
		主要离子	次级离子	
1	7.22	128	129、127	0.02
2	10.02	154	153、152	0.018
3	10.52	152	151、153	0.018
4	12.17	166	165、167	0.02
5	16.8	178	179、176	0.02
6	17.08	178	179、176	0.02
7	25.92	202	101、100	0.014
8	27.83	202	101、100	0.015
9	40.68	228	226、229	0.012
10	41.08	228	229、226	0.012
11	52.33	252	253、125	0.01
12	52.62	252	253、125	0.012
13	55.38	252	253、125	0.012
14	66.02	276	138、277	0.013
15	66.62	278	139、279	0.018
16	68.38	276	138、277	0.017

三、其他方法

由于多环芳烃特殊的稠环结构特点，没有可供常规液相色谱—质谱电离反应的侧链基团，所以难以用电喷雾离子源和大气压化学电离源进行离子化检测。采样新型大气压光电离源，可以实现液相色谱质谱检测多环芳烃。Nobuyasu Itoh 等采用大气压光电离源，丙酮和苯甲醚的混合物（99.5∶0.5，*V*/*V*）作为离子化助剂，分析 16 种多环芳烃，检出限达到 0.79～168 ng/ml，该结果比使用气质联用分析多环芳烃更为灵敏。殷居易等采用正离子模式，大气压光电离源，成功测定电子电气产品中 16 种多环芳烃残留。

第三节 水体样品的采集与前处理技术

多环芳烃是饮用水及水源地水中有机污染物最重要的监测项目之一。世界各国和组织分别制定标准严格控制水中 PAHs，如表 5.6 所示。我国将 7 种 PAHs 列为环境优先监测黑名单(萘、荧蒽、苯并[*b*]荧蒽、苯并[*k*]荧蒽、苯并[*a*]芘、苯并[*g*,*h*,*i*]苝和茚并[1,2,3-*c*,*d*]芘)，并且制定了相关标准，规定各类水中 PAHs 含量的限值。《生活饮用水卫生标准》（GB 5749—2006）中规定苯并[*a*]芘的限值为 10 ng/L（表 3 水质非常规指标及限值）、多环芳烃总量限值为 2 000 ng/L（表 A.1 生活饮用水水质参考指标及限值），《地表水环境质量标准》（GB 3838—2002）中规定苯并[*a*]芘的限值为 2.8 ng/L，《城市供水水质标准》（CJ/T 206—2005）中规定苯并[*a*]芘的限值为 10 ng/L，多环芳烃总量（苯并[*a*]芘、荧蒽、苯并[*b*]荧蒽、苯并[*k*]荧蒽、苯并[*g*,*h*,*i*]苝、茚并[1,2,3-*c*,*d*]芘）为 2 000 ng/L（表 2 城市供水水质非常规检验项目及限值）。美国 EPA 将 16 种 PAHs 规定为优先控制污染物(萘、苊烯、苊、芴、菲、蒽、荧蒽、芘、苯并[*a*]蒽、䓛、苯并[*b*]荧蒽、苯并[*k*]荧蒽、苯并[*a*]芘、二苯并[*a*,*h*]蒽、苯并[*g*,*h*,*i*]苝和茚并[1,2,3-*c*,*d*]芘)，其中规定饮用水中苯并[*a*]芘的限值为 200 ng/L。欧盟和世界卫生组织控制饮用水中 6 种 PAHs，其中苯并[*a*]芘的限值为 10 ng/L，其余 5 种 PAHs（荧蒽、苯并[*b*]荧蒽、苯并[*k*]荧蒽、苯并[*g*,*h*,*i*]苝、茚并[1,2,3-*c*,*d*]芘）总浓度不超过 200 ng/L。

表 5.6 世界各国和组织关于饮用水及水源地水中 PAHs 的标准限值

		苯并[*a*]芘/（ng/L）	多环芳烃总量/（ng/L）
中国	《生活饮用水卫生标准》	10	2 000[a]
	《地表水环境质量标准》	2.8	
	《城市供水水质标准》	10	2 000[b]
美国 EPA		200	
欧盟和世界卫生组织		10	200[c]

注：a：未明确规定多环芳烃种类，b：指苯并[*a*]芘、荧蒽、苯并[*b*]荧蒽、苯并[*k*]荧蒽、苯并[*g*,*h*,*i*]苝、茚并[1,2,3-*c*,*d*]芘的总含量，c：指荧蒽、苯并[*b*]荧蒽、苯并[*k*]荧蒽、苯并[*g*,*h*,*i*]苝、茚并[1,2,3-*c*,*d*]芘的总含量。

饮用水及水源地水中 PAHs 污染情况不容乐观。表 5.7 显示国内外对饮用水及水源地水中多环芳烃进行的一些研究，均发现城市的饮用水及水源地水普遍受到 PAHs 不同程度的污染，并且强致癌性的高环 PAHs 检出的概率较高。例如金晓辉等在北方某城市的自来水中检测出 9 种 PAHs（萘、苊烯、苊、芴、菲、蒽、荧蒽和芘），总浓度为 84～178 ng/L。朱利中等调查了浙江水源地水（钱塘江）中 PAHs 污染情况，发现水源地水中可检测出 6～15 种 PAHs，总浓度在 70.3～1 844.4 ng/L。

表 5.7 不同地区饮用水及水源地水中 16 种 PAHs 的检出情况

	北方某工业城市	大连	北方某工业城	南方某城市	浙江水源地	台湾 3 个城市	埃及 3 个城市
多环芳烃种类	10	10	9	9	6～15	14～16	9～12
苯并[*a*]芘浓度/（ng/L）	N.D.[a]	1	N.D.	N.D.	N.D.～10.6	1.4～156.7	N.D.
多环芳烃总浓度/（ng/L）	366～389	109	84～178	28.5～129.1	70.3～1 844.4	85.2～1 452.9	703～1 238

注：[a]N.D.：未检出。

一、样品采集

1．采样器皿的清洗

由于多环芳烃极易吸附在采样器皿上，采集高浓度水样（如工业污水等）和低浓度水样（如饮用水源地水样和饮用水等）的器皿不得交叉使用。采样前，采样器皿需用洗涤剂清洗，自来水、二次去离子水依次冲洗，晾干后用二氯甲烷或正己烷荡洗一遍后，放至通风橱中待有机溶剂全部挥发。

2．样品的采集

采样瓶为 1～2 L 磨口塞的棕色玻璃细口瓶。采样前不能用水样预洗采样瓶，以防止样品的沾染或吸附。采样瓶要完全注满，不留气泡。若水中有残余氯存在，要在每升水中加入 80 mg 硫代硫酸钠除氯。

3．样品的保存

样品采集后应避光于 4℃以下冷藏，在 7 d 内萃取；萃取后的样品应避光于 4℃以下冷藏，在 40 d 内完成分析。

二、前处理技术

多环芳烃具有较强的疏水性和较低的水溶性，水中的浓度较低。对大体积水样的预处理成为多环芳烃分析的关键一步。水中多环芳烃的预处理一般包括提取和净化。提取是将水样中的多环芳烃提取浓缩，常用的提取方法有液液萃取、固相萃取等。近年来各种高效、快速、溶剂用量少的样品前处理技术发展迅速，目前研究较多的方法有固相微萃取、液液微萃取等技术。同时，由于多环芳烃分析易受各类有机杂质的干扰，如存在干扰则还需经过净化步骤以去除干扰杂质。常用的净化方法是柱层析法，其填料一般为弗罗里硅土、硅胶、氧化铝、活性炭及离子交换树脂等。目前凝胶渗透色谱净化技术（GPC）的应用越来越广泛，对色素、油脂含量高的样品（如土壤、沉积物及生物样品）能起到很好的净化效果。

1．液液萃取

液液萃取（Liquid liquid extraction，LLE）是最经典的提取水中多环芳烃的方法。液液萃取的原理是利用待测组分在互不相溶的两种溶剂中的分配系数不同，通过待测组分在溶剂中的反复分配，实现提取、浓缩。液液萃取由于不需要特殊的仪器设备，方法简单，易于推广，目前仍广泛应用于有机污染物的监测中。多环芳烃的强疏水性和水中低溶解度特点，使其适合采用液液萃取进行提取。

常见的液液萃取条件（参考 HJ 478—2009）：摇匀水样，量取 1 000 ml 水样（萃取所用水样体积根据水质情况可适当增减），倒入 2 000 ml 的分液漏斗中，加入 50 μl 十氟联苯（1 000 μg/ml），加入 30 g 氯化钠，再加入 50 ml 二氯甲烷或正己烷，振摇 5 min，静置分层，收集有机相，放入 250 ml 接收瓶中，重复萃取两遍，合并有机相，加入无水硫酸钠至有流动的无水硫酸钠存在。放置 30 min，脱水干燥。用浓缩装置浓缩至 1 ml，待净化。如萃取溶剂为二氯甲烷，浓缩至 1 ml，加入适量正己烷至 5 ml，重复此浓缩过程 3 次，最后浓缩至 1 ml，待净化。

水中多环芳烃的液液萃取法的主要问题是乳化。当密度相似的溶剂相混合或溶液的碱性很强，很容易发生乳化。实际分析中，当水样含有较多的油脂时，液液萃取过程中往往会出现乳化现象。乳化使部分多环芳烃被包藏在乳化层内而无法萃取，降低萃取回收率。乳化层一旦形成很难被破坏，因此进行溶剂萃取时应尽量避免乳化现象的发生。通常在萃取前加入一定量的氯化钠，使水样中氯化钠浓度在 3 g/ml 左右，以达到破乳目的。

一旦乳化层出现，可采用以下几种方式进行破乳。① 长时间静置。可将乳化层单独放置于玻璃容器中过夜，一般可分离成澄清的两层，再将溶剂层与之前分离的溶剂混合。② 水平旋转摇动分液漏斗。当两液层由于乳化而形成界面不清时，可将分液漏斗在水平方向上缓慢地旋转摇动，可以消除界面处的泡沫，促进分层。③ 搅拌破乳。将顶端为 O 型的细金属丝伸入到乳化层，轻轻搅拌，促使中间的大小液滴融合，达到分层的效果。④ 离心破乳。将乳化层移入离心管中，进行高速离心分离。一般采用 3 000 r/min、5 min 进行离心。⑤ 冷冻破乳。将乳化层倒入烧杯，加一些水后，放入冰箱的冷冻室过夜。待水被冷冻后，取出慢慢融化，即可破乳分层。另外也可在乳化液中加含水和二氯甲烷混合液后，再深度冷冻，然后慢慢融化破乳。

水样经过液液萃取后收集得到大体积的萃取液，可通过旋转蒸发法或直接氮吹法进行初步浓缩。有研究比较了旋转蒸发法和直接氮吹法对 16 种 PAHs 回收率的不同影响。对于直接氮吹法，2～3 环 PAHs 回收率较低，4～6 环 PAHs 回收率较高。对于旋转蒸发法，16 种 PAHs 的回收率较高，显著高于氮吹法。分析原因，16 种 PAHs 的饱和蒸汽压从 10^{-2} 到 10^{-10} mmHg（25℃），其挥发性存在较大差异，苯环越少的 PAHs，其挥发性越强。氮吹法利用氮气的快速流动打破萃取液上空的气液平衡，使溶剂挥发速度加快，溶剂中一部分易挥发 PAHs（如萘、苊、苊烯、芴等）会随着快速流动的氮气而转移到空气中，从而降低了回收率。旋转蒸发法不使用真空，仅依靠旋转平底烧瓶，使瓶内壁产生很薄的萃取液膜从而加速蒸发溶剂；因而是较温和的浓缩方法，可减少低环数 PAHs 的损失。所以选择旋转蒸发法用于大体积萃取液的浓缩，可显著提高低环数 PAHs 的回收率。直接氮吹法适合 4～6 环 PAHs 的浓缩，而旋转蒸发法可应用于 16 种 PAHs 的浓缩。

氮吹是溶剂置换、样品浓缩等常用的手段。有研究比较了氮吹浓缩的不同剩余体积（近干、剩 0.1 ml 和剩 0.2 ml）对 16 种 PAHs 回收率的影响。结果显示氮吹剩余体积对 2 环和 3 环 PAHs（1～6 号）的回收率有较大影响，氮吹剩余体积越小，低环数 PAHs 的回收率越低。当剩余体积为 0.2 ml 时，16 种 PAHs 的回收较高。因此，氮吹剩余体积需保持 0.2 ml 以上，以减少低环数 PAHs 在氮吹过程中的损失。

如前所述，采用液相色谱荧光检测法分析 PAHs 时，需要进行从二氯甲烷到乙腈的溶剂置换过程。有研究通过在二氯甲烷溶剂剩余约 0.5 ml 时，加入不同体积的乙腈（3、5 和 10 ml），确定溶剂置换的最佳乙腈加入量。当加入 3 ml 乙腈时，苯并[*a*]芘和苯并[*g,h,i*]苝的荧光信号显著增强，导致回收率异常增高，说明此时二氯甲烷溶剂置换不充分。当乙腈体积为 5 ml 时，回收率较好；当乙腈体积增加为 10 ml 时，回收率略微下降。说明当加入乙腈体积为 5 ml 和 10 ml 时，二氯己烷溶剂置换充足。因此，可选择加入 5 ml 乙腈进行溶剂置换，既保证溶剂置换充足，又使回收率保持在较高水平。

2．固相萃取

液液萃取法虽然具有众多优点，但也存在耗时长、溶剂用量大、对操作人员有害、易造成二次污染等缺点。1979 年，Stonge 等首次提出固相萃取（solid-phase extraction，SPE），可有效克服液液萃取的缺点，在近十几年得到了迅速发展。固相萃取法的原理是通过颗粒细小的多孔固相吸附剂选择性地吸附溶液中的待测物质，使待测物质和干扰物质分离，用有机溶剂洗脱或用热解析的方法进行脱附，从而分离、富集待测物质的目的。

固相萃取法有如下优点：第一，安全，可以避免使用毒性较强或易挥发易燃的溶剂；第二，不会发生液液萃取中经常出现的乳化问题；第三，固相萃取操作简便、快速，易实现自动化，并且可同时进行批量样品的预处理；第四，固相萃取填料种类很多，应用范围很广，可用于复杂的环境样品预处理。固相萃取法主要包括柱式固相萃取法和膜式固相萃取法。柱式固相萃取法是经典的水中 PAHs 固萃方法。

常见的柱式固相萃取条件（参考 HJ 478—2009）：

① 活化柱子：用 10 ml 二氯甲烷预洗 C_{18} 柱，使溶剂流净。接着用 10 ml 甲醇分两次活化 C_{18} 柱，再用 10 ml 水分两次活化 C_{18} 柱。活化过程中，不要让柱子流干。

② 样品的富集：在 1 000 ml 水样中加入 5 g 氯化钠和 10 ml 甲醇，加入 50 μl 十氟联苯（1 000 μg/ml），混合均匀后以 5 ml/min 的流速流过已活化好的 C_{18} 柱。

③ 干燥：用 10 ml 水冲洗 C_{18} 柱后，真空抽滤 10 min 或用高纯氮气吹 C_{18} 柱 10 min，使柱干燥。

④ 洗脱：用 5 ml 二氯甲烷浸泡 C_{18} 柱，停留 5 min 后，再用 5 ml 二氯甲烷以 2 ml/min 的速度洗脱样品，收集洗脱液。

⑤ 脱水：先用 10 ml 二氯甲烷预洗装填无水硫酸钠的干燥柱，加入洗脱液后，再加 2 ml 二氯甲烷洗柱，用浓缩瓶收集流出液。浓缩至 0.5～1.0 ml，加入 3 ml 乙腈，再浓缩至 0.5 ml 以下，最后准确定容到 0.5 ml 待测。

由于上样流速的限制（5～10 ml/min），处理大体积水样时，柱式固相萃取法需要较长的富集时间。针对柱式固相萃取法存在的问题，发展了膜式固相萃取法。采用膜片吸附水中多环芳烃，上样截面积明显增加，传质速率增大，反压降低，因而可以采用高流量，显著缩短了富集时间，水样的体积可由柱萃取 1 L 提高到 10 L，提高了浓缩倍数。

膜式固相萃取法条件：

① 膜的活化。加入 10 ml 二氯甲烷后将其抽干，再加入 10 ml 纯甲醇，使其流过 1 ml

后，关泵静置 1 min，开泵使其缓慢流过，当液面降至约 3 mm 时停泵，加入 10 ml 水，开泵直到液面重新降至约 3 mm 时停泵。

② 样品的提取和洗脱。取经 0.7 μm 玻璃纤维滤膜过滤的水样 5 L，通过活化后的固相膜萃取装置，保持流速在 100～150 ml/min，在液面降到约 3 mm 时加入 20 ml（1+9）甲醇溶液进行淋洗，减压抽干 10 min。用 10 ml 二氯甲烷洗脱 2 次，合并洗脱液，25℃负压下旋转蒸发至近干。再以乙腈反复冲洗旋转蒸发瓶，收集淋洗液于氮吹管中，氮吹浓缩，并经过溶剂置换，过有机相滤膜到进样瓶中待测。

采用柱式固萃法浓缩水中多环芳烃时，需要特别注意固萃小柱带来的多环芳烃本底值问题。比较 4 种不同公司生产的多环芳烃萃取小柱，结果见表 5.8。虽然经过活化，但是 4 种固萃小柱存在小分子多环芳烃（如萘、苊、芴和菲）的污染，其中萘的浓度最高，范围为 62.1～159.9 μg/L，其次为菲和芴，浓度范围分别为 14.3～32.1 μg/L，6.1～30.1 μg/L。为降低固萃小柱中小分子多环芳烃的本底含量，有必要在活化过程中增加二氯甲烷的清洗次数。另外，每次固萃过程中，有必要设置固萃空白，以了解固萃小柱对测定结果的影响程度。

表 5.8 不同固相萃取小柱中的小分子 PAHs 残留 单位：μg/L

PAHs	不同公司生产的固萃小柱			
	A	B	C	D
萘	68.9	87.3	62.1	159.9
苊	7.9	8.9	6	13.7
芴	21	22.3	14.3	32.1
菲	27.4	14.2	6.1	30.1
蒽	1.8	0.4	ND.[a]	2.2

注：[a]ND.：未检出。

另外，固萃方法适合于较干净的水样，比如自来水、饮用水水源水样以及较清洁的地表水，不适用于较脏水样的前处理。当水样中存在大量颗粒物以及悬浮物，如果不过滤直接上样，就会导致固萃小柱堵塞。如果对水样进行过滤，就会使得固萃方法测定结果与液萃方法在水样预处理上存在差异（液液萃取时，颗粒物上吸附的多环芳烃可部分被萃取溶液萃取，导致萃取效率高于固相萃取）。因为 HJ 478—2009 等标准方法中未注明前处理中是否需要对水样进行过滤，所以将直接影响数据的可比性。另一方面，即使此水样在固萃中未使小柱堵塞，该方法的加标回收率往往比较低，原因可能是进入小柱填料中的颗粒物等会影响吸附和洗脱效果。

3. 固相微萃取

固相微萃取技术（Solid phase microextraction，SPME）是 20 世纪 90 年代初由加拿大 Waterloo 大学 Pawliszyn 科研小组研制的真正无溶剂的样品前处理技术。固相微萃取法的原理是依据待测组分在水溶液和萃取头上的分配原则来进行富集。萃取头是由某些气相色谱的固定液涂渍在一根熔融石英细丝表面而制得，分析时将其浸入样品中，待测组分吸附于固定液上，从而浓缩样品中的某些化合物。在应用固相微萃取提取水中多环芳烃时，固相微萃取条件需要优化，包括萃取涂层、萃取时间、萃取温度、样品体系 pH 和离子强度等。下面举例说明两种方法分析水中多环芳烃的实验条件。目前研究较多的是固相微萃取-液相色谱联用法和固相微萃取-气相色谱联用法。

（1）固相微萃取-液相色谱联用法

第一，萃取及解析。PDMS 涂层萃取纤维在解吸室内用甲醇活化 60 min。在室温下，调节水样中转子转速为 1 100 r/min，把 100 μm PDMS 萃取纤维浸没于 4 ml 水样中萃取 30 min 后，在解吸室以甲醇作解吸溶剂静态解吸 3 min。第二，仪器条件。流动相由开始的 80%（体积分数）甲醇/水溶液在 15 min 内线性变到 100%甲醇，流速采用 1 ml/min。检测波长为 254 nm。根据 SPME 的非平衡态理论，以峰面积进行定量。

（2）固相微萃取-气相色谱联用法

第一，选用 100 μm PDMS 萃取涂层，在萃取瓶中加入磁转子和 4 ml 水样，并用带聚四氟乙烯胶垫的瓶盖封闭，启动搅拌（1 100 r/min）并 35℃加热，然后从瓶盖的上方直接插入固相微萃取器的不锈钢针管，推出萃取头，使其浸入溶液中。萃取 30 min 后，收回萃取头，拔出针管并将针管迅速插入 GC 进样口，推出萃取头，热解吸 3 min 后缩回萃取头并拔出，在 GC 中进行色谱分析。第二，仪器条件。载气为高纯氮气，尾吹流速 40 ml/min，H_2 压力 60 kPa；空气压力 43 kPa，柱前压 150 kPa，色谱进样口采用分流模式，进样口温度 270℃，检测器温度 300℃，柱温采用程序升温：在 60 ℃保持 1 min，以 10℃/min 升至 130℃，保持 1 min，再以 5℃/min 升至 260℃，保持 1 min，最后以 1℃/min 升至 300℃并保持 10 min。

固相微萃取是一种集萃取、富集、解析于一身的前处理技术，具有简便、快速、不需任何有机溶剂、操作成本低、灵敏度高、便于实现自动化及易于与色谱、电泳等高效分离检测手段联用等优点，可有效应用于水中多环芳烃的分析。这种技术的缺点是萃取头成本高、易耗损，不适合批量样品前处理。

4．液-液微萃取

分散液-液微萃取法（Dispersive liquid-liquid microextraction，DLLME）是 2006 年 Assadi 等首次提出的一种简便、快速且集萃取和预浓缩于一体的微萃取新方法。该技术基于三组分溶剂系统，主要包含 2 个步骤：① 将适当比例混合的萃取剂和分散剂混合液通过气密型注射器快速注入装有水样的锥形离心管中，此时萃取剂以极细微的液滴形式分散于水体中，水中待测组分被萃取到液滴中。② 高速离心形成的微乳液，密度大于 1 的萃取相沉积于锥形离心管的底部，移出沉积相，进行随后的仪器分析。由于萃取剂以微小液滴形式存在水样中，和水体接触表面积极大，可快速达到传质平衡，因而迅速完成萃取过程。DLLME 的突出优势是简便快速、成本低和富集倍数高。

张建华等研究了分散液-液微萃取富集水样中的多环芳烃，15 种 PAHs 的回收率为 67.4%～103.2%，检出限（S/N=3）在 0.000 3～0.002 μg/L 之间，萃取过程如下，移取 5.0 ml 水试样于 10 ml 带旋帽的锥形离心管中，用气密型注射器快速注入 1.00 ml 丙酮（含 10 μl 四氯化碳），形成乳状液，轻轻摇晃并离心 5 min（6 000 r/min），萃取剂形成微小的液滴并沉积于离心管底部，用 10 μl 微量注射器吸取沉积相并确定体积。取 5 μl 沉积相进行 HPLC 分析。祝本琼等开发了以密度小于水的轻质溶剂作为萃取剂，无需离心的分散液-液微萃取法，成功用于水中多环芳烃的分析，加标回收率为 80.2%～115.1%。

5. 净化方法

一般饮用水、地下水和饮用水水源地水样等的萃取液可不用净化，转换并浓缩萃取溶液至 0.5 ml 直接进行 HPLC 分析。而较脏的地表水和污水必须经过净化，否则无法进行正常色谱分析。常见的净化方法（HJ 478—2009）：用 1 g 硅胶柱或弗罗里硅土柱作为净化柱，将其固定在液液萃取净化装置上。先用 4 ml 淋洗液冲洗净化柱，再用 10 ml 正己烷平衡净化柱（当 2 ml 正己烷加入并流过净化柱后，关闭活塞，使正己烷在柱中停留 5 min）。将浓缩后的样品溶液加到柱上，再用约 3 ml 正己烷分 3 次洗涤装样品的容器，将洗涤液一并加到柱上，弃去流出的溶剂。被测定的样品吸附于柱上，用 10 ml 二氯甲烷/正己烷（1+1）洗涤吸附有样品的净化柱，收集洗脱液于浓缩瓶中（当 2 ml 洗脱液流过净化柱后关闭活塞，让洗脱液在柱中停留 5 min）。浓缩至 0.5～1.0 ml，加入 3 ml 乙腈，再浓缩至 0.5 ml 以下，最后准确定容到 0.5 ml 待测。

第四节 大气样品的采集与前处理技术

目前，环境监测部门对大气环境监测的主要项目包括二氧化硫、氮氧化物、温室气体、光化学氧化物、挥发性有机物（VOCs）以及悬浮颗粒物。其中悬浮颗粒物中的可吸入颗粒物，即空气动力学直径 D_P≤10 μm 的颗粒物，可以通过鼻腔进入呼吸道，其中直径 D_P≤2.5 μm 细粒子还能直接进入肺泡。而在大气环境中，多环芳烃（PAHs）主要吸附在这些可吸入颗粒物上，有研究表明 D_P≤2.5 μm 的可吸入颗粒物吸附了大约有 70%～90% 的 PAHs。例如，已知的强致癌物质苯并[*a*]芘（BaP）主要吸附于直径为 1.1 μm 颗粒上。已有报道表明 PAHs 对生物及人体具有致癌、致畸和致基因突变的作用。因此大气中 PAHs 浓度的确定对正确评价大气污染程度、保护人体健康有重要的意义。

一、样品采集

大气中的 PAHs 主要以颗粒态和气态两种状态存在。有研究证实 4 环以下的 PAHs 如菲、蒽、荧蒽、芘等主要集中在气相部分，5 环以上的则大部分集中在颗粒物上或散布在大气飘尘中。

颗粒态即吸附在颗粒物上的 PAHs，通过采集颗粒物采集。目前大多数用大容量采样器采集大气中的 PAHs，使用的采样器包括气溶胶采样仪、粉尘采样器、大流量 PUF 采样器、$PM_{2.5}$ 和 PM_{10} 采样器等。常用的采样滤膜主要是玻璃纤维滤膜、石英纤维滤膜和聚四氟乙烯滤膜。早在 20 世纪 80 年代，就有研究者应用大流量采样器采集 TSP（粒径 10～100 μm），应用安德森 700 型可吸入颗粒物采样器采集 IP（粒径＜10 μm），分别测定两种颗粒物中多环芳烃的含量，所用滤膜是 25 cm×20 cm 的玻璃纤维滤纸，每张滤纸采样 24 h，采集空气体积约为 600 m^3。加标回收实验显示回收率在 80%～100%之间。

气态 PAHs 一般采用固相材料进行吸附，常用的是 PUF、XAD 类树脂（一种芳烃聚合物）和 Tenax。其中有研究者用滤膜+“XAD-2 加 PUF”同时采集空气颗粒物和气相中的 PAHs，有效地提高了采样效率。改进的采样器见图 5.2，将 XAD-2（用量约为 50 g）装填在玻璃筒（高 5 cm，直径 6.5 cm）中，上下分别用 PUF 支撑。然后，将该玻璃筒置入大流量采样器加装的不锈钢筒中，并用橡皮圈密封。采样流速约 450～500 L/min，采样量约 350～450 m^3。通过对滤膜和 PUF+XAD-2+ PUF 的分别测定分析，还可以初步判断出 PAHs 在颗粒物和气相中的分布。所得结果是：温度较高的非采暖期 PAHs 在气相中的分布比温度较低的采暖期 PAHs 在气相中的分布稍多一些。

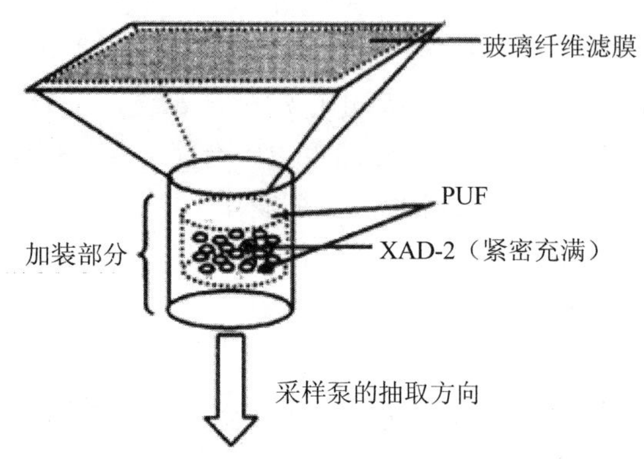

图 5.2　改进的采样头示意图

也有研究者对比使用了气-液采样技术和以上提到的气-固采样技术。具体如图 5.3 所示，其中 1 和 2 分别控制进入气体吸收器和 XAD-2 树脂的气体流速和流量。气体吸收器中放入的吸收溶剂是二氯甲烷，通过模拟采样和实际采样对两种采样方法进行了对比，结果显示两种采样技术所富集多环芳烃种类和量基本相似，两者之比在 0.90～1.40 之间，且这些比值的相对标准偏差在 30%以下。虽然这两种方法所得结果相近，但由于有机溶剂挥发性较强且不便于携带，该种方法尚未推广。但基于气-液采样技术在实验前处理、样品后处理、溶剂消耗量等方面具有的优势，故也存在一定的应用前景。

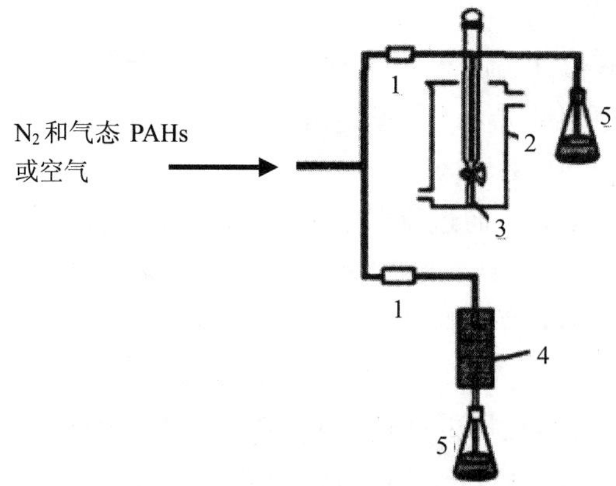

1—气体流量计；2—气体吸收器；3—冰盐浴容器；4—XAD-2 树脂；5—尾气瓶

图 5.3　气-液与气-固采样对比

二、前处理技术

常用从大气颗粒物中提取 PAHs 的方法有超声波萃取法、索氏提取法、固相萃取法、超临界流体萃取、加速溶剂萃取法以及微波辅助萃取法。

1. 超声波萃取法

超声波萃取法常用的溶剂有：乙腈、苯、苯+乙醇混合液、甲苯、丙酮、二氯甲烷、环己烷等。20 世纪 90 年代，孟明宝等采用超声萃取法对大气颗粒物中的多环芳烃进行了测定，对提取溶剂的种类和用量、超声波提取时间及提取的次数等条件进行了选择，最终选用甲苯做提取剂，超声提取两次，在 170 W 的超声强度下提取 20 min，提取效率高于 95%，回收率 93.5%～95.8%，变异系数 1.9～3.4，可以满足环境监测的要求。也有研究者应用二氯甲烷做提取剂，进行两次或三次萃取，合并提取液后氮吹浓缩，上机测试，回收率范围是 84.5%～108.5%。

2. 微波辅助萃取法

微波辅助萃取法（Microwave assisted extraction，MAE）是 1986 年 Ganzler 首次提出的前处理方法，最初应用于无机领域，近年来逐渐应用于有机萃取。该种方法利用电磁场的作用使固体或半固体物质中的待测组分与基体有效的分离，并能保持其原本化合物状态的一种分离方法。与微波方法相比该种方法溶剂用量少，萃取速度快且萃取效率高。有研究者应用该方法对大气可吸入颗粒物中的多环芳烃进行了测定，优化了萃取时间、溶剂用量、微波辐射功率等微波萃取条件，设定的最佳微波功率 110 W，微波辐射 4 min（2 min/次），压力为 101～505 kPa，体积比 2∶1 正己烷/二氯甲烷混合溶剂（萃取溶剂）的加入量为 10～15 ml，加水 1 滴。该研究者同时将该种方法与超声萃取法进行了对比，结果如表 5.9 所示，可见微波辅助萃取法的回收率及相对标准偏差（RSD）与超声波法的相近，但两种测定方法获得的苊、芴的萃取效率都低，这可能是由这 2 种化合物的高挥发性所致。其他 11 种 PAHs 的分析结果满足痕量分析的要求。

表 5.9　微波萃取法和超声波萃取法测得 PAHs 平均回收率的比较

化合物	微波辅助萃取		超声波萃取	
	回收率/%	RSD/%（*n*=3）	回收率/%	RSD/%（*n*=3）
苊 Acenaphtylene	24.38	5.95	33.26	23.21
芴 Fluorene	43.79	5.40	45.32	15.24
蒽 Anthracene	84.70	4.93	76.52	10.23
菲 Phenathrene	85.03	3.89	75.22	1.56
芘 Pyrene	83.12	0.53	84.21	7. 2
苯并蒽 1,2-Benzanthracene	92.02	1.74	88.23	0.65
䓛 Chrysene	84.10	2.04	77.34	3.25
苯并[*k*]荧蒽 Benzo[*k*]Fuoranthene	84.13	1.84	65.23	2.68
苯并[*a*]芘 Benzo[*a*] pyrene	79.82	1.89	101.2	4.67
苯并[*b*]荧蒽 Benzo[*b*]Fuoranthene	121.72	5.67	95.62	0.76

化合物	微波辅助萃取		超声波萃取	
	回收率/%	RSD/%（*n*=3）	回收率/%	RSD/%（*n*=3）
苯并[*g,h,i*]苝 Benzo[*g,h,i*]perylene	104.97	17.48	91.23	0.59
二苯并[*a,b*]蒽 Dibenzo[*a,b*]anrthracene	130.63	20.07	91.51	10.4
茚并[1,2,3-*c,d*]芘 Indeno[1,2,3-*c,d*]pyrene	101.20	10.37	90.23	3.33

3. 索氏提取法

索氏提取法是一种经典的提取方法，许多国家将该方法设为标准方法。常用的溶剂有二氯甲烷、环己烷、苯、喹啉、苯和甲醇或乙醇的混合溶剂等，这些溶剂在不同的实验室条件下均对多环芳烃有很好的提取效率。有研究者对比不同溶剂对颗粒物中 PAHs 的提取能力，结果如表 5.10 所示。具有较强极性的喹啉-乙醇具有最强的提取能力，其次是吡啶-乙醇；在单一溶剂中丙酮提取能力最强，其次是乙醇；鉴于喹啉和吡啶存在高沸点、毒性大、有强烈臭味等缺点，推荐使用丙酮为提取液，其次为乙醇。另外，索氏提取法提取速度较慢，一般需提取 10 h 以上，针对此问题该研究者同样对索氏提取的时间进行了研究，并绘制了索氏提取曲线，结果显示提取效率取决于提取循环次数，循环次数越大提取所得多环芳烃浓度越高，通过提高水浴温度、增加回流速度从而缩短提取时间，但也需要 1～2 h 才能完成提取步骤。此外需要提到的是索氏提取所得提取液成分复杂，一般待测定 PAHs 时需要将浓缩液过层析柱（如硅胶柱）进行净化，最终提取效率才可达 95%以上。

表 5.10 各种提取液对大气颗粒物中多环芳烃的提取能力 单位：μg/L

多环芳烃	苯并莂	苯并[*e*]芘	苯并[*a*]芘	提取能力排序
喹啉-乙醇	2 817	2 040	10 954	1
吡啶-乙醇	5 019	2 939	6 658	2
丙酮	2 629	2 260	5 847	3
乙醇	2 199	1 319	2 409	4
二氯甲烷	743	678	1 829	5
苯	1 806	/	1 692	6
环己烷	528	232	688	7
石油醚	710	/	598	8
丙酮-乙醇-环己烷	589	446	568	9
三氯甲烷	566	198	358	10
四氢呋喃	1 553	/	194	11

4. 固相萃取法

固相萃取法应用于大气中多环芳烃的前处理，需要与超声或索氏提取法相结合，由于这两种前处理方法得到的提取液成分较复杂，因此提取液通过固相萃取柱或膜可以选择性吸附多环芳烃类物质，起到净化的作用。有研究者利用超声提取和固相萃取相结合，将采样后的玻璃纤维滤膜用二氯甲烷超声提取三次，合并提取液后浓缩近干，用正己烷溶解后过 C_{18} 固相萃取柱，先用正己烷淋洗出烷烃组分，再用二氯甲烷淋洗出 PAHs，最终进 HPLC

进行测定，所得结果灵敏度、准确度高，重现性好，可以应用于大气中 PAHs 的测定。

5．超临界流萃取分离技术

超临界流萃取分离技术（SFE）是利用超临界流体的溶解能力与其密度密切相关，通过改变压力或温度使超临界流体的密度大幅改变。在超临界状态下，将超临界流体与待分离的物质接触，使其有选择性地依次把极性大小、沸点高低和相对分子质量大小不同的成分萃取出来。该技术是 20 世纪 90 年代兴起的一种新型样品预处理技术，具有快速、高效、后处理简单、不使用或很少使用有机溶剂等特点，特别适用于处理烃类及非极性脂溶性化合物。有研究者将采集有 696 m^3 飘尘样品的滤膜放入萃取池中，通过优化温度、改进剂和萃取时间，最终得到最佳的萃取条件：以 0.5 ml 甲醇作改性剂，在 26.0 MPa、80℃下静态萃取 10 min 后再以 0.5 ml/min 的流速动态萃取 30 min，以二氯甲烷作为收集溶剂，最后定容至 1.0 ml。应用优化后的前处理技术结合气相色谱-质谱法对实际样品进行了分析，所得结果符合要求。

6．加速溶剂萃取

加速溶剂萃取（ASE）是在提高温度（50～200℃）和压力（10.3～20.6 MPa）的条件下，用有机溶剂萃取的一种自动化方法。该方法提取速度快、溶剂消耗量少、操作步骤简便、自动化程度高、基体影响小，不同基体可用相同的萃取条件；对分析过程带来的损失少。有研究者应用 ASE 对空气颗粒物中的多环芳烃进行了测定，以 16 种 PAHs 平均回收率的高低作为选择最佳萃取条件的依据，探讨最佳萃取温度，静态萃取时间，循环次数和萃取溶剂体积比等条件。确定最佳条件为：萃取温度 100℃，静态萃取时间 5 min，循环两次，用体积比为 1∶1 的丙酮/正己烷做萃取溶剂；应用到实际样品测定，回收率在 92.0%～97.33%之间。

综上所述，大气中 PAHs 的前处理方法多种多样，且利弊兼有。如表 5.11 所示，研究者可以结合自身实验室条件选择最佳的前处理方法。

表 5.11 大气颗粒物中 PAHs 的前处理方法对比

	超声波萃取法	微波辅助萃取法	索氏提取法	固相萃取法	超临界流萃取法	加速溶剂萃取
原理	超声波振动加速溶解	微波选择性地将样品中目标成分萃取出来	多环芳烃易溶于一些有机溶剂	液相分离净化	超临界流体的溶解能力及高扩散性能可实现待测组分分离	通过升温、加压加速溶解过程
优点	有机溶剂用量比索氏提取少（据称样量不同，用量从几毫升到几十毫升不等），且较快速（几个小时即可），可用于大批量样品的前处理	简便快速；试剂用量少（一常规滤膜需要溶剂约 15 ml 左右）；回收率高、处理批量大	适用样品范围广、操作简便，一般实验室均可采用	经净化后提高了灵敏度和准确度	回收率高；溶剂用量少（每样品 15 ml 左右）；速度快（0.5 h 左右）；不需要净化	溶剂用量少（10 g 样品 15 ml 溶剂）；快速（一般 15 min 左右）、可同时处理多个样品；操作简便、自动化程度高、回收率高、重现性好

	超声波萃取法	微波辅助萃取法	索氏提取法	固相萃取法	超临界流萃取法	加速溶剂萃取
缺点	有机溶剂扩散严重、重现性较低，共提取物较多，需后续净化	需购置专用设备，样品需后续净化	有机溶剂用量大（溶剂用量有几百毫升），耗时长（24 h及以上），需后续净化	需与其他方法结合使用（如微波萃取），仅起净化作用	需购置专用设备	需购置专用设备

第五节　土壤沉积物样品的采集与前处理技术

沉积物是环境中多环芳烃（PAHs）迁移归趋的一个重要的汇，国内外不同河流、海湾沉积物中检测出了不同种类和数量的PAHs。这些有机污染物主要是通过工业废水的排放、农用化学品的土壤渗漏、土表迁移、石油泄漏、地表径流和大气沉降进入到水体中，与矿物质有机质结合，长久蓄积于沉积物中，不但对水生生态系统带来长远危害，并且通过食物链的传递对人类健康造成严重影响。沉积物中PAHs一般在痕量水平，由于沉积物样品基体复杂，要准确分析沉积物中PAHs含量，需经过提取、净化、浓缩和测定等步骤。

与大气中PAHs的来源类似，沉积物中PAHs也主要分为自然来源和人为来源，自然来源主要是由于自然进化产生，如森林大火、火山喷发和生物的短期降解等。人为来源与人类活动密切相关，据报道一般人口密集、工业发达的城市以及周围湖泊、河流、沿海沉积物中的PAHs含量较高。例如在20世纪90年代初，加拿大的Kitimat港口沉积物中PAHs高达66 700 ng/g，中国香港维多利亚港5 277 ng/g，国内较发达的珠江口和长江河口分别约有321 ng/g和1 040.30 ng/g。这些有机污染物主要是通过工业废水的排放、农用化学品的土壤渗漏、土表迁移、石油泄漏、地表径流、长距离的大气传输造成的颗粒物的干湿沉降及水气交换等方式进入到沉积物。这是由于PAHs在水中具有低溶解性和憎水性，其会强烈地分配到非水相中，吸附于颗粒物上，这样就使水体中PAHs极易聚集到沉积物中，沉积物成了PAHs汇集地和中转站。

一、样品采集

对沉积物中PAHs进行测定，主要目的就是要说清PAHs在沉积物中的分布和变化，故采样地点、采样深度、采样量对这一目的的实现具有至关重要的意义。有些因素的存在会对沉积物中PAHs的含量产生影响，如各个水体本身及其径流量变化；各支流水体混合均匀度；主干及其支流河曲发育、河道演变；周围工业区的分布；采样点水文、地质、大气等条件的差异等。这就会导致PAHs在时空分布上的差异。

当进行沉积物中的有机污染物表层含量和分布分析时，应该对表层沉积物（表层以下20cm）采样，一般采用抓斗式采泥器或掘式采样器；而当进行沉积物中有机污染物的垂直含量分布分析时，打钻采集1 m左右柱状沉积样。操作中应注意以下几点：① 多个采样点，在存在变化的河口或水库入口处应更密一些；② 避免在汛期或干季采样；③ 建议现场分样置于棕色瓶中冷藏保存，并在 24 h 内进行冷冻干燥。

二、前处理技术

沉积物样品基体较为复杂，干扰较多，且 PAHs 含量一般在痕量水平，不能直接进行测定，需要选用适当的方法进行提取、浓缩和净化才能确定其中 PAHs 的类别和含量。目前沉积物常用的前处理方法有超声波提取法、索氏提取法、超临界流萃取法、固相萃取法、固相微萃取法、加速溶剂萃取以及微波辅助萃取法等。有研究者对这几种方法对土壤、沉积物中 PAHs 的提取效果进行了优缺点分析，结果如表 5.12 所示。每种方法各有利弊，下面对其中几种常用方法的具体测定步骤进行逐一介绍。

表 5.12　土壤、沉积物中 PAHs 各种提取方法的优缺点比较

提取方法	优点	缺点
索氏提取法	经典索氏提取法回收率较高；自动索氏提取法提高了操作流程的便利性；相对缩短了时间	提取时间较长，操作相对较复杂，一般需要连续提取几天；溶剂的使用量大，一般需几百毫升
超声波提取法	方法简单；速度较快，一般需几个小时；溶剂用量约几十毫升；提取回收率较好	超声波有可能会破坏不稳定化合物的原有结构，对于提取其他结构不稳定的化合物是不合适的
液固搅拌提取法	简单，需连续搅拌 10 h 或以上完成萃取过程；对设备的要求很低（磁力搅拌器）	回收率与其他几种提取方法相比也较低，实际应用较少
水蒸气蒸馏提取法	简单，对设备的要求最低	处理过程复杂且回收率与其他几种提取方法相比也较低，很少用
超临界流体提取法	高效、快速（动态静态提取总时间约 0.5 h），溶剂用量少（提取池为几毫升），精密度好	仪器及运行昂贵
加速溶剂提取法	有机溶剂用量少（萃取池为几十毫升）、萃取速度快（静态提取 20 min 左右）、回收率高	大量样品同时处理比较繁琐
固相萃取法	高回收率，可有效分离分析物与干扰物，能处理小体积试样，无相分离操作，容易收集分析物组分，操作简单、省时、省力、易于自动化	不利于分析量多的样品；浑浊样品易于堵塞；多用于水样品的测定
浊点提取法	提取率较高	分析前需要去除表面活性剂
微波辅助提取法	快速、回收率高、不使用有毒溶剂、可以萃取和分析从非极性到极性物质，可在低温下萃取热不稳定性的化合物，不必担心中毒和环境污染问题	样品在微波内提取时溶剂易于挥发；样品容器不利于密封
水平恒温振荡法	提取时间短；提取效率较高	前期时间长，溶剂量较大

1. 索氏提取法

索氏提取法是目前沉积物中 PAHs 前处理过程中最经典的方法，美国 EPA3541 中提到

的萃取方法即是该种方法。该种方法不需要特殊的仪器设备，适用于各种固体样品（土壤、沉积物、颗粒物等）中有机化合物的提取，具有较高的回收率，经常被用于其他方法的验证。有研究者用二氯甲烷对水体沉积物索氏抽提 72 h，将提取液浓缩后，过硅胶/氧化铝（2∶1）层析柱，20 ml 正己烷淋洗烷烃，70 ml 二氯甲烷/正己烷（3∶7）淋洗 PAHs。该种经典方法由于其操作较繁琐，溶剂用量大，耗时较长等逐渐不再成为研究人员的首选。

2. 超声萃取法

超声波提取是利用超声波增大物质分子运动频率和速度，增加溶剂穿透力，提高污染物的溶出速度和溶出次数，缩短提取时间的浸提方法。该种方法在沉积物 PAHs 的测定过程中应用较为广泛，常用的提取溶剂有二氯甲烷、苯、甲苯、乙腈、环己烷、乙醇、丙酮或这些溶剂的混合物。为提高萃取效率需要对超声萃取条件进行优化，如萃取溶剂、超声功率和萃取时间等。有研究者以提高萃取的回收率和缩短前处理时间为评定标准，比较了二氯甲烷、二氯甲烷-丙酮（体积比 1∶1）、正己烷-丙酮（体积比 1∶1）和正己烷萃取 16 种多环芳烃的效果，最终选用的萃取溶剂是二氯甲烷；最佳的超声功率 400 W；平行萃取两次，萃取 40 min。

3. 超临界流体萃取法

超临界流体萃取技术与传统方法相比省去了多步、耗时、有机溶剂用量大的步骤。此技术多采用 CO_2 作为萃取溶剂，能渗透到固体内部溶解待测组分，且无毒性溶剂残留，是一项比较理想的、清洁的样品前处理技术。萃取步骤：准确称取 1.0 g 样品与无水 Na_2SO_4 以 2∶1 比例混合均匀后，放入 2.5～4 ml 提取池（加无水 Na_2SO_4 以除去土样中水分），另需要在提取池和限流器之间加入少许酸化过的铜屑以去除样品中含有的有机硫化物的干扰，该种物质可能在加热限流器中降解，而铜能与样品中的有机硫化物反应生成 CuS，可避免因硫化物进入限流器而导致限流器阻塞或引起限流器流速变化。在一定压力和温度下，先静态提取 15～20 min，后动态提取一定体积的液态 CO_2，提取物收集在 4.0 ml 丙酮或者正己烷中，定容至 2.0 ml。

4. 加速溶剂萃取法

加速溶剂萃取的具体步骤是将常用的有机溶剂由泵注入已填充样品的萃取池后，加温加压，数分钟后，萃取液由载气吹入收集瓶中。该种萃取过程全部自动化，且可多次萃取，快速省时，溶剂消耗量少，不需要经过多次清洗。有研究者应用 DIONEX ASE100 加速溶剂萃取装置，在戴安公司给出的参考方法基础上，对海洋沉积物中 PAHs 的萃取条件进行了改进，选用二氯甲烷做提取剂，平行萃取 3 次，用萃取池体积 70%的溶剂冲洗萃取池，向其中加入铜粉去除硫的干扰，最终应用到实际样品测定，回收率良好。另有研究者应用该种方法与微波萃取和索氏提取法进行了对比，结果表明对于沉积物中的五种 PAHs（菲、荧蒽、苯并[*a*]蒽、苯并[*a*]芘、苯并[*g*,*h*,*i*]苝）加速溶剂萃取法提取效率最佳，且该方法提取量是索氏提取的 1.2～1.7 倍。

5. 固相萃取法

固相萃取法应用在沉积物中 PAHs 的测定过程中需要与超声提取、微波提取、索氏提取的萃取方法相结合，该种方法可以有效去除干扰组分，净化样品提取液，还可以浓缩提取液，富集 PAHs。

6．微波辅助萃取法

微波辅助萃取法利用电磁场的作用使固体或半固体物质中的某些有机物成分与基体有效的分离，并能保持分析对象的原本化合物状态的一种分离方法。

Vazquez 等对微波萃取海洋沉积物中 PAHs 的条件进行了优化，采用丙酮-正己烷（体积比为 1∶1）为萃取剂，在 500W 的微波功率下萃取 6 min，PAHs 的回收率为 92%～106%。

以上对沉积物中 PAHs 的几种前处理方法进行了简单介绍，测试人员可根据自身实验室条件进行选择。

第六节　质量保证和质量控制

多环芳烃监测的质量保证和质量控制涵盖样品采集、保存、前处理和分析测试等整个监测分析的全过程，第二、三、四和五节已涉及一些质量保证和质量控制措施，不再重复叙述。本节重点叙述实验室分析中的质量控制。每个开展多环芳烃分析的实验室需要根据采用的方法，进行一次全面的质量控制，包括实验室方法性能考察、实验室空白分析、实验室试剂溶剂空白分析、实际样品加标分析、质控样品分析等，确定所建立方法的可靠性和适用性。以水中多环芳烃分析为例，作具体说明。

一、方法性能考察

标准方法或文献提供的分析条件只是供每个实验室参考之用。每个实验室的实验条件各不相同，需要在标准方法的基础上，做一定程度的修改，建立适于本实验室应用的分析方法。

（1）方法回收率。为每个分析物选择代表性的加标浓度（通常为 10 倍检出限浓度）。从多环芳烃储备液中，稀释得到 1 000 倍加标浓度的中间液，吸取 1 ml 加入到 1 L 去离子水中，按照所确定的实验条件进行分析，考察加标回收率。对于每种分析物，使其符合标准方法中的规定要求（如参考 HJ 478—2009：十氟联苯的回收率在 50%～130%之间，附录 B 表 B.2 和表 B.3），或参考 US EPA method 550.1 要求，使 3/4 连续分析的样品回收率落入表 5-13 中 R±30%（或者 R±3Sr）以内。当分析物回收率达到要求的范围以内时，此方法可用于实际样品的分析，当有些分析物未满足要求时，需要调整实验条件，重新考察方法的性能，直至符合要求。

表 5.13　水中 16 种多环芳烃的加标回收实验准确度和精密度（7 次平行）

多环芳烃	浓度/（μg/L）	平均回收率/%	RSD/%
萘	10.0	70.5	7.0
苊	10.0	78.0	4.5
苊烯	10.0	79.0	6.5
芴	1.0	74.5	4.0
菲	0.500	66.9	9.3
蒽	0.625	72.8	7.2
荧蒽	0.025	90.2	12.0

多环芳烃	浓度/（μg/L）	平均回收率/%	RSD/%
芘	0.625	88.8	6.4
苯并[*a*]蒽	0.010	76.0	14.0
䓛	0.625	93.6	8.0
苯并[*b*]荧蒽	0.010	87.5	18.5
苯并[*k*]荧蒽	0.012	81.2	7.2
苯并[*a*]芘	0.050	76.5	10.3
苯并[*a,h*]蒽	0.125	78.4	8.8
苯并[*g,h,i*]苝	0.050	81.5	13.0
茚并[1,2,3-*c,d*]芘	0.125	75.2	9.2

注：来源于 EPA method 550.1。

（2）方法检出限。方法检出限为能够被检出并在被分析物浓度大于零时能以 99%置信度报告的最低浓度，其计算公式为：

$$MDL = t \times SD$$

式中：t——重复测定 *n* 次（*n*≥7），置信水平为 99%，通过 t 值表查阅；

SD——重复测定 *n* 次的标准偏差。

参考《环境监测分析方法标准制修订技术导则》（HJ 168—2010），按照样品分析的全部步骤，对于单一组分的分析方法，对浓度值或含量为估计方法检出限值 2～5 倍的样品进行 *n*（≥7）次平行测定，计算 *n* 次平行测定的标准偏差，按上述公式计算方法检出限。对于多组分的分析方法，一般要求至少有 50%的被分析物样品浓度在 3～5 倍计算出的方法检出限的范围内，同时至少 90%的被分析物样品浓度在 1～10 倍计算出的方法检出限的范围内，其余不多于 10%的被分析物样品浓度不应超过 20 倍计算出的方法检出限，若满足上述条件，说明用于测定检出限的初始样品浓度比较合适。

（3）建立分析方法后，允许因为改进分离或者降低分析成本等原因，更改色谱条件或者检测器条件，但是修改后的方法需要重新测试方法的性能，保证方法性能符合要求。

二、试剂空白实验

在分析样品之前，确保全部玻璃器皿和试剂干扰处于可控状态。每分析一批样品或者更改试剂，必须测试实验室试剂空白。采用去离子水等作为样品查看实验室试剂空白。如果实验室试剂空白中发现有杂质的色谱峰干扰多环芳烃的分析，那么需要确定污染的来源，并在分析实际样品前加以消除。

三、空白加标实验

（1）每批样品至少在 24 h 内分析一个实验室空白加标。实验室空白加标的浓度应该是 10 倍检出限浓度。当分析物的回收率不在 60%～120%范围或表 5-13 规定范围内时，说明判断该分析物没有受控。在继续分析之前，必须识别问题的来源并加以解决。

（2）当空白加标实验数据足够多时（最少 20～30 个分析数据），实验室必须将自身方法性能与参考的质控标准比较。当有足够多的方法性能数据时，那么就可以从这些数据中建立自身实验室的质控指标，比如加标回收率的上限（R+3Sr）和下限（R－3Sr）。

四、实际水样的加标回收实验

实验室必须选取至少 10%样品做加标回收实验或每一批样品至少做一次加标回收实验。加标浓度应大于水样本底浓度，最理想的加标浓度是与空白加标实验中使用的加标浓度相同（即 10 倍检出限浓度）。扣除样品本底浓度后，计算加标回收率，是否处于 60%～120%之间或与表 5.13 确定的质控标准比较。

五、质控样品

如果有质控样品，实验室需在每一季度开展一次甚至更多的质控样品分析。如果结果不能满足质控样品的要求，那么有必要针对性地采取措施，查找原因，并且加以记录。

第六章　有机氯农药

第一节　国内外有机氯农药的研究综述

一、有机氯农药概述

农药，是指用于预防、消灭或者控制危害农业、林业的病、虫、草和其他有害生物以及有目的地调节植物、昆虫生长的化学合成或者来源于生物、其他天然物质的一种物质或者几种物质的混合物及其制剂。农药的广泛应用为农业发展作出了巨大贡献。然而，某些农药具有高毒性和持久性，对人类和环境造成巨大危害，尤其是一些亲脂性农药的生物累积作用危害更大。

有机氯农药（OCPs）是一类全球性环境污染物，对人和牲畜具有致癌、致畸、致突变等作用。该类农药疏水性强，在环境中易于流动，能够扩散到世界各地，并且能够通过食物链传递，在环境中和生物体内难以降解，是典型的持久性有机污染物（POPs）。虽然它们大多数被禁用，但是近几年全球各地报道的监测数据表明，大气、水、土壤、底泥、生物和食物等样品中均可检测到有机氯农药，有机氯农药持久地暴露在环境中，给人类带来严重的潜在危害。

滴滴涕（DDT，Dichlorodiphenyltrichloroethane）是第一种合成有机氯农药，紧随其后，1942 年林丹，1948 年艾氏剂，1949 年狄氏剂，1951 年异狄氏剂等相继问世。在 20 世纪中期，该类农药得到了迅速发展。但人们很快就发现了该类农药的负面影响，它一旦被释放到环境中，就能够长期稳定地存在其中，并且积累在生物链中。到 80 年代，世界上所有国家都禁止使用几乎所有有机氯农药。我国于 1983 年停止生产和禁止使用六六六和滴滴涕等有机氯类农药。

二、有机氯农药的结构和特性

有机氯农药主要分为以苯为原料和以环戊二烯为原料的两大类，以苯为原料的包括六六六、滴滴涕和六氯苯等，以环戊二烯为原料的包括七氯、艾氏剂、狄氏剂和异狄氏剂等。此外，以松节油为原料的莰烯类杀虫剂、毒杀芬和以萜烯为原料的冰片基氯也属于有机氯农药。

合成 DDT 是一种混合物，含氯量在 48%～51%之间，pH 为 5～8，其中包含几种异构体，*p,p′*-DDT 约为 75%～80%，*o,p*-DDT 为 15%～20%，还可能有 4%的 4,4′-二氯二苯基乙酸（*p,p′*-DDA）。DDT 有三种代谢过程：脱去氯化氢产生 1,1-二氯-2,2-双（4-氯苯）乙烯（DDE）；脱氯还原成 1,1-二氯-2,2-双（4-氯苯）乙烷（DDD）；DDD 氧化成 DDA。DDT 和它的主要代谢物 DDD、DDE 均是亲脂性化合物，易于积聚在身体脂肪中。

艾氏剂能迅速降解，并形成环氧化物狄氏剂，而后者在环境中非常稳定，在土壤中的半衰期为 5 年。异狄氏剂是狄氏剂的立体异构体。它们仅在非常少的场合使用，如白蚁的防治等。

六氯环己烷（六六六，HCH）主要有四种异构体（α，β，γ，δ），γ-六六六亦称为林丹，是六氯环己烷的活性成分，可以通过结晶的方法将它从六氯环己烷混合物中分离出来。林丹是有机氯农药中持久性最小的化合物。

硫丹（Endosulfan）又名赛丹，化学名称 1,2,3,4,7,7-六氯双环[2.2.1]庚烯-2-双羟甲基-5,6-亚硫酸酯，能防治多种作物害虫，是中国农业部门在绿色茶园和出口茶基地中推广使用的 20 余种农药中的一种，不同于其他的环戊二烯类杀虫剂，硫丹有一定的稳定性，在水果和蔬菜中它易于降解并形成相应的硫酸盐，半衰期一般为 3～7 d。

三、有机氯农药对环境的污染

有机氯农药是人工合成杀虫剂，在世界农业生产中长期担当防治害虫的主角。研究表明，有机氯农药在环境中的残留期比较长，较难降解。1983 年，我国就已经开始停止使用有机氯农药，但是 20 世纪 90 年代末期仍然可从环境中检出。长江南京段水域检出有机氯农药六六六、滴滴涕、五氯酚等，其水平保持在 ng/L 数量级。北京重要水源官厅水库近年污染严重，共检出有机氯农药（六六六、滴滴涕等）、多氯联苯及氯代烃类等污染物数十种，其挥发性有机物总含量为 19.4～101 μg/L，污染严重，不能作为饮用水水源地使用。

当今水资源日趋紧张，水体产生农药污染，最终通过生物链影响人类。因此，对环境水体中的农药进行及时、准确、有效的分析检测显得尤为重要。美国 EPA 规定的水中 129 种“黑名单”物质中包括有机氯农药 17 种，我国《地表水环境质量标准》（GB 3838—2002）也对 3 种有机氯农药的标准限值作了规定。

有机氯农药在喷洒时可随风飘散，落在叶面上可随蒸气流进入大气，在土壤表层时也可经日照蒸发到大气中，大风扬起农田的尘土也带着残留的农药形成大气颗粒物，漂浮在空中。例如，北京地区大气中就检测出艾氏剂、狄氏剂、滴滴涕、氯丹和硫丹等有机氯农药。

大气中的农药可随风长距离迁移，由农村到城市，由农业区到非农业区，甚至到无人区。一是通过呼吸影响人体和生物的健康；二是通过干湿沉降，影响地表水体与植物。

环境中有机氯农药，通过生物富集和食物链作用，危害生物。有机氯农药虽禁用 20 多年，农药残留亦不断下降，但近年来，国内外仍有报道土壤中有 OCPs 检出。水体、沉积物、蔬果及人体中也不同程度检出了有机氯农药，且检出量为人乳＞动物性食品＞土壤＞植物性食品＞水体和沉积物。

四、与有机氯农药相关的标准和方法

1．涉及有机氯农药监测的质量标准和危险废物鉴别标准

国内涉及有机氯农药监测的质量标准主要有 7 个，危险废物鉴别标准 1 个，监测项目、

标准值和分析方法来源详见表 6.1～表 6.8。

表 6.1　地表水环境质量标准（GB 3838—2002）　单位：mg/L

项目	标准值	分析方法来源
环氧七氯	0.000 2	《生活饮用水标准检验方法》（GB 5750）
林丹	0.002	《水质　六六六　滴滴涕的测定　气相色谱法》（GB 7492—87）
滴滴涕	0.001	

表 6.2　地下水质量标准（GB/T 14848—93）　单位：μg/L

项目	Ⅰ类标准值	Ⅱ类标准值	Ⅲ类标准值	Ⅳ类标准值	Ⅴ类标准值	分析方法来源
滴滴涕	不得检出	≤0.005	≤1.0	≤1.0	＞1.0	《生活饮用水标准检验方法》（GB 5750.09—2006）
六六六	≤0.005	≤0.05	≤5.0	≤5.0	＞5.0	

表 6.3　海水水质标准（GB 3097—1997）　单位：mg/L

项目	一类标准值	二类标准值	三类标准值	四类标准值	分析方法来源
六六六≤	0.001	0.002	0.003	0.005	《海洋监测规范》（HY 003—91）
滴滴涕≤	0.000 05	0.000 1			

表 6.4　渔业水质标准（GB 11607—89）　单位：mg/L

项目	标准值	分析方法来源
六六六（丙体）	≤0.002	《水质　六六六　滴滴涕的测定　气相色谱法》（GB 7492—87）
滴滴涕	≤0.001	

表 6.5　土壤环境质量标准（GB 15618—1995）　单位：mg/kg

项目	一级	二级	三级	分析方法
六六六　≤	0.05	0.5	1.0	《土壤质量　六六六和滴滴涕的测定　气相色谱法》（GB/T 14550—93）
滴滴涕　≤	0.05	0.5	1.0	

表 6.6　食用农产品产地环境质量评价标准（HJ 332—2006）　单位：mg/kg

项目	土壤环境质量评价指标限值	分析方法
六六六（四种异构体总量）≤	0.10	《土壤质量　六六六和滴滴涕的测定　气相色谱法》（GB/T 14550—2003）
滴滴涕（四种衍生物总量）≤	0.10	

表 6.7　海洋沉积物质量标准（GB 18668—2002）　单位：mg/L

项目	第一类	第二类	第三类	分析方法
六六六（$\times10^{-6}$）　≤	0.5	1.0	1.5	《海洋监测技术规范　第五部分：沉积物分析》（GB 17378.5—1998）
滴滴涕（$\times10^{-6}$）　≤	0.02	0.05	0.10	

表 6.8　危险废物鉴别标准　浸出毒性鉴别（GB 5085.3—2007）　单位：mg/L

序号	项目	浸出液中危害成分浓度限值	分析方法来源
17	滴滴涕	0.1	《危险废物鉴别标准　浸出毒性鉴别》（GB 5085.3—2007）附录 H　固体废物　有机氯农药的测定　气相色谱法
18	六六六	0.5	
23	氯丹	2	
24	六氯苯	5	
25	毒杀酚	3	
26	灭蚁灵	0.05	

2．国内有机氯农药监测的方法标准

（1）已有国家标准方法

①《水质　六六六 滴滴涕的测定　气相色谱法》（GB 7492—87）

用石油醚萃取水中六六六和滴滴涕，萃取液用浓硫酸处理，萃取后的石油醚萃取液经水洗、静置分层、脱水后用气相色谱（ECD）测定。

②《生活饮用水标准检验方法　农药指标》（GB 5750.9—2006）

用环己烷萃取水中滴滴涕和六六六的各种异构体，浓缩后用气相色谱仪（带有 ECD 检测器）分离和测定。

③《海洋监测规范　第 4 部分：海水分析》（GB 17378.4—2007）

水样中的六六六和滴滴涕经正己烷萃取、净化和浓缩，用填充柱气相色谱法测定其各异构体的含量。

④《土壤质量　六六六和滴滴涕的测定　气相色谱法》（GB/T 14550—2003）

采用丙酮-石油醚提取，以浓硫酸净化，用气相色谱仪（ECD）测定。

⑤《海洋监测技术规范　第五部分：沉积物分析》（GB 17378.5—2007）

沉积物中的六六六、滴滴涕和狄氏剂用正己烷-丙酮溶剂作为提取剂，用索氏提取器回流提取，将提取液浓缩，柱分离，再浓缩后注入色谱柱被分离，用气相色谱仪（ECD）测定。

（2）《水和废水监测分析方法》（第四版）

①《有机氯农药　毛细管柱气相色谱法（GC-ECD）》（可测定 16 种有机氯农药）

用正己烷做萃取剂，在中性条件下，萃取水中有机氯农药。萃取条件为：100 ml 水样，10 ml 正己烷，萃取 1 次。

②《有机氯农药　毛细管柱气相色谱-质谱法》（可测定 10 种有机氯农药）

采用液-液萃取和液-固萃取两种方法：1）1 L 水样，50 ml 正己烷，萃取 2 次，浓缩方式为先旋蒸再氮吹；2）1 L 水样，采用 PS-2 固相萃取小柱，洗脱液为 6 ml 丙酮、3 ml 正己烷和 3 ml 乙酸乙酯。

（3）正在修订标准

①《水质　有机氯农药和有机卤化物的测定　液液萃取或固相萃取/气相色谱-质谱法》（南京环境科学研究所）

②《水质　有机氯农药和有机卤化物的测定　液液萃取或固相萃取/GC-ECD 法》（南

京环境科学研究所）

③《土壤和沉积物　有机氯农药的测定　气相色谱质谱法》（河南省环境监测中心站）

④《固体废物　有机氯农药的测定　气相色谱质谱法》（河南省环境监测中心站）

3．国外有机氯农药测定的方法标准

美国 EPA Method 8081B，水样 pH 为中性时采用二氯甲烷进行萃取，具体操作依据EPA3510（分液漏斗液液萃取法）、EPA3520（连续液液萃取法）、EPA3535（固相萃取）进行，也可采用其他的适用技术或溶剂进行萃取。根据基体干扰和目标分析物的性质，可采用不同净化方法：① 氧化铝净化法（EPA3610）——用于去除邻苯二甲酸酯；② 弗罗里硅土净化法（EPA3620）——用于从脂肪族、芳香族及其含氮化合物中分离有机氯农药；③ 硅胶净化法（EPA3630）——可用于从某些干扰物质中分离出单一组成的有机氯农药。使用有电子捕获检测器（ECD）或电导检测器（ELCD）的毛细管气相色谱检测目标化合物。

其他与有机氯农药分析方法相关的标准有美国 EPA Method 8270D、EPA Method 608、Method 625 和 Method 508.1 等。① 美国 EPA Method 8270D（Semivolatile Organic Compounds By Gas Chromatography/Mass Spectrometry）标准适用于测定固体废弃物、土壤、空气和水样提取液中半挥发性有机物（包括有机氯农药）的浓度，使用液液萃取-气相色谱质谱检测。② 美国 EPA Method 608（METHODS FOR ORGANIC CHEMICAL ANALYSIS OF MUNICIPAL AND INDUSTRIAL WASTEWATER ）— ORGANOCHLORINE PESTICIDES AND PCBS。适用于水和废水中有机氯农药和多氯联苯的测定，使用液液萃取-气相色谱(ECD)检测。③ 美国 EPA Method 625(METHODS FOR ORGANIC CHEMICAL ANALYSIS OF MMNICIPAL AND INDMSTRIAL WASTEWATER）—BASE/NEMTRALS AND ACIDS。适用于水和废水中有机氯农药的测定，使用液液萃取-气相色谱质谱检测。④ 美国 EPA Method 508.1（DETERMINATION OF CHLORINATED PESTICIDES，HERBICIDES ， AND ORGANOHALIDES IN WATER MSING LIQMID-SOLID EXTRACTION AND ELECTRON CAPTMRE GAS CHROMATOGRAPHY）。适用于饮用水、地表水和任意处理阶段的饮用水中 29 种有机氯农药、3 种除草剂和 4 种有机卤化物的测定，采用盘式固相萃取-气相色谱（ECD）法。

第二节　样品的采集和保存

一、水样的采集和保存

1．《水质采样 样品的保存和管理技术规定》（HJ 493—2009）

① 水样采集：玻璃样品瓶采样，带聚四氟乙烯瓶盖，不能用水样冲洗采样容器，不能水样充满容器。

② 样品贮存：1～5℃冷藏，5 d 内萃取完。

2．《水和废水监测分析方法》（第四版增补版）

① 水样采集：用玻璃瓶采样，在采样前要把采样瓶用待采水样荡洗 2～3 次。采样时

不得留有顶上空间和气泡。

② 样品贮存：水样采集后应尽快分析，若不能及时分析，应在 4℃冰箱中贮存，但不能超过 7 d。

针对《水质采样　样品的保存和管理技术规定》与《水和废水监测分析方法》（第四版增补版）水样采集方面出现的矛盾，如采样前是否用待采水样荡洗采样瓶，水样是否充满容器，各实验室可根据实际样品情况和本实验室质控要求酌情选择。样品采集采用棕色玻璃瓶采样，采样后用带聚四氟乙烯衬垫的螺旋盖封瓶；或当采用非实心的磨口瓶塞时，应用二氯甲烷冲洗过的锡纸包覆瓶塞，并密封。样品运回实验室后立即放入冰箱或冷藏库中于 4℃温度下保存。水样必须在采样后 7 d 内完成萃取，30 d 内完成仪器分析。

二、土样的采集和保存

样品采集：参照《土壤环境监测技术规范》（HJ/T 166）中有关要求采集有代表性的土壤样品，可采表层样或土壤剖面。一般监测采集表层土，采样深度 0～20 cm，特殊要求的监测（土壤背景、环评、污染事故等）必要时选择部分采样点采集剖面样品。剖面的规格一般为长 1.5 m，宽 0.8 m，深 1.2 m。挖掘土壤剖面要使观察面向阳，表土和底土分两侧放置。

样品保存：保存在事先清洗洁净，并用有机溶剂处理不存在干扰物的磨口棕色玻璃瓶中。运输过程中应密封避光、冷藏保存，途中避免干扰引入或样品的破坏，尽快运回实验室进行分析。如暂不能分析应在 4℃以下冷藏保存，有机氯农药归为半挥发性有机物，样品保存时间定为 10 d。

三、履约监测大气样品中 POPs 类有机氯农药的采集和保存

样品的采集：需保证采集的样品具有代表性，如应在稳定的气候条件下采样。根据履约技术导则的要求，采样工作采用大流量主动采样器，同时采集空气中 PM_{10} 以下颗粒物以及气态中的 POPs 类有机氯农药。有一点必须注意，能够准确地对采集的大气样品体积进行估算。采集样品时，必要时须在采样器或者滤膜中加入 ^{13}C 标记的化合物，作为替代物进行分析时的示踪。采样完成后，样品应及时进行预处理和分析，分析结果可通过采样、预处理过程中替代物的回收率进行校正。

样品的保存：在装卸采样器具时必须迅速，以免受到空气污染，滤膜应放在干净的、灼烧过的铝箔袋子中，同时关紧样品容器以免受外界影响，样品采集后应尽快运回实验室进行分析测定。

第三节　样品的前处理技术

样品前处理是农药残留分析的关键步骤，这是因为环境中农药残留的含量极低，一般在 mg/L 和μg/L 之间，而且样品成分复杂，不仅存在农药母体，可能同时存在农药同系物、异构体、降解产物、代谢产物等，干扰因素较多，前处理过程往往是测定误差的主要来源，其效率直接影响整个分析结果的准确性。有机氯农药的前处理技术主要包括液液萃取、固

相萃取、固相微萃取、液相微萃取、索氏提取、加速溶剂萃取、微波辅助溶剂萃取、超声萃取、超临界流体萃取等。

一、液液萃取

当前，我国环境监测系统广泛应用的水中有机氯农药前处理方法是液-液萃取法。该萃取法是最常用、最经典的有机物提取方法，它操作简单，无需特殊的仪器设备，尤其是分离效果较好，适用范围广。但该方法存在明显的缺点：选择性差、溶剂用量大、提取时间长、易造成二次污染。

1．液液萃取原理

液液萃取就是利用待分析组分与样品中的干扰杂质在互不相溶的两种溶剂中的分配系数的不同而实现样品在不同相间转移。根据能斯特分配定律就可以得出不同溶质在不同溶剂中的分配系数。

2．影响液液萃取的主要因素

（1）溶剂的影响

低沸点溶剂适用于萃取宽沸程的化合物。综合各类标准和分析方法，目前有机氯农药的常用萃取溶剂为：石油醚、正己烷和二氯甲烷。

（2）乳化对萃取的影响

液液萃取的一个主要问题是乳化。当密度相似的溶剂相混合或溶液的碱性很强时，很容易发生乳化。乳化会使待测组分被包藏在乳化层中而丢失，降低萃取回收率。采用液液萃取水中有机氯农药时，若发生乳化，可加入氯化钠（5 g/200 ml 水样）破乳，所用的氯化钠须使用前在 340℃灼烧处理 4 h。

（3）萃取次数对萃取的影响

反复萃取有利于提高萃取回收率，但多次溶剂转移等操作又会带来误差。对于组分复杂、含量低、数量多的样品，反复萃取多次就比较费时，通常水中有机氯农药萃取 2～3 次，在回收率可接受的前提下也可采用单次萃取。

3．液液萃取水中有机氯农药的参考条件

取 200 ml 水样于 500 ml 的分液漏斗中，向水样中加入 25 ml 的正己烷，震荡萃取 10 min，然后静置，完成两相分层，移出正己烷相，经无水硫酸钠脱水后收集于氮吹浓缩管中，再往水相中加入 25 ml 正己烷，重复上述液液萃取过程两次，合并正己烷萃取液，氮吹浓缩定容到 1 ml 后进行仪器分析测定。如使用内标法定量，需在定容前添加适量内标。

二、固相萃取

近年来，固相萃取（SPE）在环境分析中得到广泛应用，正逐步取代传统的液-液萃取。固相萃取是一种可同时对样品中有机化合物进行萃取、浓缩及纯化的前处理技术，具有有机溶剂用量少、对环境污染小、自动化程度高、节省人工、萃取效率高等优点，是目前从水样中萃取有机化合物时应用较多的分离富集技术，美国国家环保局已将其作为水中农药含量的测定方法。目前我国环境监测部门受经济成本和技术限制，尚未广泛使用固相萃取

法，但由于其环境友好性，固相萃取法将会逐步取代液-液萃取法，成为水中农药检测的主导前处理方法。

1．固相萃取原理

利用固体吸附剂将液体样品中的目标化合物吸附，与样品中的基体和干扰化合物分离，然后再用洗脱液洗脱或加热解吸附，达到分离和富集目标化合物的目的，是以液相色谱分离机理为基础建立起来的分离和纯化方法。

2．固相萃取的基本步骤

（1）选择合适的固相萃取柱或盘

填料是固相萃取技术的核心，选择对目标物具有适中吸附性的 SPE 柱填料是确保检测准确的前提，当然针对同一种目标物，也可以选择不同的填料，但是要注意方法的调整。目前固相萃取农药普遍采用的是 C_{18} 小柱及改性的 C_{18}，如 HLB。

（2）SPE 小柱或盘的活化

固相萃取柱或盘在使用之前必须先用适当的溶剂进行预处理，其目的是除去填料中可能存在的杂质，另外使填料充分溶剂化，在加样吸附时，样品溶液就可与吸附剂表面紧密接触，以保证获得高的萃取效率和大的穿透体积。

（3）样品的萃取富集

用泵或其他适当装置以正压推动或负压抽吸使液体试样以适当流速通过固相萃取柱或盘，在此过程中，分析物被吸附在吸附剂上。为了保证获得高的吸附率，防止分析物的流失，加样萃取的流速应该适当，速度过快会由于沟流现象而使回收率下降；上样速度慢，样品吸附效率好但耗时长，在不影响回收率的情况下选择合适的上样速度有利于提高样品的分析速度。

（4）干扰杂质的淋洗

淋洗的目的是为了去除吸附在柱子上的少量基体干扰组分。合适的洗涤液应该能将基体干扰组分尽可能除净，又不会导致被分析物流失。

（5）样品的洗脱和收集

用尽可能少量的合适溶剂将被吸附剂吸附的分析物洗脱下来，使其重新进入溶液，再用仪器测定。洗脱前必须先将残留在柱中的少量试样水溶液用抽真空或吹入压缩空气或氮气的办法尽可能赶出，否则最后得到的试样溶液会被稀释，当洗脱溶剂与水不混溶时，还会产生分层或乳化现象。另外，选择的溶剂最好与后续的仪器测定相匹配，还应注意选择无毒性或低毒性洗脱溶剂，以减少对环境的污染。

3．固相萃取水中有机氯农药的参考条件

（1）SPE 小柱的活化

将固相萃取小柱安装在固相萃取装置上，分别用 10 ml 乙酸乙酯，10 ml 甲醇和 5 ml 纯水活化固相萃取小柱。

（2）样品的萃取富集

1 L 水样连续通过活化过的小柱，保持流速 5 ml/min 进行固相萃取，当所有样品经萃取柱吸附后，通入高纯氮气 60 min 以除去小柱中的水分。

（3）样品的洗脱

先用 5 ml 乙酸乙酯浸泡并缓慢流过萃取富集水样后的小柱，进入收集管中，然后加入 7 ml 乙酸乙酯以 1 ml/min 的速度洗脱萃取柱，进入收集管中。洗脱液用氮气浓缩至 1 ml 后进行仪器分析测定。如使用内标法定量，需在定容前添加适量内标。

三、固相微萃取方法

固相微萃取（Solid phase microextraction，SPME）是在固相萃取（SPE）的基础上发展起来的萃取分离技术，由 Arthur 和 Pawliszyn 首创于 1990 年，1993 年推出商品化装置。SPME 无需使用有机溶剂，极大地改善了操作人员的工作环境，而且操作简便，无需任何后处理，大大节省了处理时间。SPME 法可与气相色谱（GC）、高效液相色谱（HPLC）、紫外及红外光谱等联用。

1. 固相微萃取原理

SPME 是根据“相似相溶”原理，结合被测物质的沸点、极性和分配系数，通过选用具有不同涂层材料的萃取纤维头，使分析物在涂层和样品基质中达到分配平衡来实现采样、萃取和浓缩的目的。

SPME 方法包括吸附和解吸两步：吸附过程主要是物理吸附过程，待测物可在样品及纤维萃取头外涂渍的固定相中快速达到平衡分配，涂层上吸附的待测物的量与样品中待测物质浓度线性相关。解吸过程则随 SPME 后续分离检测手段的不同而不同，对于气相色谱，萃取纤维插入进样口后进行热解吸，而对于高效液相色谱，则是溶剂进行洗脱。

2. 固相微萃取的方式

（1）直接法

将纤维头直接插入到样品中，当待测物与固定相充分接触至平衡时，将 SPME 装置取出，进行分析。该法适用于气体基体或干净水样的测定。

（2）顶空法

将纤维头停留在样品的顶空，将气相中的待测物进行吸附、富集，然后进行分析。这种萃取方式使萃取头免受基质中不挥发的、大分子量物质的不利影响。

（3）膜保护法

通过一个选择性的膜将样品与萃取头隔离，膜允许分析物通过而阻塞干扰物，可实现样品的粗分离，增加选择性，还可保护萃取头，防止被基质污染。

（4）冷 SPME 法

该方法是基于样品萃取的温度效应而发明的新一代 SPME 技术。该装置是用毛细管将制冷源—液态 CO_2 连接到萃取器针头内部，针头外面是固定相涂层，从而达到制冷的效果。德国 PAS 科技公司已将此技术商品化。

3. 影响固相微萃取的主要因素

（1）萃取头的选择

由不同固定相所构成的萃取头对物质的萃取吸附力是不同的，萃取头是整个 SPME 装置的核心。萃取头的选择包括两个方面：固定相和厚度。选用何种固定相应当综合考虑分析组分在各相中的分配系数、极性和沸点，并根据相似相溶原理。一般典型的萃取头涂层及应用范围如表 6.9 所示。

表 6.9　萃取头涂层及应用范围

萃取头类型	用途
PDMS，自动，100 μm，非键合，红色平头	小分子挥发性非极性物质
PDMS，手动，30 μm，非键合，黄色平头	半挥发性非极性物质
PDMS，自动，30 μm，非键合，黄色平头	半挥发性非极性物质
PDMS，手动，7 μm，键合，绿色平头	半挥发性非极性物质
PDMS，自动，7 μm，键合，绿色平头	半挥发性非极性物质
PDMS/DVB，手动，65 μm，部分交联，蓝色平头	极性挥发性物质，醇，胺类
PDMS/DVB，自动，65 μm，部分交联，蓝色平头	极性挥发性物质，醇，胺类
PDMS/DVB，手动，65 μm，高度交联，褐色凹头	极性半挥发性物质，胺类
PDMS/DVB，自动，65 μm，高度交联，褐色凹头	极性半挥发性物质，胺类
PDMS/DVB，手动，65 μm，高度交联，粉色平头	极性半挥发性物质，胺类
PDMS/DVB，自动，65 μm，高度交联，粉色平头	极性半挥发性物质，胺类
PA，手动，85 μm，部分交联，白色平头	极性半挥发性物质，酚类
PA，自动，85 μm，部分交联，白色平头	极性半挥发性物质，酚类
CAR/PDMS，手动，75 μm，部分交联，黑色平头	痕量 VOC
CAR/PDMS，自动，75 μm，部分交联，黑色平头	痕量 VOC
CAR/PDMS，手动，85 μm，部分交联，浅蓝色平头	痕量 VOC
CAR/PDMS，自动，85 μm，部分交联，浅蓝色平头	痕量 VOC
CW/DVB，手动，65 μm，部分交联，橙色平头	极性物质，尤其醇类
CW/DVB，自动，65 μm，部分交联，橙色平头	极性物质，尤其醇类

Perez-Trujillo 等采用固相微萃取-气相色谱法测定地表水中的有机氯农药，实验证明采用 PDMS 萃取头效果最好，检出限为 2.6～5.7 ng/L。

（2）萃取时间的影响

萃取时间主要指达到或接近平衡所需要的时间。影响萃取时间的因素主要有萃取头的选择、分配系数、样品的扩散系数、顶空体积、样品的萃取温度等。SPME 实际萃取时间可由萃取时间和萃取量的吸附平衡曲线来确定。萃取开始时萃取头固定相中物质浓度增加很快，接近平衡时速度极其缓慢，因此萃取过程不必达到完全平衡，接近平衡之前萃取头涂层中吸附的物质量与其最终浓度就存在一个比例关系。视样品的情况不同，萃取时间一般为 2～60 min。

（3）萃取温度的影响

萃取温度对吸附采样的影响具有双重性：一方面，温度升高可提高待测物扩散速率，导致液体蒸汽压的增大，缩短平衡时间，有利于吸附，尤其对于顶空固相微萃取；另一方面，温度升高也会降低分配系数 K，影响萃取的灵敏度，使得吸附量下降。所以，具体的萃取温度还要在实验过程中根据样品的性质而定，一般萃取温度为 40～90℃。

（4）搅拌强度的影响

搅拌可以增加传质速率，提高萃取速度，缩短达到平衡的时间。一般搅拌形式有磁力搅拌、高速匀浆和超声波。采取超声振荡比电磁搅拌效果更好，能够加大被分析组分在气相中的浓度，提高顶空法的萃取量，同时，超声振荡作用于整个体系，这对提高分析的准确性和重现性是有利的，但超声效果会随平衡温度的升高而逐渐变小。采取搅拌方式时，一定要注意搅拌的均匀性，不均匀的搅拌比没有搅拌的测定精确度更差。

（5）盐效应的影响

在萃取前往样品中添加无机盐（如氯化钠、硫酸钠等）可以降低极性有机化合物的溶解度，产生盐析，提高分配系数 K，从而增加萃取头固定相对分析组分的吸附，一般情况下，可有效提高萃取效率，但并不一定适用于所有组分，加入无机盐的量要根据具体试样和分析组分来定。

（6）溶液 pH 的影响

改变 pH 同使用无机盐一样，能改变分析组分与试样介质、固定相之间的分配系数，同时还可以改变组分的亲脂性，对于改善试样中分析成分的吸附是有益的。

4．固相微萃取在环境样品有机氯农药前处理中的应用

赵如松等采用顶空固相微萃取技术对土壤中的有机氯农药进行了分析测定，取得了理想效果。同时，对萃取条件，如萃取时间、萃取温度、NaCl 含量、水的体积等进行了详细探讨。

四、液相微萃取

液相微萃取（Liquid-phase microextraction，LPME）或溶剂微萃取（Solvent microextraction，SME）是 1996 年发展起来的一种新型的样品前处理技术，最初是由 Jeannot 和 Cantwell 提出的。该技术是在液-液萃取（Liquid-liquid extraction，LLE）的基础上发展起来的，与液-液萃取相比，LPME 可以提供与之相媲美的灵敏度，甚至更佳的富集效果，同时，该技术集采样、萃取和浓缩于一体，灵敏度高，操作简单，而且还具有快捷、廉价等特点。另外，它所需要的有机溶剂也是非常少的（几至几十微升），是一项环境友好的样品前处理新技术，特别适合于环境样品中痕量、超痕量污染物的测定。

LPME 的最大优点是：它除了具有直接和顶空两种萃取方式外，还具有液相微萃取/后萃取方式。这种萃取方式可以将一些酸性或碱性化合物的富集倍数进一步提高，而多孔性的中空纤维价格也比较低廉。另外，中空纤维上的小孔也起到微过滤作用，可以对分析物进一步净化。液相微萃取的分析物用气相色谱进行分析时克服了解吸速度慢、涂层降解的缺点，液相微萃取与液相色谱联用时无需专门的解吸装置。这种技术所需要的装置非常简单，一支普通的微量进样器或多孔性的中空纤维即可。液相微萃取（LPME）的缺点是有溶剂峰，有时容易掩盖分析物的色谱峰。

五、索氏提取

索氏提取也叫完全提取，是一种传统的液-固相萃取方法，长期以来被认为是国际上有机污染物的标准提取方法。索氏提取是将样品放在索氏提取器套管中，在圆底烧瓶中加入提取剂，连续加热数小时，瓶内溶剂经加热蒸出，遇冷凝结成液滴，连续不断地滴入索氏提取管中，从而保持提取溶剂与样品之间的充分接触，经多次回流使得目标物被提取出来。

该方法的缺点是所需有机试剂量大（300 ml 以上），耗时（通常为 10～24 h），长时间的加热使提取液干扰物质较多。

六、加速溶剂萃取（ASE）

ASE 是一种全新的处理固体和半固体样品的方法，该法的突出优点是有机溶剂用量少、快速、回收率高（与索氏萃取相当），已成为样品前处理的最佳方式之一，并被美国环保局（EPA）选定为推荐的标准方法（标准方法编号 3545），已广泛用于农药残留分析。

1. 加速溶剂萃取的原理

将样品放在密封容器中，在较高温度（通常 50～200℃）和压力（通常 10.3～20.6 MPa）条件下用有机溶剂萃取的前处理方法。高温可增加待测物的溶解度、增加扩散速度、降低溶质与基质活性点位间的相互作用、降低溶剂的粘度、降低溶剂与基质间的表面张力等。高压可以使溶剂保持液态，并迫使溶剂进入常压下无法接触到的基质内部。

2. 加速溶剂萃取的影响因素

（1）萃取温度

提高萃取温度可使溶剂溶解待测物的容量增加。在低温低压下，溶剂易从“水封微孔”中被排斥出来，然而当温度升高时，由于水的溶解度的增加，则有利于这些微孔的可利用性。在提高的温度下能极大地减弱由范德华力、氢键、溶质分子和样品基体活性位置的偶极吸引力所引起的溶质与基体之间的强的相互作用力。加速了溶质分子的解析动力学过程，减小解析过程所需的活化能，降低溶剂的粘度，因而减小溶剂进入样品基体的阻滞，增加了溶剂进入样品基体的扩散，已报道温度从 25℃增至 150℃，其扩散系数大约增加 2～10 倍，降低溶剂和样品基体之间的表面张力，溶剂更好地浸润样品基体，有利于被萃取物与溶剂的接触。

（2）压力

液体的沸点一般随压力的升高而提高。例如丙酮在常压下的沸点为 56.3℃，而在 5 个大气压下，其沸点高于 100℃。液体对溶质的溶解能力远大于气体对溶质的溶解能力。因此欲在提高的温度下仍保持溶剂呈液态，则需增加压力。另外，在加压下，可将溶剂迅速加到萃取池和收集瓶。

（3）热降解

由于加速溶剂萃取是在高温下进行，因此，热降解是一个令人关注的问题。加速溶剂萃取是在高压下加热，高温的时间一般少于 10 min，因此，热降解不甚明显。Richter 等曾以 DDT 和艾氏剂为例，研究了加速溶剂萃取过程中易降解组分的降解程度。DDT 在过热状态下将裂解为 DDD 和 DDE，异狄氏剂裂解为异狄氏醛和异狄氏酮。实验结果表明，在 150℃下，对加入萃取池内的 DDT 和异狄氏剂进行萃取（这些组分的正常萃取温度为 100℃）。萃取物用气相色谱分析，DDT 的三次平均回收为 103%，相对标准偏差为 3.9%。异狄氏剂三次平均回收为 101%，相对标准偏差为 2.4%。在测定 DDT 时未发现有 DDE 或 DDD 存在，测定异狄氏剂时亦未发现有异狄氏醛和异狄氏酮的存在。

3. 加速溶剂萃取在环境样品有机氯农药前处理中的应用

在有机氯农药检测方面，ASE 技术可一次性提取土壤中多种有机氯农药，且对土壤中滴滴涕的回收率明显高于 SE 法，对土壤中的六六六的提取能力与 SE 法相当；对于 β-六六六、*p,p'*-DDD 和 *o,p'*-DDT 等 SE 法的回收率相对较低的农药，ASE 的结果也有明显改善，且溶剂用量少，萃取速度快，无需净化。申中兰等建立了用弗罗里硅土作基质固相分散剂的加速溶剂萃取，并以灭蚁灵（Mirex）为内标，快速同时测定土壤中 16 种有机氯农药的气相色谱法。加速溶剂萃取仪在 100℃、10.3 MPa 的条件下用正己烷和丙酮静态提取样品 10 min，0.01 μg/g 加标水平回收率为 77.3%～101.3%；检出限为 0. 01～0.04 ng/g。方法满足了土壤中有机氯农药残留测定的要求。对我国南方不同地域的 72 个土壤样品进行了测定，大部分有机氯农药在土壤中都有一定检出量，其中环氧七氯最高(2.6～844.5ng/g)，甲氧 DDT（23.2～219.8 ng/g）和 *p,p'*-DDT（4.0～183.1 ng/g）为次之，而 *o,p'*-DDT 在 72 个土样中都没有检出。但 ASE 不适于提取挥发性有机氯农药。

七、微波萃取

微波萃取始于 1986 年，匈牙利学者报道了应用微波能可以加速提取食品中的某些有机成分，为有机分析特别是环境有机分析试样的预处理开辟了一条新路。微波萃取主要适合于固体和半固体样品。被美国环保局认定为标准方法（EPA3546)，应用于挥发性有机物和半挥发性有机物的萃取，与 ASE 快速溶剂萃取技术（EPA3545）标准方法并行采用。

1. 微波萃取原理

微波是指频率在 300 MHz～300 GHz 的电磁波。微波萃取是利用微波能来提高萃取效率的一种新技术，不同物质的介电常数不同，其吸收微波能的程度不同，由此产生的热能及传递给周围环境的热能也不相同。在微波场中，吸收微波能力的差异使得基体物质的某些区域或萃取体系中的某些组分被选择性加热，从而使得被萃取物质从基体或体系中分离。

2. 微波萃取的影响因素

（1）萃取温度

在微波密闭容器中，由于内部压力可达到 1 MPa 以上，因此，溶剂沸点比常压下的溶剂沸点提高许多，用微波萃取可以达到常压下使用同样溶剂所达不到的萃取温度，既可以提高萃取效率，又不至于分解待测组分。表 6.10 给出了不同温度下微波萃取有机氯农药的萃取率。

表 6.10 不同温度下的微波萃取有机氯农药的萃取率 单位：%

萃取物	不同温度下的萃取率		
	90℃	110℃	120℃
林丹	79	81	94
七氯	51	73	97
艾氏剂	62	74	93
狄氏剂	51	72	95
异狄氏剂	71	75	96
p,p'-DDT	86	82	98

（2）微波萃取时间

微波萃取时间与被测样品量、溶剂体积和加热功率有关。一般情况下，萃取时间在 10～15 min 内。有控温附件的微波制样设备可自动调节热功率大小，以保证所需的萃取温度。在萃取过程中，一般加热 1～2 min 即可达到要求的萃取温度。累计辐射的时间延长，对提高回收率只是在开始时有利，经过一段时间后回收率便不再增加。因每次辐照时间不宜过长（以免溶剂沸腾损失样品），所以必需增加照射次数以提高萃取效率，一般为 5～7 次为宜。

（3）萃取溶剂

极性物质是微波吸能物质，而非极性物质则不吸收微波能，因此用非极性溶剂时要加入一定比例的极性溶剂。表 6.11 给出了不同溶剂比对土壤中有机氯农药回收率的影响。

表 6.11　不同溶剂比对土壤中有机氯农药回收率的影响　　单位：%

丙酮-环己烷	不同萃取溶剂对农药的回收率							
	艾氏剂	β-六六六	DDE	七氯	林丹	狄氏剂	异狄氏剂	DDD
1∶1	72.5	78.4	85.9	51.0	76.2	108	97.9	119
3∶2	84.081 5	77.0	90.0	64.8	88.0	95.4	89.3	99.0

3．微波萃取在环境样品有机氯农药前处理中的应用

戴晖研究了 MAE 技术提取土壤中的六六六、滴滴涕，再利用毛细管气相色谱分离，微电子捕获检测器检测，实验结果表明微波萃取 7 min 效果最好，色谱分析只需 11 min，萃取回收率在 90%～105%之间，相对标准偏差小于 10%。汪雨等利用常压微波萃取技术提取土壤样品，经弗罗里硅土柱净化后用气相色谱检测（电子捕获检测器）其中的 13 种有机氯农药；试验了丙酮/正己烷混合溶液的提取条件，考察了提取时间、提取温度和提取功率对提取效率的影响，并与 SE 法及 MSE 法进行比较；在优化的萃取条件下，常压微波萃取 20 min 重复测定的平均回收率为 84.26%～105.2%，相对标准偏差（RSD，n=5）为 0.52%～18.6%，方法的检出限为 0.033～0.853ng/g。

八、超声萃取

超声萃取（ultrasound extraction）技术是近年来发展起来的一种新型分离技术。与常规的萃取技术相比，超声波萃取技术具有快速、价廉、安全、高效等特点。

超声波提取土壤中的多种有机氯农药时，超声波产生巨大压力对土壤直接反复冲击，能破坏土壤与有机氯农药的表面吸附，其产生的微波与辐射力也起到搅拌作用，使得土壤不断与新鲜溶剂充分接触，从而加速有机氯农药在有机相中的溶解。郎印海等应用超声波提取江西红壤和南京黄棕壤中的 13 种有机氯农药。对不同提取溶剂（正己烷、二氯甲烷、正己烷和甲醇、正己烷和丙酮、正己烷和二氯甲烷）、提取时间（0.5～2 h）、提取次数（1～5 次）与提取效率的关系进行了研究。研究表明以正己烷/甲醇（4∶1）作为混合提取溶剂，超声提取一次，提取 2 h 能取得较高的提取效率。此技术节省溶剂且提取方法简单。

第四节　样品的分析测试技术

目前，我国环境监测部门对有机氯农药含量的测定普遍采用气相色谱/电子捕获检测器（ECD）法，方法简便、仪器普及率高。但是干扰因素较多，定性确认困难，双柱或多柱保留指数定性是 GC 中较为可靠的方法，因为不同的化合物在不同色谱柱上具有相同保留值的几率要小得多，在一次进样的条件下，可以同时收集两套数据供定性和定量分析，使得定性更准确、定量更精确。在多种农药残留分析中，质谱（MS）检测器一般作为确证方法，而选择离子模式（SIM）用于化合物的定量分析，可降低定量分析时对分离度的要求。

一、气相色谱分析

1．电子捕获检测器（ECD）

电子捕获检测器（ECD）是灵敏度较高的选择性气相色谱检测器。ECD 仅对含 N、O、S 及卤族等杂原子、能俘获电子的化合物有响应。广泛应用于环境样品中痕量有机氯农药、多氯联苯、卤代烃等的分析。

（1）工作原理

由色谱柱流出的载气及吹扫气进入 ECD 池，在放射源 ^{63}Ni 放出的β射线的轰击下被电离，产生大量电子。在电源、阴极和阳极电场作用下，该电子流向阳极，得到 10^{-8}～10^{-9} 的基流。当电负性组分从柱后进入检测器时，俘获池内电子，使基流下降，产生一负峰。通过放大器放大和记录仪记录，即为响应信号。其大小与进入池中组分的量成正比。由于负峰不便观察和处理，通过极性转换即为正峰。

（2）气源

N_2、Ar、He、H_2 均可作 ECD 的载气。由于 N_2 价廉、灵敏度较高、易与其他气相色谱检测器配合，所以常用 N_2 作载气。载气纯度直接影响 ECD 的基流或基频，一般要求载气纯度在 99.99%以上。氧具有强烈的吸电子性，可使基流下降，降低 ECD 检测器的功能，N_2 进仪器前需要加脱氧管。

（3）气体流量设置

载气——主要从组分分离要求确定。毛细管柱为 0.1～10 ml/min。

尾吹气——主要作用：① 减小谱带柱后变宽，保持毛细管柱达到一定的柱效；② 保持 ECD 达到饱和基流。一般，40～60 ml/min。

隔垫吹扫气——消除进样隔垫带来的“鬼峰”影响。一般，2 ml/min 左右。

（4）检测器温度

ECD 响应值与温度密切相关。我们可以对不同响应机理的化合物，采取升高或降低检测器温度的方法，使被测组分信号增大，干扰物的响应减小，达到选择性检测的目的。

ECD 的操作温度一般要高一些，温度低时检测器温度很难平衡，常用温度范围为 250～300℃。检测器的温度波动必须控制小于（0.1～0.3℃），以保证响应值的测量精度在 1%以内。

2．仪器分析条件举例

色谱条件：色谱柱：DB-35 MS（30 m×320 μm×0.25 μm），或 HP-5（30 m×320 μm×0.25 μm）；载气：高纯氮气；柱流速：1.5 ml/min；进样口温度：250℃；隔垫吹扫流量：3 ml/min；进样方式：不分流进样（1 min）；分流出口流量：20 ml /min；进样量：1 μl；尾吹流量：60 ml/min；检测器温度：300℃。

程序升温条件：70℃维持 1 min，以 20℃/min 升温到 210℃，再以 2℃/min 升温到 240℃，并维持 8 min。

保留时间及标准曲线如表 6.12 所示，相关谱图如图 6.1 和图 6.2 所示。

表 6.12　16 种有机氯农药于 DB-35 MS 柱上的保留时间、线性方程和相关系数

化合物	DB-35 MS		
	保留时间/min	线性回归方程	相关系数
六氯苯	10.153	y=152.6x+268.4	0.999
甲体六六六	10.355	y=168.0x−46.6	0.999
林丹	11.198	y=138.1x−42.5	0.999
乙体六六六	11.818	y=58.2x+61.5	0.999
七氯	12.129	y=96.9x−67.8	0.999
艾试剂	13.050	y=154.5x+68.3	0.999
环氧七氯	14.991	y=116.8x+25.0	0.999
硫丹 I	16.565	y=115.1x−53.7	0.999
p,p'-DDE	17.480	y=137.0x−40.6	0.999
狄氏剂	17.918	y=100.2x−49.3	0.999
异狄氏剂	19.495	y=4.56x+3.24	0.999
o,p'-DDT	19.941	y=70.1x−90.1	0.999
p,p'-DDD	20.586	y=80.2x−5.61	0.999
硫丹 II	21.071	y=92.1x−124.9	0.999
p,p'-DDT	22.195	y=85.4x−301.1	0.999
甲氧滴滴涕	27.688	y=20.5x−74.2	0.999

表 6.13　16 种有机氯农药于 HP-5 柱上的保留时间、线性方程和相关系数

化合物	HP-5		
	保留时间/min	线性回归方程	相关系数
甲体六六六	8.886	y=145.9x+870.6	0.997
六氯苯	9.003	y=112.1x+861.4	0.996
乙体六六六	9.226	y=53.5x+361.4	0.997
林丹	9.335	y=128.7x+790.0	0.997
七氯	10.498	y=90.0x+734.5	0.996
艾氏剂	11.187	y=128.1x+894.0	0.996
环氧七氯	12.071	y=107.9x+710.5	0.997
硫丹 I	13.025	y=107.8x+689.6	0.998
p,p'-DDE	13.673	y=123.9x+128.8	0.999

化合物	HP-5		
	保留时间/min	线性回归方程	相关系数
狄式剂	13.784	y=109.1x+123.7	0.999
异狄式剂	14.485	y=32.6x+230.0	0.996
硫丹 II	14.802	y=98.2x+665.2	0.997
p,p'-DDD	15.079	y=82.5x+246.8	0.999
o,p'-DDT	15.214	y=64.0x+95.4	0.999
p,p'-DDT	16.526	y=78.9x+596.3	0.996
甲氧滴滴涕	19.210	y=32.3x+249.6	0.996

在设定的仪器分析条件下，16 种有机氯农药在两种色谱柱上的出峰顺序略有差别，并且在 DB-35 MS 柱上比在 HP-5 柱上获得更好的分离。

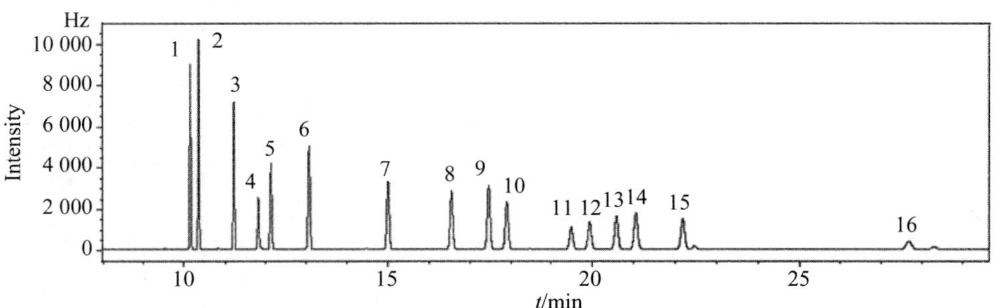

1—六氯苯；2—甲体六六六；3—林丹；4—乙体六六六；5—七氯；6—艾氏剂；7—环氧七氯；8—硫丹 I；9—p,p'-DDE；10—狄氏剂；11—异狄氏剂；12—o,p'-DDT；13—p,p'-DDD；14—硫丹 II；15—p,p'-DDT；16—甲氧滴滴涕

图 6.1　DB-35 MS 柱子上 16 种有机氯农药标准色谱图

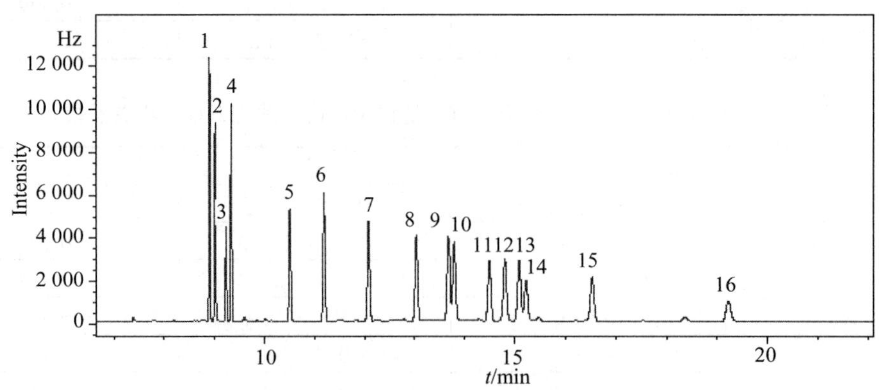

1—甲体六六六；2—六氯苯；3—乙体六六六；4—林丹；5—七氯；6—艾氏剂；7—环氧七氯；8—硫丹 I；9—p,p'-DDE；10—狄氏剂；11—异狄氏剂；12—硫丹 II；13—p,p'-DDD；14—o,p'-DDT；15—p,p'-DDT；16—甲氧滴滴涕

图 6.2　HP-5 柱子上 16 种有机氯农药标准色谱图

二．气相色谱质谱分析

1．有机氯农药的内标选择

（1）根据 EPA8081A 规定

① 五氯硝基苯（Pentachloronitrobenzene）单柱分析

② 1-溴-2-硝基苯（1- bromo-2-nitrobenzene）双柱分析

（2）根据相关研究论文，也可选择氘代菲，氘代芘，氘代䓛，荧蒽等。

2．仪器分析条件举例

色谱柱：DB-5 MS（30 m×0.25 mm×0.25 μm）；载气：高纯氦气；载气柱流速：1.2 ml/min；线速度：40 cm/s；进样口温度：250℃；进样方式：无分流进样；进样量：2 μl；程序升温条件：70℃保持 1 min，以 20℃/min 升温到 210℃，再以 2℃/min 升温到 240℃，并保持 2 min。

质谱参数：全扫描范围：*m/z* 50～450；扫描间隔：0.5 s；电离方式：EI；接口温度：280℃；离子源温度：230℃；扫描方式：SIM；SIM 方式采样速率：0.2 s。

选择离子及保留时间如表 6.14 所示，谱图如图 6.3 所示。

表 6.14　GC/MS 测定 16 种有机氯农药的定量离子、保留时间、线性方程和相关系数

序号	待测组分	定量离子	保留时间/min	线性方程	相关系数
1	甲体六六六	181，183，219	8.625	$y=0.12x+4.41\times10^{-4}$	0.998
2	六氯苯	284，286，282	8.733	$y=0.24x+4.57\times10^{-3}$	0.999
3	乙体六六六	109，111，181	8.975	$y=9.52\times10^{-2}x-8.66\times10^{-4}$	0.997
4	林丹	181，183，219	9.075	$y=0.10x-1.45\times10^{-3}$	0.997
内标	氘代菲	188，187，80	9.208		-
5	七氯	100，272，65	10.267	$y=7.46\times10^{-2}x-1.54\times10^{-3}$	0.997
6	艾氏剂	66，91，263	10.967	$y=0.18x-5.68\times10^{-4}$	0.998
7	环氧七氯	81，353，355	11.875	$y=7.29\times10^{-2}x-8.62\times10^{-4}$	0.996
8	硫丹 I	241，207，195	12.853	$y=2.22\times10^{-2}x-4.71\times10^{-4}$	0.998
9	*p,p*'-DDE	246，248，318	13.550	$y=0.24x-2.49\times10^{-3}$	0.998
10	狄氏剂	79，81，82	13.642	$y=0.16x-2.80\times10^{-3}$	0.997
11	异狄氏剂	67，81，263	14.367	$y=3.01\times10^{-2}x-6.73\times10^{-4}$	0.996
12	硫丹 II	195，207，159	14.692	$y=2.14\times10^{-2}x-1.18\times10^{-4}$	0.997
13	*p,p*'-DDD	235，237，165	15.000	$y=0.23x-9.81\times10^{-3}$	0.994
14	*o,p*'-DDT	235，237，165	15.142	$y=0.13x-6.64\times10^{-3}$	0.994
15	*p,p*'-DDT	235，237，165	16.508	$y=9.19\times10^{-2}x-4.75\times10^{-3}$	0.992
16	甲氧滴滴涕	227，228，274	19.292	$y=8.28\times10^{-2}x-3.81\times10^{-3}$	0.993

采用 SIM 扫描方式，16 组分有机氯农药分离效果较好（见图 6.3），各色谱峰都达到基线分离，且峰形尖锐、对称，说明该色谱条件对 16 组分有机氯农药有较好的柱效和分辨率，能够有效定性、定量。

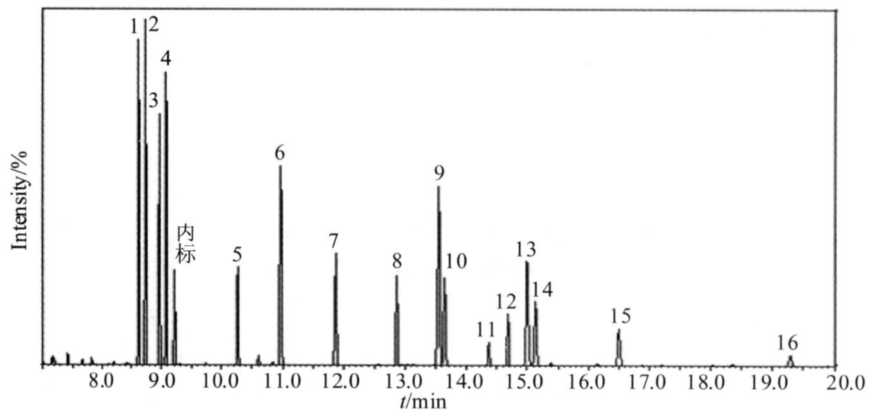

1—甲体六六六；2—六氯苯；3—乙体六六六；4—林丹；内标—氘代菲；5—七氯；6—艾氏剂；7—环氧七氯；8—硫丹Ⅰ；9—*p,p'*-DDE；10—狄氏剂；11—异狄氏剂；12—硫丹Ⅱ；13—*p,p'*-DDD；14—*o,p'*-DDT；15—*p,p'*-DDT；16—甲氧滴滴涕

图 6.3　16 种有机氯农药标样（50 μg/L）色谱图

第五节　质量保证和质量控制

一、空白、平行和加标试验

1. 空白试验

确认样品溶液制备或分析仪器进样操作等原因引起的污染，验证测定环境对样品分析没有显著干扰；空白值的大小及其分散程度影响着方法的检出限和测试结果的精密度。

2. 空白试验的类型

空白试验的类型详见表 6.15。

表 6.15　空白试验的类型

空白类型	空白样品产生阶段	提供的信息
现场空白：用不含目标待测物的、基体与实际样品相同的样品作为空白	现场采样时	解释来自于采样至分析过程中的污染情况，如现场条件、容器、保存剂、运输、贮存、样品预处理、测试等环节中的污染情况
运输空白：空白样品在现场或实验室准备好，随实际样品一起运输，在旅途中密封	现场采样时	评价来自于容器、保存剂、运输、贮存、样品预处理、测试等过程的污染情况
实验室空白：用除目标待测物外，基体与实际样品相同的样品作为空白，用于检测实验室中是否有污染	在实验室预处理和分析时	评价样品预处理和测试体系的污染情况
试剂空白：样品预处理和测试时使用的试剂造成的空白	在实验室预处理和分析时	检查来自于样品预处理时使用的特定试剂
仪器空白：测试仪器是否存在目标化合物残留等状况的空白	在分析过程中	了解来自测试体系的污染情况

实验室空白：每批样品（如果超过 10 个样品，则每 10 个样品）应做一个实验室空白分析，空白分析的方法是用蒸馏水等参比物质做样品，与样品完全相同的方法/步骤进行分析，要求目标化合物的浓度在空白样品中的检测浓度必须低于检测限。

3．平行试验

平行试验是指同一样品的两份或多份子样，在完全相同的条件下进行的同步分析过程。

平行样：每批样品应做一个平行样品分析。平行样品的分析结果相对偏差要求低于 20%。

4．基体加标试验

基体加标试验是指在测定样品的同时，向同一样品的子样品中加入一定量的目标物，然后完全按照样品分析流程进行测定，并计算加标回收率。基体加标试验中加入的标准物质与待测目标物相同，在其测定结果中扣除样品中目标物的测定值，得到的基体加标回收率反映了测试结果的准确程度。

对基体加标平行样品进行回收率测定时，所得结果既可以反映测试结果的准确度，也可判断其精密度，因此，在实验条件允许情况下，推荐每批样品作一个基体加标平行样品。

农药加标回收率一般应在 70%～130%，但对于基体复杂的样品以及极不稳定的特殊组分，可酌情降低要求。

5．实验室质控样品

当基体加标试验的结果表明可能存在样品基体干扰时，质控样品可通过测定洁净基体中的目标物来评价分析方法的可行性。质控样品需要在与样品相同的测试条件下进行分析。

对于有证样品，质控样品测定的结果需满足测定值的给定区间范围。

二、定量校准

配制 5 个浓度水平的待测标准溶液，最低浓度应接近或略高于检出限；溶液浓度在 mg/L 级水平时，其相关系数应＞0.995；溶液浓度在 μg/L 级水平时，其相关系数应＞0.990；最高浓度均不得超出仪器的线性响应范围。

三、连续校准

测定目标物的定量校准曲线中中间浓度的标准溶液，确认其（各目标物、内标）灵敏度变化与制作校准曲线时的灵敏度相比在 20%以内。

四、*p,p'*-DDT 和异狄氏剂的降解

有机氯农药中的 *p,p'*-DDT 和异狄氏剂很容易在进样口发生分解。因此在检测前应用两种物质的单标做一次分解率测定。任何一物质降解率大于 15%，则需要清洗进样口。

$$\text{DDT（\%）}=\frac{\text{（DDE + DDD）的检出量（ng）}}{\text{DDT的进样量（ng）}}\times 100$$

$$\text{异狄氏剂（\%）}=\frac{\text{（异狄氏醛 + 异狄氏酮）的检出量（ng）}}{\text{异狄氏剂的进样量（ng）}}\times 100$$

$$\text{总降解量（\%）} = \text{DDT（\%）} + \text{异狄氏剂（\%）}$$

第七章　有机磷农药

第一节　环境中有机磷农药残留综述

一、有机磷农药概述

1．我国农药生产和使用情况

（1）我国农药使用情况

我国从20世纪中期起，曾普遍使用滴滴涕、六六六、艾氏剂与狄氏剂等有机氯农药。因其在环境中残留时间长、可在生物体内蓄积并对多种生物造成危害，发达国家从70年代起就相继禁用。从1983年开始停用有机氯农药后，我国陆续出现了一大批的“取代农药”，如有机磷类、氨基甲酸酯类农药等。相对而言，这些“取代农药”在环境中的降解速度快、残留时间短，但毒性更强。

由于农药的使用能使粮食的损失减少15%左右，并对蔬菜、水果和其他经济作物的保护有不可替代的作用，使得农药的使用量不断增加，且总用量呈逐年增加的趋势。大量的化学毒物进入环境以后孕育着巨大的危险，不仅农业生态系统中的生态平衡受到严重影响，农产品和环境也受到不同程度的污染。

（2）我国农药生产概况

世界范围内经常使用的农药品种有500多种，而我国生产的品种有200种，其中产量较大的基本品种有10余种，且绝大多数是老的杀虫剂品种。在各类农药产量中，以杀虫剂为主体，占总产量的比例达70%，除草剂占总产量的16%，杀菌剂仅占10%。在杀虫剂中，有机磷酸酯类杀虫剂产量占到70%。而在有机磷杀虫剂中，少数几个高毒品种，如敌敌畏、甲基对硫磷、对硫磷、氧化乐果、甲胺磷、久效磷等，产量又占到了70%。

有机磷是当今主要农药类别之一，几乎遍及了农作物所有的领域。世界上有机磷农药商品已达上百种，特别在杀虫剂方面，有机磷类为三大支柱之一，并长年鳌居首位。目前，我国生产的有机磷农药有30个左右（表7.1）。除了甲胺磷、对硫磷、久效磷等剧毒的有机磷杀虫剂外，其他的大吨位有机磷杀虫剂还有乐果、氧化乐果、辛硫磷等。

虽然近年来开发了不少超高效的农药品种，但由于价格和使用习惯等因素，新产品还远远不能取代有机磷农药。在今后几十年内，有机磷杀虫剂仍会有相当的市场。

表 7.1　我国生产的有机磷农药种类

分类	有机磷农药名称
杀虫剂	敌百虫、敌敌畏、乐果、氧化乐果、对硫磷、甲基对硫磷、甲胺磷、久效磷、辛硫磷、水胺硫磷、杀螟硫磷、喹硫磷、毒死蜱、三唑磷、甲基异硫磷、马拉硫磷、乙酰甲胺磷、倍硫磷、丙溴磷、甲丙硫磷、特丁硫磷、甲拌磷
除草剂	草甘膦、莎脾磷
杀菌剂	稻瘟净、异稻瘟净、甲基立枯磷、乙磷铝
其他	乙烯利、克线磷

2. 有机磷农药基本性质

有机磷农药（Organophosphorous pesticides，OPPs），是用于防治植物病虫毒害的一类含磷的有机化合物总称。其纯品大多呈油状或结晶状，工业品则呈淡黄色至棕色，大多数有蒜臭味，一般不溶于水，易溶于有机溶剂，对光、热、氧较稳定。

有机磷农药的一般通式可表示为：

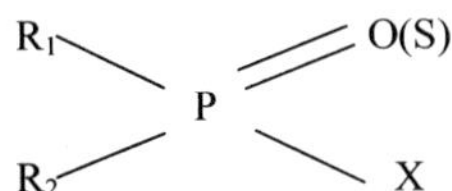

式中：X 为酰基，是多种具有酸性化合物的负离子，X 常见的形式为—OR′或—SR，其中 R 为较复杂的或带有取代基的烃基及杂环基。取代基团的不同形成了有机磷农药的多样性。按照化学结构的不同，有机磷农药可分为磷酸酯、膦酸酯、硫醇磷酸酯、硫酮磷酸酯、二硫代磷酸酯和磷酰胺六个主要类型。

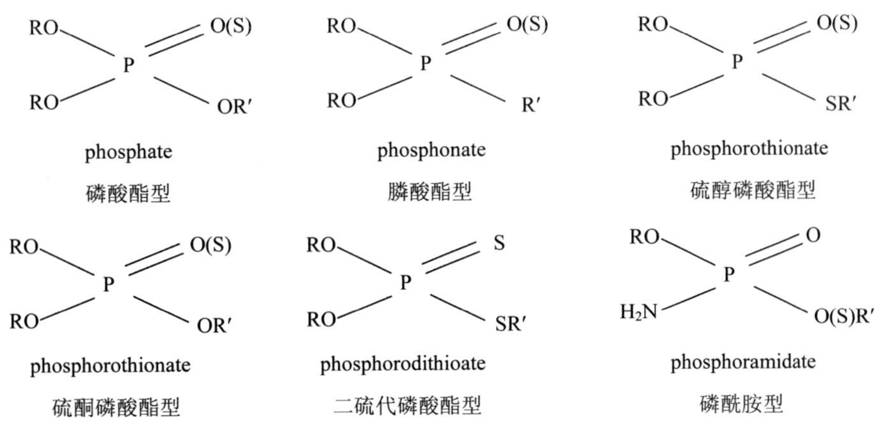

有机磷杀虫剂具有以下几个特点：

① 化学性质不稳定，易水解，在碱性条件下易分解，因而不宜和碱性物质混合；易氧化，热分解，易在自然环境及动植物体内降解，在高等动物体内无累积毒性。

② 杀虫效率高，广谱，作用方式多样，如触杀、喂毒、熏蒸，不少品种为内吸杀虫剂。许多品种同时又是杀螨剂。

③ 化学结构复杂多变，品种多，适用范围广。

④ 毒性差异大。辛硫磷、马拉硫磷、敌百虫等毒性低，而对硫磷、甲拌磷为剧毒品。

⑤ 对有机磷杀虫剂引起的急性中毒有特效的解毒药（解磷定和阿托品）。除少数品种外（如敌百虫、敌敌畏对高粱、瓜类敏感），一般对农作物安全，在推荐剂量下不致发生药害。正确使用时，残留问题小。

⑥ 与有机氯农药、拟除虫菊酯类杀虫剂相比，害虫对有机磷杀虫剂的抗药性发展缓慢。

3. 农药的环境行为

农药施于作物上仅有少量附着于作物本体上，大部分农药则散落在周边环境中。残留在环境中的农药会对非靶标生物产生危害，而其危害程度与农药的环境行为有关。农药的环境行为是农药在环境中发生各种物理和化学变化的统称，包括农药的化学行为和物理行为。化学行为主要是指农药在环境中的残留性、降解与代谢过程；物理行为是指农药在环境中的移动性及其迁移性规律。

农药作用于环境的化学行为表现为，农药施用到农田后，一部分进入土壤，另一部分留在土壤表面。进入土壤的农药可被植物吸收、土壤胶核吸附、微生物和化学降解及向地下水迁移；留在植物和土壤表面的农药可经过表面蒸发、随风漂移、径流及光化学降解等过程迁移。

农药的移动性和迁移性也将严重影响环境。除了环境因子影响外，农药的移动与其物理性质密切相关，如农药的蒸气压、在固/水-气相中的分配系数等。蒸气压越大，农药从土壤及水体表面进入大气的机会越大，对大气的污染就越严重。溶解度越大、土壤吸附系数越小，农药越易随水移动，流入江河、湖泊或渗入地下水，从而对水环境产生污染。

分布在土壤、大气及水体中的农药都可能对非靶标生物产生影响，并且通过生物富集作用由食物链直接影响到整个生态系统。虽然农药对世界农业的发展起到了重要作用，但其广泛使用，也已造成了严重的环境污染，甚至破坏了生态平衡，给人类的生活及生存带来了不利的影响与危害。

4. 有机磷农药的毒性

有机磷农药主要由三种途径进入人体内：一是偶然大量接触，如误食；二是长期接触一定量的农药，如农药厂的工人和农药使用者；三是日常生活接触环境和食品中农药的残留。农药经口、皮肤、呼吸道进入体内，高剂量短期作用于人体会产生急性中毒，严重时甚至导致死亡。而长期接触或食用含有有机磷农药残留的物质，会引起许多慢性的不良影响，引发癌症、导致神经系统失调、出生缺陷、生殖毒性等。

有机磷杀虫剂对人畜的急性毒性主要是对乙酰胆碱酯酶的抑制，引起乙酰胆碱积蓄，导致先兴奋后衰竭而死亡。体内的胆碱酯酶可分为乙酰胆碱酯酶和非特异性胆碱酯酶，前者主要存在于中枢运动神经灰质、细胞表面、交感神经节和运动终板中；后者存在于中枢神经白质及血清、肝、肠黏膜下层和一些腺体中。非特异性胆碱酯酶对有机磷酸酯敏感，抑制后恢复较快。但由于有机磷农药比较容易水解，进入体内后，易于分解排泄，在体内的残留时间短，所以大部分的有机磷农药表现为急性毒性，慢性中毒较为少见。

有机磷化合物进入机体后，其磷酸根迅速与胆碱酯酶的活性中心结合，形成磷酰化胆碱酯酶，因而失去分解乙酰胆碱的作用，以致胆碱能神经末梢部位所释放的乙酰胆碱不能迅速被其周围的胆碱酯酶水解，结果导致乙酰胆碱蓄积，从而过强地刺激胆碱能神经系统，引起组织器官功能改变，发生一系列中毒症状。

二、环境中有机磷农药残留的控制指标

1. 国外有机磷农药残留的控制指标

美国饮用水水质标准规定，饮用水中对人体健康无影响或预期无不良影响的草甘膦的最高浓度为 0.7 mg/L，规定供给用户的水中的最高浓度为 0.7 mg/L。美国环保局（EPA）规定职业环境空气中草甘膦的时间加权平均值为 0.25 mg/m^3。

美国环保局（EPA）制定的 National Ambient Air Quality Standards（国家环境空气质量）中未对有机磷农药残留的限值做出规定。

俄罗斯规定地面水中马拉硫磷的最高容许浓度为 0.05 mg/L，对硫磷的最高容许浓度为 3 μg/m^3，甲基对硫磷的最高容许浓度为 0.02 mg/m^3，敌百虫的最高容许浓度为 0.05 mg/L。渔业水中敌百虫的最高容许浓度为 0 mg/L。另外，俄罗斯还规定职业环境空气中马拉硫磷的最高容许浓度上限为 0.5 mg/m^3，杀螟硫磷的最高允许浓度为 0.005 mg/m^3（一次量）、0.001 mg/m^3（日平均量）。职业环境空气中杀螟硫磷最高允许浓度上限值为 0.1 mg/m^3，对硫磷的最高容许浓度上限值为 0.05 mg/m^3。地面水中杀螟硫磷最高允许浓度 0.25 mg/L。渔业水中杀螟硫磷最高允许浓度为 0。

加拿大饮用水水质标准规定饮用水中乐果的临时最大可接受浓度为 0.02 mg/L，对硫磷的最大可接受浓度为 0.05 mg/L。

日本规定甲基对硫磷的废水排放标准为 1 mg/L，对硫磷的污水排放标准限值为 1 mg/L。另外，还规定职业环境空气中杀螟硫磷最高允许浓度为 1 mg/m^3。

日本的饮用水水质基准规定所有农药组分的检出值与目标值之比的和小于 1。

德国规定职业环境空气中对硫磷的最高容许浓度上限为 0.1 mg/m^3。

联合国环境规划署规定保护水生生物淡水中农药的最大允许浓度为 0.03 μg/L。

波兰规定长期接触杀螟硫磷的时间加权浓度值不得超过 0.02 mg/m^3，短期接触的浓度阈值为 0.1 mg/m^3。

新加坡、越南、新西兰、韩国、哥伦比亚以及保加利亚则规定职业环境空中草甘膦的接触限值为时间加权平均值 0.25 mg/m^3。

欧盟颁布的饮用水标准（EU's Drinking Water Standards）中对农药的限制标准规定为 0.000 1 mg/L，对农药总量的控制指标为 0.000 5 mg/L。

2. 国内有机磷农药残留的控制指标

国内现行的涉及有机磷农药组分的水质控制标准主要有《污水综合排放标准》（GB 8978—96）、《海水水质标准》（GB 3097—1997）、《地表水环境质量标准》（GB 38383—2002）、《生活饮用水卫生标准》（GB 5749—2006）等。

《渔业水质标准》（GB 11607—89）：适用于鱼虾类的产卵场、索饵场、越冬场、洄游通道和水产增养殖区等海、淡水的渔业水域。其中对四种有机磷农药组分的限值做出了规定：马拉硫磷≤0.005 mg/L；乐果≤0.01 mg/L；甲胺磷≤1 mg/L；甲基对硫磷≤0.0005 mg/L。

《污水综合排放标准》（GB 8978—96）：适用于现有单位水污染物的排放管理，以及建设项目的环境影响评价、建设项目环境保护设施设计、竣工验收及其投产后的排放管理。其中将有机磷农药组分归为第二类污染物，针对 1997 年 12 月 31 日前建设的单位，执行

标准中仅对有机磷农药（以 P 计）的排放总量做出了规定，而对于之后建设的单位则进一步细化到了多种有机磷农药组分的排放限值。1997 年 12 月 31 日之前建设的单位：有机磷农药（以 P 计）一级标准为不得检出，二级标准为 0.5 mg/L，三级标准为 0.5 mg/L。1998 年 1 月 1 日以后建设的单位：有机磷农药（以 P 计）一级标准为不得检出，二级标准为 0.5 mg/L，三级标准为 0.5 mg/L；乐果、对硫磷、甲基对硫磷的一级标准为不得检出，二级标准为 1.0 mg/L，三级标准为 2.0 mg/L；马拉硫磷一级标准为不得检出，二级标准为 5.0 mg/L，三级标准为 10 mg/L。

《海水水质标准》(GB 3097—1997)：适用于我国管辖的海域，其中对两种有机磷农药组分在海水中的限值做出了规定：马拉硫磷（一类海水水质）≤0.000 5 mg/L，马拉硫磷（二、三、四类海水水质）≤0.001 mg/L；甲基对硫磷（一类海水水质）≤0.000 5 mg/L，甲基对硫磷（二、三、四类海水水质）≤0.001 mg/L。

《污水海洋处置工程污染控制标准》(GB 18486—2001)：适用于利用放流管和水下扩散器向海域或排放点含盐度大于 5‰的年概率大于 10%的河口水域排放污水的一切污水海洋处置工程。其中对污水海洋处置工程中的有机磷农药的排放限值做出了规定：有机磷农药（以 P 计）≤0.5 mg/L。

《城镇污水处理厂污染物排放标准》(GB 18918—2002)：适用于城镇污水处理厂出水、废气排放和污泥处置（控制）的管理。居民小区和工业企业内独立的生活污水处理设施污染物的排放管理，也按本标准执行。其中将有机磷农药组分归为选择控制项目，规定了它们的最高允许排放浓度（日均值）：有机磷农药（以 P 计）0.5 mg/L；马拉硫磷 1.0 mg/L；乐果 0.5 mg/L；对硫磷 0.05 mg/L；甲基对硫磷 0.2 mg/L。

《地表水环境质量标准》(GB 38383—2002)：适用于我国领域内江河、湖泊、运河、渠道、水库等具有使用功能的地表水水域。其中将有机磷农药归为特定项目，对其标准限值规定如下：对硫磷 0.003 mg/L；甲基对硫磷 0.002 mg/L；马拉硫磷 0.05 mg/L；乐果 0.08 mg/L；敌敌畏 0.05 mg/L；敌百虫 0.05 mg/L；内吸磷 0.03 mg/L。

《生活饮用水卫生标准》(GB 5749—2006)：适用于城乡各类集中式供水的生活饮用水，也适用于分散式供水的生活饮用水。其中将有机磷农药归为非常规控制项目，对其限值做出了规定：马拉硫磷 0.25 mg/L；乐果 0.08 mg/L；对硫磷 0.02 mg/L；甲基对硫磷 0.003 mg/L；毒死蜱 0.03 mg/L；草甘膦 0.7 mg/L；敌敌畏 0.001 mg/L。

我国现行的空气控制标准，如《环境空气质量标准》(GB 3095—2012)、《室内空气质量标准》(GB/T 18883—2002)、《乘用车内空气质量评价指南》(GB/T 27630—2011)、《保护农作物的大气污染物最高允许浓度》(GB 9137—88) 以及大气污染物排放标准，如《大气污染物综合排放标准》(GB 16297—1996) 等，都没有涉及大气中有机磷农药的控制指标。

有关土壤环境评价标准中，如《土壤环境质量标准》(GB 1561—1995)、《温室蔬菜产地环境质量评价标准》(HJ 333—2006)、《食用农产品产地环境质量评价标准》(HJ 332—2006) 中仅提到了六六六、滴滴涕两种有机氯农药组分的限值标准。《展览会用地土壤环境质量评价标准（暂行）》(HJ 350—2007) 中涉及了六六六、滴滴涕、艾氏剂、狄氏剂、异狄氏剂五种有机氯农药组分的限值标准。但这些标准中都未对土壤中有机磷农药允许的残留量作出明确规定。

与固体废物相关的控制标准中，《生活垃圾填埋污染控制标准》（GB 16889—2008）、《城镇垃圾农用控制标准》（GB 8172—1987）都没有涉及有机磷农药的限值标准。《危险废物毒性标准　浸出毒性鉴别》（GB 5085.3—2007）对浸出液中有机磷农药组分的浓度限值做出了规定：乐果 8.0 mg/L，对硫磷 0.3 mg/L，甲基对硫磷 0.2 mg/L，马拉硫磷 5.0 mg/L。

3．国内外有机磷农药控制指标比较

国内外控制标准中很多都规定了水体中有机磷农药残留限值，联合国、欧盟及日本更是对水体中总的农药允许量做出了明确规定。

空气质量标准中，国外有一些涉及有机磷农药组分限值的规定，但就目前掌握的资料来看，这些规定多限于职业环境空气，且仅就一些单一有机磷组分的浓度给出了限值。国内目前现行的标准都没有涉及有机磷农药的控制指标，更多的是对无机污染物的最大允许浓度做出了规定。

土壤中的污染物主要通过水、食用链进入人体。因此，土壤环境质量标准中涉及的多为在土壤中不易降解和危害较大的污染物。由于有机磷农药组分的不稳定性，土壤标准中涉及有机磷农药组分的较少。另外，土壤质量标准的制订工作开始较晚，目前各国制定的标准中涉及的有机污染物项目有限。

以上情况，在一定程度上反映出国内对有机磷农残污染，甚至是对有机污染的监测防护的重点仍集中于环境水体，对其他环境介质中有机污染物的重视程度不够。今后制修订各类标准的大方向，应更多地向环境介质中各类有机污染物的监测控制方面扩展。

三、环境中有机磷农药残留的标准分析方法

1．国外有机磷农药残留的标准分析方法

目前，国外有机磷农药分析的标准方法主要有美国 EPA Method 8141B、EPA Method 8270D、EPA Method 8085、EPA Method 507、EPA Method 614、EPA Method 622、EPA Method 1657，英国 BS EN 12918—1999，德国 DIN 38415-1—1995 等。

美国 EPA Method 8141B 气相色谱法测定有机磷化合物（Organophosphorus Compounds by Gas Chromatography）：水样的前处理可采用分液漏斗萃取法、连续液液萃取法、固相萃取法；固体样品的前处理可采用索氏提取法、加压流体萃取法、微波萃取法、超声萃取法等。使用 GC-FPD/NPD 测定，色谱柱为毛细管色谱柱。适用于水体、固体样品中敌百虫、乐果、甲基对硫磷、马拉硫磷等 32 种有机磷农药的测定。

美国 EPA Method 8270D GC/MS 测定半挥发有机化合物（Semivolatile Organic Compounds by Gas Chromatography/mass Spectrometry）：水样的前处理可采用分液漏斗萃取法、连续液液萃取法、索氏提取法、自动索氏提取法、超声提取法。使用 GC/MS 测定，色谱柱为毛细管色谱柱。适用于固体废弃物、土壤、空气和水样提取液中内吸磷、敌敌畏、乐果、马拉硫磷、甲基对硫磷、对硫磷等半挥发性有机物的测定。地下水中的定量下限最低为 10 μg/L，土壤或沉积物中的定量下限最低为 660 μg/kg。

美国 EPA Method 8085：Compound-independent Elemental Quantitation of Pesticides by Gas Chromatography with Atomic Emission Detection（GC/AED）：采用液液萃取前处理方法，气相色谱-AED 检测器测定，该标准适用于液体和固体中有机磷农药的分析。

美国EPA Method 507水中含N/P农药的测定（Determination of Nitrogen and Phosphorus Containing Pesticides in Water by Gas Chromatography with A Nitrogen-phosphorus Detector）：水样的前处理采用分液漏斗萃取法，使用GC/NPD测定，毛细管色谱柱。适用于地表水和饮用水中敌敌畏等含氮或含磷农药的测定。最低方法检测限达到0.014 μg/L。

美国 EPA Method 614 城市和工业废水中有机磷农药测定（The Determination of Organophosphorus Pesticides in Municipal and IndustriaL Wastewater）：水样的前处理采用分液漏斗萃取法，使用GC/FPD测定，色谱柱为硬质玻璃填充柱。适用于城市和工业废水中内吸磷、马拉硫磷、甲基对硫磷、对硫磷等一些有机磷农药的测定。最低方法检测限达到0.012 μg/L。

美国 EPA Method 622 城市和工业用水中有机磷农药测定（The Determination of Organophosphorus Pesticides in Municipal and Industrial Wastewater）：水样的前处理采用分液漏斗萃取法，使用GC/FPD或GC/NPD测定，色谱柱为硬质玻璃填充柱。适用于城市和工业废水中内吸磷、敌敌畏、甲基对硫磷等有机磷农药的测定。方法最低检测限达到0.10 μg/L。

美国 EPA Method 1657 城市和工业用水中有机磷农药测定（The Determination of Organophosphorus Pesticides in Municipal and Industrial Wastewater）：样品的前处理采用连续萃取技术，凝胶或固相萃取净化，GC/FPD 测定，毛细管色谱柱。适用于污水及工业废水中敌敌畏、敌百虫、内吸磷等有机磷农药的测定，同样的方法也可应用于固体、沉积物、淤泥中有机磷农药的测定。最低方法检测限达到2ng/L。

2．国内有机磷农药残留的标准分析方法

国内有机磷农药残留的标准分析方法较多，如《水质　有机磷农药测定　气相色谱法》（GB 13192—1991）、《生活饮用水标准检验方法　农药指标》（GB/T 5750.9—2006）等。

《水质 有机磷农药测定　气相色谱法》（GB 13192—1991）：采用三氯甲烷萃取水样，气相色谱-FPD 测定。色谱柱为硬质玻璃填充柱，外标法定量。适用于地面水、地下水及工业废水中敌敌畏、敌百虫、乐果、甲基对硫磷、对硫磷、马拉硫磷的测定，测定下限为5×10^{-4}～5×10^{-5} mg/L。

《生活饮用水标准检验方法　农药指标》（GB/T 5750.9—2006）：采用二氯甲烷萃取水样，气相色谱-FPD 测定。色谱柱为硬质玻璃填充柱，外标法定量。适用于生活饮用水及其水源水中对硫磷、甲基对硫磷、内吸磷、马拉硫磷、乐果和敌敌畏的测定，最低检测质量浓度为2.5 μg/L。

《水和废水监测分析方法》（第四版）：方法一采用三氯甲烷萃取水样，气相色谱-FPD测定。色谱柱为硬质玻璃填充柱，外标法定量。适用于有机磷农药厂排放的废水和地表水、地下水中乐果、甲基对硫磷、马拉硫磷和乙基对硫磷等有机磷农药的测定，最低检出浓度为0.01 mg/L；方法二采用二氯甲烷萃取水样，气相色谱-FPD测定。色谱柱为毛细管色谱充柱，外标法定量。适用于有机磷农药厂排放的废水、地表水以及地下水中有机磷农药的测定，最低检出限为0.01 μg/L。

《饮用水中 450 种农药及其相关化学品残留量的测定　液相色谱-串联质谱法》（GB/T 23214—2008）：饮用水样品用1%乙酸乙腈溶液提取，固相萃取柱净化，乙腈+甲苯（3+1）洗脱，LC-MS 测定，外标法定量。适用于速灭磷、甲基立枯磷、甲基毒死蜱、乙基溴硫磷、磷胺等农药组分的测定。

《水、土中有机磷农药测定的气相色谱法》（GB/T 14552—2003）则规定了水体和土壤中多种有机磷农药组分的测定。采用丙酮、二氯甲烷等有机溶剂萃取样品，用气相色谱-NPD或FPD分析。色谱柱为硬质玻璃填充柱，外标法定量。适用于地面水、地下水及土壤中速灭磷、甲拌磷、二嗪磷、异稻瘟净、甲基对硫磷、杀螟硫磷、溴硫磷、水胺硫磷、稻丰散、杀扑磷等有机磷农药的残留量分析。水样中的最低检测浓度为 8×10^{-5}～5×10^{-4} mg/L。土壤中的最低检测浓度为 4×10^{-4}～1×10^{-3} mg/kg。

《工作场所空气有毒物质测定 有机磷农药》（GBZ/T 160.76—2004）适用于工作场所空气中久效磷、甲拌磷、对硫磷、亚胺硫磷等有机磷农药浓度的测定。用硅胶管或聚氨酯泡沫管采集空气中的有机磷农药，经丙酮或甲醇等有机溶剂振摇解吸，得到的解吸液用GC/FPD 分析测定，最低检出限达到 0.01 μg/ml。敌百虫经多孔玻板吸收管采集后，碱性水解生成的二氯乙醛与二硝基苯肼反应后于 580 nm 波长下测定。磷胺、内吸磷、甲基内吸磷及马拉硫磷同样用多孔玻板吸收管采集，然后经酶化学法进行定量测定。

3. 国内外有机磷农药残留的标准分析方法比较

前处理方法方面，国内外的水质标准分析方法中，对于有机磷农药残留的样品前处理多采用液液萃取法。该方法简单、适用性强、不需要复杂的仪器，但是试剂用量较大、操作繁琐、存在乳化现象、不便于大批量操作。国外标准分析方法中，还涉及连续液液萃取、自动索氏提取、超声提取法和固相萃取法等试剂用量少、自动化程度高的方法。

分析仪器方面，国内外标准中多采用气相色谱-火焰光度检测器或氮磷检测器（GC-FPD/NPD），也有采用气相色谱-质谱仪。火焰光度检测器可分别用于含磷或含硫物质的测定，是 EPA 8141B 中推荐的用于有机磷农药测定的检测器。氮磷检测器对于含氮或含磷的物质都有响应，是一种带有陶瓷制品火焰喷口的火焰离子化检测器。其关键组件铷珠为消耗品，随着使用时间的延长，检测器的灵敏度和选择性也会随之降低。

色谱柱方面，鉴于当时分析技术所限，国内的方法标准中，多采用硬质玻璃填充柱。填充柱的通用性不强且分离效果较差。国外的标准方法中，大多采用毛细管色谱柱，其在灵敏度、重现性、柱效能等方面都明显优于填充柱。

方法适用的介质方面，国内现有标准方法中，主要涉及地表水、地下水、废水、土壤、工作场所空气中有机磷农药残留的测定，但大多数标准方法还是集中于环境水体介质。国外标准分析方法中，对地表水、废水、空气、土壤、沉积物、固体废物中有机磷农药的测定都有涉及，基本覆盖了所有环境介质。

四、小结

国内现行的水体、大气、土壤、固体废物等各类环境质量标准及污染物排放控制标准中，仅水体中有机磷农药的相关规定较为详尽，其他标准中均很少涉及农药组分的限值指标，涉及有机磷农药组分的则少之又少。

同国内质量标准及排放标准的整体情况类似，有机磷农药残留的标准分析方法仍集中于环境水体介质，而大气、土壤、固体废物等介质中涉及有机磷农药测定的标准方法则屈指可数。而在农产品、食品领域，有关有机磷农药残留测定的标准方法，则非常多。这也反映了目前我国对环境中有机磷农药残留污染的主要关注领域尚有局限性，除水体外其他环境介质中的农残污染有待在今后引起更多关注。

第二节 样品的采集和保存

一、样品采集和保存的一般规定

样品采集和保存是环境监测分析中的一个重要步骤，虽然与后续的分析测定步骤相比，采样工具的精确程度远比不上分析仪器，采样过程的严密程度也比不上分析过程，但是分析过程的误差易随技术的发展而进一步降低，因此分析测定最终结果的总误差常常更多地来源于采样过程。正确选择样品采集和保存方法，执行规范的采样操作规程，改进采样技术，对于提高环境监测的分析质量是极其重要的。

我国现行标准或规范中，对水质、大气、土壤和固体废物等环境样品的采集和保存都做出了一般性规定，其中包括水样分类、点位布设、采样时间、采样频率、采样数量、采样设备、采样方法、样品保存、样品运输等详细内容，具体可参见下列标准。

水质样品的采集和保存的一般性规定可参见：《水质　采样方案设计技术规定》（HJ 495—2009）、《水质　采样技术指导》（HJ 494—2009）、《水质采样 样品的保存和管理技术规定》（HJ 493—2009）、《地表水和污水监测技术规范》（HJ/T 91—2002）、《水质 湖泊和水库采样技术指导》（GB/T 14581—1993）、《水质 河流采样技术指导》（HJ/T 52—1999）、《地下水环境监测技术规范》（HJ/T 164—2004）、《生活饮用水标准检验方法 水样的采集与保存》（GB/T 5750.2—2006）等。

大气样品的采集和保存的一般性规定可参见：《大气降水样品的采集与保存》（GB/T 13580.2—1992）。

土壤和固体废弃物样品的采集和保存的一般性规定可参见：《土壤环境监测技术规范》（HJ/T 166—2004）、《土壤检测 土壤样品的采集、处理和贮存》（NY/T 1121.1—2006）以及《工业固体废物采样制样技术规范》（HJ/T 20—1998）等。

二、有机磷农残样品的采集和保存

由于有机磷农药很不稳定，对光、热、氧、碱等环境条件都较为敏感，故涉及有机磷农药测定的环境样品的采集和保存时，除了满足一般性样品采集和保存要求外，还有一些特殊要求需要引起足够重视。

现将国内外标准中有机磷残留测定的样品采集和保存的相关内容列出如下。

《水质 有机磷农药的测定 气相色谱法》（GB 13192—1991）：采用玻璃磨口瓶采集，在采样前用水样将样品瓶冲洗 2～3 次，弱酸性保存。敌敌畏和敌百虫易降解，应尽快分析，其余四种 OPPs 于 4℃保存 3 天。适用于地面水、地下水和工业废水中敌敌畏、敌百虫、乐果、甲基对硫磷、马拉硫磷、对硫磷测定的样品采集和保存。

《水、土中有机磷农药测定的气相色谱法》（GB/T 14552—2003）：磨口玻璃瓶采样，先用水样冲洗样品瓶 2～3 次，水样在 4℃保存；采集土壤样品时，充分混匀取 500 g 装入样品瓶中，另取 20 g 测定含水量，样品保存在−18℃冷冻箱中。适用于地面水、地下水、土壤中速灭磷、甲拌磷、二嗪磷、异稻瘟净等多组分残留测定的样品采集和保存。

《生活饮用水标准检验方法 农药指标》（GB/T 5750.9—2006）：采用硬质磨口玻璃瓶采集样品，冰箱中保存，24 h 内测定。适用于生活饮用水及其水源水中对硫磷、甲基对硫磷、内吸磷、马拉硫磷、乐果、敌敌畏六种有机磷农药组分测定的样品采集和保存。

《水质采样 样品的保存和管理技术规定》（HJ 493—2009）：采样前不能用水样冲洗采样容器，水样不能充满容器，萃取应在采样后 24 h 内完成，萃取物可保存 5 天。适用于天然水、生活污水、工业废水中含有机氯、有机磷、有机氮杀虫剂测定的样品采集和保存。

《地表水和污水监测技术规范》（HJ/T 91—2002）：硬质玻璃瓶采样，采样后加入抗坏血酸 0.01～0.02 g 除余氯，0～4℃避光保存 24 h。适用于江河、湖泊、水库、渠道的水质监测、污染源排放污水中农药类，除草剂类污染物测定的样品采集和保存。

水中含 N/P 农药的测定（EPA Method 507）：采用玻璃瓶采集样品，采样前不能用水样荡洗瓶子，样品于 4℃避光保存，可加入硫代硫酸钠除余氯。目标物的稳定性受基体影响很大，大部分有机磷农药在 14 天内比较稳定，前处理后的萃取物于 4℃避光保存，推荐 14 d 内测定。适用于地表水和饮用水中敌敌畏等含氮或含磷农药测定的样品采集和保存。

城市和工业废水中有机磷农药测定（EPA method 614/622）：采用玻璃瓶采集样品，采样前不能用水样荡洗采样瓶，样品于 4℃保存，7 天内萃取，萃取物在 40 天内进行测定。适用于城市和工业废水中内吸磷、马拉硫磷、对硫磷等有机磷农药测定的样品采集和保存。

城市和工业用水中有机磷农药测定（EPA method 1657）：采用玻璃瓶采集样品，采样前不能用水样荡洗采样瓶，样品于 4℃保存，可加入硫代硫酸钠除余氯。7 天内萃取水样，40 天内测定萃取物。若 72 h 内没有对水样进行萃取，则用硫酸和氢氧化钠调节样品 pH 为 5～9。适用于污水、工业废水、固体、沉积物以及淤泥中敌敌畏、敌百虫、内吸磷等有机磷农药测定的样品采集和保存。

气相色谱法测定有机磷化合物（EPA method 8141B）：环境样品中的很多有机磷组分在酸性和碱性条件下均会发生很快降解，地表水样品中的有机磷农药组分一般在 14 d 内发生降解，故应用氢氧化钠和硫酸调节样品 pH5～8，并于 4℃保存。7 天内萃取水样，40 天内测定萃取物。适用于水体、固体样品中敌百虫、乐果、甲基对硫磷等 32 种有机磷农药测定的样品采集和保存。

GC/MS 测定半挥发有机化合物（EPA method 8270D）：样品于−10℃冷冻避光，密封保存。适用于固体废弃物、土壤、空气和水样提取液中内吸磷、敌敌畏、乐果、马拉硫磷等半挥发性有机物测定的样品采集和保存。

由上可见，国内标准中对有机磷农药残留测定的样品采集和保存的规定有一些条件并不十分明确，如保存的 pH，还有一些条件并不完全一致，如保存时间，甚至还会有一些相互矛盾之处，如采样前是否荡洗采样瓶。而国外标准，主要是美国 EPA 的相关标准中，对于有机磷农药测定的样品采集和保存条件的规定则基本保持一致。

相对有机氯农药等持久性有机污染物来说，很多有机磷农药组分的稳定性差、易发生分解反应，因此适宜的样品保存条件对有机磷农药残留的准确测试尤为重要。上述所列的国内外标准中都特别提到了样品保存 pH 和保存时间的问题。很多有机磷农药组分，如敌敌畏、敌百虫等，在碱性条件下极易发生分解。另外，采集回来的样品应尽快分析，时间有限的话，可将样品先行进行前处理，前处理后的萃取液比原样品的有效保存时间更长。

当然，由于有机磷农药组分繁多、性质差异大以及样品类型的多样性，同一样品采集和保存方法不可能同时很好地满足各种环境介质中、各种有机磷组分残留测定的要求。所以，建议在实际工作中，采样前应根据样品的性质组成、测定的目标物等，对样品的采集和保存方法进行验证后，再酌情选用。

三、样品采集和保存条件的试验方法

1. 样品采集和保存试验的一般步骤

一般来说，从开始进行样品采集和保存条件试验到确定适宜的样品采集和保存方法，需要经过以下几个步骤：首先，要对目标物测定方法的检出限、精密度、准确度等性能指标进行测试，以确保测试方法可以很好地反映测定对象的实际情况。其次，可通过测定精密度等指标来实现样品均匀性及样品中目标物的含量测定，以保证后续样品采集和保存试验数据的可比性。注意，用于样品采集和保存试验的样品中须含有待测目标物，如样品本身不含待测目标物，则需通过向样品中加标来实现。最后，将样品分组，按照既定的采集和保存方案进行试验。

2. 样品采集和保存试验示例

为了进一步说明样品采集和保存条件的试验步骤，现以地表水中丙烯腈测定的样品保存条件研究为例加以说明。

首先，进行分析测试方法的性能指标试验。

采用顶空-气相色谱法测定了丙烯腈的校准曲线和检出限，而后，对实际地表水样进行测定，未检出目标物丙烯腈。随即，按低、中、高三个浓度水平向实际水样中加标，每个浓度水平进行多次测定，得到精密度和准确度数据。测试结果表明，该方法的性能指标均能满足实际需要。

其次，进行加标样品的均匀性及加标定值试验。

向实际水样中添加不同浓度水平的丙烯腈标准样品，并立即进行样品均匀性和加标定值实验。具体步骤如下：取一定量的水样加入目标物，调节水样 pH 至所需范围，然后分装于多个棕色玻璃小瓶中。立即测定其中多个小瓶中的丙烯腈含量，测定的均值即为加标定值的结果，相对标准偏差的大小用以衡量样品加标的均匀性。

最后，进行样品保存条件实验。

按设定的实验方案进行保存实验，见表 7.2。测定不同保存条件下，各组样品中的丙烯腈含量，得到样品中丙烯腈含量随保存条件的变化曲线，分析总结得到相应的结论。

表 7.2 样品保存实验方案

样品名称	保存温度/℃	保存 pH	保存时间/d
低浓度加标样品	4	pH≈7	1，2，3，5，7，9，12，14，16，27
	4	pH=4～5	1，2，3，5，7，9，12，14，16，27
高浓度加标样品	4	pH≈7	1，2，3，5，7，9，12，14，16，27
	4	pH=4～5	1，2，3，5，7，9，12，14，16，27

第三节 环境样品前处理技术

一、概述

1. 环境样品前处理在环境分析中的地位

环境样品千差万别，包括气态、液态、固态等各种形态；其组成往往十分复杂，一个环境样品中可能包含几十甚至几百种组分；各组分的浓度不但很低，而且相互之间的差别很大，从 g/L 到 mg/L 再到 μg/L；一种物质往往以多种形态存在，有元素态和化合态，化合态中有无机态和有机态之分，无机态中又以不同价态的形式出现，而有机态中又有各种异构体或同系物之别。更重要的是，这些不同的形态表现的环境效应与毒性是截然不同的。由于这些特点，环境样品不同于一般样品，通常需要进行预处理后才可进行后续的仪器分析。

在整个环境样品分析过程中，样品前处理大概占整个分析时间的 2/3，所需的时间最长。前处理是环境样品分析的关键环节，直接影响最终的分析结果。

2. 环境样品前处理的目的

从环境中采集的样品，无论是气体、液体或固体，几乎都不能未经处理直接进行分析测定，特别是许多环境样品以多相非均一态的形式存在时。所以，采集的环境样品必须经过处理后才能进行仪器分析测定。而前处理所要达到的目的如下：提高测试精度、提高方法的选择性、提高灵敏度和降低检出限、延长测试仪器的使用寿命以及使样品更易保存和运输。

3. 样品前处理的评价标准

没有一种前处理方法能适合所有各种不同的样品或不同的被测对象，即使同一种被测物质，由于所处的环境与条件不同，可能采用的前处理步骤不同。因此，在样品进行分析前，要对所选用的前处理方法进行评价，找到适宜的方案。评价一个最佳的样品前处理方法，需要考虑以下原则：能否最大限度去除影响测定的干扰物；被测组分的回收率是否足够高；操作是否相对简便、省时省力；对人体及环境是否产生不良影响等。

二、环境样品前处理技术

1. 环境样品中有机磷农药残留的提取技术

（1）水体中有机磷农药残留的提取技术

目前水体中有机污染物常用的前处理方法有液液萃取法（LLE）、固相萃取法（SPE）、固相微萃取法（SPME）、液相微萃取法（LPME）等。

溶剂萃取法，也即液液萃取法，可萃取各个沸点阶段的有机物，尤其适宜分离、富集水中难挥发性和中等挥发性的有机物。

环境水体中敌敌畏、敌百虫、内吸磷、乐果、甲基对硫磷、马拉硫磷、对硫磷的液液萃取条件可参照如下：调节水样 pH 至 6.50，转移至分液漏斗中，加入二氯甲烷，振荡后静置分层，有机相经无水硫酸钠脱水后收集。按上述步骤萃取两次，合并萃取液，浓缩、定容、待测。上述经过萃取的水相调节 pH 至 9.60 后，于 50℃水浴中振摇反应 15 min。待水样冷却至室温后，调节 pH 至 6.50，转移至分液漏斗中，同上述步骤萃取浓缩后，待测。

固相萃取是一种基于液-固分离萃取的试样预处理技术，尤其适宜处理水中中等挥发性和难挥发性有机物。商品化的固相萃取产品主要有柱式和盘式两种，所选用的固相萃取的吸附剂种类将直接影响目标物的萃取效果。环境水体中敌敌畏、乐果、甲基对硫磷、马拉硫磷、对硫磷的液液萃取条件可参照如下：依次用 10 ml 乙酸乙酯、甲醇和水活化小柱；保持水流以 5 ml/min 的速度连续通过活化后的小柱；待样品全部过柱后，用高纯氮气吹干小柱，以除去水份；用 12 ml 的乙酸乙酯浸泡、洗脱小柱；收集的洗脱液，浓缩、定容、待测。

固相微萃取是根据吸附-解吸原理，由萃取头（纤维）吸附样品中挥发性或半挥发性有机污染物。萃取头是固相微萃取的关键组件，受纤维头使用次数的限制，样品分析的成本较昂贵。环境水体中敌敌畏、甲基对硫磷、马拉硫磷、对硫磷的固相微萃取直接浸入式萃取条件可参照如下：于 12 ml 顶空瓶中放入 8m l 样品，置于磁力搅拌台上。将 85μm PA 纤维头针管插入顶空瓶液体中，调整并固定萃取头处于液体中间部位，搅拌速度为 360 r/min。室温下萃取 90 min，纤维头取出后迅速插入到气相色谱仪进样口，解吸 3 min。纤维头每次使用后，老化除残 5 min。

（2）土壤中有机磷农药残留的提取技术

土壤和沉积物中有机农药的前处理方法，主要有索式萃取（SE）、加速溶剂萃取（ASE）、基质固相分散（MSPD）、超临界流体萃取（SFE）等。

索氏提取法（SE）是一种传统的液-固萃取方法，长期以来被认为是国际上有机污染物的标准提取方法，被广泛应用于土壤、沉积物中有机污染物的提取富集。

加速溶剂萃取法（ASE）在较高温度和压力下，用有机溶剂对密封容器中的样品进行萃取的前处理方法，已广泛用于土壤、沉积物介质中有机磷农药残留的提取富集。

基质固相分散（MSPD）是一种简单高效的提取净化方法、适用于各种分子结构和极性农药残留的提取净化。对粘度大、脂肪含量高、均质化困难的样品都具有适用性。

超临界流体萃取（SFE）能满足样品复杂性和稳定性的要求，可以分析痕量污染物，其主要缺点是分析成本较高。

（3）大气中有机磷农药残留的提取技术

大气中农药组分的提取，常用的预处理方法有溶剂解吸法、热解吸法、加速溶剂萃取、索氏提取法等。

大气污染物的主动采样常采用吸附管进行，吸附管中填充了固体吸附介质，抽吸气体样品通过吸附管，进而对大气中的痕量组分农药进行富集。大气被动采样同样也需要固体吸附介质，常用的如多孔性聚合物树脂。采样结束后，用相应的提取技术将目标物从吸附介质中解吸出来，按需要经适当浓缩、净化后，引入仪器测定分析。

溶剂解吸法常用有机溶剂作为解吸液，常用的为二硫化碳溶剂，解吸后的有机溶剂按需要经适当的稀释或浓缩后，引入仪器测定分析。

热解吸法是对吸附剂加热的同时用惰性气体以一定流速通过吸附介质进行目标物的吹脱，吹脱气直接进入仪器进行分析。以上两种方法简单易行，但都存在灵敏度不够，回收率偏低的缺点。

2. 环境样品中有机磷农药残留的净化技术

在对样品中的目标物进行提取时，往往不可避免地将许多干扰物质一并提取出来，需要先对提取液进行净化处理后，再进行后续的仪器测定。

目前常见的净化方法主要有液液分配法、柱层析法、凝胶渗透色谱法等。

（1）液液分配法

液液分配法是利用待测物质与干扰杂质在两种互不相溶的溶剂中溶解度的差异，对目标物和干扰物进行分离的净化技术。液液分配适用于液态样品，或经其他方法预处理提取后的液态物质的净化处理。溶剂体系的选择应参考样品提取时所用溶剂的性质而定。通常极性溶剂和非极性溶剂配成溶剂对进行反复多次分配，使目标物与杂质分离。该方法的缺点在于过程中使用了大量有机溶剂，同时还常伴有乳化现象出现，费时费力，已逐步被其他一些净化方法所取代。

（2）柱层析法

柱层析法是一种应用最普遍的净化方法，较常使用的是吸附层析柱。其基本流程为提取液中的目标物与杂质同时通过吸附柱，用适当极性的溶剂将吸附柱上的目标组分淋洗下来，而干扰物质则保留在吸附柱上。常用的层析柱填料有弗罗里硅土、氧化铝（中性、碱性、酸性）、活性炭、硅胶、硅藻土等。如果提取液中干扰物质较多，还可采用混合吸附剂层析柱。需要注意的是，如果人工装填层析柱，一般即用即填，柱装填的情况将直接影响样品的净化效果和测定的重现性。

（3）凝胶渗透色谱法

凝胶渗透色谱法是根据分子量的差异，使样品通过具有分子筛性质的固定相，各组分由于分子量大小的不同而在不同的时间段流出固定相，进而达到分离的目的。目前用于农药残留分析的凝胶种类主要有多孔交联葡萄糖凝胶和交联聚苯乙烯凝胶，可根据目标物和杂质的分子量情况选择不同孔径规格的凝胶。与层析柱等净化技术相比，凝胶渗透色谱法具有净化容量大、适用范围广、自动化程度高、快捷准确、凝胶寿命长等优点。

3. 环境样品中有机磷农药残留的浓缩技术

样品进行提取和净化后，需要将大体积的提取液浓缩，以降低检出限，提高灵敏度。常用的样品浓缩方法有氮气吹干、旋转蒸发、K-D 浓缩等方法。

（1）氮吹法

氮吹法采用惰性气体（一般常用氮气）对一定温度下加热的样品提取液进行吹扫，使溶剂快速蒸发，达到迅速浓缩样品的作用。

样品加热温度及氮气吹扫速度均可根据需要调节，可以同时处理多个样品，大大缩短了浓缩所需时间。

（2）旋转蒸发法

旋转蒸发法的基本原理是减压蒸馏，在减压、加热、旋转的条件下，样品提取液中的大量有机溶剂被分离出来，达到浓缩样品的目的。该方法浓缩样品时，目标物不易损失，但不能同时对多个样品进行浓缩处理。

（3）K-D 浓缩法

K-D 浓缩法是使用 K-D 浓缩器对样品进行减压浓缩的方法。该方法设备简单，浓缩时目标组分损失较小，是常用的样品浓缩方法之一。

第四节　样品的分析测试技术

一、气相色谱法

1．气相色谱方法介绍

气相色谱法具有分离效率高、选择性较好、样品用量少、灵敏度较高、操作简单等特点，是分析有机化合物常用的仪器，在国内外有关有机磷农药的测定中都得到了广泛应用。目前，国内和美国 EPA 的相关标准方法中也都使用气相色谱对有机磷农药进行测定，一般常选用对含磷物质具有高选择性的火焰光度检测器（FPD）和氮磷检测器（NPD）。

由于气相色谱法是根据物质的保留时间进行定性，常难以避免假阳性误判的情况出现。在没有气相色谱-质谱联用仪的情况下，气相色谱双柱法是一种比较简单快捷的确证方法。它选用两种极性不同的毛细管色谱柱对样品进行分析，利用同一种物质在两根极性不同的色谱柱上的保留时间不同进行双色谱柱确证，可以有效避免假阳性误判的产生。但是气相色谱双柱法一般需要使用双通道、双检测器的气相色谱，对仪器设备的要求较高。

2．仪器分析条件举例

色谱柱：HP-5 或 DB-35 MS（30 m×320 μm×0.25 μm）

不分流进样，进样口温度 200℃，柱流量 1.0 ml/min，程序升温：35℃保持 0.75 min，15℃/min 升温至 250℃，保持 4 min。

外标法定量，进样量 1 μL。

FPD 检测器：250℃，氢气 75 ml/min，空气 100 ml/min。

保留时间如表 7.3 所示，相关谱图如图 7.1 和图 7.2 所示。

表 7.3　有机磷农药的保留时间

目标组分	HP-5 保留时间/min	DB-35MS 保留时间/min
敌敌畏	9.898	10.707
敌百虫	9.898	10.707
内吸磷-O	12.934	13.765
内吸磷-S	13.770	14.880
乐果	13.830	15.524
甲基对硫磷	14.947	16.550
马拉硫磷	15.387	16.741
对硫磷	15.593	17.122

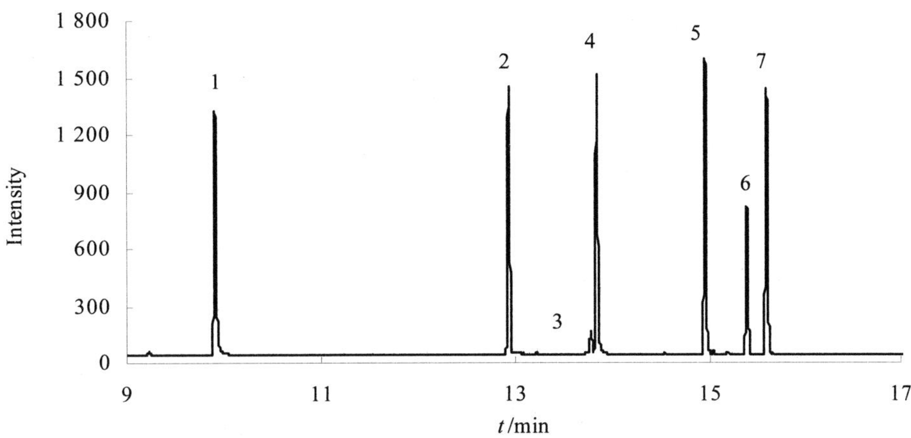

1—敌敌畏；2—内吸磷-O；3—内吸磷-S；4—乐果；5—甲基对硫磷；6—马拉硫磷；7—对硫磷

图 7.1　6 种有机磷农药的色谱图（HP-5 柱）

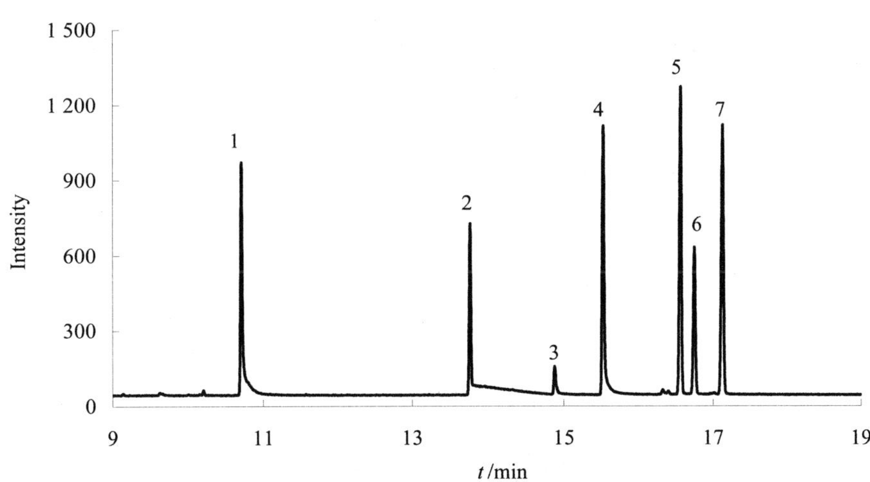

1—敌敌畏；2—内吸磷-O；3—内吸磷-S；4—乐果；5—甲基对硫磷；6—马拉硫磷；7—对硫磷

图 7.2　6 种有机磷农药的色谱图（DB-35MS 柱）

选取 DB-35MS 作为定量柱得到的各组分校准曲线见表 7.4。

表 7.4　有机磷农药的校准曲线

目标组分	校准曲线	相关系数
敌敌畏	y=2 749.7x−229.5	0.998
内吸磷-O	y=1 782.9x−83.4	0.999
内吸磷-S	y=1 780.6x−16.7	0.999
乐果	y=3 076.5x−201.5	0.999

目标组分	校准曲线	相关系数
甲基对硫磷	y=3 141.7x−41.6	0.999
马拉硫磷	y=1 592.0x−29.8	0.999
对硫磷	y=3 059.2x−38.9	0.999

二、气相色谱-质谱法

1. 气相色谱-质谱方法介绍

GC-FPD 和 GC-NPD 法虽然以灵敏度高、定量准确、成本低而被广泛采用，但当遇到组分不明的干扰物与被测物的峰相重叠或两者的保留时间非常接近时，则难以判断。而 GC/MS 法可以同时进行定性确证和定量测定，是解决这一问题最有效的方法。

2. 仪器分析条件举例

色谱条件：不分流进样，进样口温度 200℃；DB-5MS（30 m×0.25 mm×0.25 μm）色谱柱；柱流速 0.6 ml/min；柱温 50℃，15℃/min 升温至 190℃，保留 5 min，5℃/min 升温至 210℃，15℃/min 升温至 290℃，保留 5 min。

内标法定量，进样量 2 μL。

质谱条件：离子源：230℃，接口温度：280℃；选择离子扫描，溶剂延迟 4 min。

上述条件下，33 种农药组分中绝大多数都能得到很好的分离（图 7.3）。

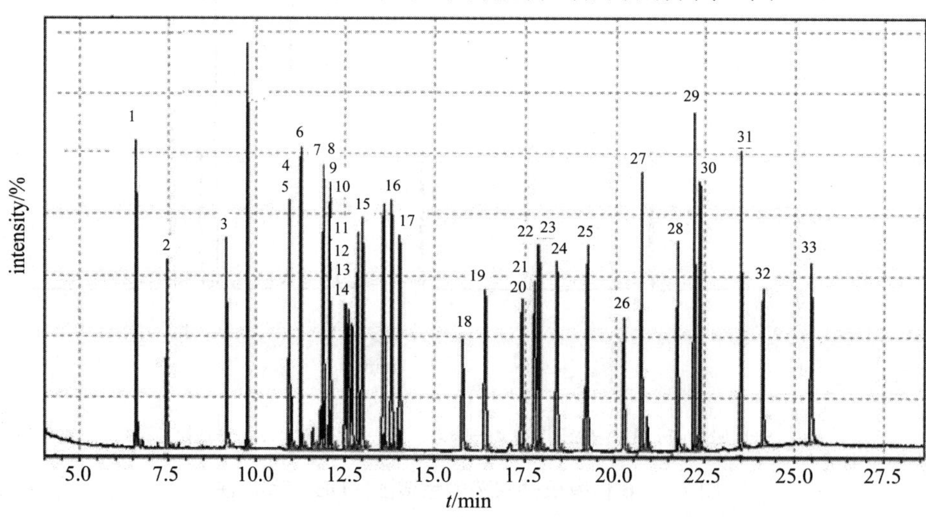

1—三乙基硫代磷酸酯；2—敌敌畏；3—速灭磷；4—硫磷嗪；5—内吸磷-O；6—灭克磷；7—二溴磷；8—久效磷；9—治螟磷；10—甲拌磷；11—内吸磷-S；12—乐果；13—西玛津；14—阿特拉津；15—扑灭津；16—二嗪磷；17—乙拌磷；18—甲基对硫磷；19—皮蝇磷；20—马拉硫磷；21—倍硫磷；22—毒死蜱；23—对硫磷；24—壤虫磷；25—敌菌灵；26—杀虫畏；27—丙硫磷；28—丰索磷；29—硫丙磷；30—伐灭磷；31—苯硫磷；32—保棉磷；33—蝇毒磷

图 7.3 33 种农药标准品的色谱图

对于保留时间比较接近的组分，定量时选用不同的离子，也不会影响其定量准确性（表 7.5）。

表 7.5 33 种农药组分的保留时间、定量离子及校准曲线

序号	组别	化合物	保留时间/min	定量离子	相关系数	校准曲线
1	1	三乙基硫代磷酸酯	6.583	121	0.999	Y=0.344X
2	1	敌敌畏	7.458	109	0.999	Y=0.836X
3	1	速灭磷	9.133	127	0.999	Y=0.875X
—	内标 1	苊-D10	9.742	164	—	—
4	1	硫磷嗪	10.925	97	0.999	Y=0.301X
5	1	内吸磷-O	10.983	88	0.999	Y=0.205X
6	1	灭克磷	11.25	43	0.999	Y=0.366X
7	1	二溴磷	11.6	109	0.994	Y=0.332X
8	1	久效磷	11.808	127	0.998	Y=0.552X
9	1	治螟磷	11.9	322	0.999	Y=0.387X
10	2	甲拌磷	12.075	75	0.999	Y=0.596X
11	2	内吸磷-S	12.517	88	0.999	Y=0.361X
12	2	乐果	12.617	87	0.999	Y=0.328X
13	2	西玛津	12.708	44	0.999	Y=0.138X
14	2	阿特拉津	12.875	200	0.999	Y=0.229X
15	2	扑灭津	13	58	0.999	Y=0.237X
—	内标 2	菲-D10	13.583	188	—	—
16	2	二嗪磷	13.8	137	0.999	Y=0.235X
17	2	乙拌磷	14.025	88	0.999	Y=0.4923X
18	2	甲基对硫磷	15.783	109	0.999	Y=0.2559X
19	2	皮蝇磷	16.392	285	0.999	Y=0.3960X
20	2	马拉硫磷	17.417	125	0.999	Y=0.2174X
21	2	倍硫磷	17.758	278	0.999	Y=0.4054X
22	2	毒死蜱	17.875	97	0.999	Y=0.3406X
23	2	对硫磷	17.883	109	0.999	Y=0.2077X
24	2	壤虫磷	18.383	109	0.999	Y=0.3605X
25	2	敌菌灵	19.158	239	0.999	Y=0.1798X
26	2	杀虫畏	20.242	109	0.999	Y=0.2841X
27	2	丙硫磷	20.733	43	0.999	Y=0.1415X
28	2	丰索磷	21.742	292	0.999	Y=0.09521X
29	2	硫丙磷	22.2	156	0.999	Y=0.2186X
30	2	伐灭磷	22.358	218	0.993	Y=0.4771X
31	2	苯硫磷	23.517	157	0.990	Y=0.3900X
32	2	保棉磷	24.142	77	0.989	Y=0.2492X
33	2	蝇毒磷	25.475	362	0.980	Y=0.1683X

注：组别 1 的化合物由内标 1 定量，组别 2 的化合物由内标 2 定量。

三、其他分析方法

1. 液相色谱及液相色谱质谱法

液相色谱技术不受样品挥发性和热稳定性的限制，非常适合难汽化、不易挥发、热敏感物质的分析，也有越来越多研究成功地应用液相色谱法测定有机磷农药残留。但目前使用的紫外和荧光检测器灵敏度及选择性还难以获得更多相关的结构信息。

质谱检测器是物质定性的强大工具，将高效液相色谱与质谱联用，可以充分保证定性的准确性。近年来采用液相色谱-质谱联用仪同时测定多组分有机磷农药的研究很多。但是，由于液相色谱-质谱仪价格昂贵，在各级环境监测部门使用的还不多。

2. 毛细管电泳技术

目前国内有关毛细管电泳技术用于有机磷农药组分分析的报道有限。李月华、阙木旺对胶束电动毛细管色谱测定有机磷农药进行了相关研究。

3. 薄层色谱技术

早在20世纪80年代，国内就有关于农药多残留的薄层色谱分析技术的报道。检测农药残留时，先用相应的溶剂提取，经纯化、浓缩后，在薄层板上展开，显色后进行定性定量测定。该方法是对其他农药分析方法的补充，具有仪器简单、试样处理量大，操作费用低，以及高分辨率等优点，但是灵敏度不高。

4. 荧光光谱技术

由于可以发出荧光的农药种类很少，故荧光光谱分析在农药残留检测方面的直接应用还不是十分多。程定玺等通过缓冲体系中加入有机农药前后荧光强度的变化，测定有机磷农药的含量，将该方法应用于小米和土壤中有机磷农药残留总量的测定取得了较好的结果。

第五节　质量保证和质量控制

空白、平行和加标试验，定量校准和连续校准等内容，参见第六章第五节相关内容。

一、有机磷标准溶液

有机磷标准溶液应使用有证标样或固体纯品物质配制，可选用甲醇、丙酮、二氯甲烷等作为溶剂。

由于有机磷农药易降解，故尤其要注意标准溶液的稳定性问题。不论是标准储备液、中间液还是最终的使用液，最好现配现用，如需保存应于冰箱−20℃冷冻保存。非现配制的标准溶液，在使用前应对溶液中的组分数目和浓度进行确认，无误后才可使用。

二、有机磷农残确证性试验方法

在首次对样品进行定性/定量检测的基础上，选用能表达目标物其他特征的性能指标进行再次测试，以实现对检测结果的再次确认。对阳性检测结果的一般确认途径有：

（1）改变色谱柱

采用不同极性固定相的色谱柱进行定量或定性确证试验，此时农药的保留参数往往有显著的改变从而实现确证的目的。如单凭改变色谱条件也不能完全排除误检，则需考虑其他确证方法。

（2）改变检测器

在同一色谱分离条件下，改用另外一种检测器，特别是选择性检测器。如含有卤素的有机磷农药组分可在火焰光度或氮磷检测器检测的基础上再用电子捕获检测器进行确认。

（3）气-质或液-质联用技术

质谱可以提供物质的分子结构信息，具有很高的定性可靠性。但是，由于质谱的选择性较差，而农药残留在样品中的相对比例往往很低，因此定性时需格外谨慎，以免误判。

当全扫描模式（Full Scan）灵敏度不够时，需要采用选择离子模式（SIM）。SIM 方式确证时，最少应选择 2 个 200 u（原子质量单位）以上或 3 个 100 u 以上的特征离子，各离子丰度比例与标准谱图相应离子比例符合率应在 70%～130%之间。

（4）改变检测系统

在一些情况下，改变检测系统也是一种确认方法，如将气相色谱法改为高压液相色谱法或薄层层析法，色谱法改为光谱法等。

三、有机磷农药测定的注意事项

（1）有机磷农药组分容易在系统中吸附，故推荐使用不带玻璃毛的衬管，或使用具有超高惰性表面的衬管。

（2）有机磷组分易在毛细管柱进样口端残留富集，造成色谱峰峰形变差，峰高降低，拖尾严重，使得仪器灵敏度降低，因此应根据使用频率定期更换进样口隔垫或清洗进样口。

（3）内吸磷存在两种异构体，实际农业生产中使用的内吸磷-O 和内吸磷-S 的混合比例为 3∶7，标样中的内吸磷异构体比例可能与此不同。

（4）由于敌百虫的热稳定性差，在气相色谱分析过程中很容易发生热分解。故不推荐使用气相色谱直接用于敌百虫的定性定量。

（5）冷柱头进样可避免敌百虫在气相色谱进样口部位的热分解，但一般仪器标配不带有该进样口，需另外选配。

（6）敌敌畏是敌百虫的降解产物之一，标准样品中同时含有敌敌畏和敌百虫时，气相色谱分析会造成这两种组分的定性定量出现偏差。

第八章　微囊藻毒素

第一节　微囊藻毒素概述

一、微囊藻毒素的基本信息

随着人类社会工业化、城市化的程度越来越高，以及农业生产大量使用化肥，大量的营养物质注入水体，湖泊富营养化日益严重。在富营养化水体中，蓝藻可以大量地繁殖。许多蓝藻能产生毒素，包括肝毒素（Hepatotoxins）、神经毒素、脂多糖内毒素、皮肤毒素等，在已发现的藻毒素中，微囊藻毒素（Microcystins，MCs）是一种在蓝藻水华污染中出现频率最高、产生量最大和造成危害最严重的藻毒素。微囊藻毒素对肝、肾、神经系统等多个人体器官有着强烈的毒素作用，可引起肝肾损伤、肝肿瘤、消化系统肿瘤，是目前已得到确认的肝脏肿瘤促进物。微囊藻毒素是一类由蓝藻中微囊藻属（*Microcystis*）、鱼腥藻属（*Anabaena*）、颤藻属（*Oscillatoria*）及念珠藻属（*Nostoc*）等种类或品系产生的次生代谢产物。已发现的 60 多种微囊藻毒素，主要存在于微囊藻、鱼腥藻、颤藻、念珠藻和眠状软管藻中，而这些藻类在我国已调查的富营养化水体中广泛存在且多为优势物种。因此我国众多富营养化水体中，微囊藻毒素已对人类健康构成了潜在的威胁。

微囊藻毒素是一种细胞内毒素，蓝藻生长前期，藻毒素主要存在于蓝藻细胞内，即为胞内藻毒素（Intracellular microcystins，IMC），当细胞破裂或衰老时，藻毒素释放到水中，即为胞外藻毒素（Extracellular microcystins，EMC）。由于较小的分子量、环状结构及其氨基酸的特殊结构，一般认为微囊藻毒素不在核糖体合成，而是由一类包含肽类合成酶（Peptide synthetase）、聚酮合成酶（Polyketide synthases，PKSs）和其他修饰酶在内的巨酶复合体通过非核糖体（Nonribosome）途径合成的。实验表明，在蓝藻对数生长期内，水中溶解性藻毒素仅占总量的 10%～20%。自然界中水华暴发时，若无溶藻剂或其他影响使其迅速溶解，水体中的藻毒素含量多在 0.1～10 μg/L，细胞内毒素则会高出几个数量级。虽然在天然水体中蓝藻细胞释放的微囊藻毒素会大大稀释，但如果大面积严重的藻类水华发生后，就会使水体中的微囊藻毒素浓度大幅度上升。微囊藻毒素耐热，在 300℃左右仍能维持很长时间不分解。虽然微囊藻毒素为多肽结构，但是一般不易被生物降解，在阳光下也比较稳定。所以一旦蓝藻大面积暴发，微囊藻毒素污染将会对人民健康和社会稳定构成极大的危险。

二、微囊藻毒素的结构和性质

1982 年，Botes 等在铜绿微囊藻中发现一种具有肝毒素活性的蓝藻毒素，并首次采用快原子轰击质谱（FAB-MS）确定了其分子结构。微囊藻毒素是一类具有生物活性的单环七肽，它的典型结构如图 8.1 所示（以微囊藻毒素 LR 为例说明）。这类毒素的结构特征是含有一个环状七肽的结构（D-丙氨酸-L-X-D-赤-甲基-β-D-异天冬氨酸-L-Z-Adda-D-异谷氨酸-*N*-甲基脱氢丙氨酸），其中 3 个右旋（D-）氨基酸分别为 D-异谷氨酸、D-丙氨酸、D-异天冬氨酸，2 个可以改变的左旋（L-）氨基酸（X 和 Z），1 个 *N*-甲基脱氢丙氨酸为一种特殊的氨基酸，含有α、β不饱和双键；Adda 结构为 3-氨基-9-甲氧基-2,6,8-三甲基-10-苯基-4（E），6（E）-二烯酸。

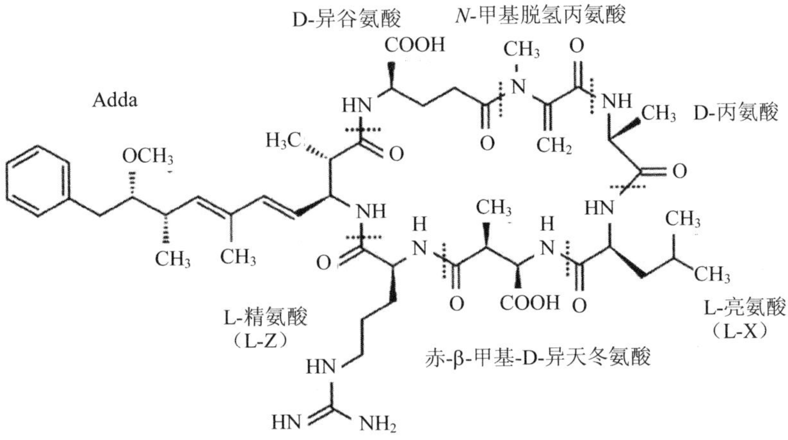

图 8.1 微囊藻毒素的典型化学结构

（当 X 和 Z 可变氨基酸分别为亮氨酸 Leu 和精氨酸 Arg 即为微囊藻毒素-LR）

至今已发现的微囊藻毒素，具体通过以下三种方式的氨基酸改变或修饰而得到。

① 肽环上 2 和 4 位的 L-氨基酸（X 和 Z）可以更替为亮氨酸（Leu，L）、精氨酸（Arg，R）、酪氨酸（Tyr，Y）、苯基丙氨酸（Phe，F）、色氨酸（Trp，W）、丙氨酸（alanine，A）、谷氨酸（glutamic acid，E）、高精氨酸（homoarginine，Har）、高酪氨酸（homotyrosine，Hty）、甲硫氨酸（methionine，M）等；表 8.1 显示了 X 和 Z 位上不同氨基酸取代后对应的 5 种常见微囊藻毒素。

表 8.1 5 种常见的微囊藻毒素

微囊藻毒素	X	Z
MC-LR	亮氨酸（Leu，L）	精氨酸（Arg，R）
MC-RR	精氨酸（Arg，R）	精氨酸（Arg，R）
MC-YR	酪氨酸（Tyr，Y）	精氨酸（Arg，R）
MC-LW	亮氨酸（Leu，L）	色氨酸（Trp，W）
MC-LF	亮氨酸（Leu，L）	苯基丙氨酸（Phe，F）

② 肽环不同位置的甲基去除，比如去甲基微囊藻毒素 LR（Demethyl MC-LR）、去甲基微囊藻毒素 YR（Demethyl MC-YR）、去甲基微囊藻毒素 RR（Demethyl MC-RR）。

③ Adda 的结构变化，比如 Adda 可转变为 9-羟基衍生物 DM Adda 或者 9-乙酰氧基衍生物 ADM Adda 等，其中的共轭双键，在某些条件下可发生改变，而使得 MC 转变为[4（E），6（Z）-Adda] MC 和[4（Z），6（E）-Adda] MC，目前[4（Z），6（Z）-Adda] MC 还未见报道。

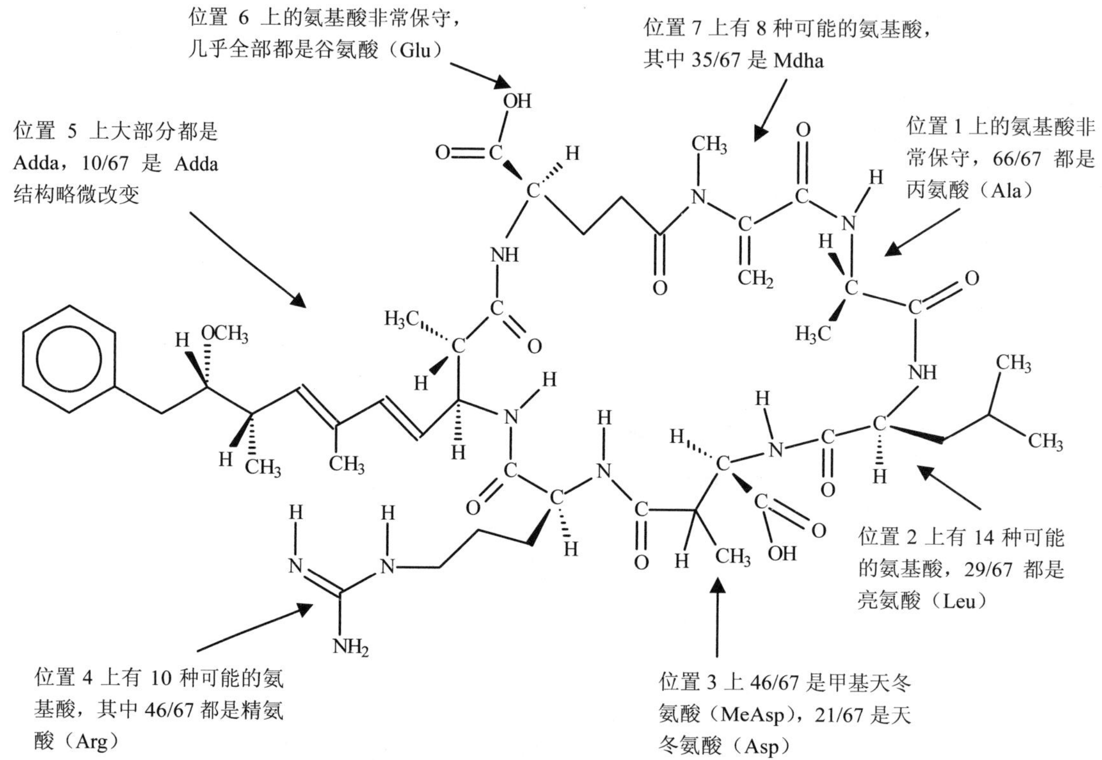

图 8.2 微囊藻毒素的不同结构分布

图 8.2 显示了到 2006 年为止，发现的 67 种微囊藻毒素的结构分布。位置 2 和 4 上的氨基酸在微囊藻毒素 7 种氨基酸中最易变化，其中位置 2 上有 14 种可能的氨基酸，29/67 都是亮氨酸（Leu），位置 4 上有 10 种可能的氨基酸，其中 46/67 都是精氨酸（Arg）。位置 1 上的氨基酸非常保守，66/67 都是丙氨酸（Ala）。位置 3 上 46/67 是甲基天冬氨酸（MeAsp），21/67 是天冬氨酸（Asp）。位置 5 上大部分都是 Adda，10/67 是 Adda 结构略微改变。位置 6 上的氨基酸非常保守，几乎全部都是谷氨酸（Glu）。位置 7 上有 8 种可能的氨基酸，其中 35/67 是 Mdha。

微囊藻毒素具有较强的水溶性和耐热性，在水中不易降解。微囊藻毒素极易溶于水，在水中的溶解度大于 1 g/L，不易沉淀或被吸附到沉淀物和悬浮颗粒物中。微囊藻毒素耐高温，加热煮沸（水浴 100℃，30 min）后不失活，不挥发，抗 pH 变化。实验室研究发现，微囊藻毒素在水体中的稳定时间与水体的特征有关，在水库水中低浓度 MC-LR（10 μg/L）在 7 天内即发生初级降解，在去离子水中超过 27 天依旧很稳定，在经过消毒的水库水中可保持稳定 12 天。微囊藻毒素在阳光照射下依然保持其稳定性，但当暴露在紫外线时即可被水解或发生化学异构和化学键合反应而使毒性丧失，其半衰期是 10 天，当紫外线波长接近其吸收峰周围（238～254 nm），微囊藻毒素可在数分钟内迅速降解，环境水体中水溶性细胞色素和腐殖质等光敏剂的存在促进微囊藻毒素的光解速率。

微囊藻毒素是由亲水部分（如精氨酸的羧基和氨基）和疏水部分（如 Adda 及环状结构）构成的两性分子。由于肽环结构上的氨基酸组成不同，各种微囊藻毒索分子的疏水性具有一定差异。比如亮氨酸（Leu）和精氨酸（Arg）的存在使 MC-LR 既有较强亲水性，又具有一定的疏水性，而苯丙氨酸（Phe）和色氨酸（Trp）的存在使 MC-LF 和 LW 具有比 MC-LR 更强的疏水性。Maagd 等研究了 MC-LR 在不同 pH 下的正辛醇/水分配比（Dow），发现当 pH 从 1 增大到 10 时，其 Dow 从 2.18 降低到 1.76，这说明随着 pH 的增加，MC-LR 的亲水性也有所增大。

微囊藻毒素分子除具备肽类的一般性质外，由于 Adda 侧链结构上的共轭双键，因而具有较强的亲核反应能力。当受到亲核基团攻击时，Adda 上可发生加成反应，比如遭羟自由基攻击，可形成双羟基化合物。此外，Adda 中的共轭双键还容易被氧化剂氧化使双键断裂，形成 2-甲基-3-甲氧基-4-苯基丁酸（MMPB），Kunimitsu Kaya 等基于这一反应研究了一种能够测定环境水样和沉积物样品中微囊藻毒素总量的方法。

三、微囊藻毒素的暴露途径和毒性

1. 微囊藻毒素的暴露途径

微囊藻毒素产生后，可通过饮用水、食物、娱乐以及医疗暴露，对人类健康构成危险，而且它的难降解性加大了人类微囊藻毒素的暴露风险。

（1）饮用水暴露

目前世界上许多湖泊、河流均受到微囊藻毒的污染。经过传统的水处理工艺，不能有效去除水中的微囊藻毒素。这使得人类经常通过饮用水受到微囊藻毒素暴露的威胁。比如 1975 年，美国宾夕法尼亚地区暴发了一起约 8 000 人的急性胃肠炎，调查后发现，致病的原因是饮用水中存在微囊藻毒素的污染。

（2）食物暴露

微囊藻毒素可通过食物链，在动物肌肉、肝脏、肾脏、血液及性腺中进行生物富集，从而对生态系统和人类健康造成不利影响。林玉娣等调查了太湖中动物体内的微囊藻毒素含量，确认微囊藻毒素污染饮水-湖中生物-动物链状危险的存在。Zhang 等检测了太湖中食藻类、杂食性以及肉食性鱼类体内的微囊藻毒素含量，证实了微囊藻毒素可以在水生动物食物链中蓄积，并具有生物放大效应。Chen 等首次在海龟、鸭及水鸟的蛋黄、蛋清中检测到高浓度的微囊藻毒素，这意味着如果人类长期食用微囊藻毒素污染的禽类及其出产的蛋类将产生潜在的健康危害。

（3）娱乐暴露

人类可通过各类娱乐活动，接触受微囊藻毒素污染的水源，如在湖泊、河流、水库中游泳，可引起皮肤、眼睛过敏、发热、疲劳以及急性肠胃炎。英格兰多名士兵在蓝藻水华的英国 Rudyard 湖中训练后出现了 2 例肺炎、16 例类似流感的患者，并有部分士兵出现肝脏酶学指标升高，被认为是由于水中存在微囊藻毒素污染。

（4）医疗暴露

迄今为止，最大的一次微囊藻毒素医疗暴露发生在1996年的巴西东北部Caruaru地区。由于采用当地存在蓝藻暴发的湖水，126 名血液透析的病人全部表现出急性神经中毒和亚急性肝中毒，最终 60 名病人丧生，事后查明微囊藻毒素是罪魁祸首。

2. 微囊藻毒素的毒性

微囊藻毒素的毒性主要集中于引起肝肾损伤、肝肿瘤、消化系统肿瘤等方面，流行病病学研究表明微囊藻毒素与人群的这些健康效应密切相关。

（1）肝肾损伤

通过对泰兴乡镇、太湖湖滨农村、无锡市、巢湖市等地区调查，发现肝脏酶学指标活力与饮水微囊藻毒素暴露水平之间呈正相关，得出长期饮用微囊藻毒素污染的水可能对肝脏有损害作用的结论。通过对微囊藻毒素暴露渔民的肾功能检测后，发现血尿酸（MA）、肌酐（Cr）、血尿素氮（BMN）等指标都有不同程度变化，显示在渔民这一特殊人群中存在肾损伤。

（2）肝肿瘤

2008 年，国际癌症协会（IARC）提出微囊藻毒素可能是人类的致癌物，将 MC-LR 归为 2B 类致癌物（对人类可能致癌），微囊藻毒素萃取物归为 3 类致癌物。通过对海门市、启东市等地区以及福建省福清市和永泰县部分乡镇的调查发现饮用水中微囊藻毒素污染与原发性肝细胞癌的发生呈正相关。另外各类研究显示饮水中微囊藻毒素暴露与大肠癌、胃癌、食管癌、肺癌、膀胱癌等多种癌症的发生均有关联。

（3）其他危害

有研究显示饮水中微囊藻毒素污染与畸胎有一定联系。在含有毒蓝藻的水中进行娱乐活动，可引起皮疹、眼耳感染、口部溃疡、胃肠道和呼吸道症状等。

第二节 微囊藻毒素的分析技术

微囊藻毒素对环境及人类健康的危害已引起世界各国的普遍关注。1998 年世界卫生组织（WHO）出版的《饮用水卫生基准》中建议饮用水中微囊藻毒素标准为 1.0 μg/L。英、美等国限定天然水体及饮用水中的微囊藻毒素含量为 1.0 μg/L。加拿大健康组织认为饮用水中可接受的微囊藻毒素标准为 1.0 μg/L。中国尚未制定饮用水中微囊藻毒素总含量标准，在 2001 年 6 月卫生部颁布的《生活饮用水卫生规范》中将 MC-LR 的浓度暂行基准值定为 1.0 μg/L。国家环境保护总局颁布的《地表水环境质量标准》（GB 3838—2002）中在集中式生活饮用水地表水源地特定项目标准限值中列出 MC-LR 的标准值同样为 1.0 μg/L。因此需要灵敏高效的方法来检测水中微囊藻毒素的含量。目前微囊藻毒素的检测方法主要有化学仪器分析法（如高效液相色谱等）、生物化学法（如蛋白磷酸酶抑制试验）、免疫检测法（如 ELISA）和生物检测法（如动物/细胞学试验）等。

一、化学仪器分析法

化学仪器分析方法主要利用藻类毒素分子结构上的特殊功能基团，如紫外发色团，分子量差异，极性或非极性等物理化学性质，实现对藻类毒素的定性定量分析。常见的方法有高效液相色谱法（HPLC-UV）、液相色谱质谱法（LC-MS）、毛细管电泳法（CE）、核磁共振法（NMR）等。

1．液相色谱法

基于 UV 光电管阵列检测器的 HPLC 法被广泛用于微囊藻毒素分析。其基本原理是微囊藻毒素在 C_{18} 色谱柱上分离，通过紫外 238 nm 特征吸收进行检测。目前国内关于微囊藻毒素的标准方法大多基于 HPLC，比如《水中微囊藻毒素的测定》（GB/T 20466—2006）、《生活饮用水标准检验方法　有机指标 44 项》（GB/T 5750.8—2006）和《生活饮用水卫生规范》（GB/T 5750—2001）。3 个标准方法在检测的微囊藻毒素、流动相等方面有一定区别，如表 8.2 所示。

表 8.2　三个微囊藻毒素标准分析方法的比较

标准方法	适用范围	来源	MCs 种类	过滤方式	液相分析方法
GB/T 20466—2006	饮用水、湖泊水、河水、地表水	EMC	LR、RR、YR	0.45 μm 乙酸纤维酯滤膜	甲醇、磷酸盐缓冲液
GB/T 5750.8—2006	生活饮用水及其水源水	EMC、IMC	LR、RR	GF/C（孔径不明）	乙腈：水：三氟乙酸（38：62：0.04）
GB/T 5750—2001	生活饮用水及细胞萃取液	EMC、IMC	LR、RR、YR	玻璃纤维滤膜（孔径不明）	乙腈：水：三氟乙酸（50：50：0.025）

注：EMC 为胞外微囊藻毒素，IMC 为胞内微囊藻毒素。

参考 3 种微囊藻毒素（LR、RR、YR）的液相色谱分析方法（GB/T 20466—2006）如下：

液相色谱条件：流动相为甲醇与磷酸盐缓冲溶液（体积比 57：43），色谱柱为 C_{18} 反相柱，柱长 250 mm，内径 4.6 mm，填料粒径 5 μm，柱温：40℃，流速 1 ml/min，紫外检测器 238 nm。在此条件下，3 种微囊藻毒素实现基线分离，如图 8.3 所示。定量分析：用进样器分别吸取 10 μl 标准系列溶液，注入高效液相色谱仪。在上述色谱条件下测定标准系列溶液的响应峰面积。以响应峰面积为纵坐标，标准系列溶液的浓度为横坐标，绘制标准曲线或计算回归方程。吸取 10 μl 试样注入液相色谱仪，在上述色谱条件下测定试样的响应峰面积（应在仪器检测的线性范围内）。依据测定的响应峰面积，在标准曲线上查出（或用回归方程计算出）水样中微囊藻毒素的含量。

在流动相中加入磷酸盐缓冲溶液可优化微囊藻毒素的峰形，提高色谱分析的重现性。另外乙酸铵、甲酸铵、甲酸等加入到流动相中，也可以起到类似磷酸盐的作用，而且这些化合物在甲醇或乙腈中有一定的溶解性，可延长色谱柱的寿命。以下是采用甲酸建立 5 种微囊藻毒素（LR、RR、YR、LW 和 LF）的分析条件：ZORBAX SB-C18 色谱柱（2.1×150 mm，3.5 μm，美国安捷伦公司），流速 0.3 ml/min，流动相为甲醇和含 0.1%甲酸的水，梯度洗脱程序：0～7.5 min，甲醇浓度从 50%增加到 70%；7.5～8.5 min，保持为 70%；8.5～20 min，保持为 75%；20～30 min，恢复 50%初始浓度，柱温 30℃，紫外检测波长为 238 nm。

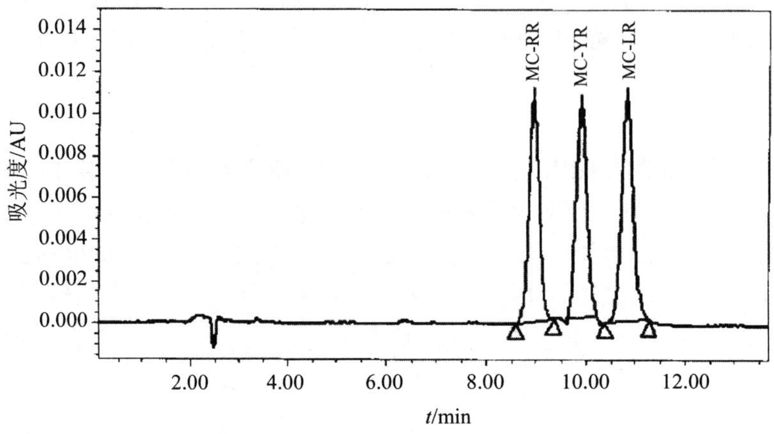

图 8.3 三种微囊藻毒素的色谱分离图

图 8.4 显示在 20 min 内 5 种微囊藻毒素实现基线分离，RR、YR、LR、LW 和 LF 依次出峰。LW 和 LF 在色谱柱上的保留时间明显大于 RR、YR 和 LR。这与 LW 和 LF 的色氨酸（W）和苯基丙氨酸（F）侧链所特有的苯环有关，苯环的存在增加了 LW 和 LF 与 C_{18} 固定相之间的疏水作用，因而提高了其在色谱柱上的保留能力。由于梯度洗脱条件下流动相的甲酸含量变化，导致基线明显漂移。此条件下基线漂移具有良好的重现性，对定量影响较小。另外也可考虑在甲醇和水中同时加入甲酸至 0.1%含量，抑制基线的漂移。

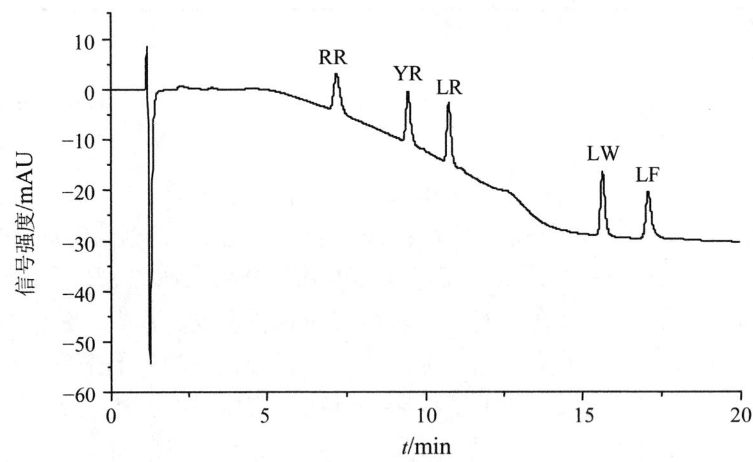

图 8.4 5 种微囊藻毒素（0.8 μg/ml）的色谱分离图（紫外吸收波长 238 nm）

由于实际水样成分复杂，微囊藻毒素分析易受到干扰，得到假阳性结果。除了色谱上的保留时间，还可以通过光电二极管阵列检测器得到的紫外全波长扫描图，进行定性分析，确定微囊藻毒素种类。图 8.5 为 5 种常见微囊藻毒素的紫外全波长扫描图。MC-LR、RR 和 LF 具有相同的紫外全波长扫描图，特征吸收峰为 240 nm；YR 的特征吸收波长为 232 nm；LW 具有两个特征吸收波长：220 nm 和 240 nm。根据紫外全波长扫描图，可以初步鉴定微囊藻毒素的种类。

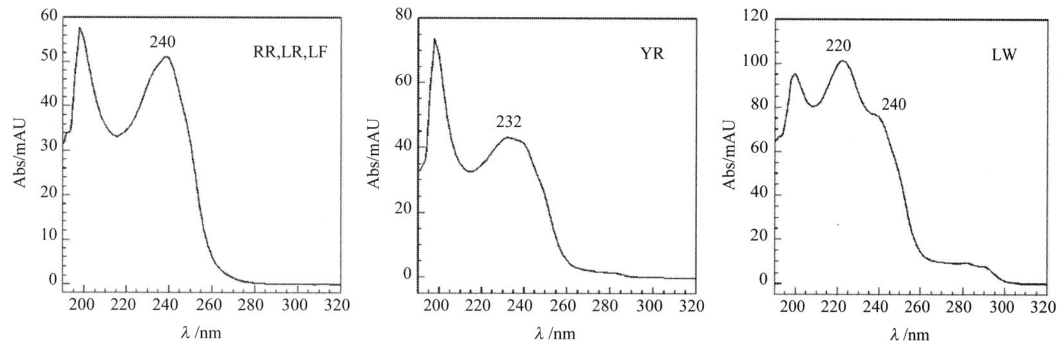

图 8.5 五种常见微囊藻毒素（LR、RR、YR、LW 和 LF）的紫外全波长扫描图

采用液相色谱法分析微囊藻毒素需要注意 3 个问题。① 使用多种微囊藻毒素标样建立分析方法，保证在 C_{18} 色谱柱上使保留时间相近的微囊藻毒素（如微囊藻毒素 LR、RR 和 YR）达到基线分离。在仪器分析上一定程度排除不同微囊藻毒素之间的干扰，提高分析结果的准确性。② 采样、前处理和分析过程中，避免使用塑料材质的器材。塑料中的溶出物会干扰分析，产生假阳性结果。Miyoshi Ikawa 等发现塑料中的间苯二酚单苯甲酸酯和 2,4-二羟基二苯甲酮可干扰 MC-LR 的测定，而双酚 A 可干扰 MC-YR 的测定。③ 在前处理中，微囊藻毒素重溶的溶剂中需要有一定比例的有机相，比如 75%甲醇/25%水。由于微囊藻毒素具有一定的疏水性，在过滤中会吸附到滤膜中，提高溶剂中有机相比例可以抑制在滤膜上的吸附，提高回收率。

虽然 HPLC 是微囊藻毒素分析中已是比较成熟且应用最广泛的方法，但是依旧存在一些缺点，阻碍其进一步应用。首先，HPLC 在微囊藻毒素的定性和定量分析中，需要相应的标准品。而目前发现的微囊藻毒素中，商品化的微囊藻毒素标准品只有寥寥几种，因此无法使用 HPLC 分析剩余的大部分微囊藻毒素。其次，由于微囊藻毒素结构上的相似，造成在 200～300 nm 波长下有类似的吸收情况，因此不能采用紫外全波长扫描法完全区分如此众多的微囊藻毒素。最后，由于自然界中大部分物质存在紫外吸收能力，因此 HPLC 分析中容易受到干扰，产生假阳性结果，这种情况在稍微复杂，水样分析中经常发生。

2. 液相色谱质谱法

液相色谱质谱法是近年来发展起来用于微囊藻毒素分析的新方法。由于质谱检测器的选择性和高灵敏性可以克服紫外检测器存在的问题，因此在微囊藻毒素定性和定量分析中具有广阔的应用前景。液相色谱质谱法的基本原理是微囊藻毒素在色谱柱上分离，在离子源中离子化后，进行质谱分析，采用保留时间和二级质谱图进行定性分析，采用质谱特征离子作定量分析。液相色谱质谱法可有效弥补液相色谱法的不足，具有以下三个优点：① 灵敏度高，水样所需体积少，可明显节省前处理过程中所耗时间；② 由于采用微囊藻毒素的特征离子定量，可排除大部分干扰，减少假阳性结果；③ 液相色谱质谱分析中可得到微囊藻毒素的二级，甚至三级质谱图，可据此进行微囊藻毒素分子结构解析，为鉴定和发现新型微囊藻毒素提供可能。

在液相色谱质谱法分析微囊藻毒素中，可采用的离子化方式有电喷雾离子化技术（ESI）、快原子轰击离子化技术（FAB）等，离子分析技术有四极杆质谱、飞行时间质谱、离子阱质谱等。基于不同的仪器条件，开发了不同的液相色谱质谱法，应用于微囊藻毒素的定性和定量分析。Lisa Spoof 等使用 LC-ESI-QQQ 对 93 个水样中，发现 14 个水样的微囊藻毒素等于或大于 0.2 μg/L。Bo Yang 等成功地使用 SPE-LC-ESI-QQQ 检测了贝类中的 7 种微囊藻毒素。Francisca F. del Campo 等使用 HPLC-QTOF/MS 发现了三种新的微囊藻毒素，分别是[D-GLu（OCH3）6，D-Asp3] MC-LAba、MC-YM 和 MC-YL，认为 MALDI-TOF/MS 虽然可以对微囊藻毒素进行快速扫描，而且尤其针对细胞悬浮液等，但是此技术不能检测缺少 Arg 残基的微囊藻毒素，比如 MC-LA、MC-YL、MC-YM 或 MC-LF。B. Oudra 使用快速原子轰击质谱（FAB-MS）在北非水库中发现 MC-LR、MC-RR、MC-YR 和[D-Asp3]MC-LR。Chris W. Diehnelt 使用傅里叶离子回旋共振高分辨质谱（FT-ICR）发现了两种新的微囊藻毒素：[Asp^3]MC-LA 和[Asp^3]MC-LL，并且准确研究不含 Arg 的微囊藻毒素的碰撞诱导解离途径。

在众多液相色谱质谱法中，液相色谱串联四级杆质谱法是比较经典的微囊藻毒素分析方法。常用的液相色谱分析条件是：采用乙腈或甲醇/水作为流动相，其中添加一定浓度甲酸（体积比一般为 0.1%）作为微囊藻毒素离子化过程中的质子供体，在 C_{18} 色谱柱分离。质谱条件：ESI 正离子模式，MRM 扫描模式，其他具体条件则根据仪器不同而较大区别。

参考的液相色谱串联四级杆质谱法条件如下：

戴安 U 3000 超高压液相色谱条件：流速 0.4 ml/min，进样 5 μl，柱温 40℃；流动相：A，0.1%甲酸的水；B，0.1%甲酸的乙腈；色谱柱：ACQMITY UPLC BEH C18（2.1×50 mm，1.7 μm）；梯度洗脱条件：0～2 min，25%～60% B 流动相，2～2.5 min，60%～25% B 流动相，2.5～4 min，25% B 流动相。AB API4000 质谱条件：气帘气（CMR）10、雾化器（GS1）60、辅助气（GS2）75、针电压（IS）5 000 V、离子源温度（TEM）650℃、碰撞气（CAD）10、入口电压（EP）10，离子对、解簇电压（DP）、碰撞能量（CE）、碰撞池出口电压（CXP）条件如表 8.3 所示。

乙腈比甲醇有更强的洗脱能力，且梯度洗脱时柱压更稳定。采用乙腈作为有机相，通过优化梯度洗脱条件，可使 5 种微囊藻毒素在 3.5 min 内实现基线分离，见图 8.6。在流动相中加入适量甲酸可增强质谱 ESI+检测的灵敏度，实验结果表明，在乙腈和水流动相中添加 0.1%甲酸，此时 5 种微囊藻毒素的质谱响应信号相对较强。

采用流动注射的方式，优化了雾化气、离子喷雾电压、离子源温度等参数，并对于不同微囊藻毒素，优化解簇电压、碰撞能量等参数，得到 5 种微囊藻毒素的特征离子对等参数，见表 8.3。由于微囊藻毒素的分子结构中存在羟基、氨基等极性基团，易生成$[M+H]^+$与$[M+2H]^{2+}$母离子。分别比较了由微囊藻毒素母离子$[M+H]^+$和$[M+2H]^{2+}$产生的二级碎片离子的信号强度，发现对于 MC-RR、MC-YR 和 MC-LR，其$[M+2H]^{2+}$产生的二级碎片离子信号强度明显高于$[M+H]^+$，而对于 MC-LW 和 MC-LF，主要由 $[M+H]^+$产生二级碎片离子。因此，选择$[M+2H]^{2+}$作为 MC-RR、MC-YR 和 MC-LR 的母离子，$[M+H]^+$作为 MC-LW 和 MC-LF 的母离子，5 种微囊藻毒素的 MRM 谱图见图 8.6。

表 8.3 5 种微囊藻毒素的质谱条件

MCs	离子对	DP	CE/eV	CXP/V
MC-RR	520.0>135.1*	111	45	12
	520.0>103.0	111	91	8
MC-YR	523.4>135.1*	66	19	12
	523.4>103.0	66	77	8
MC-LR	498.4>135.0*	56	19	10
	498.4>103.1	56	75	8
MC-LW	1025.6>135.2*	101	95	12
	1025.6>107.0	101	127	8
MC-LF	986>135.1*	91	93	12
	986>120.3	91	129	10

注：* 定量离子对。

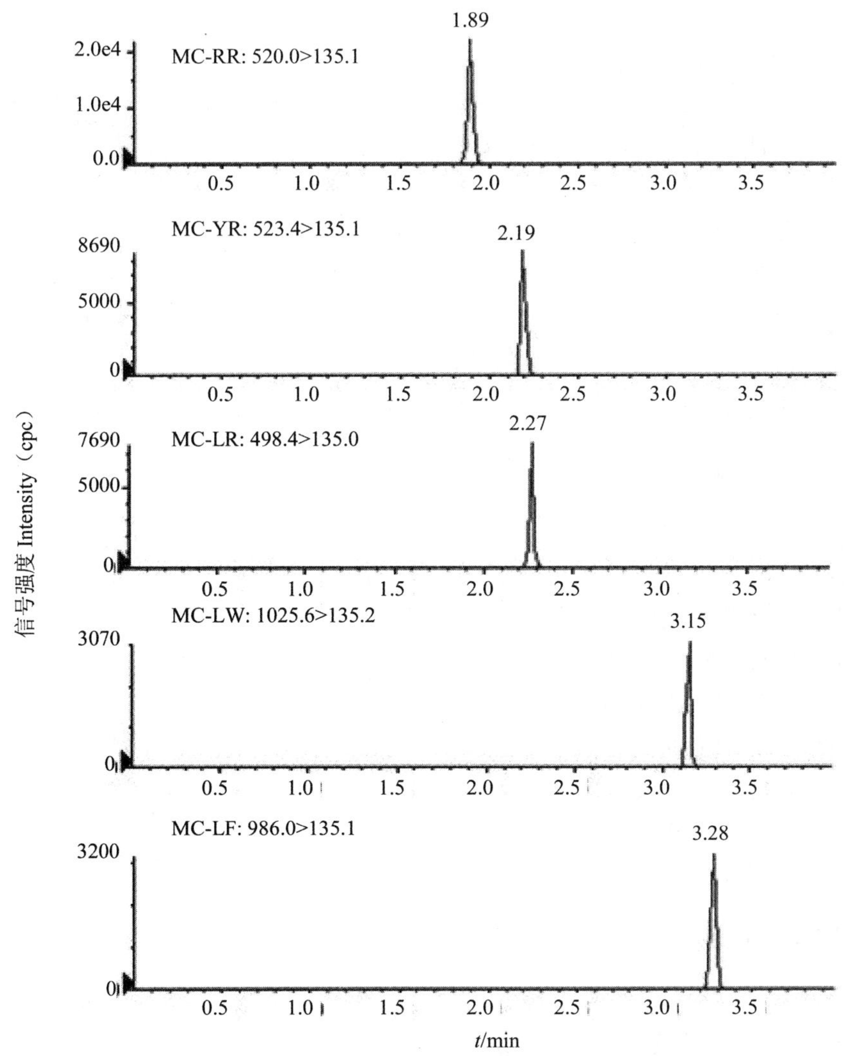

图 8.6 液相色谱质谱分析 5 种微囊藻毒素

二、免疫检测法

1960 年，Yalow 和 Berson 最开始使用免疫检测分析血液中的胰岛素，之后这种方法被广泛地应用于医药化学分析领域。免疫检测法的基础是通过抗原抗体的特异性反应，来识别和检测各种毒素。酶联免疫吸附法（ELISA）是应用广泛的免疫检测法。根据原理的不同，ELISA 可以分成间接 ELISA（Indrect ELISA）、竞争性 ELISA（Competitive ELISA）、直接 ELISA（Sandwich ELISA）。

自 20 世纪 80 年代开始，ELISA 开始应用于环境中微囊藻毒素的检测。目前已经开发了基于 3 种 ELISA 原理的微囊藻毒素免疫检测法。ELISA 法的优点：分析速度快，最快 1.5 h 即可完成实验；分析通量大，采用 96 孔板开展 96 个样品同时分析；具有较高的灵敏度，可达 0.1 μg/L，无需对水样进行浓缩，直接分析。ELISA 法的缺点：不能有效地鉴别微囊藻毒素分子结构；会发生交叉反应，所得到的结果往往不是单独一种微囊藻毒素的浓度，而是多种微囊藻毒素浓度之和。

竞争性酶联免疫检测是微囊藻毒素免疫分析中最常用的方法，可分为间接竞争性 ELISA 和直接竞争性 ELISA 检测两种方法。《水中微囊藻毒素的测定》（GB/T 20466—2006）规定了间接竞争性 ELISA 测定水中微囊藻毒素。其基本过程：水中的微囊藻毒素经离心或过滤处理后与一定量的特异性抗体反应，多余的游离抗体则与酶标板内的包被抗原结合；加入酶标记物和底物显色，与标准微囊藻毒素比较，计算水体中微囊藻毒素的含量。另外还有基于直接竞争性 ELISA 方法的商品化试剂盒，其基本过程：先将微囊藻毒素抗体固定在酶标板上，使用时加入经离心或过滤处理后的水样和定量的 MC-LR-HRP 偶联物竞争性结合酶标板上的微囊藻毒素抗体，最后加入显色底物后，显色测定；用不同浓度的标准毒素 MC-LR 作标准曲线，根据底物的显色程度与标准曲线作比较，可求出毒素的含量。

三、生物毒理学法

生物毒理学法是最早采用的微囊藻毒素分析法之一，通常采用动物口服或注射来间接衡量藻毒素的毒性，毒性强弱用半致死剂量（LD_{50}， μg/kg）衡量。小鼠实验是比较常用的毒性分析法，通常用纯化的微囊藻毒素或水华蓝藻中粗提藻毒素，进行小鼠腹腔注射或口腔灌喂来检测藻毒素的毒性。大部分的微囊藻毒素的 LD_{50} 在几十至几百 μg/kg 之间。此外，各种水生植物也用于检测水环境中的微囊藻毒素，有报道称两种植物 Sinapis alba 和 Solanumtuberosum 对微囊藻毒素较敏感，可以用来检测微囊藻毒素的存在。此类方法的优点是操作简单，能直观地反映微囊藻毒素的总体毒性，而且可以监测到过去未曾发现的新毒素；缺点是一般无法准确定量，灵敏度较差，无法确定毒素类型及结构，毒素消耗量大，需要大量的动物试验品。

四、生物化学法

微囊藻毒素可通过与蛋白磷酸酶 1 和 2A 的丝氨酸 Ser 和苏氨酸 Thr 的结合作用而影响蛋白磷酸酶活性。根据这一特性，Holmes 首次提出了可以通过微囊藻毒素对蛋白磷酸酶活性的抑制程度来检测微囊藻毒素。这类检测方法称为蛋白磷酸酶抑制检测技术（Protein phosphatase inhibition assay，PPIA）。由于 PPIA 针对的是毒素的功能而不是结构，所得结果反映了具有相同功能的毒素的总量，而不是某一种毒素的量，因此所测物质是微囊藻毒素类物质，一般以 MC-LR 当量作为测定结果。PPIA 可定量测定水样中微囊藻毒素，检测灵敏度可达 0.5～1.57 μg/L。PPIA 的优点是反映各种毒素的总量，检测灵敏度高而且测定时间较短、干扰较小，灵敏度高；缺点是该方法特异性稍差，不能区分不同结构的微囊藻毒素，需要制备放射性底物。

目前有以下几种 PPIA 方法。最常见的 PPIA 是以 ^{32}P 标记的糖原磷酸化酶 a 为底物。由于糖原磷酸化酶 a 只能被 PP1 和 PP2A 水解，而 PP1 和 PP2A 又可被微囊藻毒素抑制，因此在微囊藻毒素、蛋白磷酸酶和糖原磷酸化酶反应中，根据蛋白磷酸酶水解糖原磷酸化酶 a 释放出 ^{32}P 的量就可计算出微囊藻毒素含量。第二种是有以硝基苯酚磷酸酯（pNPP）作为底物的磷酸酶抑制比色监测技术，根据 pNPP 被水解后产生的有色产物的多少来确定毒素的量。第三种是让未标记的被测毒素和 ^{125}I 标记的微囊藻毒素一起与 PP2A 进行竞争结合反应，达平衡后进行凝胶过滤，使与 PP2A 结合的毒素和未与 PP2A 结合的毒素分离，通过测定 ^{125}I-MCs-PP2A 放射性确定微囊藻毒素的含量。

第三节 样品采集与前处理技术

由于微囊藻毒素在环境介质中的含量极低，直接测定微囊藻毒素灵敏度往往不够，需要在仪器分析前对样品进行前处理。前处理技术直接影响分析结果。前处理技术主要包括萃取技术和净化分离技术。萃取过程的目的是从大量的样品基体中提取分析物，并转移至合适的溶剂中，同时对分析物进行富集净化。前处理过程的选择和萃取效率与样品类型有较大的关系。

一、水样采集与前处理技术

GB/T 20466—2006 规定了含微囊藻毒素水样的采集方法。用采水器采集 1 500～2 000 ml 水样（水样采集后，应在 4 h 内完成以下前处理步骤）。用 500 目的不锈钢筛过滤，除去水样中大部分浮游生物和悬浮物。取过滤后的水样 1 200 ml 于玻璃杯式滤器中，依次经 GF/C 玻璃纤维滤膜和 0.45 μm 乙酸纤维酯滤膜。减压过滤。准确量取 1 000 ml 滤液置于棕色试剂瓶中。

水中微囊藻毒素的提取主要以固相萃取为主，通常使用 C_{18} 填料的反相柱。萃取过程：将水样通过经过甲醇和水活化后的 C_{18} 小柱，其中微囊藻毒素可保留在固定相中，用强极性溶剂水和低浓度甲醇/水溶液（体积比一般低于 20%）依次洗涤，去除一些水溶性较强的干扰物，然后用强溶剂 100%酸化甲醇[一般添加 0.1%甲酸或 0.05%～0.1%三氟乙酸（体积分数）]洗脱和收集微囊藻毒素。除了 C_{18} 柱外，还有使用 HLB 柱、XAD-2 树脂、免疫亲和色谱柱等均取得良好的纯化富集效果。

C_{18} 固相萃取的参考条件如下：上样前依次用 10 ml 甲醇和水活化 C_{18} 固相萃取小柱，流量为 5 ml/min。取水样 1 L，加入 10 ml 甲醇混匀，5 ml/min 流量上样。10 ml 5%甲醇的水溶液淋洗小柱，流量为 5 ml/min。20 min 氮气吹干固相小柱，然后 5 ml 含 0.1%甲酸的甲醇洗脱两次，流量 1 ml/min。合并洗脱液，氮吹浓缩至 0.2 ml 以下，50%甲醇/水定容至 1 ml。过针式滤膜，待分析。

有报道研究了末端封尾（end-capping）和未封尾的 C_{18} 小柱对 5 种微囊藻毒素（RR、YR、LR、LW 和 LF）固萃回收率的影响。在末端封尾的 C_{18} 小柱上，RR 的回收率（112%）明显高于未封尾的 C_{18} 小柱（16%），而其余 4 种微囊藻毒素的回收率没有明显差别。未封尾的 C_{18} 填料表面存在较多裸露的硅羟基，使微囊藻毒素和 C_{18} 填料之间除疏水作用外，还有一定的极性和离子交换作用，使部分微囊藻毒素无法被正常洗脱。相比其余 4 种微囊藻毒素，RR 有两个精氨酸（R），其上的胍残基在水中易生成带两个正电荷的离子，导致与 C_{18} 填料的极性和离子交换作用较其余 4 种微囊藻毒素更强，因此在固萃中损失较大。

在线固相萃取技术是一种新出现的前处理技术，此类装置通过一个六通阀将萃取装置和样品分析装置连接，通过六通阀的切换，依次进行样品前处理和分析过程。近年来，在线固相萃取技术开始被应用于微囊藻毒素的前处理。Eduardo Beltran 采用在线固相萃取/超高效液相色谱/串联四极杆质谱快速分析 LR、RR、YR、LY、LW 和 LF，需要样品 1 ml，完成一次分析需 8 min，检出限为 0.002～0.040 5 μg/L，在 0.25 μg/L 和 1 μg/L 下的回收率为 71%～116%（RSD＜15%）。张春燕等开发了在线固相萃取/超高效液相色谱/串联四极杆质谱快速分析水中三种痕量藻毒素（LR、RR 和 YR）的直接进样法，实现了在线、快速监测水体的目的，并对我国部分水厂源水和出厂水中藻毒素进行了快速测定。该法每个样品的分析时间 15 min，15 ml 进样量，回收率在 80%～105%之间，相对标准偏差（RSD）在 2.9%～5%之间。

Sara Rodriguez-Mozaz 等探讨了在线固萃–LC–MS 的优缺点，认为此技术具有灵敏度高、所需样品少和自动化程度高等优点，同时该技术的准确度、重现性有待提高，并且在同时进行多种污染物分析中的能力有限。表 8.4 详细比较了在线固相萃取法和离线固相萃取法的优缺点。

表 8.4 在线固相萃取法和离线固相萃取法的优缺点

在线固相萃取		离线固相萃取	
优点	只需少量水样	优点	仪器便宜
	固萃小柱可重复利用		基质效应小
	洗脱中有机溶剂消耗少		同一个提取液可进行多次分析
	固萃浓缩后，快速将样品洗脱，无需蒸发浓缩，减少样品的降解		可以同时使用不同的固萃小柱
	可进行快速和高通量分析（一个序列中可同时进行样品固萃和仪器分析）		可携带，在现场进行前处理
	自动化程度高，可用于早期预警和在线监测		需浓缩大量水样
缺点	设备昂贵	缺点	前处理时间较长，样品有可能降解
	不轻便		洗脱中有机溶剂消耗多
	大部分系统不能使用其他不同的固萃小柱		固萃小柱一次性
	提取物只能分析一次，不能做进一步的确认和分析		样品手动处理，可能引起污染，降低准确度和精密度
	质谱存在离子抑制或增强效应的基体效应		蒸发浓缩过程可能引起样品损失

二、蓝藻采集和前处理技术

微囊藻毒素主要存在于蓝藻细胞内，当细胞死亡破裂时，胞内微囊藻毒素才被大量释放到水体中，造成水质污染。建立准确、灵敏的胞内微囊藻毒素分析方法，对于预警水体微囊藻毒素污染，保障饮用水安全具有重要意义。目前水中微囊藻毒素（胞外微囊藻毒素）监测较为成熟，而胞内微囊藻毒素的测定是环境监测中的难点问题。胞内微囊藻毒素的前处理过程繁琐，包括蓝藻的收集、细胞破碎和浸提、微囊藻毒素的浓缩和净化等步骤；而且蓝藻提取液基体复杂，微囊藻毒素含量极低，如未得到充分净化，将抑制微囊藻毒素离子化效率，影响色谱柱的寿命，增加仪器维护成本。

水体中的蓝藻可以通过 3 种方法进行浓缩：① 在 4 000 g 条件下离心 20 min；② 通过 10～64 μm 孔径的滤网过滤；③ 通过 0.45 μm 的滤纸抽滤。之后对得到的蓝藻进行风干或冷冻干燥。在萃取前，需要对藻细胞进行破裂以释放其中的微囊藻毒素至萃取液中。目前蓝藻细胞的破裂方法主要有如下 3 种：① 持续振荡一段时间，并且浸泡过夜；② 冻融；③ 超声。3 种方法各有优缺点，在实际应用中，需根据实验条件进行优化选择。如超声方法被广泛采用，但是有研究证明超声可能会降解 MC-LR，因此需要优化超声条件，尽可能减少微囊藻毒素的降解，使蓝藻中的微囊藻毒素得到最大化的提取。

有报道认为冻融法具有操作简单、耗时少、不引起微囊藻毒素降解等优点，是释放胞内微囊藻毒素的较理想方法。冻融的参考条件如下：将含蓝藻的滤膜放入 10 ml 聚丙烯离心管中，在普通冰箱－20℃或超低温冰箱－80℃下冷冻 10 min 后，立刻转移至 37℃恒温培养箱中解冻 10 min，反复冻融 3 次，使细胞破裂，释放微囊藻毒素。有研究对含蓝藻的滤膜分别经过 6 次－20℃/37℃和－80℃/37℃反复冻融，每次冻融后用 5 ml 75%的甲醇分别提取 2 次，考察冻融温度和次数对胞内微囊藻毒素释放效果的影响。结果显示冻融时的温差直接影响胞内微囊藻毒素的释放。在第一次冻融中，采用－80℃/37℃冻融的效果（5 种微囊藻毒素的平均释放率为 79%）好于－20℃/37℃冻融（68%），说明冻融时温差越大，蓝藻细胞破裂效果越好。经过 3 次冻融，两种方法的效果并无明显差别，5 种胞内微囊藻毒素释放率均达到 95%以上。因此可选择 3 次－20℃/37℃冻融方法，无需超低温冻融。

萃取过程中采用的溶液包括含 5%乙酸的水溶液、水∶甲醇∶丁醇（体积比 75∶20∶5）、甲醇、水∶甲醇（25∶75）、含 0.1%三氟乙酸的 70%甲醇水溶液、乙腈∶水∶甲酸（体积比 80∶19.9∶0.1）等。萃取溶液的种类影响微囊藻毒素的 C_{18} 固萃回收率。有研究通过将不同浸提液加入到 200 ml 模拟水样（微囊藻毒素 5 μg/L）中，考察其对 5 种微囊藻毒素固萃回收率的影响。结果表明 5%乙酸溶液会降低微囊藻毒素的固萃回收率，其中 LW、LF 的回收率降至 50%以下，将水样 pH 调回中性后，微囊藻毒素的回收率显著增加。由于微囊藻毒素是由亲水部分（如精氨酸中的羧基和氨基）和疏水部分（如 Adda 及环状结构）构成的两性分子，其疏水性随着水溶液 pH 值变小而减弱。5%乙酸的浸提液为弱酸性，降低了微囊藻毒素在小柱上的保留能力，导致固萃回收率偏低。因此在进行 C_{18} 固相萃取前，需要保证提取液 pH 为中性，以提高微囊藻毒素的回收率。

有报道认为水∶甲醇（25∶75）溶液是最适合的萃取溶液，它可以有效地萃取多种不同极性的微囊藻毒素。浸提的参考条件如下：往冻融后的离心管加入浸提液，涡旋震荡后浸泡 10 min，8 000 r/min 离心 10 min，取上清液后重复提取一次。重复几次，合并上清液，用二次去离子水稀释至 200 ml（甲醇浓度低于 4%），待固萃。将含蓝藻的滤膜在－80℃/37℃之间反复冻融 3 次，用 5 ml 75%的甲醇分别提取 2 次，再用 5 ml 5%乙酸提取 1 次，考察浸提次数对 5 种微囊藻毒素的提取效果。结果表明经过 2 次 5 ml 75%甲醇浸提，95%以上的微囊藻毒素已被提取，可不用 5%乙酸进行第 3 次提取。

有研究采用如下的提取方法：将截留藻细胞残渣的滤膜，剪碎置于离心管中，加入 10 ml 75%甲醇，涡流混匀 10 min，45℃水浴振荡 30 min，离心（5 000 r/min）10 min，取上清液，残渣再重复萃取 2 次，合并上清萃取液待富集纯化。此外，张立将等将胞内和胞外微囊藻毒素一起处理，得到水样中总微囊藻毒素，提取过程：取 500 ml 水华水样经 20 MHz 超声波破碎藻细胞 2 h，释放胞内微囊藻毒素，再按 5%比例加入冰醋酸，混匀过夜，最后用 0.45 μm 微孔滤膜过滤待纯化。

萃取液中往往含有大量杂质，如来自蓝藻的生物大分子，需要进行富集纯化。蓝藻中往往含有各种杂质，如不有效地去除，很可能会干扰色谱分析，得到假阳性结果。尤其是蓝藻样品中富含蛋白质，蛋白质含量进入色谱柱时，会造成高峰形状扭曲或多个高峰，干扰分析，并且严重降低色谱柱的寿命。富集纯化的目的主要是在不损失的前提条件下去除杂质，并使微囊藻毒素得到浓缩。以下两种方法常用于净化：① ODS 小柱净化，此法基于微囊藻毒素和 C_{18} 填料之间的疏水相互作用；② 免疫亲和小柱净化，此法基于微囊藻毒素的单克隆抗体或多克隆抗体的特异性结合反应。之后通过氮吹、旋蒸或者冷冻干燥等方法进行浓缩。

C_{18} 固萃浓缩净化中，一般采用一定浓度甲醇淋洗的方式进行净化。有研究选择 10 ml 的 3 种甲醇溶液（5%、10%和 15%）对 C_{18} 固萃小柱进行淋洗，考察净化对 5 种微囊藻毒素回收率的影响。结果显示随着甲醇浓度的增加，RR、YR 和 LR 的回收率下降，LW 和 LF 的回收率保持 80%以上。因此可采用 10 ml 5%甲醇溶液净化，此时 5 种微囊藻毒素的回收率较高。

第四节 质量保证和质量控制

微囊藻毒素监测的质量保证和质量控制包括样品采集、保存、前处理和分析测试等整个监测过程的质量保证和质量控制，第二节和第三节已涉及一些质量保证和质量控制措施，不再重复叙述。本节重点叙述实验室分析中的质量控制。每个开展微囊藻毒素分析的实验室需要根据采用的方法，进行一次全面的质量控制，包括实验室方法性能考察、实验室空白分析、实验室试剂溶剂空白分析、实际样品加标分析、质控样品分析等，确定所建立方法的可靠性和适用性。

一、方法性能考察

标准方法或文献提供的分析条件只是供每个实验室参考之用。每个实验室的实验条件各不相同，需要在标准方法的基础上，做一定程度的修改，建立适于本实验室应用的分析方法。

（1）方法回收率。为每个分析物选择代表性的加标浓度（通常为 10 倍检出限浓度）。按照所确定的实验条件进行分析，查看加标回收率。加标回收率一般需在 60%～120%之间。当分析物回收率在要求的范围以内时，此方法可用于实际样品的分析，当有些分析物未满足要求时，需要调整实验条件，重新考察方法的性能，直至符合要求。

（2）方法检出限。方法检出限为能够被检出并在被分析物浓度大于零时能以 99%置信度报告的最低浓度，其计算公式为：

$$\mathrm{MDL} = t \times \mathrm{SD}$$

式中：t—— 重复测定 n 次（$n \geqslant 7$），置信水平为 99%，通过 t 值表查阅；

SD —— 重复测定 n 次的标准偏差。

参考《环境监测分析方法标准制修订技术导则》（HJ 168—2010），按照样品分析的全部步骤，对于单一组分的分析方法，对浓度值或含量为估计方法检出限值 2～5 倍的样品进行 n（≥7）次平行测定，计算 n 次平行测定的标准偏差，按上述公式计算方法检出限。对于多组分的分析方法，一般要求至少有 50%的被分析物样品浓度在 3～5 倍计算出的方法检出限的范围内，同时至少 90%的被分析物样品浓度在 1～10 倍计算出的方法检出限的范围内，其余不多于 10%的被分析物样品浓度不应超过 20 倍计算出的方法检出限，若满足上述条件，说明用于测定检出限的初始样品浓度比较合适。

（3）建立分析方法后，允许因为改进分离或者降低分析成本等原因，更改色谱条件或者检测器条件，但是修改后的方法需要重新测试方法的性能，保证方法性能符合要求。

二、试剂空白实验

在分析样品之前，确保全部玻璃器皿和试剂干扰处于可控状态。每分析一批样品或者更改试剂，必须测试实验室试剂空白。采用去离子水等作为样品查看实验室试剂空白。如果实验室溶剂空白中发现有杂质的色谱峰干扰微囊藻毒素的分析，那么需要确定污染的来源，并在分析实际样品前加以消除。

三、空白加标实验

（1）每批样品至少在 24 h 内分析一个实验室空白加标。实验室空白加标的浓度应该是 10 倍检出限浓度。当分析物的回收率不在要求的范围内，那么判断该分析物没有受控。在继续分析之前，必须识别问题的来源并加以解决。

（2）当空白加标实验数据足够时（最少 20～30 个分析数据），实验室必须将自身方法性能与参考的质控标准比较。当有足够多的方法性能数据时，那么就可以从这些数据中建立自身实验室的质控指标，比如加标回收率的上限（R+3Sr）和下限（R−3Sr）。

四、实际水样的加标回收实验

实验室必须选取至少 10%样品做加标回收实验或每一批样品至少做一次加标回收实验。加标浓度应大于水样本底浓度，最理想的加标浓度是与空白加标实验中使用的加标浓度相同（即 10 倍检出限浓度）。扣除样品本底浓度后，计算加标回收率。

五、质控样品

如果有质控样品，实验室需在每一季度开展一次甚至更多的质控样品分析。如果结果不能满足质控样品的要求，那么有必要针对性地采取措施，查找原因，并且加以记录。

第九章　生物群落监测

第一节　生物群落监测研究综述

一、生物群落监测的概念和定义

生物群落（Biological community）可定义为特定空间或特定生境下生物种群有规律的组合，它们之间以及它们与环境之间彼此影响，相互作用，具有一定的形态结构与营养结构，并执行一定的功能。也可以说，一个生态系统中有生命的部分即生物群落。

生物群落监测（Biological community monitoring）即按照一定频次，对特定区域的生物群落的组成、结构，包括其中各物种丰度进行规律性监测，用以评价该区域环境的健康程度或环境质量变化情况的一种监测方法。可以认为生物群落监测就是以环境评价为目的的物种层面的生物多样性监测。

未受污染的环境水体中生活着多种多样的水生生物，这是长期自然发展的结果，也是生态系统保持相对平衡的标志。当水体受到污染后，水生生物的群落结构和个体数量就会发生变化，使自然生态平衡系统被破坏，最终结果是敏感生物消亡，耐受生物旺盛生长，群落结构单一，这是生物群落监测法的理论依据。

目前环境监测研究领域中，主要开展的是水体中水生生物群落的监测，也有部分研究集中在土壤微生物群落结构多样性方面。

二、生物群落监测的特点

生物群落监测主要包括以下几大生物类群：浮游植物，包括各种藻类；浮游动物，如原生动物、轮虫、枝角类、桡足类等；底栖动物，如蜻蜓幼虫、摇蚊幼虫、甲壳类等；着生生物（即周丛生物）：如硅藻等着生藻类和着生原生生物；鱼类，上层、中层和底层的鱼类；水生植物，如水草等。生物群落监测能对各种污染因子的相互作用（协同、拮抗）作出综合性反映，并具有连续监测的功能，是对环境质量状况长期的、历史的反映，因此利用水生生物群落对水环境进行监测，可以更好地反映水污染程度。

长期以来，对于各类水体的监测，更多地强调物理和化学监测，而且已具有比较先进的手段和方法，对污染物的种数和数量可以比较快速而灵敏地分析测试出来，但由于测试项目都为定期采样，因而只能反映瞬时的污染物浓度，而且监测项目有限。目前，虽然已经可以通过在线连续监测仪器对水体的理化指标进行长期监测，但在实际环境中，由于许多种化合物同时存在的各种复杂作用（如协同、拮抗作用等），它们所产生的有害生物效应浓度往往是现有分析手段无法测出的，它们常以混合状态存在于水体中，且相互作用产生综合污染，给理化监测带来无法克服的困难，而生物监测却能在这方面显示优势。理化监测对于检查受控污染物的浓度是非常有用的，但对于理解由于污染物产生的破坏帮助不大。与传统的理化监测方法相比，生物监测的优越性主要表现在：生物群落监测表明外源性化学物质影响生物物种或生物调控过程的细微变化，而这些变化可能为常规分析所错过。在环境中，生物接触的污染物不止一种，而几种污染物混合起来，有可能发生协同作用，使危害程度加剧，生物群落监测能较好地反映出环境污染对生物产生的综合效应。具有灵敏性，一些低浓度甚至是痕量的污染物进入环境后在一段时间作用下，在能被直接检测或人类直接感受到以前，生物即可迅速作出反应，显示出可见症状。因此，可以在早期发现污染，及时预报。对于那些剂量小、长期作用产生的慢性毒性效应，用理化方法很难进行测定，而生物监测却可以做到。生物群落监测克服了理化监测的局限性和连续取样的繁琐性；价格低廉，不需要繁琐的保养及维修仪器等工作；可以大面积布点，甚至边远地区也能实行。

与此同时，与理化监测相比，生物群落监测在理论及方法上仍有许多问题亟待解决，并存在因自身因素造成的一些局限性，主要表现为：不能像仪器那样精确地监测出环境中污染物的种类、数量及浓度，它通常反映的是各监测区域水质相对污染或变化的水平，监测结果对参照点的选择有很强的相关性。受生物生长规律影响，同一生物指数在一年中会出现季节性变化。自然因素与人为干扰常综合在一起对生物起作用，很难将两者清晰地分开，使评价结果的准确性受到影响。

三、国内外生物群落监测的发展历程和现状

我国在 20 世纪 80 年代，随着国家和地方环境监测机构成立，部分城市开展了生物监测工作。此后，生物监测经历了一个快速的发展时期。1984 年，国家环保局首次召开了第一次环境生物监测工作会议，之后原国家环境保护局 1986 年颁布了《生物监测技术规范（水环境部分）》，1989 年组织专家编写并出版了《水和废水监测分析方法》中的“水生生物检测分析方法”，之后于 1993 年又编写出版《水生生物监测手册》，并在这个时期初次建立起国家水生生物监测网，开始在我国全国范围开展例行的生物监测工作。这一时期，是全国环境监测系统的生物监测能力快速提升的一个阶段。以上几个技术文件中都包含了生物群落监测的重要内容，监测的类群包括浮游植物、浮游动物、着生生物、底栖动物、鱼类以及水生维管束植物，监测内容包含了采样方法、样品的保存、样品的鉴定和计数等。

美国 EPA 的生物调查监测体系在 20 世纪 70 年代以前主要采用生物多样性指数评价方法，但随着 BI 指数的在水环境质量评价中的应用的广泛开展，80 年代末的 1989 年，美国 EPA 流域评估和保护部门制定了《生物快速评价方案》（*Papid Bioassessment Protocol For Mse In Streams And Rivers. Benthic Macroinvertebrates And Fish*），开展包括大型底栖生物和鱼类的监测评价。期间美国 EPA 监测部门在全国开展了一系列培训和讨论工作，以及对不同溪流生态系统的具体应用，在此基础上对初版进行了修订和调整，于 1999 年由 EPA 水环境部门又推出了 *Papid Bioassessment Protocol for Mse in Stream and Wadeable Rivers: Periphyton，Benthic Macroinvertebrates and fish*（*Second Edition*），这版优化了大型底栖生

物的特定监测方法，并增加了着生藻类调查方案，同时增加了方法准确度和灵敏度等质控措施的内容。随后2006年，在上述针对溪流和浅河而制订的评估和调查方案基础上，EPA又针对大型河流的生物调查和评估发布了*Concepts and Approaches for the Bioassessment of Non-wadeable Streams and Rivers*，其中生物调查包括藻类、大型底栖生物和鱼类调查，着重强调生境评估和物理参数的调查分析，同时对得到的调查数据如何分析、整合、评估也有了更明确具体的介绍。在目前美国各州生物基准的应用情况是：有五个州在其水质量管理计划中采用了生物基准。其中缅因州和北卡罗来纳州采用叙述性基准，俄亥俄和佛罗里达州采用叙述性和数值类型两者结合的基准，特拉华州只定义了菏泽口水体的生物基准。大多数其他的州还处在不同的发展阶段。叙述性基准是对明确用途的水体质量和生物完整性状况的一般性描述，此类型标准的有效实施需要定量数据的支持。数值性生物基准：虽与叙述性基准基于同样的内容，但其中包含了量化的值，这些值归纳了生物群体的情况，描述了不同设计用途水资源系统所预期达到的状态。它与定量数据支持的叙述性基准最重要的不同就在于在其中是直接包含了数值和指数。

四、生物群落监测评价方法

生物群落监测的评价方法主要包括以下几种：指示生物评价法、指示群落评价法、指数分析法；其中指数分析法又可以分为生物指数法、多样性指数法、生物完整性指数法三类。

1. 指示生物评价法

水污染指示生物通常是指在一定水质条件下生存，对水体环境质量的变化反应敏感而被用来监测和评价水体污染状况的水生生物。20世纪德国科学家Kolkwitz和Marsson提出污染指示生物学说，将污染河流划分为不同的污染带（寡污带、β-中污带、α-中污带、多污带）。

2. 指示群落评价法

指示群落评价法是用水生生物群落的组成来评价水体污染状况的方法。浮游植物的种群结构和污染指示种是水质评价中的重要参数，到20世纪90年代，有研究提出利用指示性浮游植物群落划分污染等级的标准：蓝藻门占70%以上，耐污种大量出现的为多污带；蓝藻门占60%左右，藻类种数较多为α-中污带；硅藻门及绿藻门为优势类群，各占30%左右为β-中污带；硅藻门为优势类群，占60%以上为寡污带，这一标准在国内很多研究中被广泛应用。

3. 指数分析法

浮游生物的种群和群落结构会随着水质的污染程度而变化，由此现象一些专家学者经过不断研究，促使这种变化数量化，并与水质状况产生相对应的关系，由此衍生出一系列指数分析方法，主要包括生物指数法、多样性指数法和生物完整性指数法三类。

五、现代新方法的应用

宏观方面，“3S”技术在水生态方面已开展了多项应用研究。GPS系统在浮游生物采集时被广泛应用；GIS系统被用于浮游植物生物多样性、时空分布及其与营养盐的相关性分析、生态环境质量综合评价等多方面的研究。

微观方面，包括 DNA 指纹、荧光识别法、核酸探针、聚合酶式反应技术（PCR 技术）、生物传感器、酶免疫监测、单细胞凝胶电泳技术等也在生态监测中得到研究和应用。进入 21 世纪，研究已经从细胞水平逐步深入到分子水平，分子生物技术被引入到水生态监测和土壤微生物群落的监测中。

第二节 样品的采集与保存

一、浮游生物样品的采集与保存

1．采样

（1）采样工具

1）浮游生物网

浮游生物网有两种类型，即定性网和定量网。定性网是由黄铜环及缝在环上的锥形筛绢网袋构成的，网的末端有一浮游生物集中杯（见图 9.1），网本身用尼龙筛绢制成。根据筛绢孔径不同划分网的型号，常用的有 2 号、20 号和 13 号三种规格。其中 25 号网网孔大小为 0.064 mm（200 孔/英寸[①]），用于采集个体较小的浮游植物；20 号网网孔大小为 0.076 mm（193 孔/英寸），用于采集一般浮游植物及中小型浮游动物；13 号网网孔大小为 0.112 mm（130 孔/英寸），用于采集大型浮游动物，如枝角类、桡足类等。定性网的类型见表 9.1。

表 9.1 定性网的类型

项　目	小　型	中　型
网口直径/cm	25	40
圆锥体侧面动线长/cm	55	100
集中杯直径/cm	3.5～4	6

定量网与定性网的区别在于，定量网的前端有两个金属环（见图 9.2），两环之间有一圈帆布，称为附加套，其作用在于减少浮游生物的流失。除此之外，定量网的网身比定性网长些，网口略小些，其他都与定性网相同。定量网的类型见表 9.2。

表 9.2 定量网的类型

项　目	小　型	中　型
网口（上环）直径/cm	10.8	20
附加套圆锥体侧面动线长/cm	15	38～40
圆锥体侧面动线长/cm	40	100
大环直径/cm	25	40
集中杯直径/cm	4	6

① 1 英寸（in）= 0.025 4 m。

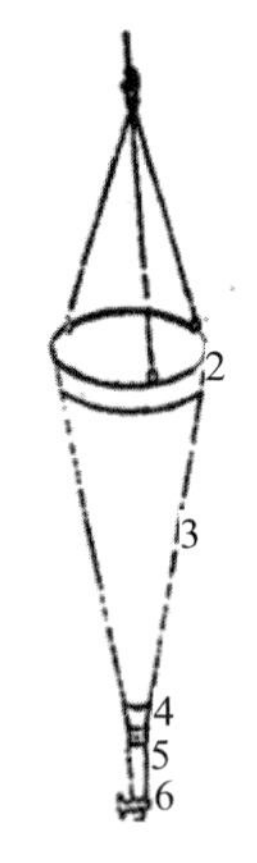

1—金属环；2，4—帆布；3—筛绢；
5—浮游生物集中杯；6—活栓

图 9.1　浮游生物定性网

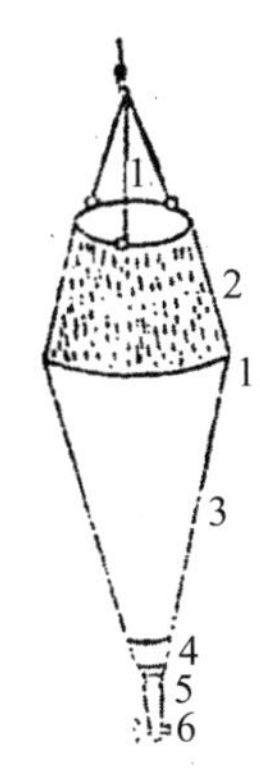

1—金属环；2，4—帆布；3—筛绢；
5—浮游生物集中杯；6—活栓

图 9.2　浮游生物定量网

2）采水器

采水器系由金属、塑料或有机玻璃制成的盛水器，具有一定的容积，有的可以自动关闭。采水器种类很多，而且也没有统一起来。常用的有以下几种。

① 瓶式采水器，又叫采水瓶，是用容量为 1 L 的广口瓶制成的。其制作方法是：在广口瓶的瓶底附加一质量约 1 500 g 的铅块或铁块，以铁丝绕紧，使瓶子可以沉入水中，瓶中加橡皮塞，塞上穿 3 个孔。一个插入温度计，一个插入一根较长的玻璃管，管的下端接近瓶底，为进水管；另一个插入一根短玻璃管，其下端恰好在橡皮塞的下端，为排气及出水管。两根玻璃管的上端，均露出橡皮塞 3 cm 左右。用一根长约 25 cm，口径与玻璃管几乎吻合的橡皮管将两根玻璃管连接起来，接于出水管的一端要扎紧，以免脱落，接于进水管的一端要松一些，并在橡皮管的一端系上一根小绳，以便采水时可以拉脱橡皮管，使水流入瓶中。进出水玻璃管的口径，最好在 10 mm 以上，这样进水较快，较大的浮游动物也不易逃遁。在采水瓶上，用粗铁丝做一个环，系上一根粗线绳，线绳上做好尺度标记。采水样时，将瓶塞塞紧，在进水管外用水沾湿，将橡皮管轻松地套上后，手持粗绳，将瓶沉入水中，根据尺度标记，至需要采水的深度，轻拉小绳，使橡皮管与进水管脱开，水便从进水管流入瓶中，瓶中空气从排气管排出，约 3～5 min 后，待温度稳定，将瓶提起，先记录水温，水样可有出水管倒出。倒水时，瓶内的长玻璃管口朝上，水才可顺利倒出。

瓶式采水器，制作简单，使用方便，但采水深度不大，一般只适于 5 m 深度以内的水体。

② 水生-81 型有机玻璃采水器，此采水器为圆柱形，由有机玻璃制成（见图 9.3）。此采水器的上下底面均有活动门，使用时先夹住出水口橡皮管，将采水器沉入水中，活动门则自动打开，水即自动进入，沉入哪一层就采哪一层的水样。采水的深度可通过拉绳上的尺度标记来确定。当采水器沉入所需深度时，即可上提拉绳，上盖和底部活动门会自动关闭。提出水面后，不要碰及下底，以免水样漏出。采水器的内壁上有温度计，可同时测知水温。此采水器有 1 000 ml、2 500 ml 等各种容量的型号，目前较为常用。

3）透明度盘

透明度盘是一直径 20 cm 的圆形铁盘，上面以中心平分为四个部分，以黑白漆相间涂漆，下面中心有一个铅垂（见图 9.4）。用时，将盘在背光处放入水中，逐渐下沉，至刚好不能看见盘面的白色时，记取其深度就是水的透明度。需反复观察 2～3 次，透明度以厘米（cm）为单位。

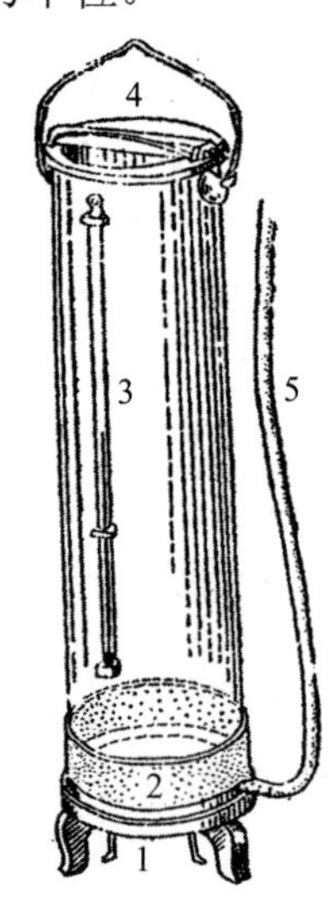

1—进水阀门；2—压重铅圈；
3—温度计；4—溢水门；5—橡皮管

图 9.3 有机玻璃采水器

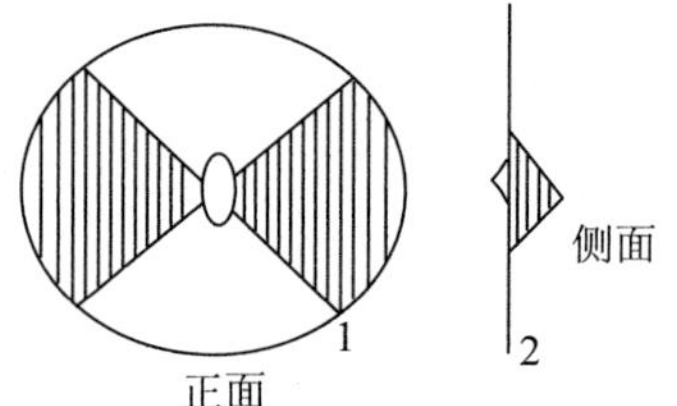

图 9.4 透明度盘

2．采样层次（深度）

浮游生物在水体中的分布不论是水平方向还是垂直方向都是有差异的，所以在采样时，要根据水体的具体情况确定采样层次。一般常规生物监测，在江河中，由于水不断流动，上下层混合较快，可不分层采样，在水面下 0.5 m 左右采样即可。在湖泊、水库中，如水深不超过 2 m，一般可仅在表层（0.5 m 深处）取样，如果透明度很小，可在下层加取一样，并与表层样混合制成混合样；水深 5 m 以内的可在水面下 0.5 m、1 m、2 m、3 m、4 m 处等量采样后混合均匀，从中取定量水样。对于透明度较大的深水水体，可按表层、透明度 0.5 倍处、1 倍处、1.5 倍处、2.5 倍处、3 倍处各取一水样，再将各层样品混合均匀后取一样品，作为定量样品。若需了解浮游生物垂直分布情况，不同层次分别采样后，不需混合。

3．采样方法及采样量

（1）定性样的采集

用浮游生物定性网（根据采集目的选择不同型号的网，一般可用 25 号网）在选定的采样点于水面和 0.5 m 深处以每秒 20～30 cm 的速度作“∞”形循回缓慢拖动，时间为 5～10 min（视生物多寡而定）。较大的水体（如湖泊、水库）采样时，可把浮游生物网拴在船尾，以慢速拖拽，时间一般为 10～20 min。水样采好后，将网从水中提出，待水滤去，轻轻打开集中杯的活栓，放入贴有标签的标本瓶中，以备室内分类鉴定之用。

（2）定量样的采集

采集定量样可用采水器和定量网，常用的是采水器，采集水样的量要根据浮游生物的密度和研究的需要而定。一般来说，浮游生物密度低采水量就要多。对于藻类，一般采水1～2 L；对原生动物、轮虫及未成熟的微小甲壳动物，采水1～5 L；成熟的甲壳动物则要10～50 L。

如用定量网采集定量水样，可选适当型号的网，放入距水底0.5 m处，然后垂直上拖，以0.5 m/s的均匀速度拖取，所采水样的体积可按下列公式推算出来。

$$水样体积=\pi r^2 H$$

式中：r—— 网口半径；

H—— 拖取的深度。

4．采样频次

一般常规生物监测，每年采样应不少于两次，一般在春秋两季进行，若要了解浮游生物周年的变化，则一年四季都要采样，特殊需要，则根据具体情况增加采样次数。采样要尽量在晴朗无风的天气进行。

5．样品的固定、浓缩和保存

水样采集之后，除留着进行活体观察的样品（这样的样品不应太浓，不应完全充满容器，应避免日光照射，放在背光处，可不封闭瓶口，并应在3 h内镜检）外，其他定性、定量样品，都应马上加固定液固定，以免标本变质。对藻类、原生动物和轮虫可用鲁哥液（碘化钾60 g溶于200 ml蒸馏水中，加碘40 g，溶解后，加蒸馏水至1 000 ml）固定，一般1 000 ml水样加15 ml鲁哥液。对枝角类和桡足类，可用4%的福尔马林（福尔马林4 ml、甘油10 ml、水86 ml）或70%酒精固定，一般100 ml水样加4～5 ml福尔马林液。如先用福尔马林液固定48 h，再转入70%酒精中保存效果更好。

定量样品经固定后，还要进行浓缩。浓缩常用的方法是沉淀法，即将固定好的定量样品倒入沉淀器中，如无沉淀器可用烧杯或大体积（1 000 ml）分液漏斗代替，沉淀24～48 h。沉淀中途可轻轻摇动沉淀器一次，使黏在器壁上的生物脱落下沉，然后用虹吸管（橡皮管，内径3～5 mm）小心缓慢地抽掉上层清液，一般以吸完980 ml上清液需20～30 min为宜。虹吸管最好用25号筛绢扎在管口，以防止水样中的生物流失（见图9.5）。余下的20 ml左

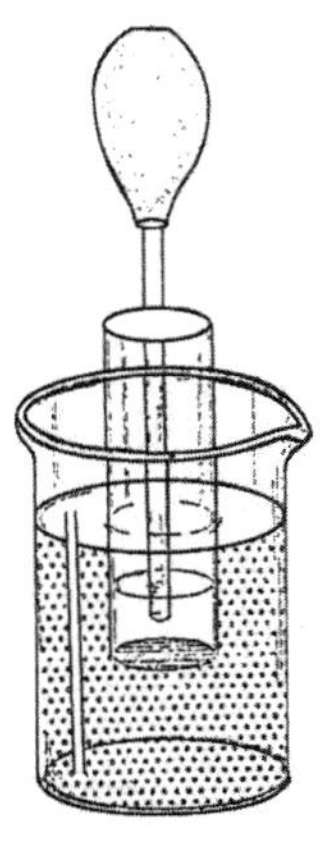

图9.5　浮游生物浓缩装置

右沉淀物摇动均匀转入 30 ml 容量瓶或量筒中。为减少样品损失，再用少量上清液冲洗沉淀器两次，冲洗液加到容量瓶中，最后加到 30 ml。为使样品能较长时间保存，可补加 1 ml 4%左右的福尔马林液，贴好标签，密封保存。另外，也可将定量样品用滤纸、筛绢或滤器过滤浓缩，然后定容至 30 ml。还可以通过过滤或离心的方法浓缩水样。

二、着生生物样品的采集与保存

1．采样方法

用着生生物监测水质时，往往受采样地点缺乏合适的天然基质的限制，而且从天然基质上采集的样品只能做定性测定，无法做定量测定。因此，目前都使用人工基质采样，它的优点是能随意放置，表面均匀，而且能控制表面的类型、面积和方向。

人工基质：目前广泛使用的采集着生生物的人工基质有载玻片（如硅藻计）、聚酯薄膜和 PFU（聚氨酯泡沫塑料块）。硅藻计可用有机玻璃和木材制成，包括一个可固定的载玻片的固定架（26 mm×76 mm）、浮子、载玻片、重锤和尼龙绳等几部分，前面有挡水板以固定水流和阻挡杂物，可在江河等流水中使用。聚酯薄膜采样器是用 0.25 mm 厚的透明、无毒的聚酯薄膜作基质，规格为 4 cm×40 cm，一端打孔，固定在浮子上，浮子下端束上重物作为重锤。

采样时，将人工基质固定在水中，一般在水面下 5～15 cm，以人工基质受到合适的光照为宜，在河流中避开急流和旋流。放置时间为 14 天。

天然基质：水中的动物，大型植物，石块，木块都是天然基质，从中可采集到大量的着生生物。此方法采样方便、经济实用，实际监测中采样较多，但采样面积不够准确，所以一般用来定性测定。

2．样品的处理和保存

（1）着生硅藻

① 定量样品的处理和保存。从采样器上取出基质（玻片 3～4 片或剪取薄膜 4 cm×15 cm），用玻片或刀片将基质上所有着生藻类全部刮到盛有蒸馏水的玻璃瓶中，再用蒸馏水冲洗基质几次，用鲁哥液固定，贴上标签，带回实验室，采用沉淀法浓缩至 30 ml，观察后如需长期保存，再按 4%的浓度加入福尔马林液（1.2 ml）保存。

② 定型样品的处理和保存。从采样点取出基质，无论玻片和聚酯薄膜都应该取多一些，再按上述方法刮下，用鲁哥液固定，贴上标签，带回实验室鉴定。鉴定后，再按 4%的浓度加入福尔马林保存液。

（2）着生原生动物

将两个盛有该采样点水样的玻璃瓶，分别装入采样基质。其中一瓶立即加入鲁哥液和 4%福尔马林液固定；另一瓶不加任何试剂，带回实验室做活体鉴定用。

三、底栖动物样品的采集与保存

1．采样

由于底栖动物生活在水体底部，底质的形态、性质（如岩石、砾石、砂或淤泥等）对其分布影响很大。因此，在确定采样点时（特别是河流）要尽量选择相似的底质类型，并注意其他水体局部特征的差异。

底栖动物不仅活动范围小，而且多半生活周期长，例如，一年一个世代或 2～3 个世代，有的种类个体生活史持续 2～3 年。常年的调查结果表明，底栖动物有明显的季节变化，其群落组成在年度内有着一定程度的优势种类的更替现象，数量也有变动。因此每季度调查或测定一次是适宜的。如果考虑到工作量和人力物力方面的限制，一年两次是必需的，可定为春季（4～5 月）和秋季（9～10 月）。

2．采样工具及采样方法

（1）定量采样

定量采样可以客观地反映河流、湖泊、水库等水体底部底栖动物不同部位的种类组成和现存量（standing crop），并以每平方米为单位进行统计和计算。目前常用的底栖动物采样设备主要有彼得逊采泥器和人工基质篮式采样器。

彼得逊采泥器也称蚌斗式采泥器（见图 9.6）。此采泥器多用于湖泊、水库及底质非砾石且较松软的河流。彼得逊采泥器质量 8～10 kg，每次采集面积为 1/16 m^2 或 1/40 m^2。每点至少采样 2 次。使用时将采泥器打开，挂好活钩，轻轻上提，这时采泥器的两铁勺自动闭合，将所采泥样夹在勺内，多余的水自每瓣铁勺的小方空中流出，待提离水面后，倾入桶（或盒）内，用 40 目分样筛分次筛选，把筛内剩余物装入塑料袋或其他无毒容器内带回实验室，倾入白色解剖盘中，用镊子将底栖动物捡出，柔软较小的动物用移液管或者毛笔等捡出。采泥器提出水面后，如发现两铁勺未关闭，则需另行采取。

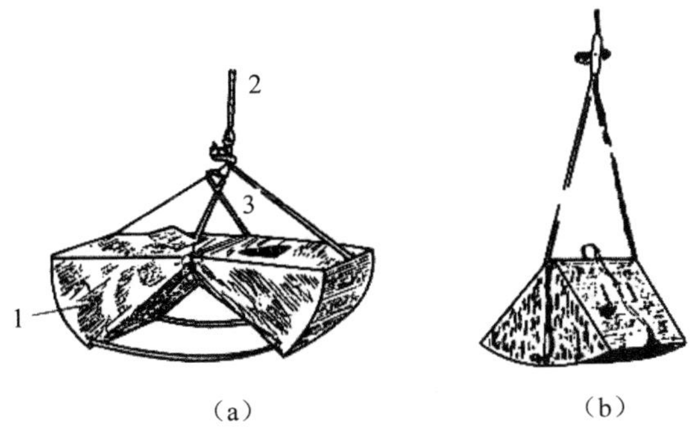

图 9.6　彼得逊采泥器

人工基质篮式采样器主要用于河流及溪流中。这种采样器不受底质的限制。次采样器是用 8 号或 14 号铁丝编成的圆柱形铁丝笼（见图 9.7），直径 18 cm，高 20 cm（或者直径 16 cm，高 18 cm），网孔面积 4～6 cm^2。使用时笼底铺一层 40 目尼龙筛绢，内装洗净的 7～9 cm^2 的卵石，其总质量约 6～7 kg，在每个采样点的底部放两个铁笼，用蜡棉绳或者尼龙绳固定在桥墩、航标、码头或者木柱上，14 天后取出，卵石倒入盛有少量水的桶内，用毛刷将卵石上和筛绢上的底栖动物洗下，再用 40 目分样筛筛选洗净，放入白色解剖盘内将生物捡出。

由于基质（卵石及砾石）取自河流或溪流的岸边，同水中的底质相同，加上 14 天的收集，能恰当地反映该地区底栖动物的群落结构，取得令人满意的结果。

（2）定性采样

在各种水体的岸边浅水区，可用手捡出卵石、石块等底质，用镊子取下标本，放入瓶内固定；也可用手抄网（柄长应大于 1.3 m）将底泥捞起，或用铁铲铲出底泥，捡出标本。水较深的话，可用三角拖网（由铁制成的三角形带齿网口和 40 目筛绢制成）（见图 9.8）拖拉一段距离，也可以用彼得逊采泥器采集，经过 40 目分样筛，将标本捡出固定。

图 9.7 人工基质篮式采样器

图 9.8 三角拖网

3．样品的处理和保存

将采集到的底栖动物分门别类地放入标本瓶中，用不同的固定液固定。软体动物的螺、蚌可用 70%的酒精固定，4～5 天后再更换一次酒精即可。如缺乏酒精，也可以用 50%的福尔马林液固定。但务必加入少量苏打或硼砂，不然软体动物的钙质外壳会被酸性的甲醛液腐蚀。软体动物也可去内脏后将壳干燥保存。

昆虫幼虫及甲壳动物，可放入小瓶中用 50%酒精固定，再转入 70%～80%的酒精中封存。昆虫成虫可制成干标本，放入密封的标本匣中，并放入樟脑丸以防发霉。环节动物的水蚯蚓、蛭类，固定时容易收缩或断体，应先麻醉，使其呈舒展状态后再固定。麻醉可用硫酸镁或薄荷精，或者先用较低浓度的固定液，如 30%的酒精或者 2%的福尔马林，数小时后再逐渐过渡到正常的固定浓度。也可将动物放入玻璃容器，加少量水，然后加 95%的酒精 1～2 滴，每隔 10～20 min 再加入 1～2 滴，直至虫体完全伸展，然后加入 10%的甲醛固定 1～2 天后移入 70%的酒精中封存。如此固定的标本，可保存很长时间。

第三节 定性定量和生物量的监测技术（浮游、底栖、着生）

一、浮游生物

1．定性定量监测

（1）水样的沉淀浓缩

将已固定的水样，放入 1 000 ml 沉淀器（沉淀器可用 1 000 ml 广口瓶或分液漏斗）中静置 24 h，使其充分沉淀。然后缓慢吸出上层清液，将剩下的 20 ml 左右的沉淀物转入 30 ml 定量瓶中，再用吸出的清液冲洗沉淀器 3 次，每次的冲洗液仍转入定量瓶中，并使最终容量为 30 ml。如果标本需长时间保存，应加入 2～3 ml 福尔马林。

（2）定性调查

将新鲜或固定的水样，置于显微镜下进行属种鉴定。对于优势种应该鉴定到种，一般种类可鉴定到属。鉴定结束后，应将鉴定的种类列出名录。如果鉴定到种属有困难，可按蓝藻、裸藻、绿藻、金藻、黄藻、硅藻、甲藻、原生动物、轮虫、枝角类和桡足类等大类进行鉴定。

（3）定量调查

视野法计数：将定量瓶中的样品充分摇匀，采用合适体积的计数框进行总数计数或分类计数。每个样品计数 2 片，取其平均值；同一样品的两次计数之差超过±15%，需进行第 3 片计数，取两个近似的平均数作为计数结果（见表 9.3）。

表 9.3　依视野中藻类密度确定计算视野数

藻类平均数/（个/视野）	视野数/个
1～2	300
2～5	200
5～10	100
＞10	50

藻类、原生动物计数取 0.1 ml，在 10×40～10×60 倍显微镜下用 0.1 ml 的计数框进行藻类计数，计数 50～300 个视野，原生生物全片计数。

轮虫取 1 ml，在 10×10～10×20 倍显微镜下用 1 ml 计数框进行全片计数。

甲壳动物取 5 ml 或 8 ml，在 10×10～10×20 倍显微镜下用 5 ml 或 8 ml 计数框进行全片计数。

每升水中浮游植物的个体数，按下列公式计算：

$$N=\frac{C_s}{F_s \cdot F_n}\times\frac{V}{U}\times P_n$$

式中：N——1 L 水中浮游生物的个体数；

C_s——计数框面积，mm^2；

F_s——每个视野的面积，mm^2；

F_n——计数过的视野数；

V——1 L 水样经沉淀浓缩后的体积，ml；

U——计数框的体积，ml；

P_n——每片计数出的浮游生物个体数。

单位体积浮游动物的数量，按下列公式计算：

$$N=\frac{V_s \cdot n}{V \cdot V_a}$$

式中：N——1 L 水样中浮游动物的数量，个/L；

V——采样的体积，L；

V_s—— 样品浓缩后的体积，ml；

V_a—— 计数样品体积，ml；

n—— 计数所获得的个体数，个。

在沉淀浓缩过程中，应注意虹吸沉淀清液的速度，虹吸时管口要始终低于水面，流速、流量不能太大，沉淀和虹吸过程不可摇动，吸至澄清液的 1/3 时，应逐渐减缓流速，以免搅动了沉淀而前功尽弃，如搅动了底部应重新沉淀。

2. 生物量的监测

（1）浮游植物生物量的测定

浮游植物生物量一般按体积来换算。这是因为浮游植物个体积小，直接称重较困难，且其细胞比重多接近于 1。可用形态相近似的几何体积公式计算细胞体积。细胞体积的 ml 数相当于细胞重量的克数。这样体积值（μm^3）可直接换算为重量值（$10^9\ \mu m^3 \approx 1$ mg 鲜藻重）。

下列体积公式，可供计算生物量时参考：

圆锥体：$V=1/3\pi R^2 h$

圆柱体：$V=\pi R^2 h$

球　体：$V=4/3\pi R^3$

椭圆体：$V=4/3ab2\pi$（a 为长轴半径，b 为短轴半径）

长方体与正方体：$ab \times h$ 或 a^3

硅藻细胞的计算通式：V＝壳面面积×带面平均高度

不规则性藻类可分为几个部分计算。

每种藻类至少随机测量 20 个以上，求出这种藻类个体重的平均值，一般都制成附表供查找。此平均值乘上 1 L 水该种藻类的数量，即得到 1 L 水中这种藻类的生物量（mg/L）。

由于同一种类的细胞大小可能有较大的差别，同一属内的差别就更大了，因此必须实测每次水样中主要种类（即优势种）的细胞大小并计算平均重量。

目前国内利用浮游植物丰度和生物量对水质进行评价的标准是：生物量在 1～1.5 mg 之间的为贫营养型；生物量在 1.5～5 mg 之间的为中营养型；生物量大于 5 mg 的为富营养型。

（2）浮游动物生物量的测定

由于浮游动物大小相差极为悬殊，因此不分大小、类别而只列出一个浮游动物总数有较大的片面性，不能客观地评价水体的供饵能力。为了正确地评价浮游动物在水生态结构、功能和生物生产力中的作用，生物量的测算显得尤为必要。目前，测定浮游动物生物量主要有体积法、排水容积法、沉淀体积法和直接称重法。

① 体积法。本方法就是把生物体当做一个近似几何图形，按求积公式获得生物体积，并假定相对密度为 1，这就得到体重。这种方法在原生动物、轮虫中广为应用。轮虫的体形有圆形、椭圆形、球形、矩形、锥形等。在活体情况下，在解剖镜下将所需的轮虫种类用毛细管吸出，放在载玻片上，加入适量的麻醉剂（如苏打水），使其呈麻醉状态；或将玻片上的水徐徐吸去，吸到轮虫仅能作微小范围运动为止，然后把载玻片放在显微镜下，用目测微尺测量其长、宽和厚度亦可通过显微镜微调进行近似测量。

② 排水容积法。本方法根据水不可压缩的原理，用一根改短的滴定管，直径 1.5 cm，长 20 cm，样品容器为一管状物，由黄铜框架和孔径为 112 μm 的网衣组成。先把该容器放入上述改短了的已知液体体积的滴定管中以获得空容器的体积，然后把采得的浮游动物放入该容器，尽量用力摔出黏附在样品空隙中的液体，量其体积，如此重复 5 次，平均后则获得浮游动物的体积。

③ 沉淀体积法。本方法很简单，把用网具捞取的浮游动物样品放在有刻度的滴定管中，经一定时间沉淀后读出沉淀体积。

④ 直接称重法。几何图形法和容积法获得只是近似值。有时误差较大，直接称重法就是把测重的生物体，用微量天平直接称其体重，可以测定湿重或者干重。

原生动物、轮虫体重的测定方法。先将滤膜浸湿，用真空泵抽去多余的水分，称取滤膜的湿重。将一定体积剔除杂质的样品倒入放有称重过滤膜的滤器中，用真空泵抽去多余的水分，称取其重量，两者相减为样品中原生动物或轮虫的湿重。将载有原生动物或轮虫的滤膜放在恒温干燥箱中（70℃左右），干燥 24 h 后，称其干重。

甲壳动物体重的测定方法。把新鲜的或用 4%福尔马林固定的标本，通过不同孔径的铜筛作初步分级，筛选出不同的规格级。然后在解剖镜下，挑选体型接近的个体集中在一起，根据个体的大小确定称重个体的数目，一般为 30～50 个，体长小于 0.8 mm 的个体则称重 150 个以上。用真空泵先抽去多余的水分然后，称其湿重；后在恒温干燥箱中干燥 24 h 后，再放在干燥器中 2 h，称其干重。

卵的重量。枝角类的卵一般较大，可直接从孵育囊中取出，称其湿重和干重；桡足类的卵一般较小，但均为球形，用体积法就可获得较佳的结果。用目微尺量出卵的平均直径（D）后，代入球体公式（$V=1/6\pi D^3$）便可求出体积 V，在按相对密度为 1.05 求出卵的重量。

桡足类的卵重还可根据怀卵雌体与非怀卵雌体重量之差获得卵囊的重量，然后再除以卵囊的卵数，则获得实际卵重。

二、着生生物

1. 水样的沉淀浓缩

根据定性和定量采样要求将刮取的着生生物样品放入沉淀器中静置 24 h，使其充分沉淀，弃去上层清液定容至 30 ml 定量瓶中备用。如果标本需长时间保存，应加入 2～3 ml 福尔马林。

2. 定性监测

对于优势种应该鉴定到种，一般种类可鉴定到属。鉴定结束后，应将鉴定的种类列出名录。着生原生生物应采用活体观察，并在最短时间内鉴定完样品。

3. 定量监测

吸取浓缩后样品 0.1 ml，在 10×40 或 10×60 倍显微镜下用 0.1 ml 的计数框进行着生藻类及原生生物的分类计数。

原基质每平方厘米面积上着生藻类个体数量，按如下公式计算：

$$N_i = \frac{C_1 \cdot L \cdot n_i}{C_2 \cdot R \cdot h \cdot S}$$

式中：N_i —— 单位面积 i 种藻类个体数，个/cm^2；

C_1 —— 样品定容水量数，ml；

C_2 —— 实际技术的样品水量，ml；

L —— 藻类计数框每边的长度，μm；

h —— 平行线间的宽度，μm；

R —— 计数的行数；

n_i —— 实际计数所得 i 中藻类的个体数；

S —— 刮取基质的总面积，cm^2。

单位面积各种着生原生动物的个体数，按如下公式计算：

$$N_i = \frac{n_i}{S}$$

式中：N_i —— 单位面积 i 种原生动物个体数，个/cm^2；

n_i —— 在显微镜中计数得到种属的个体数；

S —— 观察人工基质的总面积，cm^2。

三、底栖动物

1．定性监测

软体动物须鉴定到种；水生昆虫至少鉴定到科；水生寡毛类和摇蚊科幼虫至少鉴定到属。鉴定水生寡毛类和摇蚊科幼虫时，应制片在解剖镜或低倍显微镜下进行，一般用甘油做透明剂。如需对小型底栖动物保留制片，可将保存在 75%乙醇溶液中的标本取出，用85%、90%、95%、100%乙醇进行逐步脱水处理，一般每 15 min 更换一次，直至将标本水分脱尽，再移入二甲苯溶液中透明，然后将标本置于载玻片上，摆正姿势，用树胶或 Puris 胶封片。

2．定量监测

每个采样点所采得的底栖动物应按不同种类准确地统计个体数。在标本已有损坏的情况下，一般只统计头部，不统计零散的腹部、附肢等。

3．生物量的监测

每个采样点采得的底栖动物按不同种类准确称重。称重前，先把样品放吸水纸上轻轻翻滚，使吸去体表水分，直至吸水纸上没有水痕为止，大型双壳类应将贝壳分开去除壳内水分。软体动物可用托盘天平称重；水生昆虫和水生寡毛类应用电子天平称重。先称各采样点的总重，然后再分类称重。

四、鱼类调查

调查的内容

① 种类组成和数量分布，全部鱼类个体都要鉴定到种；

② 年龄和丰满度，测定每尾鱼的体重和体长，按如下公式计算其丰满度：

$$K=\frac{10^5W}{L^3}$$

式中：K—— 丰满系数；

W—— 体重，g；

L—— 体长，mm。

③ 鱼的健康状况检查：有无鳃的损伤、寄生虫的感染、鱼体有无肿块或发炎；

④ 生物量（现存量）。采用面积法估算鱼类的生物量，生物量计算公式为：

$$D=\frac{\overline{y}}{\overline{a}\cdot q} \quad B=D\cdot A$$

式中：D—— 单位面积内鱼类的重量；

$\overline{y}$ —— 平均每小时拖网的鱼类捕获量；

$\overline{a}$ —— 平均每小时拖网扫水面积；

q—— 可捕系数；

A—— 调查水区的总面积；

B—— 鱼类生物量。

第四节　生物群落监测评价方法

一、指示生物评价法

水污染指示生物通常是指在一定水质条件下生存，对水体环境质量的变化反应敏感而被用来监测和评价水体污染状况的水生生物。20 世纪德国科学家 Kolkwitz 和 Marsson 提出污染指示生物学说，将一些水生生物划分为四个指示等级：os：贫营养型；β-ms：中营养型；α-ms～β-ms：中富营养型；α-ms：富营养型。一般说来，贫营养型湖泊中的浮游植物以金藻、黄藻类为主，中营养型湖泊中常以甲藻、隐藻、硅藻类占优势，富营养型湖泊则常以绿藻、蓝藻类占优势。但是这种单一指标的评价在实际应用当中，显示出其片面性与局限性。原因就是影响水体中指示生物的因子很多，各种藻类对营养因子和其他环境条件的变化有一定的适应能力，有时同一指示物种可以反映不同的营养类型，因而在评价时不要仅根据藻类指示种甚至某一个指示种就作出判断，应从整个藻类群落的角度考虑，还应结合其他评价指标综合考虑。

二、指示群落评价法

指示群落评价法是用水生生物群落的组成来评价水体污染状况的方法。浮游植物的种群结构和污染指示种是水质评价中的重要参数，在环境条件相对稳定的状况下，它们处于动态平衡的状态；一旦污染物进入到水环境当中，一些敏感性强、生态位较窄的种群会减少甚至消失，而那些适应性强、有着较广营养生态位的种群则会继续生存，甚至碰到有利于其生长的污染物而产生爆发性增长，这必然改变了原来生态系统中种群的种类、数量、多样性、稳定性、生产力及生理状况，反之这种优势种群和群落结构特征的变化也在一定程度上反映出环境条件的改变和水质变化的程度，水环境监测就是利用这些变化来评价水环境质量的变化。到 20 世纪 90 年代，有研究提出利用指示性浮游植物群落划分污染等级的标准：蓝藻门占 70%以上，耐污种大量出现的为多污带；蓝藻门占 60%左右，藻类种数较多为α-中污带；硅藻门及绿藻门为优势类群，各占 30%左右为β-污带；硅藻门为优势类群，占 60%以上为寡污带，这一标准在国内很多研究中被广泛应用。

三、指数分析法

浮游生物的种群和群落结构会随着水质的污染程度而变化，对此现象一些专家学者经过不断研究，促使这种变化数量化，并与水质状况产生相对应的关系，由此衍生出一系列指数分析方法，主要包括生物指数、多样性指数和生物完整性指数三类。

1．生物指数

生物指数是根据某类或几类水生生物数量的多寡来表达环境质量等级。早期的生物指数如 Beck 生物指数，是一种简单的数量关系，而有的指示种污染耐受较宽，常常在较清洁水体中也出现，因此具有一定的局限性和片面性。此后，日本的津田松苗于对 Beck 生物指数作了多次修改形成贝克-津田生物指数。另外还有硅藻生物指数、Goodnight-Whitler 修正指数、污生指数（SI）、Gleason 指数。硅藻生物指数在国内外被广泛应用，有研究发现，硅藻生物指数更适用于轻度污染水体的水质评价，如果利用该指数评价中-高度污染水体时，所得到的数值往往偏高。

（1）硅藻生物指数（Diatoma Biological Index，DBI）

计算公式为：

$$\mathrm{DBI} = (2A + B - 2C) / (A + B - C) \times 100$$

式中：A —— 不耐污的硅藻种类数；

B —— 广适性硅藻种类数；

C —— 在 α-中污带和多污带出现的硅藻种类数。

判断标准为：DBI 大于 150 为寡污带；100～150 为 β-中污带；0～100 为 α-中污带；0 为多污带。

（2）污生指数（Saprobic Index，SI）

计算公式为：

$$\mathrm{SI} = \frac{\sum (h \cdot s)}{\sum h}$$

式中：s —— 某一种指示生物（浮游植物）的污生指数分值，多寡污种到多污种分为 1～4 四个值，寡污带=1；中污带=2；中污带=3；多污带=4；

h —— 该种生物的出现频率/丰度，从少到多分为五级：1 级一种类极少；2 级一种类少；3 级一种类较多；4 级一种类多；5 级一种类极多。

SI 判断标准：0.51～1.5 为寡污带；1.51～2.5 为β-中污带；2.51～3.5 为 α-中污带；3.51～4.5 为多污带。

（3）Simpson 生物指数

计算公式为：

$$D = 1 / \sum (n_i / N)^2$$

式中：n_i —— 第 i 种的密度（ind./m^2）；

N —— 总密度（ind./m^2）。

判断标准为：大于 6 为为清洁；6.0～3.0 为轻污；3.0～2.0 为中污；小于 2.0 为重污。

（4）Goodnight-Whitely 修正指数（GBI）

计算公式为：

$$\text{GBI} = (N - N_{\text{oil}}) / N$$

式中：N —— 样品中底栖动物个体总数；

N_{oil} —— 样品中寡毛类个体总数。

判断标准为：GBI 值在 1～0.4 表示水质清洁到轻污染；0.4～0.2 为中污染；0.2～0 为重污染，0 的含义是样品中的底栖动物全部为寡毛类；0 为严重污染，0 的含义为样品中无底栖动物生存。

优势种是根据物种的出现频率及个体数量来确定，用优势度来表示：

$$y = f_i \times P_i$$

式中：y —— 优势度；

f_i —— 第 i 种的出现频率；

P_i —— 第 i 种个体数量在总个体数量的比例。

当 $y > 0.02$ 时，定为优势种。

2. 多样性指数

多样性指数是用来表示多种生物所组成的混合生物群落的数量和种类之间关系的一种指数，也是反映了物种丰富度和均匀度的一种综合指标。浮游植物的种类多样性指数能反映出不同环境下其个体分布丰度和水质污染状况，主要以浮游植物细胞密度和种群结构的变化为基础判断湖泊河流的营养状况、富营养化程度和发展趋势。通常状况下，浮游植物的多样性指数越大，表示稳定性越大，生态环境状况越好，而当水体受到污染时，营养生态位较窄的种类大量消亡，多样性指数减小，群落结构趋于简单，稳定性降低，水质出现下降。分析浮游植物群落结构的多样性指数很多，比较常见的有 Shannon-Wiener 多样性指数、Simpson 指数、Margalef 指数和 Pielou 均匀度指数，此外还有 Brillouin 指数、Menhinick 指数、Berger-Parker 指数等。Shannon-Wiener 指数由于对浮游植物群落物种数最为敏感，对浮游植物群落多样性有较好的表达，因此成为目前水质评价应用最为广泛的一种多样性指数；Margalef 指数对物种数的依赖程度较高，它能充分反映藻类种类的分布情况；Pielou 均匀度反映藻类个体数目分配的均匀程度。然而，某些多样性指数依然有不完善之处，因为它们还会受到非污染因素的影响，从而增加了不确定性。Margalef 指数虽然简便易算，但忽略了个体数在种间的分配差异，并且对数据的分辨率较差，易受样品数量的影响而产生误差。所以现阶段对于某一水域一般采用多个指数进行分析评价，这样可以弥补之间的不足。除了这些单变量分析，还有一些多元分析法，比较常见的有聚类分析、多维标度分析和灰关联分析等方法，把它们应用到水环境评价当中，可以得出全面、综合的评价。

几种指数的计算方法及评价标准如下：

（1）香农-威纳指数（Shannon-Wiener index）

计算公式为：

$$H = -\sum_{i=1}^{s} P_i \log_2 P_i$$

评价标准：大于 3.5 为最清洁；2.5～3.5 为清洁；2.0～2.5 为轻污；1.0～2.0 为中污；小于 1.0 为重污。

（2）Pielou 均匀度指数（Pielou evenness index）

计算公式为：

$$J = \frac{H}{\log_2 S}$$

评价标准：0～0.3 重污染，0.3～0.5 中污染，0.5～0.8 为轻污染或无污染。

（3）Margalef 指数（Margalef's index）

计算公式为：

$$d = \frac{S-1}{\ln N}$$

评价标准：0～1 为重度污染，1～2 为严重污染，2～4 为中度污染，4～6 为轻度污染，大于 6 为清洁水体。

式中：S—— 采集样品中的总种数；

P_i—— 属于种 i 的个体在全部个体中的比例；

N—— 样品中观察到的个体总数；

H—— 香农-威纳指数；

J—— 均匀度指数；

d—— Margalef 指数。

3. 生物完整性指数

20 世纪 80 年代，生物完整性指数这一概念由美国生物学家 Karr 首先提出并使用，是河流湖泊生态健康评价的重要指标之一。生物完整性的含义是支持和维护一个与地区性自然生境相对应的生物集合群的物种组成、多样性和功能等方面的一种稳定能力，是生物为了适应外界环境而长期进化的结果。简言之，生物完整性指数，即可定量描述人类干扰与生物特性之间的关系，且对干扰反应敏感的一组生物指数。应用于水生生态系统的完整性指数主要包括：鱼类群落生物完整性指数（Fish Index of Biotic Integrity，F-IBI）、浮游生物完整性指数（Planktonic Index of Biotic Integrity，P-IBI）、底栖动物完整性指数（Benthic index of Biotic Integrity，B-IBI）和高等维管束植物完整性指数（Vegetation Index of Biotic Integrity，V-IBI）等。以鱼类群落为研究对象的 F-IBI 是最早建立的，而后逐渐应用到底栖动物、浮游生物和大型维管束植物。

（1）底栖动物完整性指数（表 9.4）

表 9.4 底栖动物完整性指数 B-IBI 最佳候选度量参数的组成

类型	度量参数	对污染干扰的响应
丰富度参数	总分类单元数	下降
	EPT 分类单元数	下降
	蜉蝣目分类单元数	下降
	毛翅目分类单元数	下降
	襀翅目分类单元数	下降
物种组成参数	EPT 数量所占比例（%）	下降
	蜉蝣目所占比（%）	下降
耐受性/敏感性参数	敏感性分类单元数	下降
	耐污类群个体所占比例（%）	升高
	优势单元数量比例（%）	升高
食性参数	滤食者数量所占比例（%）	变化
	草食者及刮食者数量所占比例（%）	下降
习性参数	黏附性分类单元数量	下降
	黏附者数量所占比例（%）	下降

（2）鱼类群落生物完整性指数（表 9.5）

表 9.5 鱼类群落生物完整性指数 F-IBI 候选度量参数及评分标准（参考）

属性	指标	评分标准		
		5	3	1
种类结构	总的种类数	根据地区和河流的大小，制定期望值，划分出 1～5 的评分标准		
	河鲈科鱼类的种类数和密度			
	亚口鱼科鱼类的种类数和密度			
	太阳鱼科鱼类的种类数和密度			
	耐受力差的鱼类的种类数和密度			
营养结构	绿太阳鱼的数量比例	<5%	5%～20%	>20%
	杂食性鱼类的数量比例	<20%	20%～45%	>45%
	昆虫食性鱼类的数量比例	>45%	20%～45%	<20%
	食鱼性鱼类的数量比例	>5%	1%～5%	<1%
数量和体质状况	样本中的个体数量	按河流和采样方法进行评价		
	天然杂交个体数量比例	0	0%～1%	1%
	感染疾病和外形异常个体比例	0%～2%	2%～5%	>5%

（3）F-IBI 生物完整性等级划分及特征（表 9.6）

表 9.6　F-IBI 生物完整性等级划分及特征（参考）

F-IBI 值	特征	完整性等级
58～60	相对而言没有人类干扰，依地理区系、河流大小和生境特点，所有期望出现的种类，包括耐受性极差的种类都存在，并具有完整的年龄级；平衡的营养结构、极少天然杂交和感染疾病的个体；极少或没有引进种	极好
48～52	由于耐受性极差的种类的消失，种类丰度略低于期望值；某些种类的数量、年龄结构和大小分布低于期望值；营养结构显示出某种压力讯号，但仍极少天然杂交和感染疾病的个体；引进种个体数量比例通常很低	好
40～44	环境恶化的讯号增加，表现在耐受性差的种类丧失，较少的种类和通常的数量下降；杂食性和耐受力强的种类频度增加使营养结构高于一般水平；引进种个体的数量比例上升	一般
28～34	少数种类，主要是杂食性种类、耐受性强的种类、适应多种栖息地的种类或引进种类等，占据优势；极少顶级肉食者；年龄级缺失，数量、生长和体质等指标下降；天然杂交和感染疾病个体出现较多	差
12～22	除引进种和耐受性极强的杂食性种类外，鱼类较少；天然杂交个体很普遍，感染疾病和寄生虫、鳍损坏和其他外形异常的个体的比例很高	极差
	重复采样，没有发现鱼	没有鱼

美国是最早也是应用地区最广的国家。现在美国环保局已将水质生物评价的重点转向水生态系统健康评价，其核心就是生物完整性指数，而其中应用最多的是底栖动物完整性指数，其次为鱼类群落生物完整性指数。我国起步较晚，直到 21 世纪初才有一些实际应用，利用生物完整性指数评价河流湖泊的生态健康是一种趋势，在我国应该得到更广泛更深入的应用。

第十章　微生物监测

第一节　微生物监测研究综述

一、微生物概述

微生物是一切肉眼看不见或看不清的微小生物，个体微小，结构简单，通常要用光学显微镜和电子显微镜才能看清楚的生物。微生物包括细菌、病毒、霉菌、酵母菌等，但有些微生物是肉眼可以看见的，如蘑菇、灵芝等真菌。病毒是一类由核酸和蛋白质等少数几种成分组成的“非细胞生物”，但是它的生存必须依赖于活细胞。微生物根据存在的不同环境分为土壤微生物、水体微生物、空间微生物、海洋微生物等。

微生物个体微小，一般＜0.1 mm。其构造简单，有单细胞的，简单多细胞的，非细胞的。进化地位低，大多依靠有机物维持生命。

微生物对人类最重要的影响之一是导致传染病的流行。在人类疾病中有 49.877%是由病毒引起。世界卫生组织公布资料显示：传染病的发病率和病死率在所有疾病中占据第一位。微生物导致人类疾病的历史，也就是人类与之不断斗争的历史。微生物千姿百态，有些是腐败性的，即引起食品气味和组织结构发生不良变化；有些是有益的，可用来生产如奶酪、面包、泡菜、啤酒和葡萄酒。

二、微生物在环境中的分布

1．土壤中微生物的分布特征

（1）土壤的环境条件

在自然界，土壤是微生物生活的良好环境。因为土壤具有微生物生长繁殖所必需的各种环境条件。

营养：土壤中有大量动植物残体、植物根系的分泌物、人和动物的排泄物，这些有机物为微生物提供了良好的碳源、氮源和能源；土壤中丰富的矿质元素可以满足微生物对矿质营养的要求。

水分和渗透压：土壤中具有一定的持水性，可为微生物提供水分；土壤的渗透压对微生物是等渗或低渗环境，有利于微生物摄取营养。

空气：土壤团粒结构中的小孔隙充满空气，土壤中氧的含量比大气少，平均为土壤空气体积的 7%～8%。通气良好的土壤，氧的含量高些，有利于好氧微生物的生长。

pH：土壤的 pH 多接近中性，且缓冲能力强，适合大多数微生物生长的需要。在酸性或碱性的土壤中，亦有与之适应的微生物生长繁殖。

温度：土壤具有保温性，与空气相比，昼夜温差和季节温差要小得多。即使冬季地面冻结，一定深度的土壤中仍保持一定的温度，一般是 10～25℃，适宜多种微生物生长的需要。

此外，土壤表面几毫米厚的表层土是保护层，使土壤中的微生物可以免遭太阳光中紫外辐射直射致死。以上这些都为微生物生长繁殖提供了良好的条件。所以土壤有“微生物天然培养基”的美称。在土壤中的微生物种类最多、数量最大，是人类利用微生物资源的主要来源。

（2）土壤微生物的种类和数量

土壤中微生物的种类和数量都很多。土壤中微生物的数量因土壤类型、季节、土层深度与层次等不同而异。如有机物含量丰富的黑土、草甸土等肥沃土壤，微生物含量较高，每克土可含几亿至几十亿个微生物；而红壤、棕钙土、盐土等贫瘠土壤，微生物的含量很少，每克土也含几百万至几千万个微生物。

土壤中的微生物有细菌、放线菌、真菌、藻类和原生动物等类群。其中细菌数量最多，放线菌和真菌次之，藻类和原生动物等的数量较少。细菌，约占土壤微生物总数的 70%～90%，含量达每克土几百万个至几亿个，主要是异养型种类，少数为自养型。异养型种类积极参与土壤有机质的分解和腐殖质的合成。自养型种类转化着矿质养分的存在状态。

土壤中常见的细菌有固氮细菌、氨化细菌、硝化细菌、反硝化细菌、硫酸还原细菌、纤维素分解菌、假单胞菌、黄杆菌、钾细菌和铁细菌等。

放线菌，约占土壤微生物总数的 5%～30%，含量为每克土几千万至几亿个孢子。在偏碱性土壤中数量较多，都是异养型种类。放线菌较耐干旱，在潮湿土壤中比干旱土壤中少，在渍水条件下，如土壤持水量在 80%～100%时，放线菌很少出现。土壤中常见种类有诺卡氏菌属、链霉菌属和小单孢菌属。

真菌，每克土壤中有真菌几千至几十万个，均为严格好氧的异养型种类。酵母菌的含量较少，一般为每克土壤几个到几千个。但在葡萄园和果园的土壤中，每克土壤酵母菌含量可达几十万个。真菌中的霉菌，以丝状体的菌丝交织蔓延在土壤中起改良土壤团粒结构的作用。土壤中最常见的霉菌有青霉、曲霉、枝孢霉、头孢霉等。

藻类，土壤中藻类的数量不多，不到微生物总数的 1%，但分布却很普遍。一般生长在土壤表层，多为单细胞绿藻和硅藻。藻类为光合型微生物，受阳光及水分影响较大，土壤下层因无阳光，数量少。在温暖季节中，积水的土面上藻类大量发育，其中主要有衣藻、小球藻、丝藻及各种硅藻，水田内则发育有水绵等丝状绿藻，为土壤积累有机质。

原生动物，在不同类型的土壤中数量变化很大，每克土壤有几十个至几十万个，在富含有机质的土壤中主要有纤毛虫、鞭毛虫、肉足虫等，大多数种类是异养型的，以吞食各种有机物的碎片、藻类、菌类等为生。

土壤中的微生物是土壤的组成成分，通过它们的代谢活动，转化土壤中各种物质的状态，改变土壤的理化性质，是构成土壤肥力的重要因素。

（3）微生物在土壤中的分布

水平分布，土壤中微生物的水平分布取决于碳源，例如油田地区存在分解石油的微生物，林区存在大量分解纤维素的微生物，在动植物残体较多的土壤中则有较多的氨化细菌和硝化细菌。

垂直分布，土壤中微生物的垂直分布与紫外线的照射、营养、水、温度、通气等环境因子有关。

表层土因受紫外线照射和缺乏水，微生物不易生存，在 5～20 cm 的土层处微生物数最多，随土层的加深，菌数减少，这是由于缺乏营养和氧气造成的。

2. 水体中微生物的分布特征

水体可分为天然水体和人工水体。天然水体包括海洋、江河、湖泊等；人工水体包括水库、运河、城市排水系统、各种污水处理系统等。水体中含有微生物所需的各种营养，因而也是微生物的天然生境。水体中微生物除天然栖息者外，还有来自土壤、空气、动植物残体、动物排泄物、各类工业废水和生活污水中的微生物，其中包括某些病原微生物。

（1）水中微生物的种类

由于各水域中营养物质的组成、浓度、水温、溶解氧的差异及微生物的来源不同，因此其种类、数量差异很大。

清水型水生微生物，在洁净的水域中，因营养物较少，微生物数量也较少。在每毫升水中一般只含几十个到几百个细菌，并以自养型种类为主。常见的细菌有绿硫细菌、紫色细菌、蓝细菌、柄细菌、赭色纤毛菌、球衣细菌和荧光假单胞菌等。此外，还有许多藻类（如丝状绿藻、硅藻等）、真菌（水霉菌属和绵霉菌属）、原生动物（如钟虫及其他固着型纤毛虫等）和后生动物（如枝角类、桡足类）等。

腐败型水生微生物，在有机物严重污染的水域中，数量较多的是细菌，每毫升水中可达几千万个甚至几亿个，以异养菌为优势。异养菌分解有机物，起重要的净化作用。常见的微生物中，细菌以变形杆菌、产气肠杆菌、产气碱杆菌等革兰氏阴性无芽孢菌为主，此外还有芽孢杆菌、生孢梭菌、大肠杆菌、粪链球菌、弧菌、螺菌、假单胞菌，有的甚至还含有伤寒、痢疾、霍乱等病原体；藻类有绿藻、裸藻等；原生动物有草履虫、屋滴虫、小口钟虫等。

（2）水中微生物的分布

影响微生物在水体中分布的因素有：水体类型、污染程度、有机物的含量、溶解氧量、水温、pH 及水深等。

微生物在水体中的水平分布规律为：近岸水域中细菌数量较多，离岸越远的地方，微生物越少；底泥中的细菌多于水中的细菌。

微生物在较深较大的静水水域中的垂直分布规律是：在上层水体中（水面下 0～10 m），氧含量较高，主要有好氧细菌（如假单胞菌、柄杆菌、球衣细菌等）、真菌和藻类；中层水体（水深 20～30 m）主要有光合细菌（如红硫细菌和绿硫细菌）以及厌氧细菌；底层水体中（30 m 以下及湖底泥），主要有脱硫弧菌属、甲烷杆菌属和甲烷球菌属等厌氧细菌。微生物的数量以 5～10 m 深处为最多，随着深度的增加而减少。

地下水由于经过土壤过滤，有机物缺乏，故含菌量远远少于地面水，在深层地下水中甚至没有细菌。

3．空气中微生物的分布特征

空气中营养物质缺乏、水分不充足、温差较大，且有较强的紫外线辐射，因此空气不是微生物生长繁殖的场所。它们只是短暂停留。空气中的大多数微生物由于环境的恶劣，在短时间内就会死亡。抵抗力较强的微生物则可以存活几天、几周甚至数月，最终沉降到土壤、水体、建筑物、动植物体表面。

空气微生物来源很多，一般来自地面。飞扬的尘土会将土壤中的微生物带到空气中；飞溅的水滴会将水中的微生物带到空气中；人和动物的干燥脱落物会飘入空气；口腔内的微生物通过咳嗽、打喷嚏等方式进入空气。

空气中微生物数量的多少与环境状况有关，室外空气中环境卫生、绿化程度高、尘埃颗粒少，则微生物数量少；反之，微生物就多。室内空气中较卫生、人口密度低、人员活动度低、通风状况好，则微生物数量较少；反之，微生物就多。一般在畜舍、公共场所、医院、宿舍、城市街道的空气中，由于尘埃多，微生物的种类和数量多；而在海洋、高山、高空、森林地带、终年积雪的山脉或极地上空的空气中，微生物的数量极少。

微生物在空气中停留的时间和分布的范围，取决于气流的强弱、尘埃颗粒的大小、空气的相对湿度、紫外线辐射的强弱以及微生物的适应性和对恶劣环境的抵抗能力。

空气中的微生物没有固定的类群，其分布常因地区而不同。常见的真菌有曲霉、青霉、木霉、根霉、毛霉、白地霉、色串孢霉和放线菌的孢子等；细菌有芽孢杆菌、微球菌和产色素细菌等球菌；原生动物的胞囊等。此外，还有些致病菌，如结核分枝杆菌、白喉杆菌、绿脓杆菌、破伤风杆菌、百日咳杆菌、肺炎球菌、溶血链球菌、金黄色葡萄球菌、麻疹病毒、流感病毒和脊髓灰质病毒等。

三、水体微生物监测

人畜粪便中，生活污水中常带有大量的各种微生物，其中有些属于正常的对人体无害的肠道微生物，有些则可能为病原微生物，带有致病菌的粪便随污水排入天然水体后，使水源污染，可引起各种肠道疾病，甚至使某些传染病暴发流行。因此，水质的卫生细菌学检测，对于保护人群健康，具有重要意义。

由于致病菌在水中存在的数量较多，检测技术比较复杂，因此常常不是直接检测水中的致病菌，而是选用间接指标即粪便污染的指示菌作为代表。常用肠道正常细菌在水中的存在及数量情况作为粪便污染的指示，若检出有指示菌存在说明水体被粪便污染，亦即有被致病菌污染的可能性，预示该水体在微生物学上是不安全的。只有在特殊情况下，才直接检验水中的病原菌。

理想的粪便污染指示菌，希望能符合多种条件，一般认为指示菌的理想条件有以下几条：① 该指示菌应大量存在于人的粪便内，且数量要比病原菌为多。受人粪便污染的水中易检出该指示菌，而未受人粪便污染的水中应无该菌。② 该指示菌在水体中不会自行繁殖。③ 该指示菌在水体中的存活时间应略长于致病菌，对氯与臭氧等消毒剂以及其他不良因素的抵抗力略强于致病菌。④ 该指示菌检出及鉴定方法比较简易迅速。该菌应可适用于淡水、海水等各种水体。

有关学者曾先后推荐或应用下列细菌或其他微生物种作为水质粪便污染的指示菌：总

大肠菌群、粪大肠菌群、大肠埃希氏菌（通称大肠杆菌）、克雷伯氏菌属（*Klebsiella*）、肠杆菌属-柠檬酸细菌属（*Enterobacter-Citrobacter*）、粪链球菌（*Streptococcus faecauis*）、产气荚膜梭菌（*Clostridium perfringens*）、双歧杆菌属（*Bifidobaterium*）、肠道病毒（*Enteroviruses*）、大肠杆菌噬菌体（*Coliphage*）、沙门氏菌属（*Salmonella*）、志贺氏菌属（*Shigella*）、铜绿假单胞菌、葡萄球菌属（*Staphylococcus*）、嗜水气单胞菌（*Aeromonas hydrophila*）、副溶血弧菌（*Vibrio parahaemolyticus*）等。

在当前条件下，世界各国仍认为“大肠菌群”是较好的水质粪便污染指示菌。在正常人粪便中数量最多而又最常见的细菌有四种，即拟杆菌属细菌、乳酸杆菌属细菌、大肠埃希氏菌及粪链球菌。前两类为专性厌氧细菌，其培养、分离、鉴定技术比较复杂，故不宜选作粪便污染指示菌。后两菌各有其优缺点，均选用为粪便污染指示菌，而以大肠埃希氏菌应用更为广泛。大肠埃希氏菌数量较多，培养亦较易，其对氯气的抵抗力与肠道致病菌相近，而比粪链球菌为强，在水中存活时间亦与致病菌相似而较粪链球菌为长。相对来说，是较适宜的粪便污染指示菌。然而，也存在对氯的抵抗力弱于某些病毒及在水中能自行繁殖等缺点。

欲将大肠埃希氏菌鉴定至种，手续亦较繁杂，在水质检验中常采用“大肠菌群”这一组群细菌来代替大肠埃希氏菌作为指示菌。

第二节　样品采集与保存

一、土壤微生物的采集方法

1．布点数量

土壤监测的布点数量要根据调查目的、调查精度和调查区域环境状况等因素确定。一般要求每个监测单元最少应设 3 个点。

2．布点原则与方法

应坚持哪里有污染就在哪里布点。

3．土壤样品采集方法（混合采集方法）

对角线法、梅花点法、棋盘式法、蛇形法。

4．采样深度及采样量

种植一般农作物每个分点处采 0～20 cm 耕作层土壤。

种植果林类农作物每个分点处采 0～60 cm 耕作层土壤。

了解污染物在土壤中垂直分布时，按土壤发生层次采土壤剖面样。

各分点混匀后取 1kg，多余部分用四分法弃去。

二、水中微生物的采集方法

1．自来水的采集

先将水龙头打开至最大，放水约 3～5 min，然后关闭水龙头，用酒精灯火焰将水龙头烧灼 3～5 min 灭菌，或用 70%酒精消毒水龙头，再打开水龙头，放水 1 min 后，以排出管道内的存水，再用无菌的容器接取水样。如果水样中含余氯，则采样瓶在灭菌前应加入硫代硫酸钠溶液（每 500 ml 水样加 3%硫代硫酸钠溶液 1 ml），以消除余氯的影响，避免其继续存在产生杀菌作用。

2．河湖水、井水、海水和其他水样的采集

如采集的是表层水，可握住瓶子下部，直接将灭菌的带玻璃塞瓶插入距水面 10～15 cm 的深层处，除去玻璃塞，瓶口朝水流方向，使水样灌入瓶内后将瓶塞盖好，将瓶从水中取出待测。

如果采集的是一定深度的水样时，可使用特制的采样器，采样器外部是一金属框，内装玻璃瓶，器底有沉坠，可按需要坠入一定的深度，瓶盖系有绳索，控制瓶盖启闭，拉起绳索即打开瓶盖装水，松放绳索即自行盖上。采样前应对玻璃瓶作灭菌处理。采样时将采样器下沉到预定深度，扯动挂绳，打开瓶塞，待水灌满后，迅速提出水面，弃去上层水样，盖好瓶盖。在取水时应同步测定取水的深度。水样采集后，将水瓶迅速送回实验室进行检验。

三、水样的保存及送检

1．水样的采集

采集的水样，除一部分在现场测定外，其中大部分要送到指定实验室进行分析测试。在运输和实验室管理的过程中，为继续保证水样的完整性、代表性、免遭污染、破坏和丢失，必须遵守各项安全措施。应注意以下几点：根据采样记录和样品登记表清点样品，严防差错。塑料容器要塞紧内塞，旋紧外盖。玻璃瓶塞紧磨口塞，用细绳将瓶塞与瓶颈拴紧；或用实验室用透明胶带，或用封口胶、石蜡封口。测油类水样不能用石蜡封口，为防止样品在运输过程中因震动、碰撞而导致沾污，最好将样品装箱运送。需冷藏的样品，应配广口隔热瓶，加入冰块，样品置于其中保存。冬季采取保温设施，以防冻裂样品瓶。而夏季应防止温度高时瓶盖冲起。

2．水样的保存方法——冷藏法

水样在 4℃保存，最好放在暗处或冰箱中，这样可控制生物活动，减缓物理作用和化学作用的速度。这种方法对以后的分析测定没有妨碍。

3．水样的处置

取样时要注明日期、温度、水的来源、环境状况、水的用途等，以供水质评价时参考。采集的水样最好立即检验，一般从取样到检验不宜超过 2 h，如不能立即检验，可在 1～5℃下冰箱存放，但较清洁的水样应在 12 h 内测定，污水则必须在 6 h 内测定完毕。若无法在规定时间内完成，则应考虑采用延迟培养法，或者在报告中注明水样采集与测定的间隔时间。

四、空气微生物的采集方法

1．沉降法

制备好无菌平板，在待测点打开皿盖暴露于空气 5～10 min，盖好皿盖置于 37℃培养箱中培养 48 h，取出计算菌落数。计算公式如下：

$$C=1\,000\times 50\,N/At$$

式中：C —— 空气细菌数，个/m^3；

N —— 菌落数，个；

A —— 平皿底面积，cm^2；

t —— 暴露时间，min。

2．撞击法

撞击法是采用撞击式空气微生物采样器采样，通过抽气动力作用，使空气通过狭缝或小孔而产生高速气流，使悬浮在空气中的带菌粒子撞击到营养琼脂平板上。经 37℃、48 h 培养后，计算出每立方米空气中所含的细菌菌落数的采样测定方法。

第三节　微生物监测技术

一、生物实验注意事项

1．实验室器皿的洗涤和灭菌

（1）玻璃器皿的洗涤

① 新的玻璃器皿：因含有游离碱，应先在 20%盐酸内浸泡数小时。用自来水冲洗干净，再用蒸馏水冲洗 1～2 次沥干。

② 含油脂的试管：凡沾有凡士林或石蜡的试管，应单独高压灭菌洗涤，以免沾污其他玻璃器皿。从高压灭菌器内取出沾有油脂的试管后立即将棉球塞拔出，趁热倒去污物，然后将试管倒置于铺有粗吸水纸的铁丝筐内，置 100℃烘箱内烘半小时，取出后放入 5%碳酸氢钠水中煮两次，最后用肥皂水及蒸馏水刷洗干净。

沾有凡士林或石蜡的其他玻璃器皿，如平皿等亦须照上法处理。

③ 培养细菌的试管：先经高压蒸气灭菌，趁热倒出其中的培养基，置热水中用 5%肥皂水刷洗，再冲净，最后用蒸馏水冲洗 1～2 次沥干。

④ 培养细菌的平皿：有细菌生长的培养皿，可将底盖分开，直接投入 5%碳酸氢钠水中，煮沸 30 min 灭菌，或放在搪瓷桶中，经高压蒸气灭菌（不宜直接将平皿置高压蒸气灭菌器内，以免琼脂融化流出培养皿外，阻塞高压蒸气灭菌器的蒸气孔）。灭菌后，趁热倒出平皿内溶物，用热肥皂水刷洗，最后用自来水及蒸馏水冲净。烤干或晾干后，底盖相配备用。

⑤ 吸管及移液管：可将染菌吸管投入 3%来苏尔溶液内浸泡 30 min。来苏尔溶液不仅能杀菌，还有清洁作用。再用肥皂水洗涤一次，最后以清水及蒸馏水冲洗干净。吸过血清的吸管，若无病菌污染，可立即投入清水中浸泡，或直接用自来水及蒸馏水冲洗即可。

⑥ 玻片及盖片：用过后，分别浸入 5%来苏尔溶液或清洁液中过夜，取出后水洗。盖片用软布擦干即可。用于细菌染色之载物玻片须放入 5%肥皂水中煮沸 10 min，然后用毛刷沾肥皂刷洗，再经清水冲净，最后浸入 95%酒精片刻，取出用软布擦干，保存备用。

⑦ 染色瓶：将沾有染料的染色瓶浸入 5%漂白粉液或清洁液中 24 h，然后用自来水及蒸馏水冲洗，干燥后备用。

⑧ 滤菌器：已用过的蔡氏滤菌器，如沾染传染性物质，应将滤菌器先浸于不使蛋白凝固的消毒剂如来苏液内以灭菌，然后用清水刷洗干净，蔡氏滤板经用过一次后即不能再用，应处理后丢掉。

⑨ 新购置的玻璃滤菌器：使用前需以酸溶液处理，然后用蒸馏水冲洗、抽滤，干燥后保存备用。使用后如未附有病原微生物，可直接用蒸馏水冲洗去除沉淀物，必要时也可用其他溶液，如脂肪沉积物可用四氯化碳溶液，其他有机物质的沉积物可用清洁液浸泡4～5 h后，再以蒸馏水冲洗和抽滤干净，干燥后备用。

（2）玻璃器皿的灭菌

① 湿热灭菌：高压蒸气灭菌是应用最广的湿热灭菌方法，它是在高压蒸气灭菌锅中进行的。手提式高压蒸气灭菌器，使用方便，适用于一般细菌监测实验室使用。其操作方法及注意事项如下：打开锅盖或从加水口处向锅内加入适量的水。加水后，将待灭菌器皿放入锅内，不要塞得过紧，以使锅内温度均匀，再将锅盖盖好，拧紧螺旋，使其密闭。

加热使压力升至 29 419.95～49 033.25 Pa 时，打开放气阀，让锅内冷空气充分逸出。不然，锅内温度达不到压力表所指示的对应温度，使灭菌不彻底。当压力表指针降回“0”位时再行关闭，待锅内蒸气压上升至所需压力时，控制热源，维持所需时间，表压一般为 98 066.5 Pa，保持 20 min。

② 干热灭菌：实验室中常用的还有热空气灭菌的方法，即将洗净干燥的待灭菌器皿均匀放入恒温干燥箱内，但不得与内层底板直接接触。关闭箱门，开启电源开关，用恒温调节器，使温度上升至 160～170℃，维持 2 h，即可达到灭菌的目的。灭菌完毕后，须关闭电源，待温度降至 50℃以下时，方可开门取物，否则玻璃器皿会因骤冷而爆裂。

2. 培养基的制备

（1）原则

培养基是人工配制的适于微生物生长、繁殖或保存的营养基质。培养基的种类繁多，但一般应具备以下几个条件：含有适宜的碳源、氮源、无机盐类、生长因素等营养成分，含有适量的水分，适宜的酸碱度，具有合适的物理性能（透明度、固化性等）。在配制任何一种培养基时都应掌握以下一般原则。

① 营养成分的恰当配比：培养基一般包括碳源、氮源、无机盐和生长素，但比例必须恰当。氨源过多会引起微生物生长过于旺盛而不利于代谢产物的积累，氨源不足则菌体生长过慢。碳源不足容易引起菌体衰老和自溶。一般碳氮比为 6∶1。但每种微生物的最适配比尚需经实践摸索。微生物所需的磷、硫、镁、钾等常以盐类形式供给。配制培养基时按一定顺序加入营养成分以免产生沉淀而使营养成分损失。一般是先加缓冲化合物，溶解后加入主要元素，再加微量元素，最后加维生素及生长素。

② 恰当的培养基浓度：培养基中各种离子浓度会影响营养物质的渗透压和微生物的其他代谢活动。培养基浓度太低，不能满足微生物生长需要，而浓度太高则会使黏度增加、溶解氧降低，亦不利于微生物生长，因此生产上常用恒化连续培养方法，及时补充因微生物生长而耗掉的养分，从而保持恒定生长速率。

③ 控制适当的 pH：每种微生物都有它所能适应的最佳 pH，一般来讲霉菌、酵母菌适于微酸性，放线菌、细菌适于中性或微碱性。有些微生物在培养过程中所产生的代谢产物

常使培养基的 pH 升高或降低，因此在配制培养基时也常用缓冲剂（如磷酸氢二钠和磷酸二氢钾等）来稳定其 pH。

（2）步骤

配制一般培养基的主要程序可分为：调配、溶化、调整 pH、澄清过滤、分装、灭菌、检定等步骤。

① 调配：按培养基配方准确称取各成分，用少量水溶解。对于肉膏之类非粉状成分，可盛在烧杯或表面皿中称量，然后加入水。此外，也可放在称量纸上称量后直接放入水中，这时如稍微加热，肉膏便会与称量纸分离，然后立即取出纸片。蛋白胨和酵母膏等呈粉状，容易吸潮，在称取时动作要迅速。此外，维生素、氨基酸、无机盐等微量成分，可预先配成高浓度的贮备液，在配制培养基时再按配方比例加入一定量。

② 溶化：将各种成分混匀于水中，最好以流通蒸气溶化 0.5 h，如在电炉上溶化应随时搅拌，如有琼脂成分时，应注意防止外溢。溶化完毕，应注意补充失去的水分。制备大量培养基时，除玻璃器皿外，还可用搪瓷桶、铝锅等容器加热溶化，但不可用铜或铁锅，以免金属离子进入培养基中，影响细菌生长。

③ 调整 pH：一般细菌用的培养基 pH 调整在 6.8～7.2 之间，但也有需要酸性的培养基。培养基在高压灭菌后 pH 约降低 0.1～0.2，故矫正时应比实际需要的 pH 高 0.1～0.2。但有时也可降低 0.4，因所使用的灭菌器不同而稍有不同。调整 pH，一般用盐酸和氢氧化钠，因为在相同 pH 下有机酸比无机酸更易抑制微生物生长，因此除非特殊情况，最好不用乙酸等有机酸来调节 pH。

④ 过滤澄清：培养基配成后，一般都有沉渣或混浊，需过滤，使其清晰透明方可使用。液态培养基常用滤纸过滤，固态培养基如琼脂培养基，于加热后需趁热用绒布或两层纱布中夹脱脂棉过滤。也可采用沉淀澄清法。

⑤ 分装：根据需要，将培养基分装于不同容量的锥形瓶和试管中，所装的量不宜超过容器的 2/3，以免灭菌时外溢。基础培养基一般常分装于锥形瓶或盐水瓶内，所装的量根据使用目的和要求决定，但必须定量分装，以便灭菌后使用。琼脂斜面分装的量为试管容量的 1/5，灭菌后须趁热放置成斜面，斜面长度约为试管长度的 2/3。半固体培养基分装量约为试管长度的 1/3，灭菌后趁热直立，待冷却凝固。高层琼脂分装量约为试管长度的 1/3，灭菌后直立凝固待用。琼脂平板是将灭菌后的培养基，冷却至 50℃左右，在无菌条件下倾入灭菌平皿内，内径 9 cm 的平皿倾注培养基约 13～15 ml，轻摇平皿底，使培养基平铺于皿底部，凝固后即成。倾注培养基时，切勿将皿盖全部启开，以免空气中尘埃及细菌落入。新制成的平板，表面水分较多，不利于细菌的分离，通常应将平皿倒扣置于 37℃培养箱内约 30 min，待平板干燥后使用。

⑥ 灭菌：加热配制培养基后，在 2 h 内进行灭菌处理。不要把未灭菌的培养基冷藏或存放。绝大多数培养基都应在灭菌器内于 121℃灭菌，并应达到这一温度后持续 15 min。糖类液态培养基或含有其他特殊成分的培养基，高压蒸气灭菌会使其分解，要用滤膜过滤灭菌。或者将不耐热物质用其他方法灭菌（如流通蒸气灭菌）后，再加入已灭菌的培养基中。

⑦ 检定：每批培养基制成后须经检定后方可使用。每批培养基在使用前，需经无菌检

验。可将培养基置 37℃温箱内培养 24 h 后，证明无菌，同时再用已知菌检查在此培养基上生长繁殖情况，符合要求后方可使用，标准菌株的观察指标。对每批培养基，要用试验中作为阳性和阴性对照培养进行检查试验。

⑧ 保存：配制好的培养基，不宜保存过久，以少量勤配制为宜，可参照所列的存放时间内能用完的量来配制培养基。每批应注明制作日期。已灭菌的培养基可在 4～10℃下存放 1 个月。存放时应避免阳光直射，并且要避免杂菌侵入和液体蒸发。

当发酵试管中的液体培养基存放在冰箱或者适中的低温下时，可能有空气溶解进去，以致在 35℃培养时，会在管内形成空气泡。因此，凡在低温条件下贮放过的发酵试管，使用前应先予以培养过夜，弃去有气泡的试管。液态培养基在室温下存放如超过一周，可能有水分蒸发，如果管内液体损失 10%，应弃去不用。

二、监测方法

1. 多管发酵法（总大肠菌群、粪大肠菌群）

（1）原理

多管发酵法是以最可能数（Most probable number，MPN）来表示试验结果的。实际上它是根据统计学理论，估计水体中的大肠杆菌密度和卫生质量的一种方法。如果从理论上考虑，并且进行大量的重复检定，可以发现这种估计有大于实际数字的倾向。不过只要每一稀释度试管重复数目增加，这种差异便会减少，对于细菌含量的估计值，大部分取决于那些既显示阳性又显示阴性的稀释度。因此在实验设计上，水样检验所要求重复的数目，要根据所要求数据的准确度而定。

（2）培养基和试剂

本标准所用试剂除另有注明外，均为符合国家标准的分析纯化学试剂；实验用水为新制备的去离子水。

单倍乳糖蛋白胨培养液：

成分：蛋白胨　10 g
　　　牛肉浸膏　3 g
　　　乳糖　5 g
　　　氯化钠　5 g
　　　1.6%溴甲酚紫乙醇溶液　1 ml
　　　蒸馏水　1 000 ml

制法：将蛋白胨、牛肉浸膏、乳糖、氯化钠加热溶解于 1 000 ml 蒸馏水中，调节 pH 为 7.2～7.4，再加入 1.6%溴甲酚紫乙醇溶液 1 ml，充分混匀，分装于含有倒置的小玻璃管的试管中，于高压蒸气灭菌器中，在 115℃灭菌 20 min，贮存于暗处备用。

三倍乳糖蛋白胨培养液：按上述配方比例三倍（除蒸馏水外），配成三倍浓缩的乳糖蛋白胨培养液，制法同上。

EC 培养液：

成分：胰胨　20 g
　　　乳糖　5 g

胆盐三号　1.5 g

磷酸氢二钾（K_2HPO_4）　4 g

磷酸二氢钾（KH_2PO_4）　1.5 g

氯化钠　5 g

蒸馏水　1 000 ml

制法：将上述成分加热溶解，然后分装于含有玻璃倒管的试管中。置高压蒸汽灭菌器中，115℃灭菌 20 min。灭菌后 pH 应为 6.9。

培养基的存放：在密封瓶中的脱水培养基成品要存放在大气湿度低、温度低于 30℃的暗处，存放时应避免阳光直接照射，并且要避免杂菌侵入和液体蒸发。当培养液颜色变化，或体积变化明显时废弃不用。

（3）步骤

水样接种量：将水样充分混匀后，根据水样污染的程度确定水样接种量。每个样品至少用三个不同的水样量接种。同一接种水样量要有五管。

相对未受污染的水样接种量为 10 ml、1 ml、0.1 ml。受污染水样接种量根据污染程度接种 1 ml、0.1 ml、0.01 ml 或 0.1 ml、0.01 ml、0.001 ml 等。

如接种体积为 10 ml，则试管内应装有三倍浓度乳糖蛋白胨培养液 5 ml；如接种量为 1 ml 或少于 1 ml，则可接种于普通浓度的乳糖蛋白胨培养液 10 ml 中。

初发酵试验：将水样分别接种到盛有乳糖蛋白胨培养液的发酵管中。在（37±0.5）℃下培养（24±2）h。产酸和产气的发酵管表明试验阳性。如在倒管内产气不明显，可轻拍试管，有小气泡升起的为阳性。

复发酵试验：轻微振荡初发酵试验阳性结果的发酵管，用 3 mm 接种环或灭菌棒将培养物转接到 EC 培养液中。在 44.5℃±0.5℃温度下培养（24±2）h（水浴箱的水面应高于试管中培养基液面）。接种后所有发酵管必须在 30 min 内放进水浴中。培养后立即观察，发酵管产气则证实为粪大肠菌群阳性。

结果的计算：根据不同接种量的发酵管所出现阳性结果的数目，从 MPN 表中查得每升水样中的粪大肠菌群。接种水样为 100 ml 2 份、10 ml 10 份、总量 300 ml 时，查 MPN 可得每升水样中的粪大肠菌群；接种 5 份 10 ml 水样、5 份 1 ml 水样、5 份 0.1 ml 水样时，求得 MPN 指数，MPN 值再乘 10，即为 1 L 水样中的粪大肠菌群。

2．滤膜法（粪大肠菌群）

（1）原理

滤膜是一种微孔性薄膜。将水样注入已灭菌的放有滤膜（孔径 0.45 μm）的滤器中，经过抽滤，细菌即被截留在膜上，然后将滤膜贴于 M-FC 培养基上，44.5℃温度下进行培养，计数滤膜上生长的此特性的菌落数，计算出每升水样中含有粪大肠菌群数。

（2）培养基和试剂

本标准所用试剂除另有注明外，均为符合国家标准的分析纯化学试剂；实验用水为新制备的去离子水。

M-FC 培养基：

成分：胰胨　10 g

蛋白胨　5 g

酵母浸膏　3.0 g

氯化钠　5.0 g

乳糖　12.5 g

胆盐三号　1.5 g

1%苯胺蓝水溶液　10 ml

1%玫瑰色酸溶液（溶于 0.2 mol/L 氢氧化钠液中）　10 ml

蒸馏水　1 000 ml

制法：将上述培养基中的成分（除苯胺蓝和玫瑰色酸外），置于蒸馏水中加热溶解，调节 pH 为 7.4，分装于小烧瓶内，每瓶 100 ml，于 115℃灭菌 20 min。贮于冰箱中备用。临用前，按上述配方比例，用灭菌吸管分别加入已煮沸灭菌的 1%苯胺蓝溶液 Iml 及新配制的 1%玫瑰色酸溶液（溶于 0.2 mol/L 氢氧化钠液中）1 ml，混合均匀。加热溶解前，加入 1.2%～1.5%琼脂可制成固体培养基。如培养物中杂菌不多，则培养基中不加玫瑰色酸亦可。

培养基的存放：在密封瓶中的脱水培养基成品要存放在大气湿度低、温度低于 30℃的暗处，存放时应避免阳光直接照射，并且要避免杂菌侵入和液体蒸发。当培养液颜色变化，或体积变化明显时废弃不用。

（3）步骤

水样量的选择：水样量的选择根据细菌受检验的特征和水样中预测的细菌密度而定。如未知水样中粪大肠菌的密度，就应按所列体积过滤水样，以得知水样的粪大肠杆菌密度。先估计出适合在滤膜上计数所应使用的体积，然后再取这个体积的 1/10 和 10 倍，分别过滤。理想的水样体积是一片滤膜上生长 20～60 个粪大肠菌群菌落，总菌落数不得超过 200 个。

滤膜及滤器的灭菌：将滤膜放入烧杯中，加入蒸馏水，置于沸水浴中煮沸灭菌三次，每次 15 min。

前两次煮沸后需更换水洗涤 2～3 次，以除去残留溶剂。也可用 121℃灭菌 10 min，10 min 一到，迅速将蒸汽放出，这样可以尽量减少滤膜上凝集的水分。滤器、接液瓶和垫圈分别用纸包好，在使用前先经 121℃高压蒸汽灭菌 30 min。滤器灭菌也可用点燃的酒精棉球火焰灭菌。

过滤：用无菌镊子夹取灭菌滤膜边缘，将粗糙面向上，贴放在已灭菌的滤床上，稳妥地固定好滤器。将适量的水样注入滤器中，加盖，开动真空泵即可抽滤除菌。

培养：使用 M-FC 培养基。培养基含或不含琼脂，不含琼脂的培养基使用已用 M-FC 培养基饱和的无菌吸收垫。将滤过水样的滤膜置于琼脂或吸收垫表面。将培养皿紧密盖好后，置于能准确恒温于 44.5℃±0.5℃的恒温培养箱或恒温水浴中，经 24 h±2 h 培养。若用恒温水浴培养，则需用防水胶带贴封每个平皿，将培养皿成叠封入防水塑料袋或容器内，浸没在 44.5℃±0.5℃恒温水浴中。在培养时间内，装培养皿的塑料袋必须用重物坠于水面之下，以保持所需的严格温度。所有已制备的培养物都应在过滤后 30 min 内浸入水浴内。

（4）结果的计算

粪大肠菌群菌落在 M-FC 培养基上呈蓝色或蓝绿色，其他非粪大肠菌群菌落呈灰色、淡黄色或无色。正常情况下，由于温度和玫瑰酸盐试剂的选择性作用，在 M-FC 培养基上很少见到非粪大肠菌菌落。必要时可将可疑菌落接种于 EC 培养液，44.5℃±0.5℃培养 24 h±2 h，如产气则证实为粪大肠菌群。

计数呈蓝或蓝绿色的菌落，计算出每升水样中的粪大肠菌群数。

粪大肠菌群菌落数（个/L）=滤膜上生长的粪大肠菌群菌落数×1 000/过滤水样量（ml）

3．平皿计数法（细菌总数）

（1）原理

水样在营养琼脂上有氧条件下 37℃培养 48 h 后，所得 1 ml 水样所含菌落的总数。

（2）培养基与试剂

营养琼脂

成分：

蛋白胨　10 g

牛肉膏　3 g

氯化钠　5 g

琼脂　10～20 g

蒸馏水　1 000 ml

制法：将上述成分混合后，加热溶解，调整 pH 为 7.4～7.6，分装于玻璃容器中（如用含杂质较多的琼脂时，应先过滤），经 103.43 kPa（121℃）灭菌 20 min，储存于冷暗处备用。

（3）步骤

以无菌操作方法用灭菌吸管吸取 1 ml 充分混匀的水样，注入灭菌平皿中，倾注约 15 ml 已融化并冷却到 45℃左右的营养琼脂培养基，并立即旋摇平皿，使水样与培养基充分混匀。每次检验时应做一平行接种，同时另用一个平皿只倾注营养琼脂培养基作为空白对照。

待冷却凝固后，翻转平皿，使底面向上，置于 36℃±1℃培养箱内培养 48 h，进行菌落计数，即为水样 1 ml 中的菌落总数。

以无菌操作方法吸取 1 ml 充分混匀的水样，注入盛有 9 ml 灭菌生理盐水的试管中，混匀成 1∶10 稀释液。

吸取 1∶10 的稀释液 1 ml 注入盛有 9 ml 灭菌生理盐水的试管中，混匀成 1∶100 稀释液。按同法依次稀释成 1∶1 000，1∶10 000 稀释液等备用。如此递增稀释一次，必须更换一支 1 ml 灭菌吸管。用灭菌吸管取未稀释的水样和 2～3 个适宜稀释度的水样 1 ml，分别注入灭菌平皿内。

以下操作同上。

（4）菌落计数及报告方法

作平皿菌落计数时，可用眼睛直接观察，必要时用放大镜检查，以防遗漏。在记下各平皿的菌落数后，应求出同稀释度的平均菌落数，供下一步计算时应用。在求同一稀释度的平均数时，若其中一个平皿有较大片状菌落生长时，则不宜采用，而应以无片状菌落生长的平皿作为该稀释度的平均菌落数。若片状菌落不到平皿的一半，而其余一半中菌落数分布又很均匀，则可将此半皿计数后乘 2 以代表全皿菌落数。然后再求该稀释度的平均菌落数。

不同稀释度的选择及报告方法：

首先选择平均菌落数在 30～300 之间者进行计算，若只有一个稀释度的平均菌落数符合此范围时，则将该菌落数乘以稀释倍数报告之。

若有两个稀释度，其生长的菌落数均在 30～300 之间，则视二者之比值来决定，若其比值小于 2 应报告两者的平均数。若大于 2 则报告其中稀释度较小的菌落总数。若等于 2 亦报告其中稀释度较小的菌落数。

若所有稀释度的平均菌落数均大于 300，则应按稀释度最高的平均菌落数乘以稀释倍数报告之。

若所有稀释度的平均菌落数均小于 30，则应以按稀释度最低的平均菌落数乘以稀释倍数报告之。

若所有稀释度的平均菌落数均不在 30～300 之间，则应以最接近 30 或 300 的平均菌落数乘以稀释倍数报告之。

若所有稀释度的平板上均无菌落生长，则以未检出报告之。

如果所有平板上都菌落密布，不要用“多不可计”报告，而应在稀释度最大的平板上，任意数其中 2 个平板 1 cm^2 中的菌落数，除以 2 求出每平方厘米内平均菌落数，乘以皿底面积 63.6 cm^2，再乘其稀释倍数作报告。

菌落计数的报告：菌落数在 100 以内时按实有数报告，大于 100 时，采用两位有效数字，在两位有效数字后面的数值，以四舍五入方法计算，为了缩短数字后面的零数也可用 10 的指数来表示。

第十一章　常规项目监测

第一节　化学需氧量的测定

一、研究综述

化学需氧量（Chemical Oxygen Demand，COD）是指水体中易被强氧化剂氧化的还原性物质所消耗的氧化剂的量，结果折成氧的量，以 mg/L 计。它是表征水体中还原性物质的综合性指标，也是评价水体受有机物污染程度的重要指标，是水污染分析中的常规分析工作。

水中还原性物质主要包括某些有机物、亚硝酸盐、亚铁盐、硫化物等。化学需氧量是水体有机物相对含量的指标之一，在水体污染物监测项目中，COD 为掌握水体污染状况、进一步控制污染源提供了重要参考价值。

1．现有标准分析方法

（1）重铬酸钾标准法

COD 测定的标准方法以中国标准《水质　化学需氧量的测定　重铬酸盐法》（GB/T 11914—89）和国际标准《水质　化学需氧量的测定》（ISO 6060）为代表，该方法氧化率高，再现性好，准确可靠，成为国际社会普遍公认的经典标准方法。其测定原理为：在硫酸酸性介质中，以重铬酸钾为氧化剂，硫酸银为催化剂，硫酸汞为氯离子的掩蔽剂，消解反应液硫酸浓度为 9 mol/L，加热使消解反应液沸腾，148℃±2℃的沸点温度为消解温度。以水冷却回流加热反应 2 h，消解液自然冷却后，以试亚铁灵为指示剂，以硫酸亚铁铵溶液滴定剩余的重铬酸钾，根据硫酸亚铁铵溶液的消耗量计算水样的 COD 值。所用氧化剂为重铬酸钾，而具有氧化性能的是六价铬，故称为重铬酸盐法。

然而这一经典标准方法还是存在不足之处：回流装置占的实验空间大，水、电消耗较大，试剂用量大，操作不便，难以大批量快速测定，不能满足环境监测的要求。

（2）分光光度法

以经典标准方法重铬酸钾法为基础，重铬酸钾氧化有机物物质，六价铬还原为三价铬，通过六价铬或三价铬的吸光度值与水样 COD 值建立的关系，从而测定水样 COD 值。国外采用该原理主要方法有美国环保局《半自动化比色法》（EPA Method 410.4）、美国材料与试验协会《水的化学需氧量的测定方法 B——密封消解分光光度法》（ASTM D1252—2000）和国际标准《水质 化学需氧量（COD）的测定　小型密封管法》（ISO 15705—2002）。中国国家标准为《水质 化学需氧量的测定 快速消解分光光度法》（HJ/T 399—2007）。

（3）快速消解法

经典的重铬酸钾法标准方法需回流 2 h，为提高分析速度，提出了各种快速分析方法。主要有以下两种方法：

一是用提高消解反应体系中氧化剂浓度、增加硫酸酸度、提高反应温度、增加助催化剂等条件来提高反应速度的方法。

国内方法以《锅炉用水和冷却用水分析方法　化学需氧量的测定　重铬酸钾快速法》（GB/T 14420—1993）、《水质　化学需氧量的测定　快速消解分光光度法》（HJ/T 399—2007）及国家环保总局推荐的统一方法《库仑法》为该方法的代表。

国外以德国标准方法《水的化学需氧量的测定 快速法》（DIN 38049T.43）为代表。

上述方法同经典标准方法相比，消解体系中的硫酸浓度由 9.0 mg/L 提高到 10.2 mg/L，反应温度由 150℃提高到 165℃，消解时间由 2 h 减少到 10～15 min。

二是改变传统的靠导热辐射加热消解的方式，而采用微波消解技术提高消解反应速度的方法。由于目前微波炉种类繁多，功率不一，很难试验出统一功率和时间，以求达到最好的消解效果。微波炉的价格也很高，较难制订统一的标准方法。

（4）快速消解分光光度法

化学需氧量测定方法无论是回流容量法、快速法还是光度法，都是以重铬酸钾为氧化剂，硫酸银为催化剂，硫酸汞为氯离子的掩蔽剂，在硫酸酸性条件测定 COD 消解体系为基础的测定方法。在此基础上，人们为达到节省试剂减少能耗、操作简便、快速、准确可靠的目的开展了大量研究工作。

快速消解分光光度法综合了上述各种方法的优点，采用密封管作为消解管，取小计量的水样和试剂于密封管中，放入小型恒温加热皿中，恒温加热消解，并用分光光度法测定 COD 值；密封管规格一般为ϕ 16 mm，长度 100～150 mm，壁厚度 1.0～1.2 mm，开口为螺旋口，并加有螺旋密封盖。该密封管具有耐酸，耐高温，抗压防爆裂性能。密封管有两种，一种密封管可作为消解用，称为消解管。另一种型密封管既可作为消解用，还可作为比色管用于比色用，称为消解比色管。

小型加热消解器以铝块为加热体，加热孔均匀分布。孔径ϕ 16.1 mm，孔深 50～100 mm，设定的加热温度为消解反应温度。盛有消解反应液的密封管一部分插入加热器加热孔中，密封管底部恒定 165℃温度加热；密封管上部高出加热孔而暴露，自然冷却下使管口顶部降到 85℃左右；温度的差异确保了小型密封管中反应液在该恒温下处于微沸腾回流状态。采用密封管消解反应完成后，消解液转入比色皿可在一般光度计上测定，用密封比色管消解后可直接用密封比色管在 COD 专用光度计上测定。在 600 nm 波长可测定 COD 值为 100～1 000 mg/L 的试样，在 440 nm 波长处可测定 COD 值为 15～250 mg/L 的试样。该方法具有占用空间小，能耗小，试剂用量小，且操作简便，安全稳定，准确可靠，适宜大批量测定等特点，一定程度上弥补了经典方法的不足。

2．高氯 COD 分析方法

采用重铬酸钾法时，氯离子对测定结果影响较大，GB 11914—89 方法不适用于氯离子浓度大于 1 000 mg/L 的水样。如何确定氯离子含量较高时的 COD 值，并且尽可能少地产生二次污染即剧毒试剂 $HgSO_4$ 的使用，也是环境监测工作的一项重要任务，下面就氯离子浓度对化学需氧量测定的影响以及消除方法进行分析。

（1）氯离子对化学需氧量影响分析

《水质　化学需氧量的测定　重铬酸钾法》（GB 11914—89）中，明确指出水样中氯离子含量过高时需要加入硫酸汞等屏蔽剂加以屏蔽，其影响因素主要表现为两点：

① 氯离子被氧化剂氧化，因而消耗氧化剂导致测定结果偏高，具体反应方程式为：

$$6Cl^-+Cr_2O_7^{2-}+14H^+=3Cl_2+2Cr^{3-}+7H_2O$$

② 反应体系中加银盐做催化剂，氯离子与银反应生成 AgCl 沉淀使催化剂中毒，影响测定结果。

（2）氯离子干扰消除以及方法应用

国标中提到对氯离子浓度超过 1 000 mg/L 水样进行稀释分析，因此对水样进行稀释是最简便的方法之一，但对于高氯低 COD 的水样稀释倍数过高会影响测定准确度。目前，消除氯离子干扰方法主要有硫酸汞屏蔽法、银盐沉淀法、标准曲线校正法、氯气校正法、密闭消解法、低浓度氧化剂法、KI-$KMnO_4$ 氧化法等。

硫酸汞屏蔽法。国标中提到使用 $HgSO_4$ 屏蔽氯离子，即用 $HgSO_4$ 作为氯离子掩蔽剂，此法对于氯离子质量浓度较低时效果很显著，但当氯离子浓度很高时测定结果还是偏高，并且误差随着氯离子浓度增加而增大。由于 $HgSO_4$ 本身有剧毒，并且废液中的汞盐很难处理，会对环境产生二次污染，因此对于添加足量的 $HgSO_4$ 试剂方法不可行。

银盐沉淀法。银盐沉淀法即为加入 $AgNO_3$ 生成 AgCl 沉淀以去除氯离子影响的方法，适用于氯离子质量浓度超过 10 000 mg/L 的水样。该方法通常有两种形式：一种是在预处理时加入 $AgNO_3$，取上清液测定 COD 值，此法需要 $AgNO_3$ 加入量适当，使氯离子完全沉淀且不能过量。刘玉凤等在标准方法的基础上用硝酸银中和氯离子，并提高了反应体系的酸度，而且避免了汞盐的污染，实验结果令人满意。

经过沉淀后测定的 COD 值比标准值偏低，并且氯离子浓度越高其测定结果偏低越大。由此可见生成 AgCl 沉淀时会通过共沉淀和絮凝作用使水样中有机物除损失一部分，使测定结果偏低。此外银盐沉淀法中使用了贵重的银盐，使测定成本提高。所以该方法适用范围还有待商榷。

标准曲线校正法。标准曲线校正法的步骤：取两份相同水样，一份对氯离子不进行掩蔽测定 COD 值，记为 $COD_{总}$，另一份测定氯离子含量，在标准曲线上查出对应的 COD 值，记为 COD_{Cl^-}，则 $COD_{总}$与 COD_{Cl^-}差值为该样品的真实 COD 值。

标准曲线校正法不使用汞盐和银盐，具有环保性和节约性，是实验室首选的方法。王俊霞等通过实验证明利用这种完全氧化的方法，与理论氯离子完全被氧化时消耗的氧相当，氯离子氧化率在 99%以上，COD 的实测值与实际值具有良好的一致性。但由于各实验室采用的方法、操作条件的不同，使得氯离子的氧化程度不同，因此不同人绘制的标准曲线不尽相同，并且每个样品要准确测定氯离子浓度，实验过程繁琐。

氯气校正法。在消解时采用一个回流吸收装置，将生成的 Cl_2 导出用 NaOH 溶液吸收，使用 $Na_2S_2O_3$ 标准溶液滴定，把消耗的 $Na_2S_2O_3$ 的量换算成消耗氧的量，即为氯离子的校正值。实际废水 COD 值为 COD 表观值与氯离子的校正值的差值。该方法适用于氯离子含量小于 20 000 mg/L、COD 大于 30 mg/L 的高氯废水的测定。该方法要求实验条件非常严格，详细的分析步骤在本节第三部分（样品的分析测试技术）。

KI-$KMnO_4$氧化法。在碱性条件下，用$KMnO_4$氧化废水中的物质，剩余的$KMnO_4$用KI还原，再用$Na_2S_2O_3$标准溶液滴定，并将$Na_2S_2O_3$消耗的量换算成消耗氧的量，从而得到一个COD值。但是应用该法与$K_2Cr_2O_7$氧化法的测定值不同，二者有一个比值K，因此只需知道这个比值K，即可将用KI-$KMnO_4$氧化法测得的COD值进行换算即可。该方法适用于氯离子含量在几万到几十万毫克每升的废水，但是需要测定K值，因此对监测工作带来了很大的不便，另外，在测定过程中要用到剧毒试剂叠氮化钠，会对环境产生很大的污染，同时对分析人员存在安全隐患。

密封消解法。其基本原理为在密闭的容器中消解测定COD，当水中的氯离子氧化成Cl_2并达到气液平衡时，氯离子便不能再被氧化，使用适当的掩蔽剂，则可以测定样品的COD值。与标准法相比，该方法的结果具有更高的准确度和精密度。王志强等对混配和实际水样的测定结果表明，用密封消解法分析高氯废水的COD准确度较高，COD在100～1 000 mg/L，氯离子浓度小于10 000 mg/L时，该方法相对误差≤4.2%。密封消解耗时短，但该方法具有一定的危险性，因此一定要确保实验的安全。

二、样品的采集和保存

由于标准不同，所以尚无统一的采集和保存方式。表11.1为目前各种标准和参考书籍中所列的采集与保存方法。目前，该类样品的多使用玻璃瓶采集，加入硫酸至pH＜2，置4℃下保存，采样体积不少于250 ml。

表11.1 各种标准和参考书籍中所列化学需氧量采集与保存方法

方法来源	容器材质	保存方法	保存时间	采样体积
水质 化学需氧量的测定 重铬酸盐法 GB 11914—89	玻璃瓶	加入硫酸至pH＜2，4℃下保存	5天	100 ml
水质 化学需氧量的测定 氯气校正法 HJ/T 70—2001	玻璃瓶	加入硫酸至pH＜2，4℃下保存	5天	100 ml
水质 化学需氧量的测定 快速消解分光光度法 HJ/T 399—2007	玻璃瓶	加入硫酸至pH≤2，0～4℃下保存	7天	100 ml
高氯废水 化学需氧量的测定 碘化钾碱性高锰酸钾法 HJ/T 132—2003	玻璃瓶	加入硫酸至pH＜2，4℃下保存	2天	/
地表水和污水监测技术规范 HJ/T 91—2002	玻璃瓶	加入硫酸至pH＜2	2天	500 ml
地下水监测技术规范 HJ/T 164—2004	玻璃瓶	加入硫酸至pH＜2	2天	500 ml
水质采样 样品的保存和管理技术规定 GB 12999—91	玻璃瓶	在2～5℃暗处冷藏	尽快	/
	玻璃瓶	加入硫酸至pH＜2	1周	/
	玻璃瓶	−20℃冷冻	1个月	/
水和废水监测分析方法（第四版）	玻璃瓶	加入硫酸至pH＜2	2天	500
环境水质监测质量保证手册	玻璃瓶、塑料瓶	加入硫酸至pH＜2，在2～5℃下保存	7天	/

三、样品的分析测试技术

由于样品中氯离子浓度对最终结果有较大影响，所以通常根据待测样品中氯离子浓度选择分析方法。对于氯离子浓度不超过 1 000 mg/L 的样品，通常选择《水质 化学需氧量的测定 重铬酸钾法》(GB 11914—89)，对于氯离子浓度 2 000～20 000 mg/L 的样品，通常用氯气校正法（HJ/T 70—2001）。

1.《水质 化学需氧量的测定 重铬酸钾法》(GB 11914—89)

主要实验步骤：

① 取 20.00 ml 水样于锥形瓶中，或取适量水样加水至 20.00 ml，同时加入少量的硫酸汞用以去除氯离子的干扰（氯离子含量不超过 1 000 mg/L）。

② 于锥形瓶中加入 10.0 ml 重铬酸钾标准溶液和几颗防爆沸玻璃珠，摇匀。将锥形瓶接到回流装置冷凝管下端，接通冷凝水。从冷凝管上端缓慢加入 30 ml 硫酸银-硫酸试剂，以防止低沸点有机物的逸出，不断旋动锥形瓶使之混合均匀。自溶液开始沸腾起回流两小时。同时以相同步骤用 20.00 ml 蒸馏水代替水样进行空白试验。

③ 冷却后，用 20～30 ml 水自冷凝管上端冲洗冷凝管后，取下锥形瓶，再用水稀释至 140 ml 左右。

④ 溶液冷却至室温后，加入 3 滴 1,10-邻菲啰啉指示剂溶液，用硫酸亚铁铵标准滴定溶液滴定，溶液的颜色由黄色经蓝绿色变为红褐色即为终点。记下硫酸亚铁铵标准滴定溶液的消耗毫升数。

⑤ 计算方法

以 mg/L 计的水样化学需氧量，计算公式如下：

$$\mathrm{COD(mg/L)}=\frac{(V_1-V_2)\times 8\,000}{V_0}$$

式中：C —— 硫酸亚铁铵标准滴定溶液的浓度，mo1/L；

V_1 —— 空白试验所消耗的硫酸亚铁铵标准滴定溶液的体积，ml；

V_2 —— 试料测定所消耗的硫酸亚铁铵标准滴定溶液的体积，ml；

V_0 —— 试样的体积，ml。

2.《高氯废水化学需氧量的测定 氯气校正法》(HJ/T 70—2001)

主要实验步骤：

① 吸取水样 20.0 ml（或取适量水样加水至 20.0 ml）于 500 ml 插管三角烧瓶中，根据水样中氯离子浓度，按 $HgSO_4$：氯离子=10：1 的比例加入不同的硫酸汞溶液，摇匀，加入重铬酸钾标准溶液 10.0 ml 及防爆沸玻璃珠 3～5 粒。

② 将插管三角烧瓶接到冷凝管下端，接通冷凝水，加入硫酸银-硫酸溶液，不断旋动插管三角烧瓶使之混合均匀。

③ 吸收瓶内加入 20.0 ml 氢氧化钠溶液，并加水稀释至 200 ml。

④ 连接好装置，将导出管插入吸收瓶液面下。通入氮气（5～10 ml/min），加热，自溶液沸腾起回流 2 h 停止加热后，加大氮气气流（30～40 ml/min），注意不要使溶液倒吸。继续通氮气 30～40 min。

⑤ 取下吸收瓶，冷却至室温，加入 1.0 g 碘化钾，然后加入 7.0 ml 硫酸调节溶液 pH 约为 3～2，放置 10 min，用硫代硫酸钠标准滴定溶液滴定至淡黄色，加入淀粉指示剂继续滴定至蓝色刚好消失为终点。记录硫代硫酸钠标准滴定溶液消耗的毫升数 V_3。

⑥ 插管三角烧瓶冷却后，从冷凝管上端加入一定量水。取下插管三角烧瓶。溶液冷却至室温后，加入 3 滴 1,10-邻菲啰啉为指示剂溶液，用硫酸亚铁铵标准滴定溶液滴定，至溶液的颜色由黄色经蓝绿色变成红褐色即为终点。记录下硫酸亚铁铵标准滴定溶液消耗的毫升数 V_2。

⑦ 空白实验。按相同步骤以 20.0 ml 水代替试样进行空白试验，其余试剂和试样测定相同，记录下空白滴定时消耗硫酸亚铁铵标准滴定的毫升数 V_1。

⑧ 结果的表示

水样化学需氧量 COD（以 mg/L 计）的计算公式如下：

$$表观\mathrm{COD(mg/L)}=\frac{c_1\times(V_1-V_2)\times 8\,000}{V_0}$$

$$氯离子校正值\mathrm{(mg/L)}=\frac{c_2\times V_3\times 8\,000}{V_0}$$

$$\mathrm{COD(mg/L)}=表观\mathrm{COD}-氯离子校正值$$

式中：c_1 —— 硫酸亚铁铵标准溶液的浓度，mol/L；

c_2 —— 硫代硫酸钠标准滴定溶液的浓度，mol/L；

V_1 —— 空白试验所消耗的硫酸亚铁铵标准滴定溶液的体积，ml；

V_2 —— 试样测定所消耗的硫酸亚铁铵标准滴定溶液的体积，ml；

V_3 —— 吸收液测定所消耗的硫代硫酸钠标准滴定溶液的体积，ml；

V_0 —— 试样的体积，ml；

8 000 —— 1/4 O_2 的摩尔质量以 mg/L 为单位的换算值。

测定结果保留三位有效数字，当计算出 COD 值小于 30 mg/L 时，应表示为“COD＜30 mg/L”。

四、质量保证和质量控制

（1）每批样品都需要进行标准样品测试。

（2）每批样品需要 20%的平行样测试。

（3）精密度测试：重铬酸盐法，实验室内相对标准偏差 0.8%～9%；氯气校正法，实验室内相对标准偏差 2.8%～3.6%，实验室间相对标准偏差 3.8%～7.8%。

第二节　氨氮

一、研究综述

氨氮普遍存在于地表水、地下水及各类废水中。水中的氨氮是指以游离氨（NH_3）和离子氨（NH_4^+）形式存在的氮，这两种氮的组成比取决于水体的 pH，当 pH 高时，游离氨氮的比例高；反之，则离子氨氮的比例高。鱼类对非离子氨较敏感，为保护淡水水生物，应控制水中非离子氨的浓度低于 0.2 mg/L。水中氨氮的来源主要是生活污水中含氮有机物受微生物作用分解的产物、某些工业污水及农田排水等。而水中氨氮含量是判断水体污染程度的重要标志之一。氨氮是我国水体环境监测的重要指标，是各类污水处理厂排放口尾水的必测项目。

国内外常用来测定水中氨氮的方法有纳氏试剂分光光度法、水杨酸次氯酸盐分光光度法、气相分子吸收光谱法、电极法和滴定法。两种分光光度法具有灵敏、稳定等特点，水样有色、浑浊和含钙、镁、铁等金属离子及硫化物、醛和酮类等均干扰测定，需作相应的预处理。电极法通常不需要对水样进行预处理，但再现性和电极寿命尚存在一些问题。气相分子吸收光谱法比较简单，使用专用仪器或原子吸收分光光度计测定均可获得良好效果。滴定法用于氨氮含量较高的水样。

1．纳氏试剂分光光度法

在经絮凝沉淀或蒸馏法预处理的水样中，加入碘化汞和碘化钾的强碱溶液（纳氏试剂），则与氨反应生成黄棕色胶态化合物，此颜色在较宽的波长范围内具有强烈吸收，通常使用 410～425 nm 范围波长光比色定量。本法最低检出浓度为 0.25 mg/L；测定上限为 2 mg/L。采用目视比色法，最低检出浓度为 0.02 mg/L。适用于地表水、地下水和废（污）水中氨氮的测定。

2．水杨酸次氯酸盐分光光度法

在亚硝基铁氰化钠存在下，氨与水杨酸和次氯酸反应生成蓝色化合物，于其最大吸收波长 679 nm 处比色定量，该方法测定浓度范围为 0.01～1 mg/L。

3．气相分子吸收光谱法

水样中加入次溴酸钠，将氨及铵盐氧化成亚硝酸盐，再加入盐酸和乙醇溶液，则亚硝酸盐迅速分解，生成二氧化氮，用空气载入气相分子吸收光谱仪的吸光管，测量该气体对锌空心阴极灯发射的 213.9 nm 特征波长光的吸光度，以标准曲线法定量。专用气相分子吸收光谱仪安装有微型计算机，经用试剂空白溶液校零和用系列标准溶液绘制标准曲线后，即可根据水样吸光度值及水样体积，自动计算出分析结果。

如果水样中含有亚硝酸盐，应事先测定其含量进行扣除。次溴酸钠可将有机胺氧化成亚硝酸盐，故水样含有有机胺时，先进行蒸馏分离。本方法最低检出浓度为 0.005 mg/L，测定上限为 100 mg/L。可用于地表水、地下水、海水等水中氨氮的测定。

4．滴定法

取一定体积水样，将其 pH 调至 6.0～7.4，加入氧化镁使呈微碱性。加热蒸馏，释出的氨用硼酸溶液吸收。取全部吸收液，以甲基红-亚甲蓝为指示剂，用硫酸标准溶液滴定至绿色转变成淡紫色，根据硫酸标准溶液消耗量和水样体积计算氨氮含量。

此外，氨和次氯酸盐反应生成三氯胺，用亚硝酸盐分解过量的 ClO^-，三氯胺与碘化镉及淀粉的混合物反应生成蓝色络合物（λ_{max}=610 nm），这一方法已用于测定血液中痕量的氨。仪器分析也已广泛应用于各种样品中氨的测定，如离子色谱法、连续流动注射法、毛细管等速电泳法等。

在选择测定氨氮的方法时主要考虑两个因素：氨氮的浓度和存在的干扰物。常规环境监测分析中，测定氨氮最常用的方法是纳氏试剂法和苯酚-次氯酸盐比色法、电极法和滴定法。两个直接比色法仅限于测定清洁饮用水、天然水和高度净化过的废水出水，这些水的色度均应很低。浊度、颜色、余氯、挥发性有机物（某些酮类、醛类）、钙、镁等金属离子会干扰测定，可通过预蒸馏、投加一定量的硫代硫酸钠等预处理方法除去；若氨氮的浓度较高时，最好选择滴定法；电极法测定氨氮时，色度和浊度对定量测定没有影响，水样一般不需要进行预处理，且有简便、测定范围宽等优点，但测定时受水中高浓度溶解离子的影响。

二、样品的采集和保存

水样采集在聚乙烯瓶或玻璃瓶内，采样时必须认真填写采样登记表；每个水样瓶都应贴上标签（填写采样点编号、采样日期和时间、测定项目等）；要塞紧瓶塞，必要时还要密封。若需尽快分析，应立即破坏余氯，以防止它与氨反应（0.5 ml 0.35%硫代硫酸钠可除去 0.25 mg 余氯）。如采样后不能及时分析，应加硫酸使水样酸化至 pH＜2，并在 2～5℃下保存，可保存 7 d。

三、纳氏试剂分光光度法的样品前处理技术

纳氏试剂分光光度法相对于其他方法来说，其方法稳定性，准确性，精密度都相对较好，且试剂价格低廉，低温下可保存较长时间，因此是目前应用最为广泛的国家标准方法。

需要测定氨氮的水样中含有悬浮物、余氯、钙镁等金属离子、硫化物和有机物时会产生干扰，含有此类物质时要作适当处理，以消除对测定的影响。

分析中所用各种试剂请参照国家标准方法《水质　氨氮的测定　纳氏试剂分光光度法》（HJ 535—2009）。当样品中存在余氯，可加入适量的硫代硫酸钠溶液去除，并用淀粉-碘化钾试纸检验余氯是否除尽。

若水样浑浊或有颜色时可用预蒸馏法或絮凝沉淀法处理。

絮凝沉淀法：100 ml 样品中加入 1 ml 硫酸锌溶液，并用氢氧化钠溶液调节 pH 至 10.5，混匀使之沉淀，取上清液或用经水冲洗过的中速定性滤纸过滤后分析。实际操作中一定要注意一个问题，就是絮凝沉淀过滤后的水样不要放置太长时间，应尽快分析，否则容易出现浑浊。

预蒸馏法：絮凝沉淀法不能去除全部干扰时，可采用预蒸馏法进行水样前处理。预蒸馏法操作如下：将 50 ml 硼酸溶液移入接收瓶内，确保冷凝管出口在硼酸溶液液面之下。分取 250 ml 样品，移入烧瓶中，加几滴溴百里酚蓝指示剂，必要时，用氢氧化钠溶液和盐酸溶液调整 pH 至 6.0（指示剂呈黄色）～7.4（指示剂呈蓝色）之间，加入 0.25 g 轻质氧化镁及数粒玻璃珠，立即连接氮球和冷凝管。加热蒸馏，使馏出液速率约为 10 ml/min，待馏出液达 200 ml 时，停止蒸馏，加水定容至 250 ml。

四、纳氏试剂分光光度法测试技术

1．标准曲线的绘制

吸取 0.00，1.00，3.00，5.00，8.00 和 10.0 ml 铵标准使用液（参见标准 HJ 535—2009 水质 氨氮的测定 纳氏试剂分光光度法）分别于 50 ml 比色管中，加水至标线，加 1.0 ml 酒石酸钾钠溶液，混匀。加 1.5 ml 纳氏试剂，混匀。放置 10 min 后，在波长 420 nm 处，用光程 20 mm 比色皿，以水为参比，测定吸光度。由测得的吸光度，减去零浓度空白管的吸光度后，得到校正吸光度，绘制以氨氮含量（mg）对校正吸光度的标准曲线。

注：根据待测样品的浓度也可选用 10 mm 比色皿。

2．试样测定

分取适量清洁水样或经预处理后的水样（使氨氮含量不超过 0.1 mg），加入 50 ml 比色管中，稀释至标线，按与校准曲线相同的步骤测量吸光度。

注：经蒸馏或在酸性条件下煮沸方法预处理的水样，须加一定量氢氧化钠溶液，调节水样至中性后分析。

3．空白实验

以无氨水代替水样，做全程序空白测定。

4．计算

$$\rho(\mathrm{N})=\frac{A_s-A_b-a}{b\times V}$$

式中：$\rho(\mathrm{N})$—— 水样中氨氮的质量浓度（以 N 计），mg/L；

A_s—— 水样的吸光度；

A_b—— 空白试验的吸光度；

a—— 校准曲线的截距；

b—— 校准曲线的斜率；

V—— 试料体积，ml。

5．准确度和精密度

氨氮浓度为 1.21 mg/L 的标准溶液，重复性限为 0.028 mg/L，再现性限为 0.075 mg/L，回收率在 94%～104%。

氨氮浓度为 1.47 mg/L 的标准溶液，重复性限为 0.024 mg/L，再现性限为 0.066 mg/L，回收率在 95%～105%。

五、质量保证和质量控制

1．试剂空白的吸光度应不超过 0.030（10 mm 比色皿）

2．纳氏试剂的配制

为了保证纳氏试剂有良好的显色能力，配制时务必控制 $HgCl_2$ 的加入量，至微量 HgI_2 红色沉淀不再溶解时为止。配制 100 ml 纳氏试剂所需 $HgCl_2$ 与 KI 的用量之比约为 2.3∶5。在配制时为了加快反应速度、节省配制时间，可低温加热进行，防止 HgI_2 红色沉淀的提前出现。

另外使用 HgI_2-KI-NaOH 方法配制纳氏试剂可存放更长时间，但其空白实验吸光度相对较高一些。

3．酒石酸钾钠的配制

酒石酸钾钠试剂中铵盐含量较高时，仅加热煮沸或加纳氏试剂沉淀不能完全除去氨。此时采用加入少量氢氧化钠溶液，煮沸蒸发掉溶液体积的 20%～30%，冷却后用无氨水稀释至原体积。

切记存放药品的实验室和药品柜中不能有氨水的存在，否则酒石酸钾钠十分容易被污染。

4．絮凝沉淀

滤纸中含有一定量的可溶性铵盐，定量滤纸中含量高于定性滤纸，建议采用定性滤纸过滤，过滤前用无氨水少量多次淋洗（一般为 100 ml）。这样可减少或避免滤纸引入的测量误差。

5．水样的预蒸馏

蒸馏过程中，某些有机物很可能与氨同时馏出，对测定有干扰，其中有些物质（如甲醛）可以在酸性条件（pH＜1）下煮沸除去。在蒸馏刚开始时，氨气蒸出速度较快，加热不能过快，否则造成水样暴沸，馏出液温度升高，氨吸收不完全。馏出液速率应保持在 10 ml/min 左右。

部分工业废水，可加入石蜡碎片等做防沫剂。

6．蒸馏器清洗

向蒸馏烧瓶中加入 350 ml 水，加数粒玻璃珠，装好仪器，蒸馏到至少收集了 100 ml 水，将馏出液及瓶内残留液弃去。

第三节　挥发酚的测定

一、研究综述

酚类是芳香烃的羟基衍生物，其羟基与苯环上的碳相连，根据苯环上羟基数目的多少，又可分为一元酚、二元酚及多元酚。在水质标准中，根据酚类化合物能否与水蒸气一起蒸发出，可将其分为挥发性酚与不挥发性酚两类。一元酚除对硝基酚外，酚及各种甲酚、二甲酚、氯酚及硝基酚等沸点在 230℃以下的，属于挥发性酚；二元酚及多元酚沸点均在 230℃以上，不能随水蒸气蒸出，属不挥发性酚。

天然水中酚含量极微。水体中的酚类化合物主要来源于含酚废水，如焦化、煤气制造、石油精炼、木材防腐及石油化工所排放的工业废水。随着经济及相关工业的发展，水中的工业废水污染物也逐年升高，挥发性酚类化合物便是其中之一。

酚类物质为原生质毒，属高毒物质，其毒性作用是与细胞原浆中蛋白质发生化学反应，形成变性蛋白质，使细胞失去活性。酚类化合物作为水污染物进入食物链，当人体摄入一定量时，可出现急性中毒症状；长期饮用被酚污染的水，可引起头昏、瘙痒、贫血及各种神经系统症状。水体遭受酚污染后也会严重影响水产品的产量和质量。水中含低浓度（0.1～

0.2 mg/L）酚类时，生长的鱼肉会带有异味；高浓度（＞5 mg/L）时则造成水产品中毒死亡。含酚浓度高的废水不宜用于农田灌溉，否则会造成农作物枯死或减产。20 世纪 70 年代中期，美国就将 11 种酚类化合物列入 129 种环境优先污染物之中。我国也于 20 世纪 80 年代末研究并提出了中国的环境优先污染物，其中包括 6 种酚类化合物。在《地表水环境质量标准》（GB 3838—2002）和《海水水质标准》（GB 3097—1997）中，亦将挥发酚作为主要的监测指标之一。因此，对水体中挥发酚类化合物的分析具有非常重要的意义。

目前，挥发酚的主要测定方法有 4-氨基安替比林分光光度法、溴化容量法、流动注射法、气相色谱法、液相色谱法。

1．溴化容量法

《水质　挥发酚的测定　溴化容量法》（HJ 502—2009）明确规定了该方法的适用范围和操作规范。在含过量溴（由溴酸钾和溴化钾产生）的溶液中，酚可与溴反应生成三溴酚，并进一步生成溴代三溴酚。将剩余的溴与碘化钾作用，释放出游离碘的同时，溴代三溴酚也与碘化钾反应生成三溴酚和游离碘，用硫代硫酸钠标准溶液滴定释放出的游离碘，并根据其消耗量，计算出挥发酚的含量。本法适用于含高浓度挥发酚工业废水中挥发酚的测定。该标准检出限为 0.1 mg/L，测定下限为 0.4 mg/L，测定上限为 45.0 mg/L。

用溴化容量法分析挥发酚的含量时，不同种类的酚在不同反应条件下的溴化量不同，与作用时间长短、溴化温度、溴的过量度均有关系，因此所测得的结果只能以相对的苯酚的量来表示。

2．流动注射法

流动注射分析（Flow Injection Analysis，FIA）是 20 世纪 70 年代中期发展起来的一种新型高效的连续流动分析技术，在封闭的管路中载流试剂连续流动，注入一定体积的样品，试剂与样品混合反应，流过检测器从而被检测。通过仪器参数的设定，可准确控制注入样品的体积和液体流速来获得最佳的重现性，消除样品交叉污染，具有批量分析速度快，精确度和灵敏度高，试剂和样品消耗量少，操作自动化以及可以与多种检测手段联用等特点，目前这种技术已在各种分析领域得到广泛的应用。挥发酚的流动注射分析方法主要是通过在酸性条件下对样品在线蒸馏，馏出物中的酚被铁氰化钾氧化，生成的醌与 4-氨基安替比林反应，形成黄色的浓缩物，该物质在 500 nm 处有特征吸收峰，信号被计算机收集，由数据处理系统自动分析处理。

挥发酚的流动注射分析方法，具有多方面的优点：① 它简化了水样的处理过程，整个实验过程完全自动化并且封闭，排除了由于蒸馏所带来的损失以及不同样品的交叉污染；② 操作过程简单、试剂消耗少，也无须 4-氨基安替比林分光光度法中有机溶剂（三氯甲烷）的萃取，避免三氯甲烷对人体的损害；③ 分析速度快，仪器系统稳定时，特别适合大批量样品的测定，测量效率大大提高。该方法的缺点是：① 仪器价格昂贵，所需附件以及所用试剂药品纯度要求较高，要求实验条件和配备较为严格。② FIA 法对于试剂和样品前处理的要求比较高，实验结果易受样品及试剂中的气泡的干扰。FIA 法所使用显色剂等试剂保存时间要求较为严格，尽量现配现用。③ FIA 法在测定复杂的污染源水样的挥发酚时，会产生许多影响，仅通过过滤预处理后进行样品测定，结果准确性无法保证。总的来说，对于水中挥发酚的含量测定，研究者们尽可能利用了流动注射的优势，并致力于降低实验操作的复杂程度和获得较低的检出限等多方面的研究，获得了一定进展，但仍然需要做进一步改善，以适应快速而且实用的检测需要。

3．气相色谱法

挥发酚气相色谱分析法通过对水样直接萃取-反萃取，省去样品的预蒸馏，利用气相色谱的高灵敏度提高分析方法的检出限，采用色谱仪的现代技术实行数据的自动处理。气相色谱法则可以测定单组分的酚。该法较适用于含酚浓度 1 mg/L 以上的废水中简单酚类组分的分析，其中难分离的异构体及多元酚的分析，可以通过选择其他固定液或配合衍生化技术得以解决。挥发酚的萃取-气相色谱法具有灵敏度高、准确性好、操作简单、干扰少等特点。有关文献也具有类似的结论。鉴于挥发酚成分的复杂性，本方法不适应复杂水样（酚成分不明、成分太多水样）的分析，主要适合酚的成分范围已知，即特定水样的常规分析。例如对某企业废水或某水域的水样而言，其酚的成分范围通常是已知的，适于采用本方法进行分析。

4．液相色谱法

目前，有部分研究人员研究使用高效液相色谱法测定水中挥发性酚类，但液相色谱法灵敏度不够高，应用液相色谱法来监测水中挥发酚的含量还有待进一步研究。

5．4-氨基安替比林分光光度法

4-氨基安替比林分光光度法是最为普遍的一种挥发酚分析方法。有直接比色法和萃取法两种。《水质　挥发酚的测定　4-氨基安替比林分光光度法》（HJ 503—2009）明确规定了该方法的适用范围和操作规范。其优点是操作容易，分析快速，重复性好，而且由不同的酚类化合物反应所得到的产物，其最大吸收在同一波长。

6．其他仪器分析方法

随着酚污染越来越得到社会的关注，一批挥发酚在线快速测定方法不断涌现出来，如紫外法、红外法、连续流动分析法等，但是这些方法由于还未得到广泛应用，在适用范围以及适用性方面还存在着一定的局限，需要进一步完善。

综上所述，目前最为普遍的测定挥发酚的方法为分光光度法以及流动注射法，流动注射法虽然简便快捷，但是仪器成本过大，对于部分中小型检测机构或偏远地区来说是一大局限，综合考虑应用需求和技术适用性，本节主要介绍 4-氨基安替比林分光光度法测定挥发酚，国际标准化组织颁布的测酚方法亦为此。

二、样品的采集和保存

1．样品采集

样品采集按照《地表水和污水监测技术规范》（HJ/T 91—2002）的相关规定执行。

在样品采集现场，用淀粉-碘化钾试纸检测样品中有无游离氯等氧化剂的存在。若试纸变蓝，应及时加入过量硫酸亚铁去除。

样品采集量应大于 500 ml，贮于硬质玻璃瓶中。

采集后的样品应及时加磷酸酸化至 pH 约 4.0，并加适量硫酸铜，使样品中硫酸铜浓度约为 1 g/L，以抑制微生物对酚类的生物氧化作用。

2．样品保存

采集后的样品应在 4℃下冷藏，24 h 内进行测定。

三、样品的前处理技术

1．预蒸馏

取 250 ml 样品移入 500 ml 全玻璃蒸馏器中，加 25 ml 水，加数粒玻璃珠以防暴沸，再加数滴甲基橙指示液，若试样未显橙红色，则需继续补加磷酸溶液。连接冷凝器，加热蒸馏，收集馏出液 250 ml 至容量瓶中。蒸馏过程中，若发现甲基橙红色褪去，应在蒸馏结束后，放冷，再加 1 滴甲基橙指示液。若发现蒸馏后残液不呈酸性，则应重新取样，增加磷酸溶液加入量，进行蒸馏。

注 1：使用的蒸馏设备不宜与测定工业废水或生活污水的蒸馏设备混用。每次试验前后，应清洗整个蒸馏设备。

注 2：不得用橡胶塞、橡胶管连接蒸馏瓶及冷凝器，以防止对测定产生干扰。

2．干扰及消除

氧化剂、油类、硫化物、有机或无机还原性物质和苯胺类干扰酚的测定。

（1）氧化剂（如游离氯）的消除

样品滴于淀粉-碘化钾试纸上出现蓝色，说明存在氧化剂，可加入过量的硫酸亚铁去除。

（2）硫化物的消除

当样品中有黑色沉淀时，可取一滴样品放在乙酸铅试纸上，若试纸变黑色，说明有硫化物存在。此时样品继续加磷酸酸化，置通风柜内进行搅拌曝气，直至生成的硫化氢完全逸出。

（3）甲醛、亚硫酸盐等有机或无机还原性物质的消除

可分取适量样品于分液漏斗中，加硫酸溶液使呈酸性，分次加入 50 ml、30 ml、30 ml 乙醚以萃取酚，合并乙醚层于另一分液漏斗，分次加入 4 ml、3 ml、3 ml 氢氧化钠溶液进行反萃取，使酚类转入氢氧化钠溶液中。合并碱萃取液，移入烧杯中，置水浴上加温，以除去残余乙醚，然后用水将碱萃取液稀释到原分取样品的体积。同时应以水做空白试验。

（4）油类的消除

样品静置分离出浮油后，按照（3）操作步骤进行。

（5）苯胺类的消除

苯胺类可与 4-氨基安替比林发生显色反应而干扰酚的测定，一般在酸性（pH＜0.5）条件下，可以通过预蒸馏分离。

四、样品的分析测试技术

挥发酚的测定，根据试样浓度高低，可分为萃取分光光度法和直接分光光度法。

地表水、地下水和饮用水宜用萃取分光光度法测定，检出限为 0.000 3 mg/L，测定下限为 0.001 mg/L，测定上限为 0.04 mg/L。

工业废水和生活污水宜用直接分光光度法测定，检出限为 0.01 mg/L，测定下限为

0.04 mg/L，测定上限为 2.50 mg/L。

对于浓度高于标准测定上限的样品，可适当稀释后进行测定。

1．萃取分光光度法

（1）显色

将馏出液 250 ml 移入分液漏斗中，加 2.0 ml 缓冲溶液，混匀，pH 为 10.0±0.2，加 1.5 ml 4-氨基安替比林溶液，混匀，再加 1.5 ml 铁氰化钾溶液，充分混匀后，密塞，放置 10 min。

（2）萃取

在上述显色分液漏斗中准确加入 10.0 ml 三氯甲烷，密塞，剧烈振摇 2 min，倒置放气，静置分层。用干脱脂棉或滤纸拭干分液漏斗颈管内壁，于颈管内塞一小团干脱脂棉或滤纸，将三氯甲烷层通过干脱脂棉团或滤纸，弃去最初滤出的数滴萃取液后，将余下三氯甲烷直接放入光程为 30 mm 的比色皿中。

（3）吸光度测定

于 460 nm 波长，以三氯甲烷为参比，测定三氯甲烷层的吸光度值。

（4）空白测试

用无酚水代替试样，按上述前处理及测定步骤测定其吸光度值。空白应与试样同时测定。

2．直接分光光度法

（1）显色

分取馏出液 50 ml 加入 50 ml 比色管中，加 0.5 ml 缓冲溶液，混匀，此时 pH 为 10.0±0.2，加 1.0 ml 4-氨基安替比林溶液，混匀，再加 1.0 ml 铁氰化钾溶液，充分混匀后，密塞，放置 10 min。

（2）吸光度测定

于 510 nm 波长，用光程为 20 mm 的比色皿，以水为参比，于 30 min 内测定溶液的吸光度值。

（3）空白测试

用无酚水代替试样，按上述前处理及测定步骤测定其吸光度值。空白应与试样同时测定。

注：上述章节中所用试剂浓度可参见《水质 挥发酚的测定 4-氨基安替比林分光光度法》（HJ 503—2009）。

五、质量保证和质量控制

每批样品应带一个中间校核点，中间校核点测定值和校准曲线相应点浓度的相对误差不超过 10%。并且每批样品应加不少于样品数量 10%的现场平行、实验室平行以及实验室加标样品。

第四节　石油类

一、研究综述

1. 石油类和动植物油的概况

石油是上千种化学特性不同的化合物组成的复杂混合体，没有明显的总体特征，主要由烃类和非烃类组成，除此之外还含有少量的氧、氮、硫等元素的烃类衍生物。石油污染包括烃类和非烃类两类，烃类又分为链烷烃、环烷烃、芳烃和烯烃。石油中的非烃类物质种类繁多，石油类物质组分的复杂性，决定了石油类物质的物理、化学性质的复杂性和多变性。

动植物油包括动物油和植物油，一般地，动物油是饱和脂肪酸，植物油是不饱和脂肪酸。饱和脂肪酸的主要来源是家畜肉和乳类的脂肪，还有热带植物油（棕榈油、椰子油等）。自然界中比较常见的不饱和脂肪酸主要分为 3 大类：以橄榄油所含油酸为代表的不饱和脂肪酸，以植物油中所含的亚油酸为代表的不饱和脂肪酸以及以鱼油所含的二十碳五烯酸（EPA）和二十碳六烯酸（DHA）为代表的不饱和脂肪酸。

2. 石油类和动植物油的危害

油类物质排入土壤后，会影响土壤的通透性。因为油类物质的水溶性一般很小，土壤颗粒受油类物质污染后不易被水所浸润，形不成有效的土壤内导水通路，渗水量下降，透水性降低，而且积聚在土壤中的油类物质，绝大部分是高分子有机物。它们黏着在植物根系上形成一层黏膜，阻碍根系的呼吸与水分的吸收，甚至引起根系的腐烂。

油类物质对水的色、味和溶解氧有较大的影响。石油类物质对水生生物的危害甚大，在海水中含油量为 0.1 mg/L 时，24 h 能使鱼体产生油臭味。石油黏到鱼鳃上或附在鱼卵上，很快会使鱼窒息死亡，或使孵化受到影响。水体中含有一定量的石油类物质后，会在表面形成厚度不一的油膜，破坏了水体的复氧过程，从而影响水质和水中动、植物的生存。另外石油类物质中的致癌、致畸、致突变物质也会由水中鱼、贝类等生物富集，并通过食物链传递给人体。因此，随着石油类物质的大量开采和广泛使用，随着餐饮业的日益规模化经营，大量含石油类、动植物油的污水被排放到环境中去，它们对水体和土壤的污染已成为一个全球关注的、越来越严重的问题。

3. 相关分析方法研究现状

到目前为止，油类检测方法主要有重量法、紫外法、荧光法、色谱法和红外分光光度法等。

（1）重量法

步骤是萃取-吸附-蒸发溶剂-称重，不受油品限制，但操作繁杂，检测流程长，灵敏度底，只适于测定 10 mg/L 以上的含油水样，轻油在提取和溶剂蒸发过程中易挥发损失，方法的精密度随操作条件和熟练程度的不同差别很大。主要方法有 EPA 1664A、D4281—95。

（2）紫外分光光度法

操作简单、精密度好、灵敏度高，适用于测定 0.05～50 mg/L 的含油水样。但标准油的取得比较困难，数据可比性较差。主要方法有 GB/T 5750.7—2006。

（3）荧光分光光度法

是比较灵敏的测油方法，但当油品中芳烃数目不同时，所产生的荧光强度差别很大。主要方法有 GB/T 5750.7—2006，SL 366—2006。

（4）色谱法

主要包括 GC、GC–MS 和 HPLC，代表方法有 ISO 9377–2：2000、EPA 8015b 等，国际标准化组织目前使用的方法是气相色谱法，优点是灵敏度高，定量和定性准确，但不适用于测量高浓度的油类样品。

（5）红外分光光度法

红外分光光度法利用烷烃中甲基、亚甲基及芳烃分别在 2 960 cm^{-1}、2 930 cm^{-1}、3 030 cm^{-1} 处存在的伸缩振动来进行的，而且，与紫外分光光度法和荧光分光光度法相反，它是以测定 CH_3、CH_2、CH 为基础的方法，在石油和动植物油分子结构中，都存在一定的 CH_3、CH_2、CH 组成，此外，红外分光光度法操作简便、容易排除干扰、准确、可比性好、不受油品成分结构的限制，是与国际标准接轨的国际标准首选方法，主要方法有 EPA418.1，ASTM D3921—96。但灵敏度有欠缺，勉强满足监测需求，随着《保护臭氧层维也纳公约》、《关于消耗臭氧层物质的蒙特利尔议定书》条约，萃取剂替代成为迫切需要。

4．国内外广泛使用的测油标准和方法

（1）国外油类测定标准和方法

国外测油的方法主要有以下几种：EPA（1978）Method 418.1：Determination of Petroleum Hydrocarbons by Spectrophotometric Infrared（石油类物质的测定红外分光光度法）；ASTM（2003）Method D 3921-96：Standard Test Method for Oil and Grease and Petroleum Hydrocarbons in Water，ASTM International（水质石油类和动植物油类的测定）；APHA（2000）Method 5520C：Standard Methods for the Examination of Water and Wastewater，American Health Public Association，20th Edition，Washington DC（水和废水的测定标准方法）。

EPA418.1 曾经是美国环境保护局规定的测定水中矿物油的标准方法，广口玻璃瓶采样，采集水样量大约 1 000 ml，在采样瓶的凹液面上做标记，用于实验室分析时确定水样体积，加盐酸至 pH 小于 2，水样转移到分液漏斗中，用 30 ml 三氟三氯乙烷萃取，分离萃取液，再用 30 ml 三氟三氯乙烷萃取一次，萃取液最后定容至 100 ml。在萃取过程中如果发生乳化现象，采用分离萃取液时加入无水硫酸钠破乳化。石油类和动植物油的分离采用向萃取液中加入硅酸镁（硅酸镁加热处理后，用其重量 1%～2%的水进行活化），然后磁力搅拌。方法使用标准物质是氯代苯、异辛烷和正十六烷（体积比 2∶3∶3）的混合物作为标准物质。方法的测定下限是 0.2 mg/L，当萃取液的吸光度大于 0.8 时，要进行稀释处理。

由于石油类物质是烃类物质的混合物，组成成分非常复杂，不同的烃类化合物吸收峰位置和吸收强度存在差异，对于组成变化较大的工业废水和成分复杂的环境水体，采用红外分光光度法，实验室间测量结果的可比性和准确性都不理想，而且方法中所使用的萃取剂三氟三氯乙烷是蒙特利尔协议中要求逐渐淘汰的化学物质，2005 年 12 月 31 日，美国环境保护局宣布停止使用以三氟三氯乙烷为萃取剂的红外光度法（METHOD 413.2 和 METHOD 418.1），取而代之的测定油类的方法是重量法（METHOD 1664A）和气相色谱法（METHOD 8015B），国际标准化组织目前使用的测油方法也是气相色谱法，方法号是 ISO 9377-2：2000。

ASTM D3921—96 是国际试验与材料学会于 2003 年重新修订推出的以红外吸收为基础测定水和废水中油类物质的方法，该方法简要过程如下：

玻璃瓶采样，采样瓶盖要求带有螺纹、内衬聚四氟乙烯，采集水样量大约 750 ml，加硫酸至 pH 小于 2，直接向采样瓶中加萃取剂三氟三氯乙烷 30 ml，然后将萃取液转移到分液漏斗中，分离萃取液，在分液漏斗中再用 30 ml 三氟三氯乙烷萃取一次，萃取液最后定容 100 ml，水相转移到量筒中，确定水样的体积（对于测定油类的水样在实验室中不能再分样）。在萃取过程中如果发生乳化现象，采用离心法破乳化。石油类和动植物油的分离采用向萃取液中加入硅酸镁（硅酸镁加热处理后，用其重量 2%的水进行活化），然后磁力搅拌。方法使用标准物质的原则：如果水样中待测定的油类成分已知，使用与待测成分相同的标准物质，水样中待测定的油类成分未知，使用异辛烷和正十六烷（体积比 1∶1）的混合物作为标准物质。方法的测定范围是 0.5～100 mg/L。该方法也有检出限较高和使用的萃取剂被淘汰的缺点。

APHA 5520C 是美国公共卫生协会在 1999 年推出的测定水和废水中油类物质的标准方法，该方法在很多国家和地区被广泛使用，我国香港地区在从 1986 年到 2005 年之间进行的《河溪水质 20 年监测》项目中关于油类物质的测定所使用的就是该方法，该方法简要步骤如下：广口玻璃瓶采样，采集水样量大约 1 000 ml，在样品瓶的凹液面上做标记或者称量样品瓶的重量，用于分析时确定水样体积，加盐酸或硫酸至 pH 小于 2，水样转移到分液漏斗中，用 30 ml 三氟三氯乙烷萃取，分离萃取液，再用 30 ml 三氟三氯乙烷萃取一次，萃取液最后定容至 100 ml。在萃取过程中如果发生乳化现象，使用离心机离心萃取液破除乳化现象。石油类和动植物油的分离采用向萃取液中加入硅酸镁，然后磁力搅拌（硅酸镁加热处理后，不加水进行活化）。方法使用标准物质的原则：如果水样中待测定的油类成分已知，使用与待测成分相同的标准物质，水样中待测定的油类成分未知，使用标准物质是：苯、异辛烷和正十六烷（体积比 25∶37.5∶37.5）的混合物作为标准物质。方法的测定下限是 0.2 mg/L，当萃取液的吸光度大于 0.8 时，要进行稀释处理。该方法也有检出限较高和使用的萃取剂被淘汰的缺点。

（2）国内油类测定标准和方法

我国自从 1997 年颁布了以红外光度法为基础的《水质、石油类和动植物油的测定　红外光度法》（GB/T 16488—1996）国家标准，该标准主要分析步骤是：样品采集、水样萃取、吸附分离、红外测定。方法原理是用四氯化碳萃取样品中的油类物质，测定总油，然后将萃取液用硅酸镁吸附，除去动植物油类等极性物质后，测定石油类。总油和石油类的含量均由波数分别为 2 930 cm^{-1}（CH_2 基团中 C-H 键的伸缩振动）、2 960 cm^{-1}（CH_3 基团中 C-H 键的伸缩振动）和 3 030 cm^{-1}（芳香环中 C-H 键的伸缩振动）谱带处的吸光度 A_{2930}、A_{2960}、A_{3030} 进行计算，其差值为动植物油类浓度。2012 年颁布 HJ 637—2012 新国标，增加了总油定义、删除了絮凝富集萃取内容与非分散红外光度法内容，并在一些细节和步骤上统一了标准。

石油类和动植物油类的分析仪器主要是国产的红外分光测油仪，使用中存在很多问题，主要表现在：

① 采样目标污染物不清，未写清实施细则，监测难以操作。

② 萃取剂的选用，现行国标中使用的萃取剂四氯化碳，由于其毒性将很快被禁用，寻找新的合适的替代萃取剂已迫在眉睫。

③ 用硅酸镁吸附动植物油，不仅不能完全去除总油中的动植物油，而且需要两次扫描，不能达到快速测量石油和动植物油的目的。于是制定新的石油类和动植物油类检测标准方法，提高萃取效率成为研究工作者的共同目标。

二、样品的采集和保存

1．样品的采集

（1）在进行样品采集时应注意下面几点：

① 地表水和地下水的采集使用 1 000 ml 样品瓶，工业废水和生活污水的采集使用 500 ml 样品瓶。采集好的水样，用盐酸酸化至 pH≤2。并且采样瓶（容器）不能用采集的水样冲洗。

② HJ 637—2012 采样规范是《地下水环境监测技术规范》（HJ/T 164—2004）和《地表水和污水监测技术规范》（HJ/T 91—2002），采样时，先破坏可能存在的油膜，采样前先破坏可能存在的油膜，用直立式采水器把玻璃材质容器安装在采水器的支架中，将其放到 300 mm 深度，边采水边向上提升，在到达水面时剩余适当空间。

③ 测定油类的水样，应在水面至 300 mm 采集柱状水样，并单独采样，全部用于测定。

（2）在进行样品采集时标准存在问题：

① 采样目标污染物不清：已废止的标准 GB/T 16488—1996 针对不同性质油（表层浮油和乳化、溶解性油）做出不同的采样要求，而 HJ/T 91—2002 则未作出明确说明，而新国标要求执行 HJ/T 91—2002。

② 若按照 HJ/T 91—2002 要求，没有具体的操作细则，如：怎样破坏油膜，如何操作使“达到水面时剩余适当空间”。

（3）如何统一技术规范：

① 是否采表层水再进行深入的研究？肯定采集表层水。有浮油和没有浮油的，浮油采集的方式和量如何确定？

② 针对污染事故没有应急监测的试验环境的情况。通过何种方法进行模拟？针对某个因素进行静态的模拟。

③ 是否采用增加采样个数来提高数据的表征性和可比性？

④ 个数如何确定？短时间间隔和长时间间隔的情况。每次采样个数的代表性？由于油类的非均一性，当采集表层水时，对难以平行的样品如何评价？表征的结果具有可比性就可以。多点采样最后计算平均值。

⑤ 对采样器具进行深入的研究。可以把各种采样方式定得很细。采样方式和进水方式不同进行研究，提供数据支撑。

新国标规定了采样规范，《地下水环境监测技术规范》（HJ/T 164—2004）和《地表水和污水监测技术规范》（HJ/T 91—2002），但还是存在测浮油、溶解油和乳化油问题，应尽快提出采样的细节。

2．样品的保存

样品如不能在 24 h 内测定，应在 2～5℃下冷藏保存，3 天内测定。新国标规定了分析保存时间。

三、样品的前处理技术

1．萃取

新、老国标中样品的前处理主要是通过萃取方式，新国标 HJ 637—2012 有所改进，下面介绍几种水样的萃取情况。

（1）地表水和地下水

将采集到的样品全部转移至 2 000 ml 分液漏斗中，量取 25.0 ml 四氯化碳洗涤样品瓶后，全部转移至分液漏斗中，充分振荡 3 min，并经常开启活塞排气，静置分层后，将下层有机相转移至具塞磨口锥形瓶中，向锥形瓶中加入约 3 g 无水硫酸钠，摇晃 2 min 后，如果无水硫酸钠全部结晶成块，需要补加无水硫酸钠干燥萃取液。将上层水相全部转移到 2 000 ml 量筒中，确定水样的体积。

（2）工业废水和生活污水

将采集到的样品全部转移至 1 000 ml 分液漏斗中，量取 50.0 ml 四氯化碳洗涤样品瓶后，全部转移至分液漏斗中，充分振荡 3 min，并经常开启活塞排气，静置分层后，将下层有机相转移至具塞磨口锥形瓶中，向锥形瓶中加入约 5 g 无水硫酸钠，摇晃 2 min 后，如果无水硫酸钠全部结晶成块，需要补加无水硫酸钠干燥萃取液。将上层水相转移至 1 000 ml 量筒中，确定水样的体积。

（3）空白水样

以实验用水代替样品，按照上述试样的制备步骤制备空白试样。

（4）萃取剂没有改变，不能满足要求

新国标和老国标相比，对地表水和地下水，增加了采样体积以达到监测需求，明确了检出限和测量下限。但没有从根本上解决检出限高的问题。萃取剂已经找到一些替代品，还需进一步做条件实验。

2．石油、动植物油的分离

新、老国标的分离原理没有实质性变化。下面介绍一种不同原理的分离手段：用四氯化碳萃取水中的油类物质，测定总萃取物，然后将三波长下测定的动植物油质量-体积浓度与利用动植物油＞C=O 键在 1 735～1 750 cm^{-1} 处的峰面积或峰高建立标准曲线，通过测定动植物油＞C=O 键在 1735～1750 cm^{-1} 峰面积或峰高结合由动植物油分子量查得动植物油的质量-体积浓度。进一步获得石油类质量-体积浓度。

总萃取物和动植物油的含量均由波数分别为 2 930 cm^{-1}（CH_2 基团中 C-H 键的伸缩振动）、2 960 cm^{-1}（CH_3 基团中 C-H 键的伸缩振动）和 3 030 cm^{-1}（芳香环中 C-H 键的伸缩振动）谱带处的吸光度 A_{2930}、A_{2960} 和 A_{3030} 进行计算。石油类的含量按总萃取物与动植物油含量之差计算。

该方法同《水质、石油类和动植物油的测定　红外光度法》（GB/T 16488—1996）及EPA（1978）418.1、ASTM D 3921—96、APHA 5520C 等国内外相关测定方法相比，省去了一个扫描步骤和耗时较长的硅酸镁吸附步骤，实现了一次扫描即可同时测定水中总油、石油类、动植物油的快速测定目标。

四、样品的分析测试技术

新、老国标的动植物油测定原理没有发生变化，下面介绍一种新的方法。

1．总油的校正系数的校准（三波长总油测定方法不变）

（1）校正系数的测定

以四氯化碳为溶剂，分别配制 100 mg/L 正十六烷，100 mg/L 姥鲛烷和 400 mg/L 甲苯溶液，用四氯化碳做参比溶液，使用 4 cm 铯化锌比色皿，分别测量正十六烷（H）、姥鲛烷（I）和甲苯（B）三种溶液在 2 930 cm^{-1}、2 960 cm^{-1}、3 030 cm^{-1} 处的吸光度 A_{2930}、A_{2960}、A_{3030}。正十六烷、姥鲛烷和甲苯三种溶液在上述波数处的吸光度均服从于通用公式（1），由此得出的联立方程式经求解后，可分别得到相应的校正系数 X，Y，Z 和 F。

$$\rho = X \cdot A_{2930} + Y \cdot A_{2960} + Z\left(A_{3030} - \frac{A_{2930}}{F}\right) \quad (1)$$

式中：ρ —— 四氯化碳中油类化合物的含量，mg/L；

A_{2930}、A_{2960}、A_{3030} —— 各对应波数下测得的吸光度；

X、Y、Z —— 与各种 C-H 键吸光度相对应的系数；

F —— 脂肪烃对芳香烃影响的校正因子，即正十六烷在 2 930 cm^{-1} 与 3 030 cm^{-1} 处的吸光度之比。

对于正十六烷（H）和姥鲛烷（I），由于其芳香烃含量为零，即 $A_{3030} - \frac{A_{2930}}{F}=0$，则有：

$$F = A_{2930}(\mathrm{H}) / A_{3030}(\mathrm{H}) \quad (2)$$

$$\rho(\mathrm{H}) = X \cdot A_{2930}(\mathrm{H}) + Y \cdot A_{2960}(\mathrm{H}) \quad (3)$$

$$\rho(\mathrm{I}) = X \cdot A_{2930}(\mathrm{I}) + Y \cdot A_{2960}(\mathrm{I}) \quad (4)$$

由公式（2）可得 F 值，由公式（3）和（4）可得 X 和 Y 值，其中ρ(H)和ρ(I)分别为测定条件下正十六烷和姥鲛烷的浓度（mg/L）。

对于甲苯（B）则有：

$$\rho(\mathrm{B}) = X \cdot A_{2930}(\mathrm{B}) + Y \cdot A_{2960}(\mathrm{B}) + Z\left(A_{3030}(\mathrm{B}) - \frac{A_{2930}(\mathrm{B})}{F}\right) \quad (5)$$

由公式（5）可得 Z 值，其中ρ(B)为测定条件下甲苯的浓度（mg/L）。

注：如果红外分光光度计出厂时已经设定了校正系数，可以直接进行校正系数的检验。有些仪器测定校正系数时，如果条件与本标准不同，可以按厂家要求的条件进行校正系数

的测定。

（2）校正系数的检验

利用标准溶液回收率检验法：

以四氯化碳为溶剂，配制浓度为 5 mg/L 和 50 mg/L 的石油类标准溶液，于 2 930 cm^{-1}、2 960 cm^{-1}、3 030 cm^{-1} 处分别测量标准溶液的吸光度 A_{2930}、A_{2960}、A_{3030}，按公式（1）计算标准溶液的浓度，计算回收率，如果回收率在 90%～110%范围内，则校正系数可采用，否则重新测定校正系数并检验，直至符合条件为止。

2．动植物油测定的标准曲线

取提供了皂化值 SV（mg KOH/g）的纯橄榄油、菜籽油、大豆油、椰子油、棕榈油、猪油、牛油等动植物油为标准物质，绘制标准曲线。动植物油分子量可用下面的公式计算得出：

$$Mr = \frac{3 \times 56.1}{SV} = \frac{168.3}{SV} \tag{6}$$

式中：Mr —— 动植物油的相对分子量；

SV —— 动植物油皂化值（mg KOH/g）。

（1）样品中动植物油组成明确

于一组 100 ml 容量瓶中分别加入 0、2、5、10、20 和 50 mg/L 的纯橄榄油（也可以是菜籽油、大豆油、椰子油、棕榈油、猪油、牛油等其他动植物油），用四氯化碳稀释至标线，以用橄榄油质量-体积浓度为横坐标，以 1 750～1 735 cm^{-1} 处吸光度 $A_{1750\sim1735}$ 为纵坐标绘制标准曲线。

对试样进行扫描，确定上述标准曲线中与试样在 1 750～1 735 cm^{-1} 处吸光度 $A_{1750\sim1735}$ 相对应的橄榄油浓度（ρ_1），试样中动植物油质量-体积浓度（ρ_2）可用下面的公式换算得出：

$$\rho_2 = \frac{Mr_2'}{Mr_1'} \cdot \rho_1 \tag{7}$$

式中：ρ_1 —— 标准曲线中与试样在 1 750～1 735 cm^{-1} 处吸光度 $A_{1750\sim1735}$ 相对应的橄榄油浓度；

ρ_2 —— 试样中动植物油浓度；

Mr'_1 —— 橄榄油分子（分子量用表示 Mr_1）扣除三个 O－C=O 键后的分子量，即 Mr_1－132；

Mr'_2 —— 样品动植物油分子（分子量用表示 Mr_2）扣除三个 O－C=O 键后的分子量，即 Mr_2－132。

（2）样品中动植物油组成不明

① 取常用动植物油 Mr'中间值 779 作为 Mr'_2 代入公式（7），计算出的测定结果可作为应急监测情况下，未知动植物油组成的试样中动植物油浓度。

② 首批样品用 GB/T 16488 测定的同时，扫描测定试样在 1 750～1 735 cm^{-1} 处的吸光度 $A_{1750\sim1735}$，其动植物油质量-体积浓度ρ与其 $A_{1750\sim1735}$ 之比视作标准曲线的斜率α，即 $\alpha=\rho/A_{1750\sim1735}$。后续样品，测定试样在 1 750～1 735 cm^{-1} 处的吸光度 $A_{1750\sim1735}$，$\alpha A_{1750\sim1735}$

即为其动植物油的质量-体积浓度。

3．测定

（1）总油的测定

将试样倒入 4 cm 比色皿中，以四氯化碳作参比溶液，于 2 930 cm^{-1}、2 960 cm^{-1}、3 030 cm^{-1}、1 750～1 735 cm^{-1} 处测量其吸光度 A_{2930}、A_{2960}、A_{3030}、$A_{1750\sim1735}$，用 A_{2930}、A_{2960}、A_{3030} 计算总油的浓度。

（2）动植物油类浓度的测定

① 样品中动植物油组成明确。

用试样在 1 750～1 735 cm^{-1} 处的吸光度 $A_{1750\sim1735}$ 计算出标曲相对应的橄榄油的浓度 ρ_1，用公式（7）计算出试样的动植物油浓度。

② 样品中动植物油组成不明。

a. 取 Mr'_2 为 779 计算出试样的动植物油浓度，可用于应急监测。

b. 首批样品扫描测定试样在 1 750～1 735 cm^{-1} 处的吸光度 $A_{1750\sim1735}$，计算 $\alpha=\rho/A_{1750\sim1735}$。后续样品，测定试样在 1 750～1 735 cm^{-1} 处的吸光度 $A_{1750\sim1735}$，$\alpha A_{1750\sim1735}$ 即为其动植物油的质量-体积浓度。

（3）石油类浓度的测定

总油浓度与动植物油类浓度之差即为石油类浓度。

注：当萃取液中总油的浓度之大于仪器的测定上限时，应稀释试样后重新测定。

五、质量保证和质量控制

（1）应针对环境监测分析方法的特点，说明质量保证和质量控制措施和要求，以及当过程失控时，应采取的措施。

（2）质量控制可以包括但又不限于下列内容：

① 仪器性能的检查方法和控制指标；

② 标准的控制指标要求；

③ 空白试验的具体要求和具体指标；

④ 准确性测量的控制方法和结果的控制范围；

⑤ 重复性测量的控制方法和结果的控制范围；

⑥ 质量控制图的绘制等内容。

（3）测定地表水和地下水时，对试剂和玻璃器皿的空白值要求。

① 盐酸溶液：取 1+5 盐酸 20 ml，置于 100 ml 分液漏斗中，加入 25 ml 四氯化碳萃取，萃取液脱水后，测定值小于 0.2 mg/L。

② 无水硫酸钠：在具塞锥形瓶中分别加入约 10 g 处理后的无水硫酸钠，用 25 ml 四氯化碳浸洗，浸洗液的测定值小于 0.2 mg/L。

③ 分液漏斗、容量瓶和锥形瓶等玻璃器皿：取 25 ml 四氯化碳分别冲洗分液漏斗、容量瓶和锥形瓶，测定值小于 0.1 mg/L。

（4）每批次样品应做一个空白实验，方法空白值应低于检出限。

（5）每批次样品应做一个空白加标回收率实验，加标回收率应在 70%～130%之间。

（6）使用校准曲线法测定动植物油时，校准曲线的相关系数应大于等于 0.999。

（7）新方法比对结果

用 GB/T 16488—1996 对 10 家企业 40 个样品（每家企业 1 个测点，4 个样品）进行测定，每个样品的第 1 次扫描，在扫描 2 930 cm^{-1}、2 960 cm^{-1}、3 030 cm^{-1} 波段的同时扫描 1 750～1 735 cm^{-1} 波段处的吸光度。用$\rho = \alpha A_{1750 \sim 1735}$计算出每个测点第 2～4 个样品的动植物油浓度，与用 GB/T 16488—1996 法的实测结果进行对比，比对结果如表 11.2 所示，2 种方法测定结果的相对偏差−6.0%～6.7%。

表 11.2　方法比对结果

企业名称	样品编号	GB/T 16488—1996 法测定浓度	Mr_2'=779，公式（1）测定浓度	相对偏差/%
A	A-1	10.7	11.8	4.9
	A-2	25.8	27.8	3.7
	A-3	32.4	34.6	3.3
B	B-1	45.6	43.1	−2.8
	B-2	17.4	16.5	−2.7
	B-3	9. 9	8.9	−5.3
C	C-1	67.9	66.1	−1.3
	C-2	39.8	38.5	−1.7
	C-3	17.9	16.7	−3.5
D	D-1	57.7	59.1	1.2
	D-2	38.6	40.3	2.2
	D-3	3.5	4	6.7
E	E-1	11.9	11	−3.9
	E-2	22.6	21.5	−2.5
	E-3	7.3	6.7	−4.3
F	F-1	56.2	55.2	−0.9
	F-2	4.8	4.3	−5.5
	F-3	52.4	50.9	−1.5
G	G-1	10.5	12	6.7
	G-2	17.8	18.9	3
	G-3	25.4	27.1	3.2
H	H-1	7.3	7.9	3.9
	H-2	6.9	7.7	5.5
	H-2	8.6	9.5	5
I	I-1	35.7	37.1	1.9
	I-2	41.1	43.3	2.6
	I-3	3.6	4	5.3
J	J-1	47.5	45.7	−1.9
	J-2	27.1	26.1	−1.9
	J-3	5.3	4.7	−6

第五节　阴离子表面活性剂

一、研究综述

近年来，中国的表面活性剂工业发展迅速，已有相当大的生产规模，设备和技术已越来越接近国际水平，产品数量、种类和质量都有大幅度增长和提高。目前已经投入生产和使用的主要品种有十二烷基苯磺酸（LAS）、脂肪醇醚硫酸钠（AES）、脂肪醇硫酸钠（AS）、脂肪醇（醚）硫酸铵（铵盐，AESA，LSA）、α-烯基磺酸钠（AOS）、脂肪酸甲酯磺酸盐（MES）、脂肪酸甲酯乙氧基化物磺酸盐（FMES）、醇醚羧酸盐（AEC）、磺基琥珀酸盐、氨基酸盐等。在众多的磺化、硫酸化类阴离子表面活性剂中，LAS 和 AES 作为传统的表面活性剂依然保持着主要的市场份额。2010 年全国主要生产企业阴离子表面活性剂的总产量为 68.0 万 t，其中十二烷基苯磺酸钠为 34.4 万 t，占 50.6%；脂肪醇醚硫酸钠为 23.4 万 t，占 34.4%；烯基磺酸钠为 4.80 万 t，占 7.2%，其他（磷酸盐、羧酸盐等）有 5.38 万 t，约占 7.9%。

目前，直链烷基苯磺酸钠（LAS）由于具有去污力强、润湿、分散性好、成本低等优点，因此用途很广泛，常用于合成洗涤剂、染色剂、脱墨剂等。LAS 是我国主要的洗涤用品，约占全国洗涤用品总量的 70.0%。但是，以直链烷基苯磺酸钠为主的阴离子表面活性剂进入水体后，聚集在水和其他微粒的表面，产生泡沫或发生乳化现象，阻断水中氧气的交换，从而导致水质恶化，并对水生生物及环境造成一定污染和危害，由于本身有较强的疏水性及难降解性，几乎在所有的环境介质中都能检出。所以，阴离子表面活性剂已成为河流、湖泊等的环境监测必测项目，是当前水污染的重要指标之一，国家已将地表水阴离子表面活性剂含量纳入水环境质量指标当中，要求阴离子表面活性剂浓度控制在 0.3 mg/L 以下。

阴离子表面活性剂的测定方法主要有亚甲蓝分光光度法、高效液相色谱法、荧光分析法、气相色谱法、流动注射法、共振散射光谱法。

1．高效液相色谱法

高效液相色谱法测定 LAS 的研究主要集中在应用方面，主要是反相高效液相色谱法与紫外等联用对 LAS 进行分离测定，能够有效地分析不同碳链数、碳链结构、平均相对分子质量等。这种测定方法分离效果好、灵敏度高、操作简便，能够检测食品、含表面活性剂祛油体系、污水等中含有的直链烷基苯磺酸钠。对于 LAS 浓度小于 1 mg/L 的样品，经静置自然沉降后，用少量甲基异丁基酮萃取，取少量有机相进行 HPLC 分析；对于 LAS 浓度大于 1 mg/L 的样品，经过 0.45 μm 的微孔滤膜过滤后，取少量滤液，直接进行 HPLC 分析。此方法分析速度快溶剂用量少，真正做到了低成本、高效率，减污染。

2．荧光分析法

采用荧光光度法测定地表水中烷基苯磺酸盐类阴离子表面活性剂，操作简便，灵敏度高，准确性好，测定中应避免 Ca^{2+}、Cu^{2+}、K^{+}、Fe^{3+}等的干扰。水样经孔径 0.45 μm 的微孔滤膜过滤后，调节 pH 为 6～7，在激发波长 261 nm、发射波长 315 nm 下测量荧光强度。

3．气相色谱法

气相色谱法是一种具有较高性能的分离测定 LAS 方法，由于气相色谱仪只能够测定具有挥发的物质，因此，在利用气相色谱法常与溶剂萃取联用技术测定 LAS 时，要将其制备成挥发性的衍生物，或将试样分解成衍生物，再通过比较标准品的保留时间来进行定性分析。

4．流动注射法

采用连续流动注射分析仪对地表水中阴离子表面活性剂进行测定，方法检出限为 0.004 mg/L。该方法简单、快速，对实际地表水样的测定结果与标准方法的相对误差在 4.07%～10.64%，这表明流动注射法适用于地表水样品的快速测定。

5．共振散射光谱法

目前，共振散射光谱法在分析测定方面应用得越来越多，已经很成功地将此法用于阴离子的表面活性剂的测定中，特别是十二烷基苯磺酸钠测定方面。在均匀设计优化后的反应条件下，研究了含吩嗪结构类染料健那绿与十二烷基苯磺酸钠作用的共振瑞利散射光谱，建立一种简便快速的环境水样中阴离子表面活性剂均匀设计优化共振瑞利散测定新方法。在 pH 为 12.4 时，加入十二烷基苯磺酸钠导致健那绿共振瑞利散射剧烈增强，在 $\lambda_{em}=\lambda_{ex}=$ 625 nm 处，存在一共振瑞利散射峰，检出限为 17.8 ng/ml。方法简便、快速，共振散射光谱法灵敏度虽高，但是选择性差，很难将被测物与干扰物的信号分析出来，随着研究者不断的深入研究，此法也逐渐地能够消除干扰物质对测定结果的影响。

6．分光光度法

分光光度法是国内外测定 LAS 最常用的方法，该法对设备要求低、灵敏度高，亚甲基蓝分光光度法是我国测定 LAS 的国家标准法，主要是利用阳离子染料亚甲蓝与阴离子表面活性剂作用，生成蓝色的盐类，统称亚甲蓝活性物质（MBAS），该物质可被氯酚萃取，其色度与浓度成正比，测定 652 nm 处的吸光度来确定其 LAS 的含量。当采用 1 cm 光程的比色皿，试份体积为 100 ml 时，本方法的最低检出浓度为 0.05 mg/L LAS，检测上限为 2.0 mg/L LAS。

7．其他方法

除以上介绍的方法外，还有一些很有实用价值的测定方法值得探究。如毛细管电泳法分离 C_8 和 C_{10}～C_{13} 的 LAS，只需 15 min 全部分析出结果，灵敏度很高，检出限低，线性范围宽。采用两相滴定法测定 LAS，比较不同的混合指示剂滴定效果，结果表明百里酚蓝-次甲基蓝-二氯甲烷两相混合指示剂滴定法效果最好。

综上所述，目前，测定 LAS 最常用的方法为高效液相色谱法、荧光光度法及分光光度法。高效液相色谱法在分离测定 LAS 的同系物及同分异构体有很大的优势，荧光光度法能很好地测定混合物中不同组分的 LAS 的含量，分光光度法对设备要求低，容易推广。因此，要根据实验需求来选择合适的测定方法。我国环境监测部门测定阴离子表面活性剂的标准方法为光度法——《水质 阴离子表面活性剂的测定 亚甲蓝分光光度法》（GB/T 7494—1987），本章主要介绍水中阴离子表面活性剂的测定亚甲蓝分光光度法。

二、样品采集和保存

水样应采集到预先用甲醇清洗的清洁玻璃瓶中，并在 4℃下冷藏。当保存时间超过 24 h，则应加水样体积 1%的甲醛溶液（40% HCHO），这样水样保存期为 4 d。如加适量三氯甲烷于水中使其达到饱和，则可保存 8 d。

三、样品前处理技术

1．干扰及消除

本方法中有机硫酸盐、磺酸盐、羧酸盐、酚类以及无机硫氰酸盐、硝酸盐和氯化物等在水样中的存在，均会产生不同程度的正干扰，它们或多或少地与亚甲蓝作用，生成可溶于氯仿的蓝色络合物，致使测定结果偏高。通过水溶液反洗可部分去除氯化物和硝酸盐干扰，经过水溶液反洗仍未能除去的非表面活性物质引起的正干扰，可用气体萃取法将阴离子表面活性剂从水相转移到有机相而消除。一般存在于未经处理或一级处理的污水中的硫化物，能与亚甲蓝生成无色的还原物而消耗亚甲蓝试剂，遇此情况可将试样调至碱性，滴加适量的过氧化氢（30%），避免其干扰。季铵盐类等阳离子化合物和蛋白质能与表面活性剂作用，生成稳定的络合物而不与亚甲蓝反应，因此造成负干扰。这些阳离子类物质在适当条件下可采用阳离子交换树脂去除。

2．水样前处理

（1）试样体积

为了直接分析清洁水样和废水样，应根据预计的亚甲蓝表面活性物质的浓度选用试样体积，见表 11.3。

表 11.3　预计选用的试样体积

预计的 MBAS 质量浓度/（mg/L）	试样量/ml
0.05～2.00	100
2.0～10	20
10～20	10
20～40	5

（2）水样的萃取

将待测水样 100 ml 移入分液漏斗中，以酚酞为指示剂，逐滴加入 0.1 mol/L 氢氧化钠溶液至水溶液呈桃红色，再滴加 0.5 mol/L 硫酸到桃红色刚好消失。

加入 25 ml 亚甲蓝溶液，摇匀后再加入 10 ml 三氯甲烷，激烈振摇 30 s，注意放气。过分地振摇会发生乳化现象，必要时，可加入少量异丙醇（小于 10 ml）以破乳。再慢慢旋转分液漏斗，使滞留在内壁上的三氯甲烷液珠降落，静置分层。

将三氯甲烷层放入预盛有 50 ml 洗涤液的第二个分液漏斗。再用 10 ml 三氯甲烷重复萃取 2 次。合并所有三氯甲烷至第二个分液漏斗中，激烈摇动 30s，静置分层。将三氯甲烷层通过玻璃棉或脱脂棉，放入 50 ml 容量瓶中。再用 10 ml 三氯甲烷分两次萃取洗涤液，并入容量瓶，加三氯甲烷到标线。

四、分析测试技术

1. 样品分析

① 取一组分液漏斗 10 个，分别加入 100、99、97、95、93、91、89、87、85、80 ml 水，然后分别移入 0、1.00、3.00、5.00、7.00、9.00、11.0、13.0、15.0、20.0 ml 浓度为 10.0 μg/ml 的直链烷基苯磺酸钠标准溶液，摇匀。按照水样的萃取操作。

② 每次测定前，振荡容量瓶内三氯甲烷萃取液，并以此液洗三次比色皿，然后将比色皿充满。

③ 在 652 nm 处，用 1 cm 比色皿，以三氯甲烷为参比，测定样品、标准系列和空白试验的吸光度，测定时应使用相同光程的比色皿。

2. 计算

本方法用亚甲蓝活性物质报告结果。以 LAS 计（平均相对分子质量为 344.4）。

$$\rho = \frac{m}{V}$$

式中：ρ —— 水样中亚甲蓝活性物质的质量浓度，mg/L；

m —— 从校准曲线上读取的 LAS 量，μg；

V —— 水样体积，ml。

五、质量保证和质量控制

① 每一批样品要做一次空白试验，按照水样的萃取操作和分析测试操作步骤进行空白试验，仅用 100 ml 水代替试样，在试验条件下，以 1 cm 光程比色皿，空白试验的吸光度不应该超过 0.02。否则应仔细检查器皿和试剂是否有污染。

② 标准曲线和水样测定时使用同一批氯仿、亚甲蓝溶液和标准物质。

③ 八个实验室分析统一分发的含 20.0 μg LAS 的标准溶液。回收率为 90%～110%；实验室内相对标准偏差为 2.3%；实验室间总相对标准偏差为 4.3%。

参考文献

[1] 《水和废水监测分析方法指南》编委会编. 水和废水监测分析方法.4 版. 北京：中国环境科学出版社，2002.

[2] 《水和废水监测分析方法指南》编委会编. 水和废水监测分析方法指南（上册）. 北京：中国环境科学出版社，1990.

[3] 《空气和废气监测分析方法指南》编委会编. 空气和废气监测分析方法指南（上册）. 北京：中国环境科学出版社，2006.

[4] 李国刚. 固体废物试验与监测分析方法. 北京：化学工业出版社，2003.

[5] 中国环境监测总站. 土壤元素近代分析方法. 北京：中国环境科学出版社，1992.

[6] 《土壤和沉积物中有机物和重金属监测新方法》编写组. 土壤和沉积物中有机物和重金属监测新方法. 北京：中国环境科学出版社，2011.

[7] GB/T 14581—93. 水质湖泊和水库采样技术指导.

[8] HJ/T 397—2007. 固定源废气监测技术规范.

[9] HJ/T 76—2007. 固定污染源烟气排放连续监测系统技术要求及检测方法（试行）.

[10] HJ/T 55—2000. 大气污染物无组织排放监测技术导则.

[11] HJ 543—2009. 固定污染源废气汞的测定　冷原子吸收分光光度法（暂行）.

[12] HJ/T 65—2001. 大气固定污染源锡的测定　石墨炉原子吸收分光光度法.

[13] HJ/T 538—2009. 固定污染源废气铅的测定　火焰原子吸收分光光度法（暂行）.

[14] HJ/T 64.1—2001. 大气固定污染源　镉的测定　火焰原子吸收分光光度法.

[15] GB/T 15432—1995. 环境空气 总悬浮颗粒物的测定　重量法.

[16] GB 16297—1996. 大气污染物综合排放标准.

[17] 国家环保局. 水生生物监测手册. 南京：东南大学出版社，1993.

[18] 中国环境监测总站. 土壤元素的近代分析方法. 北京：中国环境科学出版社，1992.

[19] GB/T 17138—1997. 土壤质量铜、锌的测定　火焰原子吸收分光光度法.

[20] GB/T 17141—1997. 土壤质量铅、镉的测定　石墨炉原子吸收分光光度法.

[21] HJ 491—2009. 土壤　总铬的测定　火焰原子吸收分光光度法.

[22] EPA method 6010C，INDUCTIVELY COUPLED PLASMA-ATOMIC EMISSION SPECTROMETRY. 2000，11.

[23] EPA method 6020A，INDUCTIVELY COUPLED PLASMA-MASS SPECTROMETRY. 1994，9.

[24] EPA Method 3050B. Acid digestion of sediments，sludges and soils. 1996，12.

[25] K. E. 贾维斯，等. 电感耦合等离子体质谱手册. 尹明，李冰译. 北京：原子能出版社，1997.

[26] 刘虎生，邵宏翔. 电感耦合等离子体质谱技术与应用. 北京：化学工业出版社，2005.

[27] 刘凤枝，刘潇威. 土壤和固体废弃物监测分析技术. 北京：化学工业出版社，2007.

[28] 邓勃. 应用原子吸收与原子荧光光谱分析. 北京：化学工业出版社，2003.

[29] 中国环境监测总站. 美国 SW-846 环境监测方法选编. 北京：中国环境科学出版社，2010.

[30] 曹建明，张文芸. P&T-GC-MS 测定饮用水中痕量有机污染物. 净水技术，2001，20（4）：39-41.

[31] 陈小辉，华勃，蚁焕钿，等. 吹扫捕集-GC/MS 法快速测定水中丙烯腈. 供水技术，2010，4（5）：49-50.

[32] 陈瑛，罗香，李桂生. 顶空气相色谱法测定水质中卤代烃含量. 现代测量与实验室管理，2007（2）：18-19.

[33] 戴树桂，张林. 室内空气中苯系物的测定与模拟研究. 中国环境科学，1997，17（6）：485-488.

[34] 戴天有，刘德全，曾燕君，等. 装修房屋室内空气的污染. 环境科学研究，2002，15（4）：27-30.

[35] 方瑞斌，张维昊，张琨玲，等. 新固相微萃取-气相色谱法分析大气中芳烃物质. 分析化学，1998，26（8）：1029-1032.

[36] 封跃鹏. 室内空气中 TVOC 的分析测试技术. 环境监测管理与技术，2003，15（1）：16-18.

[37] 高莲，谢永恒. 控制挥发性有机化合物污染的技术. 化工环保，1998，18（6）：243-243.

[38] 耿世彬，周永红. 室内空气中可挥发性有机化合物的研究. 建筑热能通风空调，2002（6）：26-28.

[39] 郭雅男，汪慧灵，陈德. 毛细管气相色谱法测定室内环境空气中 TVOC 浓度的研究. 环境工程，2005，23（3）：60-62.

[40] 金顺平，李建权，韩海燕，等. PTR-MS 在线监测大气挥发性有机物研究进展. 环境科学与技术，2007，30（6）：96-100.

[41] 李辰，李菊白，梁冰，等. 吸附/一级热解吸/气相色谱联用测定室内空气中的挥发性有机物. 分析科学学报，2005，21（1）：42-44.

[42] 李丽君，汪寅夫，王娜，王海娇. 吹扫捕集-气相色谱/质谱法测定地下水中的挥发性有机物. 岩矿测试，2010，29（5）：547-551.

[43] 李宁，刘杰民，温美娟，等. 吹扫捕集/气相色谱联用技术在挥发性有机化合物测定中的应用. 色谱，2001，21（4）：343-346.

[44] 李松，饶竹，黄毅，等. 吹扫捕集-气相色谱-质谱法测定地下水中苯系物的不确定度评定. 光谱实验室，2010，27（2）：423-429.

[45] 李义，董建芳，张宇. 地下水中挥发性有机物的吹扫捕集-气相色谱-质谱法测定. 岩矿测试，29（5）：513-517.

[46] 李增和，金亮君，邓高，王智超. PTR-MS 与 GC/MS 在 VOCs 分析中的比较. 2009，27（4）：35-38.

[47] 梁霖. 长江水体氯化过程中强致突变物前驱物的筛选. 环境科学，1998，19（1）：2261.

[48] 林华影，盛丽娜，李一丹，等. 顶空气相色谱法同时测定水中多种挥发性卤代烃. 中国卫生检验杂志，2004，14（1）：40-41.

[49] 刘慧，朱优峰，徐晓白，等. 吹扫-捕集气质联用法测定北京郊区土壤中挥发性有机物. 复旦学报（自然科学版），2003，42（6）：856-860

[50] 刘建龙，张国强，陈友明，等. 便携式气相色谱仪在室内环境检测中的应用. 建筑热能通风空调，2003，22（6）：67-70.

[51] 刘劲松，傅军，金旭忠. 吹扫捕集与气相色谱-质谱联用测定饮用水和地表水中挥发性有机污染物. 中国环境监测，2000，16（4）：18-22.

[52] 刘振忠，赵文奎. 应用被动吸附管测定大气中的挥发性有机物. 北方化学，2004，29（1）：62-65.

[53] 卢明伟. 吹扫捕集气相色谱法测定水中苯系物. 化学分析计量，2008，17（2）：25-27.

[54] 马天，曾令平，罗张怡. 室内主要污染气体——甲醛、TVOC 的快速检测方法评述. 中国测试技术，

2004，30（5）：77-78.

[55] 彭敏，刘传生，李永梅. 吹扫搜集/GC-MS 联用测定水中 26 种挥发性有机物. 供水技术，2010，（4）2：55-57.

[56] 沈学优，刘勇建，沈红心，等. 高效液相色谱自动分析空气中痕量多环芳烃. 应用化学，1999，16（5）：79-81.

[57] 史晓冬. GC-MS 测定饮用水中挥发性有机物. 山西化工，2007，27（4）：32-34.

[58] 孙晓慧，吕怡兵，潘荷芳，等. 吹扫捕集/气相色谱/质谱法测定水体中 54 种常见挥发性有机物的研究. 环境污染与防治，31（11）：58-61.

[59] 王伯光，张远航，邵敏. 珠江三角洲大气环境 VOC 时空分布. 环境科学，2004（增刊）：7-15.

[60] 王开德，刘江. HAPSITE 便携式气相色谱/质谱仪对苯系物定量检测方法的探讨与应用. 环境科学导刊，2007，26（6）：79-81.

[61] 王跃思，孙扬，徐新，等. 大气中痕量挥发性有机物分析方法研究. 环境科学，2005，26（4）：18-23.

[62] 文清，刺爱林. 饮用水消毒副产物研究进展. 专家论坛，2007，19（3）：181-183.

[63] 吴婷，易志刚，王新明. 吹扫捕集-GC-MS-SIM 法测定水中挥发性硫化合物. 分析试验室，2007，26（4）：54-57.

[64] 肖锐敏，曾昭睿，范剑虹. 顶空气相色谱法测定土壤中 BTEX. 中国环境监测，1998，14（6）：18-20.

[65] 徐东群，崔九思. 空气中挥发性有机化合物的采样及分析方法进展. 中国环境监测，1997，13（3）：48-55.

[66] 徐能斌，应红梅，朱丽波，等. 预浓缩系统与 GC-MS 联用测定环境空气中痕量挥发性有机物. 分析测试学报，2004（23）：198-205.

[67] 许瑛华，罗振奎，淳少霞. 吹扫捕集-GC-MS 测定生活饮用水中 13 种苯系物曲方法研究. 中国卫生检验杂志，2006，16（8）：914-915.

[68] 许英华，杨业，杜达安. 水中氯仿及四氯化碳的顶空固相微萃取测定法. 环境与健康杂志，2002，19（3）：252-253.

[69] 叶余原，陈红云. P&T/GC/MS 法在加氯消毒饮用水中痕量挥发性卤代烃测定中的应用. 科学技术与工程，2007，7（9）：2028-2031.

[70] 应红梅，徐能斌，朱丽波，等. 吹脱-捕集气相色谱法测定底质中易挥发性有机物. 环境污染与防治，1999，21（5）：43-46.

[71] 应红梅，朱丽波，徐能斌. 空气中挥发性有机物（VOCs）的监测方法研究. 中国环境监测，2003，19（4）：25-29.

[72] 袁华丽，高松亭，韩朔睽. 室内空气中挥发性有机物采样方法进展. 环境污染与防治，2002，24（5）：297-299.

[73] 张灿. 吹扫/捕集与气质连用技术测定水中挥发性有机物. 云南环境科学，2006，25（2）：50-52.

[74] 张立尖，钮冰融. 欢扫捕集与色谱质谱联用测定水中挥发性有机物. 上海环境科学，1998，17（9）：40-42.

[75] 张莘民，杨凯. 固相萃取技术在我国环境化学分析中的应用. 中国环境监测，2000，15（6）：53-57.

[76] 郑晔，祝孝巽，吕静. 顶空气相色谱法测定饮用水中多种卤代烃. 解放军预防医学杂志，1996，14（1）：32-34.

[77] 周志军，刘应希，曾俊宁，等. 空气中 13 种醛酮类有机污染物的高效液相色谱同时测定法. 环境与健康杂志，2005，22（4）：297-299.

[78] 周涛，杨叶梅，朱风鸣，等. 顶空气相色谱法测定饮用水中挥发性卤代烃. 中国卫生检验杂志，2005，15（3）：264-266.

[79] 朱勇兵，郁保宁，束富荣. 空气中挥发性有机物的采样与分析方法. 防化研究，2003（2）：37-42.

[80] Chien C J，Charles J，Sextion K. Analysis of airborne carboxylic acids and phenols as their pentafluorobenzyl derivatives：gas chromatography/ion trapmass spectrometry with a novel chemical ionization reagent，PFBOH. Environment Science Technology，1998，32：299-305.

[81] Chun ming Liu，Zi li Xu，Yao guo Du，et al. Analyse of volatile organic compounds concentrations and variation trangs in the air of Chang Chun. The northeast of China. Atmospheric Environment，2000，34：4459-4466.

[82] Diaz A，Venture F，Galceran M T. Determination of odorous mixed chlor-bromoanisoles in water by solid –phase micro-extraction and gas chromatography-mass detection. Chromatography，2005，1064（1）：97-106.

[83] Nakamura S，Daishima S. Simultaneous determination of 22 volatile organic compounds，methyl-ten-butyl ether，1，4-dioxane，2-methylisoborneol and geosmin in water by headspace solid phase microextraction-gas chromatography-mass spectrometry. Analytical Chimica Acta，2005，548（12）：79-85.

[84] Stack M A，Fitzgerald G，Connell S，et al. Measurement of trihalomethanes in potable and recreational waters using solid phase micro extraction with gas chromatography spectrometay. Chemosphere，2000，41：1821-1826.

[85] Stitzel S E，Albert K J，Ignatov S G，et al. Artificial nose employing microsphere sensors for detection of volatile organic compounds. Chemical and Biological Early Warning Monitoring for water，food，and Ground，2001，45：132-137.

[86] Wanekaya A K，Uematsu M，et al. Multi-component analysis of alcohol vapors using integrated gas chromatography with sensor arrays. Sensors and Actuators B，2005，110（1）：41-48.

[87] 黄敏，唐莺，沈咏洁，等. GC-MS/SIM 法测定地表水中半挥发性有机化合物. 净水技术，2008，27（2）：66- 69.

[88] 周雯，王连生. GC-MS 法测定饮用水水源水中半挥发性有机物. 中国环境监测，2007，23（1）：15-17.

[89] 张永涛，张莉，张琳. 短程选择离子扫描气相色谱-质谱法检测水中 15 种半挥发性有机物. 岩矿测试，2008，27（6）：401-404.

[90] 王玲玲，申剑. 固相萃取/ GC-MS 法测定水中半挥发性有机物. 现代科学仪器，2003（3）：53-55.

[91] 郁建栓. 固相萃取-气相色谱/质谱法测定地面水中半挥发性有机物. 岩矿测试，2006，25(4)：331-333.

[92] 邢凤琴，张志强，杨贤智. 河水中半挥发性有机物测定方法的研究. 同济大学学报（医学版），2001，22（2）：10-12.

[93] 孙艳. 生活饮用水中半挥发性有机物的测定. 2007，17（2）：282-283.

[94] 孙玉梅，王玉簪，刘菲，等. 液液萃取-C_{18} 固相膜萃取-气相色谱/质谱联用测定地下水中半挥发性有

机物. 质谱学报，2006，27（3）：140-147.

[95] 罗添，周志荣，杜业刚，等. 饮用水中半挥发性有机物气相色谱质谱法测定. 中国公共卫生，2007，23（2）：216-217.

[96] 国家环境保护总局，水和废水监测分析方法编委会编. 水和废水监测分析方法（第四版 增补版）. 北京：中国环境科学出版社，2002.

[97] 国家环境保护总局，空气和废气监测分析方法编委会编. 空气和废气监测分析方法（第四版增补版）. 北京：中国环境科学出版社，2007.

[98] EU. EU's drinking water standards. Council Directive 98/83/EC on the quality of water intended for human consumption. 1998.

[99] EU. Air Quality Standards[S].

[100] 日本. 饮用水水质基准[S]. 2002.

[101] GB 3097—1997. 海水水质标准[S].

[102] GB 3838—2002. 地表水环境质量标准[S].

[103] GB 5749—2006. 生活饮用水卫生标准[S].

[104] HJ 495—2009. 水质 采样方案设计技术规定[S].

[105] HJ 494—2009. 水质 采样技术指导[S].

[106] HJ 493—2009. 水质采样 样品的保存和管理技术规定[S].

[107] HJ/T 91—2002. 地表水和污水监测技术规范[S].

[108] GB/T 14581—1993. 水质 湖泊和水库采样技术指导[S].

[109] HJ/T 52—1999. 水质 河流采样技术指导[S].

[110] HJ/T 164—2004. 地下水环境监测技术规范[S].

[111] GB/T 5750.2—2006. 生活饮用水标准检验方法 水样的采集与保存[S].

[112] GB/T 13580.2—1992. 大气降水样品的采集与保存[S].

[113] HJ/T 166—2004. 土壤环境监测技术规范[S].

[114] NY/T 1121.1—2006. 土壤检测 土壤样品的采集、处理和贮存[S].

[115] HJ/T 20—1998. 工业固体废物采样制样技术规范[S].

[116] 阎吉昌. 环境分析. 北京：化学工业出版社，2002：735.

[117] US EPA，METHOD 8061A—1996. PHTHALATE ESTERS BY GAS CHROMATOGRAPHY WITH ELECTRON CAPTURE DETECTION（GC/ECD）.

[118] US EPA，METHOD 3510C—1996. SEPARATORY FUNNEL LIQUID-LIQUID EXTRACTION.

[119] US EPA，METHOD 3540C—1996. SOXHLET EXTRACTION.

[120] US EPA，METHOD 3550B—1996. ULTRASONIC EXTRACTION.

[121] US EPA，METHOD 3620C—2007. FLORISIL CLEANUP.

[122] US EPA，METHOD 3630C—1996. SILICA GEL CLEANUP.

[123] US EPA，METHOD 3640A—1994. GEL-PERMEATION CLEANUP.

[124] US EPA，METHOD 3660B—1996. SULFUR CLEANUP.

[125] US EPA，METHOD 625. BASE/NEUTRALS AND ACIDS.

[126] US EPA，METHOD 8270D—1998. SEMIVOLATILE ORGANIC COMPOUNDS BY GAS

CHROMATOGRAPHY/MASS SPECTROMETRY（GC/MS）.

[127] 王泰，张祖麟，黄俊，等. 海河与渤海湾水体中溶解态多氯联苯和有机氯农药污染状况调查. 环境科学，2007，28：730-735.

[128] 常爱敏，宗栋良，梁栋，等. 水中多氯联苯的检测方法研究. 中国给水排水，2009，25：84-87.

[129] 邢颖，吕永龙，刘文彬，等. 中国部分水域沉积物中多氯联苯污染物的空间分布、污染评价及影响因素分析. 环境科学，2006，27：228-234.

[130] 杨佳佳，吴淑琪，佟玲. 多氯联苯的环境特性及分析测试进展. 岩矿测试，2009，28：444-451.

[131] Rikard Westbom，Lars Thörneby，Saioa Zorita，Lennart Mathiasson，Erland Björklund，Development of a solid-phase extraction method for the determination of polychlorinated biphenyls in water，Journal of Chromatography A，2004，1033：1-8.

[132] 何淼. 固相萃取技术在环境有机污染物分析中的应用. 中国地质科学院，2007：1-2.

[133] 杜瑞雪，范仲学，蔡利娟，等. 环境样品中多氯联苯的分析技术. 环境科学与管理，2008，33：149-160.

[134] 任朝辉. 多氯联苯的测定方法研究及应用. 2004：10-13.

[135] EU. EU's drinking water standards. Council Directive 98/83/EC on the quality of water intended for human consumption[S]. 1998.

[136] EU. Air Quality Standards[S].

[137] ISO 6468—1996. Water quality - Determination of certain organochlorine insecticides，polychlorinated biphenyls and chlorobenzenes - Gas chromatographic method after liquid-liquid extraction.

[138] ISO 17858-2007. Water quality - Determination of dioxin like polychlorinated biphenyls - Method using gas chromatography/mass spectrometry.

[139] US EPA METHOD 525.2—1995. DETERMINATION OF ORGANIC COMPOUNDS IN DRINKING WATER BY LIQUID-SOLID EXTRACTION AND CAPILLARY COLUMN GAS CHROMATOGRAPHY/MASS SPECTROMETRY.

[140] US EPA EPA 608. ORGANOCHLORINE PESTICIDES AND PCBS.

[141] US EPA EPA 8082A — 2000. POLYCHLORINATED BIPHENYLS（PCBs）BY GAS CHROMATOGRAPHY.

[142] HJ 556—2010. 农药使用环境安全技术导则[S].

[143] 夏世钧. 农药毒理学. 北京：化学工业出版社，2008.

[144] 庞国芳. 农药兽药残留现代分析技术. 北京：科学出版社，2007.

[145] 刘维屏. 农药环境化学. 北京：化学工业出版社，2005.

[146] 中国环境优先监测研究课题组. 环境优先污染物. 北京：中国环境科学出版社，1989.

[147] 汪正范. 色谱定性与定量. 北京：化学工业出版社，2000.

[148] 李杰颖，刘方，邹晓，等. 双柱、双 ECD 对农药多残留的快速检测. 山地农药生物学报，2007，26（6）：551-556.

[149] 唐红卫，夏凡，刘明，等. 双柱、双 ECD 检测器气相色谱仪测定有机氯农药的方法. 环境化学，2004，23（5）：596-597.

[150] 郭琴，孙琦，苏敬武. GC-MS 内标法测定生活饮用水中有机氯农药残留量. 中国卫生检验杂志，2008，18（1）：55-56.

[151] 孙逸山，徐红玲. GC-MS 在水中有机氯农药监测中的应用. 计量，2007（5）：26-28.

[152] 赵琼晖，靳保辉，谢丽琪，等. 气相色谱-质谱法测定茶叶中的 25 种有机氯农药残留. 色谱，2006，24（6）：629-632.

[153] 黄宝勇，潘灿平，王一茹，等. 气质联机分析蔬菜中农药多残留及基质效应的补偿. 高等学校化学学报，2006，27（2）：227-232.

[154] 李娟，章勇. GC/MS 法测定环境空气中痕量 POPs 类有机氯农药及降解产物. 环境监测管理与技术，2008，20（6）：33-36.

[155] 罗毅，等. 地表水环境质量监测实用分析方法. 北京：中国环境科学出版社，2009.

[156] 魏复盛，等. 水和废水监测分析方法指南. 北京：中国环境科学出版社，1997.

[157] 齐文启，孙宗光. 痕量有机污染物的监测. 北京：化学工业出版社，2001.

[158] 江桂斌. 环境样品前处理技术. 北京：化学工业出版社，2004.

[159] 张坚，刘玲. 固相萃取 GC/MS 法测定水中 16 种农药的研究. 广东化工，2008，35（4）：94-96.

[160] 杨丽莉，母应锋，胡恩宇，等. 固相萃取-GC/MS 法测定水中有机氯农药. 环境监测管理与技术，2008，20（1）：25-28.

[161] EPA Method 8081b，Orgnochlorine Pesticides by Gas Chromography[S].

[162] EPA Method 3510c，Separatory funnel Liquid-Liquid Extraction[S].

[163] EPA Method 3520，Continuous Liquild-Liquild Extraction[S].

[164] EPA Method 3610b Alumina Cleanup[S].

[165] EPA Method 3620，Florisil Cleanup[S].

[166] EPA Method 3630，Silica Gel Cleanup[S].

[167] EPA Method 608，Base/Neutrals and Acids [S].

[168] EPA Method 508. 1，Determination of Chlorinated Pesticides，Herbicides，and Organohalides in Water Using Liquid-Solid Extraction and Electron Capture Gas Chromatography[S].

[169] Arthur C L，Pawliszyn. Solid phase-with thermal desorption using fused silica optical fibers. J. Anal Chem，1990，62（19）：2145-2148.

[170] Perez-Trujillo J P，Frias S. Determination of organochlorine pesticides by gas chromatography with solid-phase microextraction. Chromatographia 2002，56：191-197.

[171] 方志宁. 气相色谱法测定水中有机氯农药. 化学工程与装备，2008，5：100-102.

[172] Jeannot MA，Cantwell F F. Solvent microextraction into a single drop. Anal. Chem.，1996，68（13）：2236-2240.

[173] Jeannot MA，Cantwell F F. Solvent microextraction as a speciation tool：determination of free progesterone in a protein solution. Anal Chem，1997，69（15）：2935-2940.

[174] 赵汝松，徐晓白，刘秀芬. 液相微萃取技术的研究进展. 分析化学，2004，32（9）：1246-1251.

[175] Tankeviciute A，Kazlauskas R，Vickackaite V. Hcadspace extraction of alcohols into a single drop. Analyst，2001，126（10）：1674-1677.

[176] 胡恩宇，杨丽莉，母应锋. 气相色谱法测定地表水中 17 种有机氯农药. 现代科学仪器，2004，2：83-86.

[177] 刘晓茹，周怀东，刘玲花，等. 固相萃取技术在水源地特定项目监测中的应用. 中国环境监测，2005，

21（2）：57-61.

[178] Hladik M L，Smalling K L，Kuivila K M. A Multi-residue Method for the Analysis of Pesticide and Pesticide Degradates in Water Using HLB Solid-phase Extration and Gas Chromotography-Ion Trap Mass Spectrometry，Bull. Environ. Contam. Toxicol.，2008，80：139-144.

[179] Aser，J A，Foerst，D L，McKee，G D，Quave，S A，Budde，W L. Trace Analyses for Wastewaters，Environ. Sci. Technol.，1981，15：1426-1429.

[180] 汪立刚. 土壤残留农药的环境行为与农产品安全. 1 版. 北京：中国农业大学出版社，2011：5-15.

[181] 刘娇. 分子印迹聚合物特异性富集水体中有机磷农药的研究. 中国海洋大学，2008：1.

[182] 冯艳萍. 手性有机磷农药对映体间联合毒性作用研究. 浙江工业大学，2011：3.

[183] 徐小丁. 水中痕量有机磷农药检测机其迁移模型研究. 重庆大学，2006：1-3.

[184] 文一. 有机磷农药的联合毒性及其毒理学机理研究. 中国农业科学研究院，2008：13.

[185] 王道，程水源. 环境有害化学品实用手册. 北京：中国环境科学出版社，2007.

[186] EPA. National ambient air quality standards.

[187] GB 11607—89. 渔业水质标准.

[188] GB 8978—96. 污水综合排放标准.

[189] GB 18486—2001. 污水海洋处置工程污染控制标准.

[190] GB 18918—2002. 城镇污水处理厂污染物排放标准.

[191] GB 3095—2012. 环境空气质量标准.

[192] GB/T 18883—2002. 室内空气质量标准.

[193] GB/T 27630—2011. 乘用车内空气质量评价指南.

[194] GB 9137—88. 保护农作物的大气污染物最高允许浓度.

[195] GB 1561—1995. 土壤环境质量标准.

[196] HJ 333—2006. 温室蔬菜产地环境质量评价标准.

[197] HJ 332—2006. 食用农产品产地环境质量评价标准.

[198] HJ 350—2007. 展览会用地土壤环境质量评价标准（暂行）.

[199] GB 16889—2008. 生活垃圾填埋污染控制标准.

[200] GB 8172—1987. 城镇垃圾农用控制标准.

[201] GB 5085.3—2007. 危险废物毒性标准浸出毒性鉴别.

[202] EPA Method 8141B. Organophosphorus compounds by gas chromatography.

[203] EPA Method 8270D. Semivolatile organic compounds by gas chromatography/mass spectrometry .

[204] EPA Method 8085. Compound-independent elemental quantitation of pesticides by gas chromatography with atomic emission detection（GC/AED） .

[205] EPA Method 507. Determination of nitrogen and phosphorus containing pesticides in water by gas chromatography with a nitrogen-phosphorus detector .

[206] EPA Method 614. The Determination of Organophosphorus Pesticides in Municipal and Industrial Wastewater.

[207] EPA Method 622. The Determination of Organophosphorus Pesticides in Municipal and Industrial Wastewater .

[208] EPA Method 1657. The Determination of Organophosphorus Pesticides in Municipal and Industrial Wastewater.

[209] BS EN 12918—1999. Water quilty-Determination of parathion，parathion-methyl and some other organophosphorous compounds in water by dichloromethane extraction and gas chromatographic analysis .

[210] DIN 38415-1—1995. German standard methods for the examination of water，waste water and sludge-sub-animal testing（group T）-part 1：Determination of cholinesterase inhibiting organophosphrous and carbamate pesticides（cholinesterase inhibition test）（T1）.

[211] GB 13192—1991. 水质　有机磷农药测定　气相色谱法.

[212] GB/T 5750.9—2006. 生活饮用水标准检验方法　农药指标.

[213] GB/T 23214—2008. 饮用水中 450 种农药及其相关化学品残留量的测定　液相色谱-串联质谱法.

[214] GB/T 14552—2003. 水、土中有机磷农药的测定　气相色谱法.

[215] GBZ/T 160. 76—2004. 工作场所空气有毒物质测定　有机磷农药.

[216] GB/T 19648—2006. 水果和蔬菜中 500 种农药及其相关化学品残留量的测定　气相色谱-质谱法.

[217] GB/T 19649—2006. 粮谷中 475 种农药及其相关化学品残留量的测定　气相色谱-质谱法.

[218] GB/T 20769—2008. 水果和蔬菜中 450 种农药及其相关化学品残留量的测定　液相色谱-串联质谱法.

[219] GB/T 20770—2006. 粮谷中 475 种农药及其相关化学品残留量的测定　液相色谱-串联质谱法.

[220] GB/T 23204—2008. 茶叶中 519 种农药及相关化学品残留量的测定　气相色谱-质谱法.

[221] GB/T 23205—2008. 茶叶中 448 种农药及相关化学品残留量的测定　液相色谱-串联质谱法.

[222] GB/T 23206—2008. 果蔬汁、果酒中 512 种农药及相关化学品残留量的测定　液相色谱-串联质谱法.

[223] 龚淑贤. 水中有机磷农药敌敌畏、乐果等残留量的气相色谱测定. 环境科学与技术，1985，1：21-24.

[224] 龚建中，车春玲. 岩溶地下水中微量有机氯、有机磷农药的气相色谱测定. 环境化学，1988，7（6）：52-57.

[225] 李微. 气相色谱法测定水中有机磷农药残留量. 环境化学，1989，8（3）：54-56.

[226] 季玉玲，王圣田，张乔，等. 气相色谱法测定水中有机氯、有机磷和氨基甲酸酯多农药残留. 色谱，1992，10（2）：94-96.

[227] 于鸿，黄聪，甘平胜，等. 气相色谱法测定水中 7 种有机磷农药. 中国卫生检验杂志，2008，18（11）：2258-2259.

[228] 康跃惠，张干，盛国英，等. 固相萃取法测定水源水中的有机磷农药. 中国环境科学，2000，20（1）：1-4.

[229] 杨元，高玲，景露，等. SPE-GC/MS 法测定水中有机磷和氨基甲酸酯农药. 中国测试，2009，35（2）：86-89.

[230] 马继平，肖容辉，吕丽莉. 固相萃取-气相色谱-质谱联用测定水中有机磷农药. 质谱学报，2007，28：46-47.

[231] Mitsushi Sakamoto，Taizou Tsutsumi. Applicability of headspace solid-phase microextraction to the

determination of multi-class pesticides in water. Journal of chromatography A，2004，1028：63-74.

[232] 李晓晶，贺小平，黄聪，等. 固相微萃取-气相色谱法同时测定饮用水中 27 种有机磷农药. 中国卫生检验杂质，2009，19（6）：1231-1233.

[233] Zi-wei Yao，Gui-bin Jiang，Jie-min Liu，Wei Cheng. Application of solid-phase microextraction for the determination of organophosphorous pesticides in aqueous samples by gas chromatography with flame photometric detector. Talanta，2001，55：807-814.

[234] 金晓英，袁东星. 动态液相微萃取-气相色谱法测定水样中有机磷农药残留. 分析化学，2005，3（33）：347-350.

[235] Chanbasha Basheer，Anass Ali Alnedhary，B. S. Madhava Rao，Hian Kee Lee. Determination of organophosphorous pesticides in wastewater samples using binary-solvent liquid-phase microextraction and solid-phase microextraction：A comparative study. Analytica chimica acta，2007，605：147-152.

[236] Li Hou，Hian Kee Lee. Application of static and dynamic liquid-phase microextraction in the determination of polycyclic aromatic hydrocarbons. Journal of Chromatography A，2002，976：377-385.

[237] 方汉孙. 近海环境中有机磷农药残留的液相微萃取技术研究. 暨南大学，2010：3-4.

[238] 蒙冰君，刘煜，王文涛，等. 提取土壤中 23 种有机氯农药：微波法与索氏法对比. 环境化学，2007，26（6）：854-855.

[239] 李丽君，王娜，王海娇，等. 索氏提取-气质联用同时测定土壤中 7 种多氯联苯. 分析试验室，2009，28（增刊）：4-7.

[240] 王凌. 海洋环境中典型有机磷污染物分析及其生态效应研究. 中国海洋大学，2006：37.

[241] 朱晓兰，蔡继宝，杨俊，等. 加速溶剂萃取-气相色谱法测定土壤中的有机磷农药残留. 分析化学，2005，33（6）：821-823.

[242] 王娜，李丽君，汪寅夫，等. 加速溶剂萃取-气相色谱法测定土壤中三种有机磷农药和除草剂莠去津. 理化检验-化学分册，2012，48（2）：215-218.

[243] 王凌，牟瑛琳，黎先春. 加速溶剂萃取-气相色谱/质谱法测定近海沉积物中的有机磷农药. 中国卫生检验杂质，2007，17（5）：769-771.

[244] 薛平，史惠娟，杜利君，等. 5 种基质中 19 种有机磷农药残留的基质固相分散-气相色谱法测定. 食品科学，2010，31（18）：227-231.

[245] 杨海玉，俞英，郑秀丽. 固相萃取法与基质固相分散法在橙子中有机磷农药残留分析中的应用. 色谱，2008，26（6）：744-748.

[246] 叶瑞洪，苏建峰. 分散固相萃取-超高效液相色谱-串联质谱法测定果蔬、牛奶、植物油和动物肌肉中残留的 61 种有机磷农药. 色谱，2011，29（7）：618-623.

[247] 朱宪，万雪亮，朱广用，等. 超（近）临界流体技术在环境科学中的应用. 化学工程，2010，38（10）：9-12.

[248] 丁欣梅，廖雄铭，林琳，等. 固相吸附-色谱-质谱测定南山赤湾区大气中的有机污染物. 质谱学报，2007，28（3）：165-168.

[249] 冯丽，贾瑜玲，翟莉，等. 气相色谱法测定空气中苯系物的热解吸和溶剂解吸比对研究. 中国测试技术，2005，31（6）：125-129.

[250] 李晓敏，王璞，李英明，等. 大流量采样高分辨气相色谱/高分辨质谱法测定大气中的多氯联苯和多溴联苯醚. 色谱，2010，28（5）：449-455.

[251] 黄永庆，杨运云，牟德海，等. 大流量 PUF 采样-气相色谱质谱联用测定广州市大气中多环芳烃. 分析测试学报，2007，26（1）：90-96.

[252] 李艳霞. 中药中有机农药残留量检测方法的研究. 南昌大学，2005：8-11.

[253] 吴忠标. 环境监测. 北京：化学工业出版社，2009：76-157.

[254] D. Bourgeois，J. Gaudet，Philippe Deveau，V. N. Mallet. Microextraction of organophosphorous pesticides from environmental water and analysis by gas chromatography. Bull. Environ. Contam. Toxicol. 1993，50：433-440.

[255] E. Ballesteros，M. J. Parrado. Continuous solid-phase extraction and gas chromatographic determination of organophosphorus pesticides in natural and drinking waters . Journal of chromatography A，2004，1029：267-273.

[256] Xiaolan zhu，Jun yang，Qingde su，Jibao cai，Yun gao. Selective solid-phase extraction using molecularly imprinted polymer for the analysis of polar organophosphorus pesticides in water and soil samples. Journal of chromatography A，2005，1092：161-169.

[257] 齐文启，孙宗光，边归国. 环境监测新技术. 北京：化学工业出版社，2004：484-514.

[258] Yahya R. Tahboub，Mohammad F. Zaater，Zeiad A. Al-talla. Determination of the limits of identification and quantitation of selected organochlorine and organophosphorous pesticide residues in surface water by full-scan gas chromatography/mass spectrometry. Journal of chromatography A，2005，1098：150-155.

[259] Chanbasha Basheer，Anass Ali Alnedhary，B. S. Madhava Rao，Hian Kee Lee. Determination of organophosphorous pesticides in wastewater samples using binary-solvent liquid-phase microextraction and solid-phase microextraction：a comparative study. Analytica chimica acta，2007，605：147-152.

[260] 魏立青，郭杰，蒋华宇，等. 自动固相微萃取（SPME）GC-MS、GC-MS-MS 法检测环境水中有机磷杀虫剂的研究. 分析测试学报，2004：226-230.

[261] 王新平，杨云，栾伟，等. 固相微萃取-气相色谱-质谱联用分析环境水样中痕量有机磷农药. 分析试验室，2003，5：5-9.

[262] Angelo Antonio D'Archivio，Maria Fanelli，Pietro Mazzeo，Fabrizio Ruggieri. Comparison of different sorbents for multiresidue solid-phase extraction of 16 pesticides from groundwater coupled with high-performance liquid chromatography. Talanta，2007，71：25-30.

[263] 宣秋江，周传光，徐恒振，等. 高效液相色谱分离 10 种有机磷农药. 分析试验室，2008，27（增刊）：273-275.

[264] 刘鹏. 饮用水中有机磷农药的样品前处理与 HPLC 分析. 环境化学，2004，23（1）：117-118.

[265] 白吉洪，张书文，张书圣，等. 高分子多孔微球富集-HPLC 法测定水体中的有机磷. 分析测试学报，1995，14（3）：50-53.

[266] Cristina Postigo，Maria Jose Lopez de Alda，Damia Barcelo，Antoni Ginebreda，Teresa Garrido. Analysis and occurrence of selected medium to highly polar pesticides in groundwater of catalonia（NE Spain）：An approach based on on-line solid phase extraction-liquid chromatography-electrospray-tandem

mass spectrometry detection . Journal of hydrology，2010，383：83-92.

[267] 潘元海，魏爱雪，赵国栋，等. 水中痕量有机磷农药的高效液相色谱/质谱分析. 环境科学进展，1999，7（1）：32-40.

[268] 潘元海，金军，蒋可. 高效液相色谱/大气压化学电离质谱快速分析水中痕量有机磷农药. 分析化学，2000，6：666-671.

[269] 陈义. 高效毛细管电泳：电泳与色谱. 分析仪器，1991：40-44.

[270] 宋莉华. 高效毛细管电泳法在食品和药品检测中的应用. 吉林大学，2009：11.

[271] 李月华. 高毒有机磷农药及残留的毛细管电泳检测与柱上富集研究. 河北农业大学，2004.

[272] 阙木旺. 胶束电动毛细管电泳法测定有机磷农药的研究. 化学工程与装备，2008，10：129-134.

[273] 王琴孙，贺水济，顾民. 农药多残留系统分析：29 种有机氮农药的薄层色谱系统分析. 农药，1985，6：37-41.

[274] 葛世玫. 高效薄层色谱法（HPTLC）分析农药残留. 安徽农业大学，2003：13.

[275] 程定玺，赵亚鹏，左国强. 荧光光谱法测定有机磷农药残留量. 理化检验-化学分册，2010，46：645-647.

[276] 程定玺，高曼，黄天利. 荧光法测定有机磷农药残留总量及其分析应用. 分析试验室，2009，28（7）：42-45.

[277] 孙春宝. 环境监测原理与技术. 北京：机械工业出版社，2007：265-288.

[278] 朱国念. 农药残留快速检测技术. 北京：化学工业出版社，2008：170-175.

[279] 大连水产学院编. 淡水生物学. 北京：农业出版社，1989.

[280] 湖南省质量技术监督局. 淡水生物资源调查技术规范（DB43/T 432-2009），2009.

[281] 中华人民共和国环境保护部. 全国淡水生物物种资源调查技术规定（试行），2010.

[282] 万本太. 中国环境监测技术路线研究. 长沙：湖南科学技术出版社，2003.

[283] 国家环保局《水生生物监测手册》编委会编. 水生生物监测手册. 南京：东南大学出版社，1993.

[284] 国家环境保护局. 生物监测技术规范（水环境部分），1986.

[285] 张静. 松花江哈尔滨段大型底栖动物群落结构及水质生物学评价研究. 东北林业大学，2010.

[286] 闫齐. 松花江哈尔滨段浮游植物群落结构与环境影响评价研究. 东北林业大学，2011.

[287] 曹艳霞，等. 应用底栖无脊椎动物完整性指数评价漓江水系健康状况. 水环境保护，2010，26（2）：13-17.

[288] 刘明典，等. 应用鱼类生物完整性指数评价长江中上游健康状况. 长江科学院院报，2010，27（2）：1-6.

[289] 陈承利，等. 污染土壤微生物群落结构多样性及功能多样性测定方法. 生态学报，2006，26（10）：3404-3412.

[290] USEPA. Rapid bioassessment protocol for use in streams and rivers，benthic macroinvertebrates and fish（EPA-444/4-89-001）[S]. Washington DC：Assessment and Watershed Protection Division，1989.

[291] USEPA. Rapid bioassessment protocol for use in stream and wadeable rivers：periphyton，benthic macroinvertebrates，and fish，second edition（EPA-841-B-99-002）[S]. Washington DC：Office of Water，1999.

[292] USEPA. Concepts and approaches for the bioassessment of non-wadeable streams and rivers

（EPA/600/R-06/127）[S]. Washington DC：Office of Research and Development，2006.
[293] 周凤霞. 生物监测（第二版）. 北京：化学工业出版社，2011：12.
[294] 《水生生物监测手册》编委会编. 水生生物监测手册. 南京：东南大学出版社，1993.
[295] 国家环境保护局. 生物监测技术规范（水环境部分），1986.
[296] GB 11914—89 水质 化学需氧量的测定重铬酸盐法[S].
[297] HJ/T 70—2001 水质 化学需氧量的测定氯气校正法[S].
[298] HJ/T 399—2007 水质 化学需氧量的测定 快速消解分光光度法[S].
[299] HJ/T 132—2003 高氯废水 化学需氧量的测定 碘化钾碱性高锰酸钾法[S].
[300] HJ/T 164—2004 地下水监测技术规范[S].
[301] GB 12999—91 水质采样 样品的保存和管理技术规定[S].
[302] 中国环境监测总站. 环境水质监测质量保证手册. 北京：中国环境科学出版社，2000：74-75.
[303] 刘玉风，曲东芳，王莉. 高氯离子废水 COD_{Cr} 快速测定方法的研究. 地下水，2008，30（5）：129-130.
[304] 王俊霞，王文才，王俊荣. 高氯离子低浓度 COD 水样的分析技术. 中国环境监测，2006，22（2）：4-6.
[305] 王志强，闫毓，桑玉全，等. 密封消解法测定高氯离子含盐废水 COD_{Cr} 的探讨. 油田气环境保护，2002，12（1）：38-40.
[306] HJ 535—2009 水质 氨氮的测定 纳氏试剂分光光度法[S].
[307] HJ 536—2009 水质 氨氮的测定 水杨酸分光光度法[S].
[308] HJ 537—2009 水质 氨氮的测定 蒸馏-中和滴定法[S].
[309] HJ/T 195—2005 水质 氨氮的测定 气相分子吸收光谱法[S].
[310] ISO 14402—1999 Water quality - Determination of phenol index by flow analysis（FIA and CFA）.
[311] HJ 503—2009 水质 挥发酚的测定 4-氨基安替比林分光光度法.
[312] HJ 502—2009 水质 挥发酚的测定 溴化容量法.
[313] 张建玲，赵辉，邸尚志. 固相萃取-高效液相色谱法测定饮用水酚类化合物和 2,4-滴. 环境化学，2006，25（2）：240-241.
[314] 奚稼轩. 固相萃取-高效液相色谱法测定饮用水酚类化合物. 环境化学，2004，23（2）：235-236.
[315] 张明时，王爱民. 溴化衍生气相色谱法测定环境水体中痕量苯酚. 分析化学，1999，27（1）：63-65.
[316] 秦樊鑫，张明时，陈文生，等. 气相色谱法测定工业废水中挥发酚. 理化检验-化学分册，2008，44（7）：608-610.
[317] 齐文启，孙宗光. 流动注射分析（FIA）及其在环境监测中的应用. 现代科学仪器，1999（1-2）：24-35.
[318] 陈伟东，黄捷玲. 气相色谱法测定水中挥发性酚类. 职业与健康，2002，18（4）：41-42.
[319] 赵萍，肖靖泽，陈金辉. 在线蒸馏流动注射分析法测定水中挥发性酚的研究. 分析测试，2007（3）：69-71，73.
[320] GB/T 16488—1996 水质石油类和动植物油的测定红外光度法[S].
[321] EPA，Method 418. 1：Petroleum Hydrocarbons，Total Recoverable，Storet No. 45501，1978.
[322] EPA，Method 1664：N-Hexane Extractable Material（HEM） and Silica Gel Treated Extractable Material（SGT-HEM） by Extraction and Gravimetry，Office of Water Engineering and Analysis Division，

Washington DC，1995.

[323] APHA，AWWA and WEF，Stand Methods for the Examination of Water and Wastewater. American Health Public Association，20th ed.，Washington DC，2000.

[324] ASTM，Method D 3921—96：Standard Test Method FOR Oil and Grease and Petroleum Hydrocarbons in Water，ASTM International，2003.

[325] 付志军，等. 智能红外测油仪应用于水质矿物油的测定. 理化检验-化学分册，2008，44（1）.

[326] ISO Water quality-Determination of hydrocarbon oil，2000-10-15.

[327] EPA 28212R2982002，Analytical method Guidance for EPA Method 1664 Implementation and Use，United State Environment Protection Agency，2000：10-162.

[328] 曹威，魏卓立，康莹. 水中矿物油和动植物油测定方法探讨. 环境保护科学，2003，8：29-118.

[329] 李林，等. 红外光度法测定石油类和动植物油常见问题探讨. 中国环境管理干部学院学报，2004，14（2）：78-79.

[330] 唐松林，刘建琳，高蓓蕾. 红外法测定不同行业废水中石油类和动植物油. 中国环境监测，2003，19（3）：28-30.

[331] 张向阳. 矿物油测定中的若干问题. 福建环境，1998，15（2）：31-32.

[332] 白添，田霆，莫庆眉. 红外分光光度法测定动植物油方法的改进. 化工技术与开发，2007，36（8）：40-43.

[333] 程丹. 红外分光光度法测定水中油类物质吸附方法的比较. 环境监测管理与技术，2007，19（3）：54-55.

[334] 卜伟，李江. 红外光度法测定低浓度水样中的石油类和动植物油研究. 环境科学与管理，2007，32（6）：123-124.

[335] 韩素清，任玉娇. 对国标中石油类和动植物油红外光度法测定的几点探讨. 环境研究与监测，2007，20（1）：37-38.

[336] 刘真，高建程，于金莲. 红外与紫外测试矿物油的方法比较. 上海师范大学学报，2007，36（1）：107-110.

[337] 马进，邱会东. 污水中石油类污染物光度法测定问题探讨. 科技情报开发与经济，2007，17（25）：181-182.

[338] 潘蓉. 红外分光光度法测定水质中石油类和动植物油. 泸天化科技，2006，29（1）：217-218.

[339] 吕纾. 红外分光光度法测定石油类、动植物油前处理的改进. 环境监测管理与技术，2004，16（5）：39.

[340] 杨春燕，田小萌. 红外分光光度法测定石油类和动植物油. 云南环境科学，2003，22（2）：58-60.

[341] 周勤，谢争. 红外法测定废水中石油类和动植物油的质量控制手段. 上海环境科学，2003（增刊）：179-202.

[342] 吕维影，杜光宇，张丽娟. 矿物油检验技术与结果判定标准的探讨. 中国卫生检验杂志，2002，12（6）：662.

[343] 黄爱荣. 矿物油重量测定方法的改进. 中国环境监测，2002，18（4）：50.

[344] 刘廷良，等. 水中石油类分析方法的现状. 环境科学研究，2000，13（5）：58-60.

[345] 吴斑. 矿物油常用监测方法与改进. 锦州医学院学报，1999，20（3）：29.

[346] EPA-413. 2，United State Environment Protection Agency.

[347] 《饮食业油烟排放标准》，国家环境保护标准 GB 18483—2001 附录 A.

[348] 林雨霏. 直链烷基苯磺酸盐测定方法的研究进展. 检疫检疫学刊，2009，19（3）：69.

[349] 廖华. 直链烷基苯磺酸钠测定方法的研究现状. 当代化工，2012，41（7）：767.

[350] 韩清. LACHAT QC8500 流动注射测定地表水中阴离子合成洗涤剂. 中国卫生检验杂志，2012，22（8）：1800.

[351] GB 7494—87 水质 阴离子表面活性剂的测定 亚甲蓝光度法.

[352] Wang S，Li Z G，Tang D L，et al. Assessment of interactions between PAH exposure and genetic polymor-phisms on PAH-DNA adducts in African American，Dominican，and Caucasian mothers and newborns. Cancer Epidemiol Biomarkers Prev，2008，17（2）：405-413.

[353] Hatch M C，Warburton D，Santalla R M. Ploycyclic aromatic hydrocarbon-DNA adducts in spontaneously aborted fetal tissue . Carcinogenesis，1990，11（9）：1673-1675.

[354] Bocskay K A，Tang D，Orjuela M A，et al. Chromosomal aberrations in cord blood are associated with prenatal exposure to carcinogenic polycyclic aromatic hydrocarbons. Cancer Epidemiol Biomarkers Prev，2005，14（2）：506-511.

[355] 陈皓，刘颖，刘海玲，等. 超高效液相色谱法检测土壤中的多环芳烃. 色谱，2008，26（6）：769-771.

[356] 倪进治，王军，李小燕，等. 超高效液相色谱荧光检测器测定土壤中多环芳烃. 分析试验室，2010，29（5）：25-28.

[357] 那广水，刘春阳，张琳，等. 固相膜萃取-超高效液相色谱-荧光法测定极地水体中多环芳烃. 分析试验室，2011，30（1）：29-31.

[358] Mark E. Benvenuti. 超高效液相色谱（ACQUITY UPLC）应用于环境水中多环芳烃（PAHs）和爆炸物分析. 环境化学，2007，26（6）：867-868.

[359] 王超，彭涛，吕怡兵，等. 液相色谱法测定水中 16 种多环芳烃的方法优化. 环境化学，2014（1）.

[360] 陈慧，黄要红，蔡铁云. 固相萃取-气相色谱/质谱法测定水中多环芳烃. 环境污染与防治，2004，26（1）：72-74.

[361] 李庆玲，徐晓琴，黎先春，等. 加速溶剂萃取/气相色谱-质谱测定海洋沉积物中的痕量多环芳烃. 分析测试学报，2006，25（5）：33-37.

[362] 李永新，张宏，毛丽莎，等. 气相色谱/质谱法测定熏肉中的多环芳烃. 色谱，2003，21（5）：476-470.

[363] N. Itoh，Y. Aoyagi，T. Yarita. Optimazation of the dopant for the trace determination of polycyclic aromatic hydrocarbons by liquid chromatography/dopant-assisted atmospheric-pressure photoionization/mass spectrometry. Chromatgr. A，2006，1131：285-288.

[364] 殷居易，谢东华，陈建国，等. 液相色谱-大气压光电电离源质谱法同时测定电子电气产品中 16 种多环芳烃残留. 质谱学报，2009，30（5）：300-310.

[365] 周文敏，傅德黔，孙宗光. 水中优先控制污染物黑名单. 中国环境监测总站，1990，4：1-3.

[366] CJ/T 206—2005 城市供水水质标准.

[367] Polycyclic Aromatic Hydrocarbons：15 Listings；U. S. Department of Health and Human Services，Ninth Report on Carcinogens，2001. http：//ehp. niehs. nih. gov/roc/ninth/rahc/pahs. pdf.

[368] U. S. EPA. http：//www. epa. gov/safewater/standards. html.

[369] Council Directive（3rd November，1998） relative to the quality of water sintended for human consumption；Directive 98/83/EC，1988，Official Journal of the European Communities L-330，5th December，1998.

[370] Guidelines for Drinking-Water Quality. Health Criteria and Other Supporting Information，2 nd ed.. World Health Organization，Geneva，1996.

[371] 王淑娟，周翔，许宜平，等. 北方某城市饮用水中多环芳烃的来源及其在水处理过程中的行为研究. 环境工程学报，2007，8：52-56.

[372] 刘宏文，王震，刘景泰，等. 大连市饮用水中多环芳烃的概率致癌风险评价. 安全与环境学报，2007，5：4-7.

[373] 金晓辉，胡建英，万袆，等. 多环芳烃在饮用水处理中的行为研究. 中国给水排水，2005，7：14-16.

[374] 许宜平，张铁山，黄圣彪，等. 中国南方某城市自来水厂处理工艺对多环芳烃的去除效果研究. 环境污染治理技术与设备，2005，5：21-24.

[375] Mohamed I. Badawy，Mohamed A. Emababy. Distribution of polycyclic aromatic hydrocarbons in drinking water in Egypt Desalination. 2010，251：34-40.

[376] Arthur C L，Pawliszyn J. Solid- phase microextraction with thermal desorption using fused silica optical fibers . Anal Chem，1990，62（19）：2145-2148.

[377] Chen J，Paw liszyn J B. Anal Chem，1995，67（9）：2530.

[378] 陶敬奇，王超英，李碧芳，等. 固相微萃取-高效液相色谱联用分析环境水样中的痕量多环芳烃. 色谱，2003，21（6）：599-602.

[379] 李庆玲，徐晓琴，黎先春，等. 固相微萃取-气相色谱-质谱联用测定海水和沉积物间隙水中的多环芳烃. 中国科学 B 辑，2006，36（3）：202-210.

[380] 罗世霞，朱淮武，张笑一. 固相微萃取-气相色谱法联用分析饮用水水源水中的 16 种多环芳烃. 农业环境科学学报，2008，27（1）：0395-0400.

[381] 张建华，黄颖，陈晓秋，等. 分散液-液微萃取-高效液相色谱法测定环境水样中的多环芳烃. 色谱，2009，27（6）：799-803.

[382] 祝本琼，陈浩，李胜清. 基于轻质萃取剂的溶剂去乳化分散液-液微萃取-气相色谱法测定水样中多环芳烃. 色谱，2012，30（2）：201-206.

[383] 于国光，王铁冠，等. 北京市大气气溶胶中多环芳烃的研究. 中国矿业大学学报，2008，37（1）：72-78.

[384] 高少鹏，刘大锰，等. 高效液相色谱法测定某钢铁厂地区大气颗粒物 $PM_{2.5}$ 中 16 种多环芳烃. 环境科学，2006，27（6）：1052-1055.

[385] 刘维立，等. 大气中多环芳烃的来源及采样方式的研究. 城市环境与城市生态，1999，12（5）：58-60.

[386] 刘维立，朱先磊，等. 大气中多环芳烃的来源和采样方式的研究. 城市环境与城市生态，1999，12（5）：58-60.

[387] 王淑兰，柴发合，等. 大气颗粒物中多环芳烃的污染特征及来源识别. 环境科学研究，2005，18（2）：19-23.

[388] 宋冠群，林金明. 环境样品中多环芳烃的前处理技术. 环境科学学报，2005，25（10）：1287 -1296.

[389] 陈亚研，张静宜，等. 大气中总悬浮颗粒物和可吸入颗粒物中多环芳烃的测定. 中国公共卫生，1987，

6（1）：1-4.

[390] Brice Temime-Roussel，A M，C M，et al. Evaluation of an annular denuder tubes for atmospheric PAH part it ioning studies -1：evaluation of the trapping efficiency of gaseous PAHS . Atmospheric Environment，2004，38：1913-1924.

[391] 凌达仁，刘兵，等. GC-MS 法测定大气样品的前处理研究——碳化纤维树脂捕集大气中痕量多环芳烃. 分析测试学报，2000，19（5）：5-8.

[392] 段小丽，赵淑莉，等. 空气中 PAHs 的优化采样及分析方法研究. 环境科学研究，2006，13（2）：13-16.

[393] 冯启路，唐保坤. 有机污染气体气-液采样技术与传统采样技术的比较. 工业安全与环保，2011，37（8）：53-54.

[394] 孟明宝，舒小平. 高效液相色谱法测定大气颗粒物中多环芳烃. 中国环境监测，1993，9（4）：6-8.

[395] 魏恩棋. 超声波萃取-GC/MS 测定大气颗粒物中的多环芳烃. 城市环境与城市生态，2002，15（4）：44-45.

[396] 于彦彬，谭培功. 测定大气气溶胶中多环芳烃的高效液相色谱编程荧光法. 分析测试学报，1998，17（6）：62-65.

[397] 孟凡生，陈晶，等. 环境中多环芳烃前处理和分析方法. 环境监测与预警，2011，3（1）：12-16.

[398] 李核，李攻科，等. 微波辅助萃取-气相色谱-质谱法测定大气可吸入颗粒物中痕量多环芳烃. 分析化学，2002，30（9）：1058-1062.

[399] 杨坪，龚必辅，等. 大气颗粒物中多环芳烃的索氏提取研究. 中国环境监测，1999，15（6）：16-20.

[400] 何立坚，章汝平. 气/质联用测定大气飘尘之多环芳烃. 龙岩学院学报，2007，25（3）：63-65.

[401] 胡健，张国平. 固相萃取柱净化——液相色谱法测定大气中多环芳烃. 地球与环境，2004，32（3-4）：94-97.

[402] Miao Z，Yang M J，Paw liszyn. Extraction of airborne organic contaminants from adsorbents using supercritical fluid. Chromatogr. S ci.，1995，33：493-499.

[403] 李静，王燕，等. 大气气溶胶中多环芳烃的分析. 青岛海洋大学学报，2003，33（6）：955-960.

[404] Masahiko Shimmo，Piia Anttila etc. Identification of organic compounds in atmospheric aerosol particles by on-line supercritical fluid extraction–liquid chromatography–gas chromatography–mass spectrometry，Journal of Chromatography A，2004，1022（1-2）：151-159.

[405] 游静，陈淑莲，等. 超临界流体萃取对大气飘尘中有机污染物的分析. 分析测试技术与仪器，1999，5（2）：89-93.

[406] 牟世芬. 加速溶剂萃取的原理及应用. 环境化学，2011，20（3）：299-300.

[407] 刘泽常，葛璇，等. 加速溶剂萃取-GC/MS 法研究济南市环境空气颗粒物中的多环芳烃. 环境工程学报，2011，5（4）：881-886.

[408] King A J，Readmam J W，Zhou J L. Polycyclic aromatic hydrocarbons in sediment porewater as investigated by solid phase microextraction. Analytica Chimica Acta，2004，523：259-267.

[409] Chen B，Xuan X D，Zhu L Z，et al. Distribution of polycyclic aromatic hydrocarbon in surface waters，sediment and soils of Hangzhou City，China. Water Res，2004，38：558-3568.

[410] De Luca G，Furesi A，Leardi R，et al. Nature，distribution and origin of polycyclic aromatic hydrocarbons

（PAHs） in the sediments of Olbia Harbor（northern Sarinia，Italy）. Mar Pollut Bull，2005，50：1223-1232.

[411] 汪谨彦. 水体沉积物中多环芳烃和有机氯农药分析方法研究. 化工大学硕士学位论文，2010.

[412] 冯精兰，申君慧，等. 超声萃取-高效液相色谱测定沉积物中的多环芳烃. 河南师范大学学报（自然科学版），2011，39（6）：88-91.

[413] 贾慧，陈卫峰. 沉积物中多环芳烃研究进展. 安徽农学通报，2011，16（4）：56-58.

[414] 韩菲. 多环芳烃来源与分布及迁移规律研究概述. 气象与环境学报，2007，23（4）：57-61.

[415] 魏庆煦. 环境分析污染化学. 长春：吉林大学出版社，1993.

[416] 刁春燕，周启星，等. 土壤、沉积物和植物样品中多环芳烃（PAHs）不同提取和净化方法的比较. 农业环境科学学报，2011，30（12）：2399-2407.

[417] 吴启航，麦碧娴. 气-质联用仪和元素分析仪分析沉积物. 中国测试技术，2005，31（1）：113-115.

[418] 杨佰娟，陈军辉，等. 沉积物中痕量多环芳烃湿法与干法提取的比较研究. 分析测试学报，2008，27（11）：1210-1213.

[419] Bogolte B T，Ehlers G A C，Braun R，et al. Estimation of PAH bioavailability to Lepidium sativum using sequential supercritical fluid extraction：a case study with industrial contaminated soils. European Journal of Soil Biology，2007，43：242-250.

[420] DIONEX 中国应用研究和技术服务中心. 使用加速溶剂萃取仪萃取环境样品中的多环芳烃. 环境化学，1997，16（6）：608-609.

[421] 李庆玲，徐晓琴，等. 加速溶剂萃取/气相色谱-质谱测定海洋沉积物中的痕量多环芳烃. 分析测试学报，2006，25（5）：33-37.

[422] Nobuyasu Itoh，Masahiko Numata，Yoshie Aoyagi，etal. Comparison of low-level polycyclic aromatic hydrocarbons in sediment revealed by Soxhlet extraction，microwaveassisted extraction，and pressurized liquid extraction，Analytica Chimica Acta，2008（612）：44-52.

[423] Vazaquez B E，Lopezm P. Optimization of M icrow ave-ass isted extract ion of hydrocarbons in marine sediments：comparison with the soxhlet extraction method . Fresenius Journal ofAnalytical Chemistry，2000，366（3）：283-288.

[424] Rouhianen L，Vakkilainen T，Siemer B L，William B，Haselkorn R，Sivonen K. Appl. Environ. Microbiol.，2004，70：686-692.

[425] Jaiswal P，Singh P K，Prasanna R. Can. J. Microbiol. 2008，54：701-717.

[426] Lahti K，Rapala J，Michael Färdig，Maija Niemelä，Sivonen K. Water Res，1997，31：1005-1012.

[427] Dawie P. Botes，Cornelis C. Viljoen，Heléne Kruger，Philippus L. Wessels，Dudley H. Williams. Configuration assignments of the amino acid residues and the presence of N-methyldehydroalanine in toxins from the blue-green alga，Microcystis aeruginosa. Toxicon，1982，20（6）：1037-1042.

[428] Cariton K，Natalia V. Frank M，et al. Rapid Commun. Mass Spectrom，2005，19（5）：597.

[429] Milla-Riina Neffling, Lisa Spoof, Jussi Meriluoto. Rapid LC–MS detection of cyanobacterial hepatotoxins microcystins and nodularins—Comparison of columns. Analytica Chimica Acta，2009，653：234-241.

[430] Corinne Rivasseau，Sophie Martins，Marie-Claire Hennion. Determination of some physicochemical parameters of microcystins（cyanobacterial toxins） and trace level analysis in environmental samples

using liquid chromatography. Journal of Chromatography A，1998，799（13）：155-169.

[431] Cousins I T，Bealing D J. Sutt on A，et al . Biodegradation of microcystin-LR by indigenous mixed bacterial populations. Wat Res，1996，30（3）：481-485.

[432] Inamori Y，Sugiura N，Iw am i N. Degradation of the toxiccyanobact erium microcyst is viridis using predaceous microanimals combined with bacteria . Phycological Research，1998，46（1）：37-44.

[433] Lam A，Fedorak P. Biotransformation of the cyanobacterial hepatotoxin microcyst in-LR，as determ ined by HPLC and proteinphosphatase bioassay . Environ Sci Technol，1995，29（2）：242-246.

[434] Feit z，A，Lawt on L A，Maagd G，et al. Photocat alytic degradat ionof the blue green algae toxin microcyst in-LR in a natural organ icaqueousmat rix. Environ S ci Technol，1999，33（2）：243-248.

[435] P. Gert-Jan de Maagda，A. Jan Hendriksb，Willem Seinena，Dick T. H. M Sijma，pH-Dependent hydrophobicity of the cyanobacteria toxin microcystin-LR. Water Research，1999，33（3）：677-680.

[436] Kunimitsu Kaya，Tomoharu Sano. Total microcystin determination using erythro-2-methyl-3-（methoxy-d3）-4-phenylbutyric acid（MMPB-d3） as the internal standard. Analytica Chimica Acta，1999，386（1-2）：107-112.

[437] 林玉娣，俞顺章，徐明，等. 无锡太湖水域藻类毒素污染与人群健康研究. 上海预防医学杂志，2003，15（9）：435-438.

[438] Zhang DW，Xie P，Liu YQ，et al . Transfer，distribution and bioaccumulation of microcystins in the aquatic food web in Lake Taihu，China，with potential risks to human health. Science of the Total Environment，2009，407：2191-2199.

[439] Chen J，Xie P，Li L，et al. First identification of the hepatotoxic microcystins in the serum of a chronically exposed human population together with indication of hepatocellular damage . Toxicological Sciences，2009，108：81-89.

[440] Lawten LA，Ga C. Cyanobacterial（blue-green algae） toxins and their significance in UK and European water . Inst Water Environ Mamage，1991，4：460-465.

[441] 连民，刘颖，俞顺章，等. 饮水中微囊藻毒素对人群健康影响的横断面研究. 中华流行病学杂志，2000，21（6）：437-441.

[442] 穆丽娜，俞顺章，赵金扣，等. 微囊藻毒素对小学生健康影响的流行病学研究. 中国公共卫生，2001，17（9）：799-802.

[443] 陈艳，俞顺章，林玉娣，等. 太湖地区饮用水微囊藻毒素与小学生肝功能关系的流行病学调查. 复旦大学学报医学版，2002，29（6）：462-465.

[444] Cogliano VJ，Baan RA，Straif K，et al. Use of mechanistic data in IARC evaluations. Environ Mol Mutagen，2008，49：100-109.

[445] 俞顺章，赵宁，资晓林，等. 饮水中微囊藻毒素与我国原发性肝癌关系的研究. 中华肿瘤杂志，2001，23（2）：96-100.

[446] 郁新森，黄培新，秦健，等. 海门市原发性肝细胞癌高发危险因素的队列研究. 中国预防医学杂志，2006，7（4）：241-244.

[447] 胡志坚，史习舜，庞春艳，等. 福清市水体污染状况与恶性肿瘤死亡率关系. 中国公共卫生，2008，24（7）：799-800.

[448] 徐明，杨坚波，林玉娣，等. 饮用水微囊藻毒素与消化道恶性肿瘤死亡率关系的流行病学研究. 中国慢性病预防与控制，2003，11（3）：112-113.

[449] Zhou L，Yu H，Chen K. Relationship between microcystin in drinkingwater and colorectal cancer. Biomed Environ Sci，2002，15：166-171.

[450] 韩建英，徐致祥，邢海平，等. 河南省林州市食管癌发病率、死亡率与饮用水污染和改水的关系. 中华流行病学杂志，2007，28（5）：515-516.

[451] Zhang YS. Primary prevention of hepatocellular carcinoma . Gastro Enterol Hepatol，1995，4：674-682.

[452] Stewart I，Webb PM，Schluter PJ，et al. Epidemiology of recreational exposure to freshwater cyanobacteria-an international prospective cohort study. Bmc Public Health，2006，6：93.

[453] 王超，吕怡兵，许人骥，等. 液相色谱-二极管阵列检测器/离子阱质谱法检测水中的 5 种微囊藻毒素. 色谱，2011，29（3）：212-216.

[454] Miyoshi Ikawa，Nancy Phillips，James F. Haney，John J. Sasner. Interference by plastics additives in the HPLC determination of microcystin-LR and -YR. Toxicon，1999，37：923-929.

[455] Lisa Spoof，Pia Vesterkvist，Tore Lindholm，Jussi Meriluoto. Screening for cyanobacterial hepatotoxins，microcystins and nodularin in environmental water samples by reversed-phase liquid chromatography–electrospray ionisation mass spectrometry. J. Chromatogr. A，2003，1020：105-119.

[456] Bo Yang，Jin-Zhong Xu，Tao Ding，Bin Wu，Su Jing，Shu-jing Ding，Hui-Lan Chen，Chong-Yu Sheng，Yuan Jiang. A novel method to detect seven microcystins in hard clam and corbicula fluminea by liquid chromatography–tandem mass spectrometry. Chromatogr. B 2009，877（29）：3522–3528.

[457] Francisca F. del Campo，F. F.，Ouahid，Y.，Identification of microcystins from three collection strains of Microcystis aeruginosa，Environ. Pollut. （2010），doi：10. 1016/j. envpol，2010. 06.

[458] B. Oudra，M. Loudiki，B. Sbiyyaa，R. Martins，V. Vasconcelos，N. Namikoshi Isolation，characterization and quantication of microcystins（heptapeptides hepatotoxins） in Microcystis aeruginosa dominated bloom of Lalla Takerkoust lake±reservoir（Morocco）. Toxicon，2001，39：1375-1381.

[459] Chris W. Diehnelt，Nicholas R. Dugan，Scott M. Peterman，and William L. Budde. Identification of Microcystin Toxins from a Strain of Microcystis aeruginosa by Liquid Chromatography Introduction into a Hybrid Linear Ion Trap-Fourier Transform Ion Cyclotron Resonance Mass Spectrometer. Anal. Chem，2006，78：501-512.

[460] Dawson R M. The toxicology of microcystins . Toxicon，1998，36（7）：953-963.

[461] Hamvas M M，Mathe C，Molnar E，et al. Microcystin-LR alters the growth，anthocyanin content and single-stranded DNase enzyme activities in Sinapis alba L. seedlings . Aquat. Toxicol，2003，62（1）：1-9.

[462] McElhiney J，Lawton L A，Leifert C. Investigations into the inhibitory effects of microcystins on plant growth and the toxicity of plant tissues following exposure. Toxicon，2001，39：1411-1420.

[463] 张春燕，赵兴茹，郑学忠. 在线固相萃取超高效液相色谱串联质谱法测定水中微囊藻毒素. 环境化学，2012，31（10）：1663-1664.

[464] Eduardo Beltrán，María Ibáñez，Juan Vicente Sancho，Félix Hernández. Determination of six microcystins and nodularin in surface and drinking waters by on-line solid phase extraction–ultra high pressure liquid

chromatography tandem mass spectrometry. Journal of Chromatography A，2012，1266：61-68.

[465] Sara Rodriguez-Mozaz，Maria J. Lopez de Alda *，Dami`a Barcel´o. Advantages and limitations of on-line solid phase extraction coupled to liquid chromatography–mass spectrometry technologies versus biosensors for monitoring of emerging contaminants in water. Journal of Chromatography A，2007，1152：97-115.

[466] 王超, 彭涛, 吕怡兵, 等. 液相色谱法测定水中 16 种多环芳烃的方法优化. 环境化学. 2014(1).

[467] 张立将，尹立红，浦跃朴，等. 水中微囊藻毒素高效液相色谱检测与前处理条件优化. 东南大学学报（自然科学版），2005，35（3）：446-451.

[468] 廖华. 直链烷基苯磺酸钠测定方法的研究现状. 当代化工，2012，41（7）：767.

[469] GB 7494—87 水质 阴离子表面活性剂的测定 亚甲蓝光度法.

[470] 徐立生，蔡裕丰. 纳氏试剂两种配制方法对氨氮测定的影响比较. 环境科学导刊，2009，28（5）：88-89.

[471] 潘本锋，韩润平，鲁雪生. 纳氏试剂光度法测定氨氮对样品溶液 pH 对分析结果的影响. 环境工程，2008，26（1）：71-73.

[472] 余春霖，张书海，胡咏梅. 氨氮测试预处理中滤纸洗涤方法的比较. 环境监测管理与技术，2004，16（5）：36-38.

[473] 俞是冉. 浊度在氨氮测定中的干扰及消除. 中国环境监测，2003，19（1）：171-174.

[474] ISO Water quality-Determination of hydrocarbon oil，2000-10-15.

[475] 魏复盛，徐晓白，阎吉昌，等. 水和废水监测分析方法指南. 上册. 北京：中国环境科学出版社，2002.